JN072851

EXAM PRESS®

測量士補試験学習書

測量士補 合格ガイド

第4版

測量士・測量士補 試験対策WEB 主宰
松原洋一［著］
Matsubara Yoichi

SE
SHOEISHA

本書内容に関するお問い合わせについて

このたびは翔泳社の書籍をお買い上げいただき、誠にありがとうございます。弊社では、読者の皆様からのお問い合わせに適切に対応させていただくため、以下のガイドラインへのご協力をお願い致しております。下記項目をお読みいただき、手順に従ってお問い合わせください。

●ご質問される前に

弊社Webサイトの「正誤表」をご参照ください。これまでに判明した正誤や追加情報を掲載しています。

正誤表　https://www.shoeisha.co.jp/book/errata/

●ご質問方法

弊社Webサイトの「書籍に関するお問い合わせ」をご利用ください。

書籍に関するお問い合わせ　https://www.shoeisha.co.jp/book/qa/

インターネットをご利用でない場合は、FAXまたは郵便にて、下記“翔泳社 愛読者サービスセンター”までお問い合わせください。
電話でのご質問は、お受けしておりません。

●回答について

回答は、ご質問いただいた手段によってご返事申し上げます。ご質問の内容によっては、回答に数日ないしはそれ以上の期間を要する場合があります。

●ご質問に際してのご注意

本書の対象を越えるもの、記述個所を特定されないもの、また読者固有の環境に起因するご質問等にはお答えできませんので、予めご了承ください。

●郵便物送付先およびFAX番号

送付先住所　〒160-0006　東京都新宿区舟町5
FAX番号　03-5362-3818
宛先　（株）翔泳社 愛読者サービスセンター

※ 著者および出版社は、本書の使用による測量士補試験合格を保証するものではありません。
※ 本書に記載されたURL等は予告なく変更される場合があります。
※ 本書の出版にあたっては正確な記述に努めましたが、著者および出版社のいずれも、本書の内容に対してなんらかの保証をするものではなく、内容やサンプルに基づくいかなる運用結果に関してもいっさいの責任を負いません。
※ 本書では™、®、© は割愛させていただいております。

はじめに

本書は、国家資格である測量士補の試験合格を目指す方々のために執筆いたしました。

2001 年から「測量士・測量士補 試験対策 WEB」（https://www.kinomise.com/sokuryo/）のサイト上で、過去問題や重要事項集を公開してきましたが、その重要事項集を再編集しさらに加筆したものが本書です。

本書は、いきなり難解な解説をするのではなく、初学者のために基礎編と実践対策編に分けて構成しています。基礎編では必要最低限の測量の概要と数学、器械などについて解説し、実践対策編では過去 20 年以上の測量士補試験に出題された内容を項目別に分類して、解説、例題、本試験問題とステップを踏んで理解できるようにしています。また、写真や図表を多用し、理解を深めるように試みています。

近年は、ドローンに代表される UAV や地上レーザスキャナを用いた測量など新しい測量技術が次々と導入され、これらが試験の出題内容に反映されています。
本書ではこの新しい測量技術を極力取込み試験に対応できるようにしています。

本書で学習し、さらに多くの過去問題にチャレンジしたい方は、「測量士・測量士補 試験対策 WEB」で過去 20 年以上の試験問題と解説を公開していますので、ご活用ください。

測量士補試験に合格するためには、文章問題は繰返し解き、計算問題は一度図に描き丁寧に解くことが大切です。本書の実践対策編で理解できない項目は、いったん飛ばしてください。毎日コツコツと学習し、理解できる項目を 1 つでも多く増やしていくことこそが、合格への一番の近道であると考えます。

また第 4 版の出版に当たり、ブラッシュアップに多大なるご尽力を賜った翔泳社の佐藤善昭氏、当方の思い違いや理解不足をご指摘いただき、原稿の精査にご協力いただいた測量士の久原誠司氏、資料等の提供を快くお引き受けいただいた株式会社緑地計画の福澤浩氏に、この場をお借りして深く感謝申し上げます。

最後になりますが、この本を手にした皆様の合格を心よりお祈り申し上げます。

測量士・測量士補 試験対策 WEB 主宰　松原 洋一

Contents

本書の使い方

本書の特長

本書は、1 冊で測量士補合格を目指す対策書籍です。出題範囲をコンパクトにまとめています。

基礎編では、受験に必須の単位や数学、測量機器などについて詳しく解説しているので初学者にも最適です。豊富な図表と写真でやさしく学べます。学習効果を計る確認問題は、本試験によく出る問題を厳選して単元ごとに掲載しています。職業訓練施設および各種教育機関で長年教鞭を執り、試験の最新傾向を知り尽くした講師が執筆しています。

- 10 年以上の分析と現場での指導を反映した確かな内容
- 初学者が学習しやすい基礎編と実践対策編の 2 部構成
- 著者が運営する大人気 試験対策 Web サイトとの連携

本書の構成

本書は、基礎編と実践対策編の 2 つのパートで構成しています。

Part 1：基礎編

Part 1 では測量士補試験の対策を始める前に最低限マスターしておきたい基本的な知識について解説します。測量自体になじみがない方や数学が苦手な方、測量の機器に触れたことがない方は、じっくり読んで十分に準備をしてから実践対策編に進むことをオススメします。ある程度学習が進んでいる方は、さっと読んで先に進むこともできます。

Part 2：実践対策編

Part 2では測量士補試験で出題される科目ごとに、出題の傾向や重要な知識項目、解答テクニックなどについて詳しく解説します。単元ごとに用意された練習問題を解きながら理解を深めていきましょう。暗記するだけではなく、着実に正解を導き出す方法を学びます。

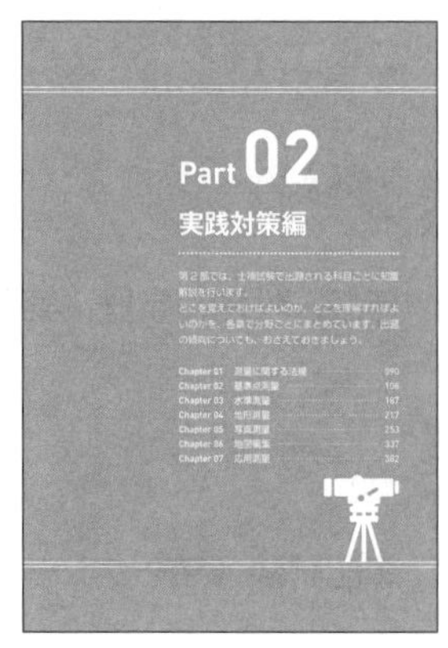

各章の要素

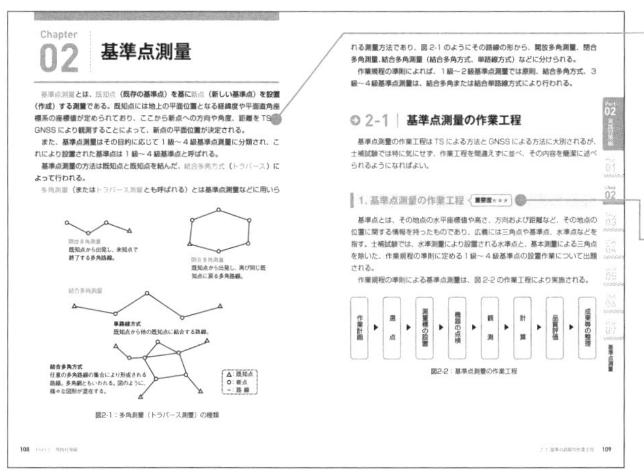

リード文

各分野の概要や出題傾向などを紹介します。しっかり目を通しておきましょう。

重要度

試験によく出る項目や、ぜひともマスターしておきたい項目を重要度★〜★★★のアイコンで示しています。

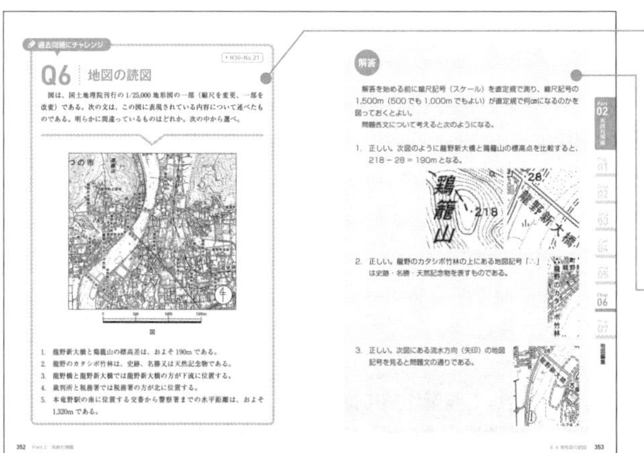

確認問題

過去に出題された問題の中から、特に狙い目の問題を厳選して掲載しています。学習効果が高まるように一部改変して掲載している問題もあります。

解答・解説

正解だけでなく、各選択肢について詳しく解説しています。難解な問題は、解答までの道筋を順を追って解説します。

測量士補試験　受験案内

受験資格

年齢、性別、学歴、実務経験などに関係なく受験できる

試験方法

筆記試験（マークシートによる五肢選択）

試験日時

年 1 回（例年 5 月の第 3 日曜日）
13:30 ～ 16:30

受験地

北海道、宮城県、秋田県、東京都、新潟県、富山県、愛知県、大阪府、島根県、広島県、香川県、福岡県、鹿児島県、沖縄県

試験の内容

●試験科目

（1）測量に関する法規
（2）多角測量
（3）汎地球測位システム測量
（4）水準測量
（5）地形測量
（6）写真測量
（7）地図編集
（8）応用測量

※上記の各専門科目に関連して、技術者として測量作業に従事する上で求められる一般知識（技術者倫理、測量の基準、基礎的数学、地理情報標準等）についても出題される。

●問題数

28 問

●試験時間

3 時間

試験手数料

2,850円（収入印紙による書面受付）

受験願書の配布・受付

例年 1 月中

合格発表

例年 7 月

合格基準

1 問当たり 25 点で 700 点満点。450 点以上（18 問正答）で合格

問い合わせ

国土地理院総務部総務課 試験登録係

〒 305-0811　茨城県つくば市北郷 1 番

TEL　029-864-8214、029-864-8248

最新情報および詳細情報については国土地理院の Web サイト（https://www.gsi.go.jp/index.html）を参照してください。

読者特典 PDF ファイルダウンロード

本書の読者特典として、測量士補試験を模した、模擬試験の PDF ファイルを Web ダウンロードにより提供いたします※。

※提供する PDF ファイルは、予告なく更新・変更することがあります。

ダウンロードサイト

https://www.shoeisha.co.jp/book/present/9784798177694/

会員特典データ（読者特典）のダウンロードには、SHOEISHA iD（翔泳社が運営する無料の会員制度）への会員登録が必要です。詳しくは、Web サイトをご覧ください。

※会員特典データに関する権利は著者および株式会社翔泳社が所有しています。許可なく配布したり、Web サイトに転載することはできません。

※会員特典データの提供は予告なく終了することがあります。あらかじめご了承ください。

アクセスキーの入力とダウンロード

特典 PDF ファイルのダウンロードには、アクセスキーが必要です。ダウンロードボタンの上に本書の掲載ページが表示されます。該当ページの下部に掲載されているアクセスキーを入力して、ダウンロードボタンをクリックしてください。

測量士・測量士補 試験対策 WEB

本書の筆者による Web サイトです。数多くの過去問題や、本書の元になった重要事項集などを公開しています。本書とともにご活用ください。

http://www.kinomise.com/sokuryo/

Part 01

基礎編

第１部では、測量士補試験の対策に必要な前提知識について解説します。
各章で、測量の概要、測量士補試験に必要かつ最低限の単位や数学、測量に用いられる代表的な器械と観測法、測量の基準となる各項目などについて学びます。

アクセスキー　Q
（大文字のキュー）

Chapter 01

測量とは

測量とは何であろうか。測量とは、もともと地図を作製するための技術であり、この技術が構造物（土木）や建築物（建築）を造る技術、つまり建設に利用されている。

測量に関する国家資格には、**測量士**とこれを補助する**測量士補**がある。これら国家資格の試験内容は、測量本来の目的である地図を作製する技術について出題されている。この章では、このような測量の概要について理解してもらいたい。

1-1 測量の定義

測量を一言で説明すると、**地上において相互の位置関係を定める技術**である。具体的には、図 1-1 のように「A点から見てB点はどのような位置にあるのか？」を定める技術となる。

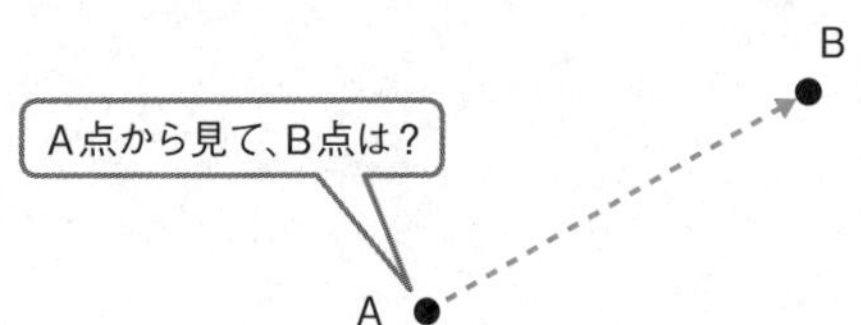

図1-1：地上において相互の位置関係を定める

しかし、基準がなければ、A点から見てB点はどの位置にあるかなど、正確に答えることができない。そこで図 1-2 のようにA点を原点（0, 0）とした**座標**として考えてみる。

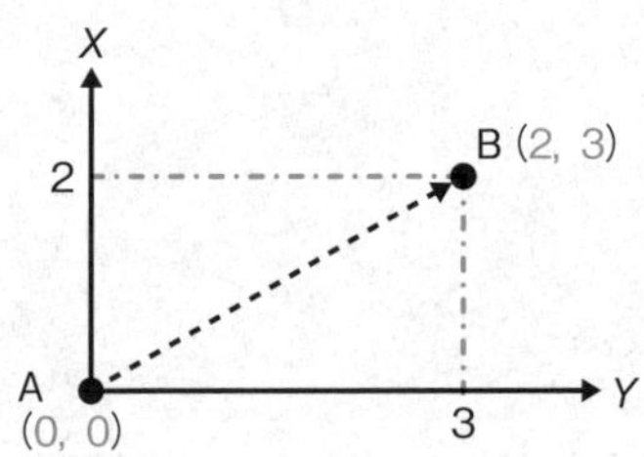

図1-2：座標として考える

このように座標として考えれば、A点が（0, 0）の位置にあるとき、B点はX軸方向に2、Y軸方向に3行った位置にあるといえる。

ところで、数学で学んだ座標軸は、Y軸が縦でX軸が横である。しかし測量（日本）では、図1-2のように**X軸を縦、Y軸を横**として考える習慣がある。

では、A点の座標がわかっている場合にB点の座標値を求めるには、どのようにしたらよいのであろうか。このような場合は、図1-3のようにA点から見てB点は基準方向から○度、距離が△mの位置にあるかを測定し、計算で求めればよい。

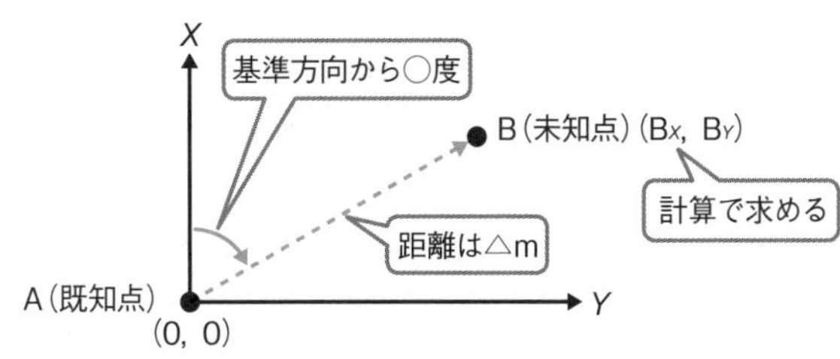

図1-3：座標値を計算で求める

このように、角度や距離を測定してB点の位置を出す作業を**測量**という。また、既に座標がわかっている点を**既知点**（きち）、座標がわからない点を**未知点**（みち）と呼び、角度や距離を測定する作業を**観測作業**という。

ただし、実際の地上の位置を求めるには、図1-3のように平面としてではなく高さも考える必要がある。そこで、実際に地上の位置を求める場合には、図1-4のように**角度、距離、高さ（高低差）**を測定することになる。

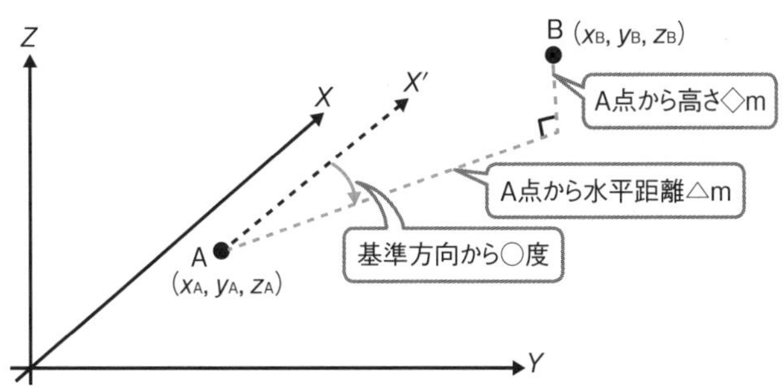

図1-4：角度、距離、高さ（高低差）を測定する

1-2 測量の目的

測量はその目的によって、次のように大きく2つに分けられる。

① **土地の測量**

測量法という法律に定められた測量であり、一般的には土地の測量がそれに当たる。その結果として「地図」が作製され、様々な目的に利用される。測量法により定められた測量を計画・実施するには、国家資格である**測量士・測量士補**を所持し、登録していることが必要となる。

また、統一された信頼できる結果を残す必要があるため、法律や基準などにより、各種の観測（測量）方法やデータ整理の方法、使用する器械の性能が定められている。測量士補試験に出題される内容は、この**土地の測量**を指している。

② **建設などに関する測量**

建築や土木などの建設作業などに用いられる測量では、その作業において有資格者は求められるが、必須ではなく測量法による定めもない。建設などにおいても測量という言葉が使われるが、その内容や目的は土地の測量とは異なるものである。

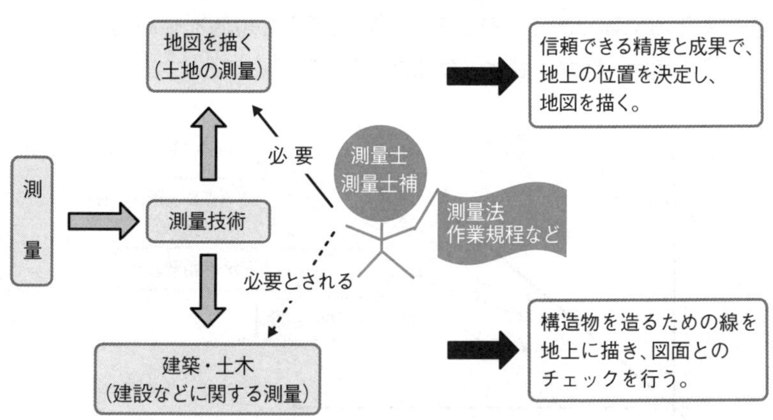

図1-5：測量の内容や目的が異なる

1-3 測量に関する法規・法令など

土地の測量において従うべき法律や法令には、次のようなものがある。

① **測量法**

測量法では、国や公共団体が費用の全部（または一部）を負担（または補助）して行う土地の測量や、その結果を用いて行う**土地の測量**について、その基準や実施に必要な権限を定めている。

② **作業規程の準則**

国土交通大臣が公共測量における**標準的な作業方法**などを定め、その**規格を統一**するとともに、必要な**精度を確保**することなどを目的としている。

③ **その他**

- **測量法施行令**：測量法を施行するための細則（政令）。地球の大きさや日本の原点の数値が定められている。
- **測量法施行規則**：測量法を施行するための細則（省令）。測量に用いられる標識（測量標）の形式などが定められている。

測量は図 1-6 のようなピラミッド構造の仕組みになっており、測量法により分類されている。

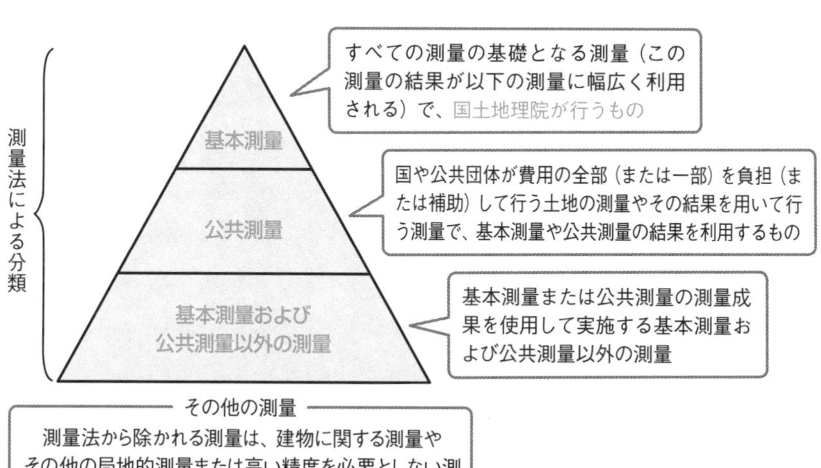
すべての測量の基礎となる測量（この測量の結果が以下の測量に幅広く利用される）で、国土地理院が行うもの
基本測量
国や公共団体が費用の全部（または一部）を負担（または補助）して行う土地の測量やその結果を用いて行う測量で、基本測量や公共測量の結果を利用するもの
公共測量
基本測量または公共測量の測量成果を使用して実施する基本測量および公共測量以外の測量
基本測量および公共測量以外の測量
測量法による分類
その他の測量
測量法から除かれる測量は、建物に関する測量やその他の局地的測量または高い精度を必要としない測量である。建設などの測量などもここに分類される。

図1-6：測量法による分類

1-4 測量士補試験の概要

測量士補試験（以下、士補試験）では、どのような問題が出題されるのであろうか。Part1 の 1-2 に記したように、測量士や測量士補の資格が必要となる測量は、測量法により分類された測量である。このため、士補試験に出題される問題は、測量法や作業規程の準則で分類された次のような分野である。

また、**士補試験**では No.1 ～ No.28 までの合計 **28 問出題**され、**1 問 25 点の 700 点満点**、合格基準は、**450 点以上（18 問正答）**である。なお、試験時間は 180 分（3 時間）となっている（2022 年現在）。

☑ 士補試験の出題分野（本書の分類）と例年の問題数

① 測量に関する法規など（測量法、作業規程の準則など）［3～4問］
② 基準点測量［5問］
③ 水準測量［4問］
④ 地形測量［3～4問］
⑤ 写真測量［3～5問］
⑥ 地図編集［4問］
⑦ 応用測量（路線測量･河川測量･用地測量･その他の4分野）［4問］
合計 [28 問]

※その他、測量業務に従事する上で求められる一般知識（技術者倫理、測量の基準、基礎的数学、地理情報標準等）についても出題される。

1-5 出題分野の概要

本書の分類による土補試験の出題分野は、Part1 の 1-4 に記した通りの 7 分野であるが、それぞれの分野はどのようなものであろうか。7分野の概要をまとめると次のようになる。

☑ 地図を描こう

1. 好き勝手に描けない。ルールが必要だ（①測量法、作業規程の準則など）
↓
2. 地図を描くために基準となる点と骨組みが必要だ（②基準点測量）
↓
3. 地図の表現には高さも必要だ（③水準測量）
↓
4. 点と骨組みを利用して付近の地図を描こう（④地形測量）
↓
5. 1つ1つは面倒だ。点と骨組みを利用し、上空から写真を写して、それをなぞろう（⑤写真測量）
↓
6. 出来上がった地図を編集して使おう（⑥地図編集）
↓
7. 測量の技術を応用しよう（⑦応用測量）
   - 道路や鉄道を造ろう（路線測量）
   - 河川や海を管理しよう（河川測量）
   - 土地を管理しよう（用地測量）
   - 測量を利用しよう（その他）

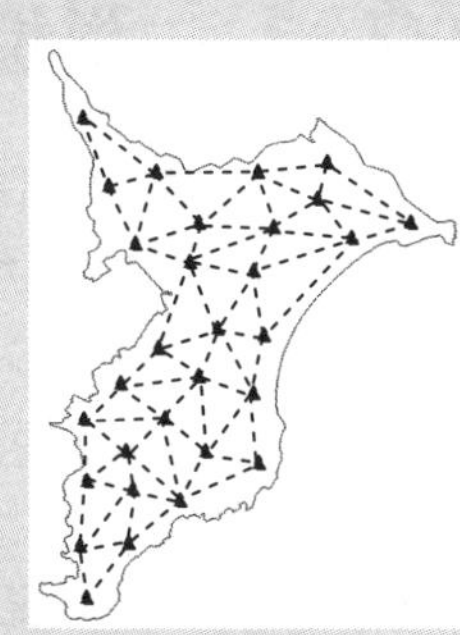

（基準点の骨組み例）

（空中写真）

Chapter 02

単位と数学

士補試験では、現在（2022年度）のところ電卓の持込みが禁止されているため、計算問題はすべて手計算により解答する必要がある。この章に書かれている内容は、士補試験に合格するために必要かつ最低限の単位や数学に関するものである。

2-1 単位と補助単位

単位と補助単位は、「量」を数値で表す場合の一定の基準である。例えば、1,000mは1㎞であるが、このときの「k」が**補助単位**であり、後に続く「m」が長さの単位である。つまり、k（キロ）は1,000を表している。

もう少し具体的に記すと、2㎞は2（量）と1,000（k：キロ）のm（メートル）、つまり2,000mとなる。

測量では、距離や角度の観測作業が行われる。ここでは、士補試験に出題される単位について説明する。

1. 距離の単位

測量において、高さや距離は基本的に**m（メートル）単位**で表す。出題される単位は、㎜から㎞までの範囲であるが、計算上はmに直しておくと都合のよいことが多い。

また、出題される中でふだん目にすることのない補助単位としては、μ（マイクロ）がある。1μm＝10^{-6}m＝0.000001mである。

1m	× 1,000 で	1 ㎞
1m	÷ 1,000 で	1 ㎜
1m	÷ 1,000,000 で	1μm

図2-1：距離の単位

2. 角度の単位（度数法）

最もよく用いられる角度の単位として度がある。この角度の単位は、円周を360等分したうちの1つの弧の中心に対する角度を「1度」と定義している。簡単にいえば、「ぐるっと1周すると360度」である。

測量では、角度の観測に「度」以下の単位を使用している。度以下は、小数点ではなく分と秒で表し、その大きさは、1度＝60分、1分＝60秒 となっている。つまり、1度＝60分＝3600秒である。

1度以下の単位は60進法であるが、時計の分や秒と同じであると考えればよい。また、度、分、秒が記号で書かれることもあり、その記号は、度（°）、分（′）、秒（″）である。

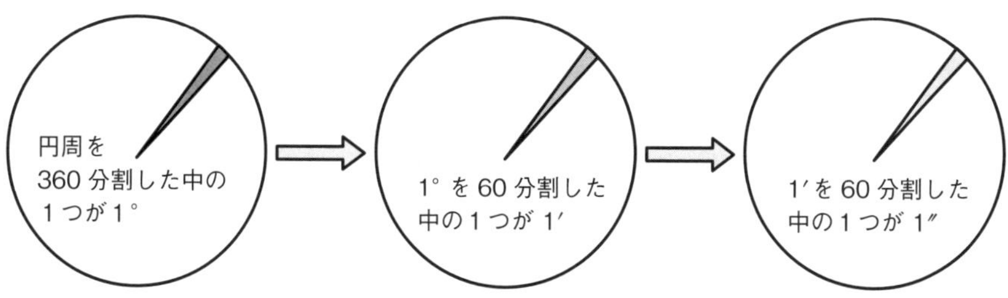

図2-2：角度の単位

3. 角度の単位（弧度法（こどほう）：ラジアン）

測量では、角度の大きさを表す場合、度数法の他に弧度法が用いられる。弧度法はラジアンとも呼ばれ、単位はradであるが、単にラジアンと記載されることが多い。ラジアンは、角度を度、分、秒で表す代わりに、**円弧の長さ**で表している。ところが、円弧の長さは半径の長さによって異なってしまうため、ラジアンでは**半径を1とした場合の円弧の長さを基準として、角度を表している。**

円の周長（円周）の長さは、$2\pi r$（半径の2倍×円周率）で表すことができる。いま、半径1の円の周長を考えると、その周長は2πとなる。つまり、**360°＝2πラジアン**となる。

このように考えると、1ラジアン$=360^\circ \times \dfrac{r}{2\pi r} = \dfrac{360^\circ}{2\pi} = \dfrac{180^\circ}{\pi}$ ≒57.288度となる。

※180°＝πラジアンと覚えておくと便利である。※π＝3.142として計算した場合

また、$1^\circ = \frac{\pi}{180^\circ} \fallingdotseq 0.0175$ラジアンとなる。

士補試験では、**1 ラジアン≒ 2″× 10⁵(200,000 秒)** として問題文中で与え、これを**ρ″（ロー秒）**と表すことが多い。

$$1\text{ラジアン} \fallingdotseq 57.288^\circ \times 3600'' = 206236.8'' \fallingdotseq 200000'' = 2'' \times 10^5$$

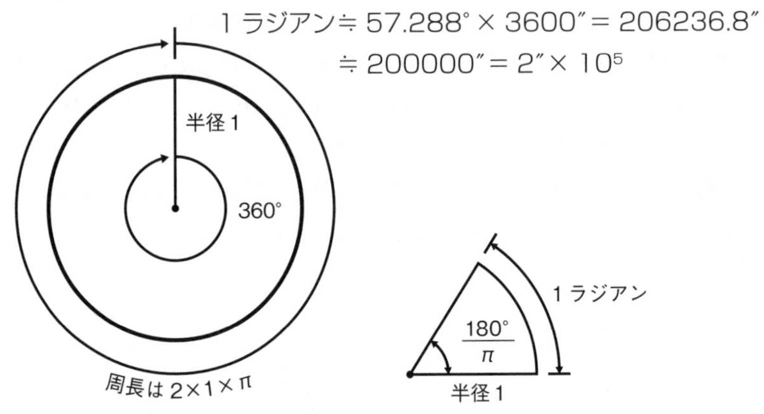

図2-3：角度と周長の関係　　図2-4：1ラジアンの値

4. ギリシャ文字

士補試験や本書、測量関係の図書で使用されるギリシャ文字とその読みを表2-1 にまとめる。

表2-1：測量で使用されるギリシャ文字一覧（順不同）

文字	読み	用法	文字	読み	用法
α	アルファ	一般的に角度を表す際に用いられる文字	µ	ミュー	単位で使用（マイクロ）
β	ベータ		π	パイ	円周率を表す
γ	ガンマ		ρ	ロー	ρ秒としてラジアンで使用
θ	シータ		Σ	シグマ	総和（合計）を表す（大文字）
φ	ファイ		σ	シグマ	標準偏差で使用
⊿	デルタ	標準偏差で使用（大文字）	κ	カッパ	写真測量で使用
δ	デルタ	標準偏差で使用	ω	オメガ	

※大文字で記載があるもの以外は、小文字が使用されている。

2-2 士補試験のための数学

1. 度数法（度分秒）の計算

角度は Part1 の 2-1-2 で説明したように度、分、秒で表されるが、その計算はどのように行えばよいのであろうか。以下に、角度の計算例を挙げる。

●角度の足し算

35° 31′40″＋28° 42′30″の計算を例に挙げて考えてみると、図 2-5 のようになる。

```
  35° 31′ 40″
+ 28° 42′ 30″   ここで 63° 73′ 70″ ⇨ 63° 74′ 10″ ⇨ 64° 14′ 10″
─────────────              (1′ 10″)      (1° 14′)
  63° 73′ 70″
```

図2-5：角度の足し算

※度、分、秒の各単位ごとに計算すればよい

●角度の引き算

28° 42′30″－35° 31′40″の計算を例に挙げて考えてみる。

この場合、単純な引き算のように、35° 31′40″－28° 42′30″を考え、不足分に－を付けてやればよい。

```
  35° 31′ 40″   ここで、40″－30″＝10″
－ 28° 42′ 30″          31′－42′＝1° 31′－42′＝91′－42′＝49′
─────────────          34°－28°＝6°
   6° 49′ 10″
                よって、－6° 49′10″となる
```

図2-6：角度の引き算

※ここで「－」の角度は、一般的に左回りを表すことになる（**測量では角度は右回りが＋**）。また、場合によっては、－6° 49′10″＋360° を行い、353° 10′ 50″とする必要がある。つまり、左回りに 6° 49′10″と右回りに 353° 10′ 50″は、同じ方向である。

●度の単位を度分秒に換算

15.425°を度分秒の単位に換算する場合を例に挙げると次のようになる。

$$15.425° = 15° + 0.425°$$

$$0.425° \times 60' = 25.5' = 25' + 0.5'$$

$$0.5' \times 60'' = 30''$$

よって、$15° + 25' + 30'' = 15°\ 25'\ 30''$

●度分秒の単位を度に換算

逆に 15° 25′ 30″を度の単位に換算する場合を例に挙げる。

$$15°\ 25'\ 30'' = 15° + 25' + 30''$$

$$30'' \div 60' = 0.5'$$

$$25.5' \div 60° = 0.425°$$

よって、$15° + 0.425° = 15.425°$　となる。

※度数法の単位換算の基本は、**1° = 60′ = 3600″（60 × 60）**を覚えておけばよい。

2. 弧度法（ラジアン）の計算

図 2-7 のように、角度が正しい方向から 10″ズレた場合、100m 先ではどの程度の位置のズレになるかを度数法とラジアンそれぞれを用いた計算で考えてみる。

ただし、$\pi = 3.142$ とする。

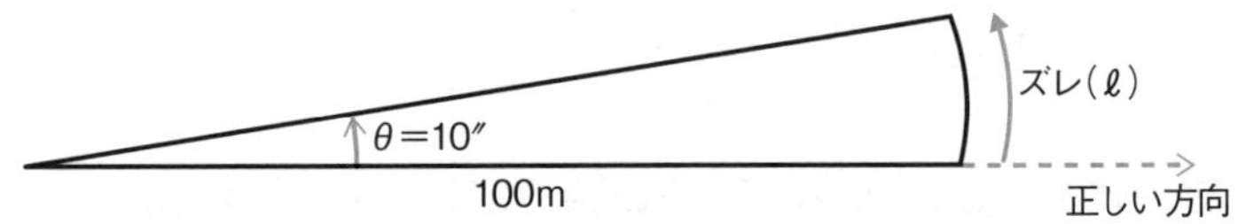

図2-7：弧度法の計算

① 度数法での計算

$$\ell = 2\pi \times 100\text{m} \times \frac{10''}{360 \times 3600''} = 2\pi \times 100\text{m} \times \frac{10''}{1296000''} = 2\pi \times \frac{1}{1296}$$

$$= \frac{2 \times 3.142}{1296}$$

$$\fallingdotseq 0.0048\text{m}$$

$$= 4.8\text{mm}$$

※ 1° = 3600″より、360° = 1296000″。

② 弧度法での計算

$$\ell = 100\text{m} \times \frac{10''}{\rho''} = 100 \times \frac{10''}{200000''} = \frac{1}{200} = 0.005 = 5\text{mm}$$

となる。

ここで、$\rho'' = (180°/\pi) \times 3600'' \fallingdotseq 200000''$としている。

※士補試験では、$\rho'' = 2'' \times 10^5$ と問題文中に与えられる。

※πは 3.142 とする。

上記のように①度数法を用いた計算では、いったん、半径 100m の円の周長を求め、これを比例計算（10″ /360°）で内角 10″の場合の円弧の長さにしている。

弧度法では、半径rで角度θ（ラジアン）の円弧の長さは、$r \times \theta$（ラジアン）で求められるため、10″は何ラジアンかを求め、これに半径 100m を掛ければ円弧の長さが求められる。

●単位の換算（度数法からラジアン単位）

43° 52′ 10″をラジアン単位に換算すると幾らか。ただし$\pi = 3.142$とする。

まず、すべて度の単位にすると次のようになる。

$$43°52'10'' = 43° + \frac{52}{60}° + \frac{10}{3600}° = 43° + 0.867° + 0.003° \fallingdotseq 43.87°$$

次にこれをラジアン単位にすると次のようになる。

1 ラジアン$= \dfrac{180°}{\pi}$であるから、

1 ラジアン：$\dfrac{180°}{\pi} = x$ ラジアン：43.87 より、

$\dfrac{180°}{\pi} x$ ラジアン =43.87

よって、x ラジアン$= 43.87 \times \dfrac{3.142}{180} = 0.766$ ラジアン

また、士補試験問題で$\rho'' = 2'' \times 10^5$ が与えられていれば、

$$x\text{ラジアン} = \frac{43°\ 52'\ 10''}{2'' \times 10^5}$$

$$= \frac{43° \times 3600'' + 52' \times 60 + 10''}{2'' \times 10^5}$$

$$= \frac{157930''}{200000''} = 0.78965 \fallingdotseq 0.790 \text{ ラジアン}$$

と解答することができる。

●単位の換算（ラジアン単位から度数法）

0.383 ラジアンを度数法に変換すると幾らか。ただし $\pi = 3.142$ とする。

まず、0.383 ラジアンを度単位にすると次のようになる。

1 ラジアン $= \frac{180°}{\pi}$ であるから、

1 ラジアン：0.383 ラジアン $= \frac{180°}{\pi} : x°$ より、

$$x° = 0.383 \times \frac{180°}{\pi} = \frac{0.383 \times 180°}{3.142} = 21.9414°$$

これを度数法に変換すると次のようになる。

$21° + 0.9414 \times 60' = 21° + 56' + 0.484 \times 60'' = 21°\ 56'\ 29''$

3. 平方根の計算

2 乗して（同じものを 2 回掛けて）A となるものを、A の平方根という。例えば、4 の平方根は $2 \times 2 = 4$ であるため、その答えは「2」注となる。また、2×2 は 2^2 とも表される。平方根は、$\sqrt{\ }$（ルート）の記号を用いて表され、前述の数値を用いると、$\sqrt{4} = 2$ となる。

注　正確には、$\sqrt{4} = \pm 2$となり、4 の平方根は 2 と－2 の 2 つの答えを持つ。

士補試験では、平方根の計算が必要となる。平方根が入る計算は、それを開いて（小数点に直して）計算すればよいため、ここでは平方根の手計算による開き方を記す。

士補試験では、$\sqrt{1}$ から $\sqrt{100}$ までの値が関数表として問題の巻末に与えられるため、分解法により、この形にすればよい。

●分解法

分解法とは、ルートの中の数字を分解して正答を求めていく方法である。

$\sqrt{0.0245}$ を例に挙げて考えると次のようになる。

まず、$\sqrt{0.0245}$ は、$\sqrt{0.0001} \times \sqrt{245}$ に分解できる。

$\sqrt{0.0001} = 0.01$ であるため、$\sqrt{0.0245} = 0.01\sqrt{245}$ となる。

次に、$\sqrt{245}$ は $\sqrt{49} \times \sqrt{5}$ に分解できる。

$\sqrt{49}$ と $\sqrt{5}$ の値を巻末の関数表から求めると、$\sqrt{49} = 7$、$\sqrt{5} = 2.23607$ となるため、

よって、$\sqrt{0.0245} = 0.01 \times 7 \times 2.23607 = 0.1565249$ となる。

※$\sqrt{245}$ は、$\sqrt{7} \times \sqrt{35}$ に分解して、それぞれの数値を関数表から引いてもよい。要は関数表にある数値に分解できればよい。

次に、$\sqrt{1.6}$ について考えてみると次のようになる。

まず、$\sqrt{1.6}$ は、$\sqrt{0.01} \times \sqrt{160}$ に分解できる。よって、$0.1\sqrt{160}$ である。

次に $\sqrt{160}$ は、$\sqrt{16} \times \sqrt{10}$ に分解できるため、関数表から $\sqrt{10}$ の値を引くと、

$\sqrt{1.6} = 0.1 \times 4 \times 3.16228 = 1.2649$ となる。

分解法では、まず小数点を外し、関数表に掲載されている整数に分解して計算すればよい。

4. 相似と比例式

2つの図形が相似とは、どちらか一方の図形を一定の割合で拡大または縮小すると、もう一方の図形と合同（ピッタリと重なる）になることをいう。

例えば図 2-8 のような三角形を考えると、三角形AとBは相似であるといえる。

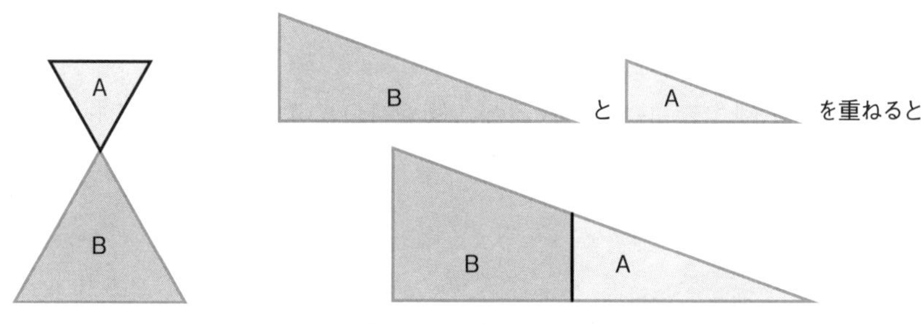

図2-8：相似の図形

ここで**三角形の相似条件**は、次の通りである。

- 2組の角が等しい。
- 3組の辺の比が等しい。
- 2組の辺の比とその挟む角が等しい。

また**比例式**とは、$x:y$と表され、$\frac{x}{y}$のように分数で表したものは**比の値**と呼ばれる。

これはyに対するxの割合を表し、この割合がbに対するaの割合と等しい場合は（2つの図形が相似の場合は）、$x:y=a:b$、$\frac{x}{y}=\frac{a}{b}$と表される。

例えば、図2-8の三角形に数値を入れ、不明な辺の長さxを計算すると図2-9のようになる。

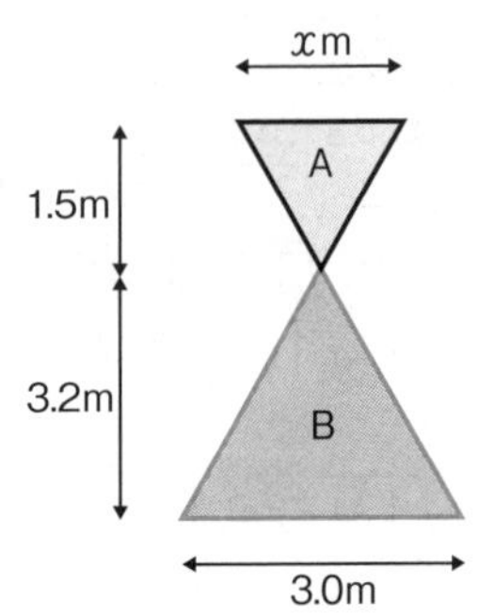

図2-9：数値を入れて計算

この場合、次のように比例式を組み立てて計算すればよい。

3.2m：3.0m ＝ 1.5m：xm

ここで、xを求めるには、次のように内と内、外と外を掛け、xに対する一次式を組み立て、これを解けばよい。

3.2m：3.0m ＝ 1.5m：x m

3.2m × x m ＝ 3.0m × 1.5m

よって、$x=\frac{(3.0\times1.5)}{3.2}\fallingdotseq1.406$m

このように比例式でも計算できるが、図2-10のように比の値でも計算することができる。

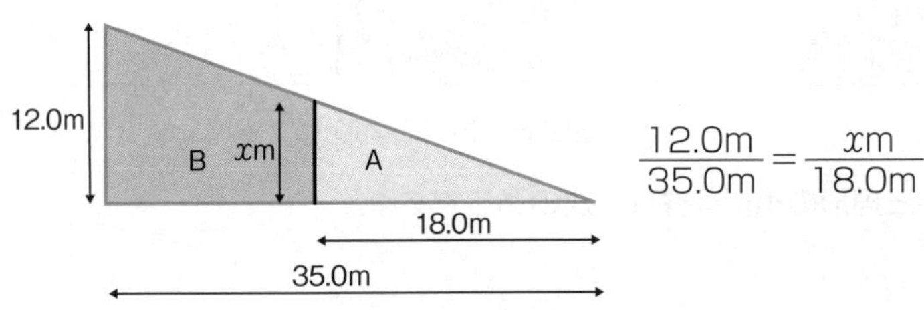

$$\frac{12.0\text{m}}{35.0\text{m}}=\frac{x\text{m}}{18.0\text{m}}$$

図2-10：比の値で計算

ここで、x を求めるには、たすき掛けを行い、x に対する一次式を組み立てればよい。

$$\frac{12.0\text{m}}{35.0\text{m}} = \frac{x\text{m}}{18.0\text{m}}$$

$$35.0\text{m} \times x\text{m} = 12.0\text{m} \times 18.0\text{m}$$

よって、$x = \dfrac{12.0 \times 18.0}{35.0} \fallingdotseq 6.171\text{m}$ となる。

過去問題にチャレンジ

▶ R01-No.3 一部改変

Q1 角度の計算

次の a 及び b の各問の答えを求めよ。ただし，円周率 $\pi = 3.142$ とする。なお，関数の値が必要な場合は，巻末の関数表を使用すること。

a. 51° 12′ 20″ をラジアン単位に換算すると幾らか。

b. 0.81 ［rad］（ラジアン）を度分に換算すると幾らか。

解答

a. $1\text{ラジアン} = \dfrac{180^\circ}{\pi}$ より

$$51^\circ 12' 20'' = 51^\circ + \frac{12}{60}^\circ + \frac{20}{3600}^\circ = 51^\circ + 0.2^\circ + 0.006^\circ = 51.206^\circ$$

よって、$1\text{ラジアン} : \dfrac{180^\circ}{\pi} = x\text{ラジアン} : 51.206$

$$x\text{ラジアン} = 51.206 \times \frac{\pi}{180^\circ} = \frac{51.206 \times \pi}{180^\circ} \fallingdotseq 0.894\text{ラジアン}$$

b. $1\text{ラジアン} = \dfrac{180^\circ}{\pi}$ より

$$1\text{ラジアン}：\frac{180°}{\pi}=0.81\text{ラジアン}：x°$$

$$x°=0.81\times\frac{180}{3.142}=\frac{145.8}{3.142}\fallingdotseq 46.4036°$$

$$46.4036°=46°+0.4036\times 60'=46°24.216'$$
$$=46°24'+0.216\times 60''\fallingdotseq 46°24'13''$$

過去問題にチャレンジ

▶ H24-No.14 一部改変

Q2 比例計算

傾斜が一定な斜面上の点Aと点Bの標高を測定したところ，それぞれ72.8m，68.6mであった。また，点A，B間の水平距離は78.0mであった。

このとき，点A，B間を結ぶ直線と標高70.0mの線が交わる場所は，点Aから水平距離で何mの地点か求めよ。

解答 まず問題文を図に描くと次のようになる。

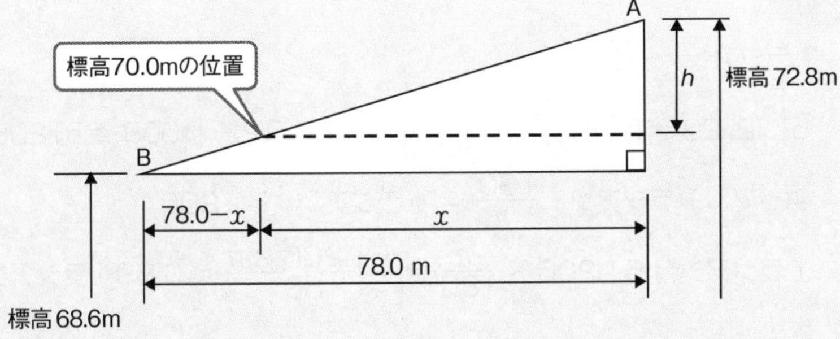

ここで、点A～Bを結ぶ線上で標高70.0mの線の位置を考えると、2つの三角形の相似より、次の比例式が組み立てられる。

AB間の高低差は、72.8m − 68.6m = 4.2m、図中のhは、72.8m − 70.0m = 2.8m。

よって、 4.2m：78.0m = 2.8 m：xとなり、これを解くと、

$78.0\times2.8=4.2x$ よって、$x=\dfrac{218.4}{4.2}=52.0$mとなり、A点から、

水平距離で52.0mの位置に標高70.0mの線があるといえる。

5. 三角関数（三角比）の基礎

●三角関数の表し方

図2-11のような直角三角形を考えた場合、各辺（a, b, c）の長さの比は、三角形の大きさに関係なく、角θの大きさによって決定される。

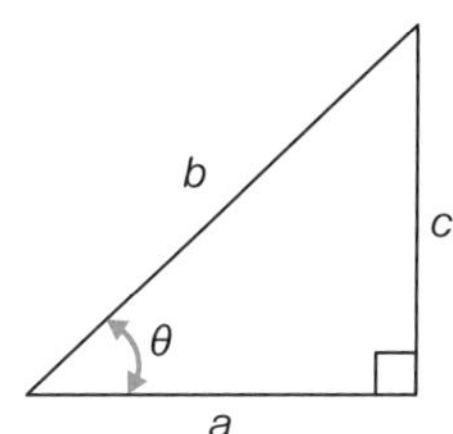

図2-11：角度と辺

これにより各辺の比において、

a：隣辺　b：斜辺　c：対辺　とすると、

$$\sin\theta=\frac{対辺}{斜辺}=\frac{c}{b}\quad\cos\theta=\frac{隣辺}{斜辺}=\frac{a}{b}\quad\tan\theta=\frac{対辺}{隣辺}=\frac{c}{a}$$

と表すことができる。これらを、**角θの三角比**と呼ぶ。

また、辺の長さの比から角度を求める場合には、逆三角関数が用いられ、次のように表される。

arcsin（$\sin^{-1}$）、arccos（$\cos^{-1}$）、arctan（$\tan^{-1}$）

逆三角関数を用いれば、$y=\sin x$の式でxを求めたい場合、

x = arcsin y（または、$x = \sin^{-1} y$）により求めることができる。

●三角関数表の引き方

士補試験では関数電卓の持込みが禁止されているため、三角関数の値が必要な場合は、問題冊子の最後のページにある**三角関数表**から値を求める必要がある。

三角関数表は、表 2-2 のように sin、cos、tan について、0 度～ 90 度までの値が掲載されている。

表2-2：三角関数表(例)

度	sin	cos	tan
0	0.00000	1.00000	0.00000
1	0.01745	0.99985	0.01746
2	0.03490	0.99939	0.03492
3	0.05234	0.99863	0.05241
4	0.06976	0.99756	0.06993
5	0.08716	0.99619	0.08749
⋮	⋮	⋮	⋮

※三角関数表については、本書巻末にも掲載されている。

ここに掲載されている値は表から求めればよいが、小数点が入る場合、特に度数法の三角関数の値の求め方について以下に記す。

例として、sin15° 25′ 30″の値を求めると次のようになる。

まず、三角関数表の sin15° と sin16° の値を見ると、表 2-3 の通りである。

表2-3：sin15°とsin16°の値

度	sin
15	0.25882
16	0.27564

つまり、sin15° 25′ 30″は、0.25882 から 0.27564 の間にあるので、**内挿法**(ないそうほう)注を用いてこの値を求める。

内挿法によって値を求めるには、次のような計算を行えばよい。

注　数値間の値を比例計算により求める手法。

① sin15°とsin16°の値の差を求める。

0.27564 − 0.25882 = 0.01682（1°違えば、0.01682違う）

② 15° 25′ 30″を度の単位に直す。

30″÷ 3600 + 25′ ÷ 60 + 15° = 0.0083 + 0.417 + 15

= 15.4253°

※ここで25′ 30″の値が、0.4253°とわかる。

③ 比例計算を行う（内挿法）。

1°：0.01682 = 0.4253°：x

よって、$x = \dfrac{0.01682 \times 0.4253}{1}$ =0.007154となる。

④ sin15° 25′ 30″の値を求める。

sin15°が0.25882であるから、これに0.007154を足して、

0.25882 + 0.007154 = 0.26597となる。

このようにして、sin、cos、tanの各値を求めればよい。

また逆三角関数の計算が必要な場合には、その値を次のように求めればよい。

例として、$\sin^{-1}$ 0.26597（$\sin^{-1}$ = arcsin）を求めるには、以下のように前記の①～④までの計算を逆に行って求める。

0.26597 − 0.25882 = 0.00715（0.25882 = sin15°は、三角関数表から求める）

比例計算により、0.01682：0.00715 = 1°：x°

これを求めると、$x = \dfrac{(0.00715 \times 1)}{0.01682}$ ≒0.4251°

これを直すと、0° 25′ 30″となる。

よって、$\sin^{-1}$ 0.26597 = 15° + 0° 25′ 30″ = 15° 25′ 30″となる。

●三角関数の利用例（1）

図 2-12 のような一様な傾斜を持つ土地の AB 2 点間の斜距離を測定し、S = 38.236m を得た。この土地の傾斜角を 15° としたときの水平距離 L および 2 点間の高低差 H を求めよ。ただし、関数の値は巻末の関数表より求めよ。

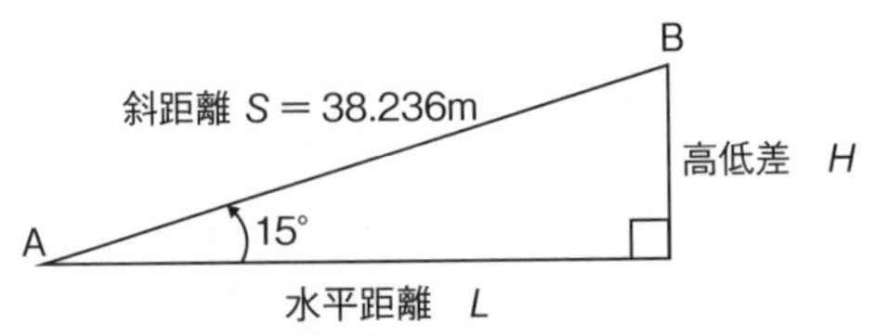

図2-12：水平距離および 2 点間の高低差を求める

- 水平距離 L の計算

$\cos\theta = \dfrac{L}{38.236}$ より、$L = 38.236 \times \cos 15° \fallingdotseq 36.933$m

- 高低差 H の計算

$\sin\theta = \dfrac{H}{38.236}$ より、$H = 38.236 \times \sin 15° \fallingdotseq 9.896$m

または、先に求めた水平距離 L を用いて、

$\tan\theta = \dfrac{H}{L} = \dfrac{H}{36.933}$ より、$H = 36.933 \times \tan 15° \fallingdotseq 9.896$m

と求めることができる。

●三角関数の利用例（2）

図 2-13 のような一様な傾斜を持つ土地の AB 点間の高低差および水平距離を測定し、高低差 H = 9m、水平距離 L = 36m を得た。傾斜角および斜距離を求めよ。ただし、関数の値は巻末の関数表より求めよ。

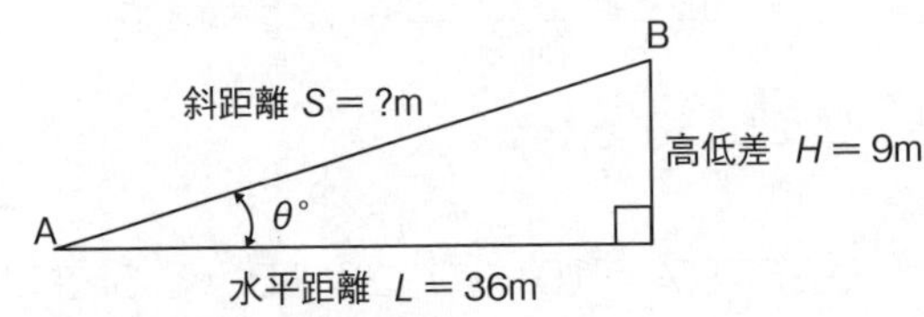

図2-13：傾斜角および斜距離を求める

傾斜角を求めると、

$\tan\theta = \frac{H}{L}$ より、$\tan\theta = \frac{9}{36} = 0.25$

$\theta = \tan^{-1}\ 0.25 = 14.03624° \fallingdotseq 14°$

よって、傾斜角は約 14°となる。

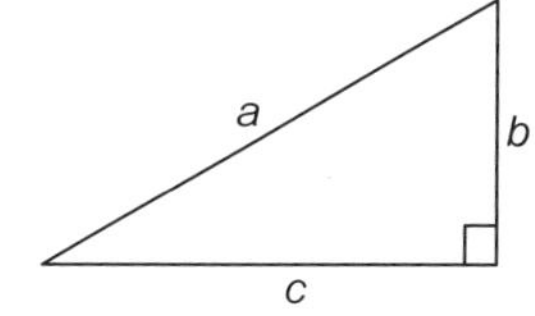

図2-14：ピタゴラス（三平方）の定理

次に、斜距離の計算であるが、これはピタゴラス（三平方）の定理を用いて計算すればよい。

図 2-14 のような直角三角形を考えた場合、斜辺 a は、次のように求めることができる。

$a = \sqrt{b^2 + c^2}$

よって、問題の斜距離は、

$S = \sqrt{9^2 + 36^2} = \sqrt{1377} = 9 \times \sqrt{17} = 9 \times 4.12311 \fallingdotseq 37.108\mathrm{m}$

となる。

●覚えておくと便利な公式

前記のピタゴラスの定理もそうであるが、以下に、覚えておくと便利な公式として正弦定理、余弦定理、ヘロンの公式について記す。

- 正弦定理

三角形 ABC において、それぞれの対辺の長さを a、b、c とすると、次の関係が成り立つ。

$\frac{a}{\sin A} = \frac{b}{\sin B} = \frac{c}{\sin C} = 2R$

※R：三角形の外接円の半径

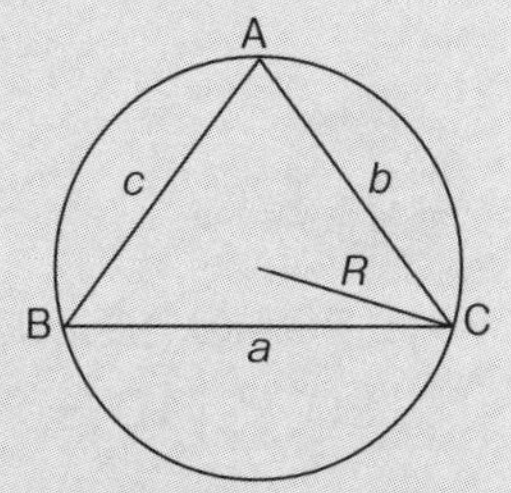

- 余弦定理

前出の三角形 ABC において、次の関係が成り立つ。

$a^2 = b^2 + c^2 - 2bc \times \cos A$

$b^2 = c^2 + a^2 - 2ca \times \cos B$

$c^2 = a^2 + b^2 - 2ab \times \cos C$

・ **ヘロンの公式**

三角形の三辺の長さがわかると、面積 S が求められる。

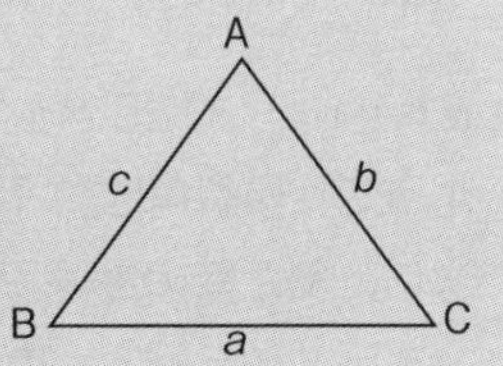

$$s=\frac{a+b+c}{2}$$

$$S=\sqrt{s\ (s-a)\ (s-b)\ (s-c)}$$

過去問題にチャレンジ

▶ R01-No.3 一部改変

Q3 三角関数の計算

頂点A，B，Cを順に線分で結んだ三角形ABCで辺BC = 6.00 m，∠BAC = 110°，∠ABC = 35°としたとき，辺ACの長さは幾らか。

なお，関数の値が必要な場合は，巻末の関数表を使用すること。

解答

∠BCAの角度を求めると

180° − 110° − 35° = 35°となる。

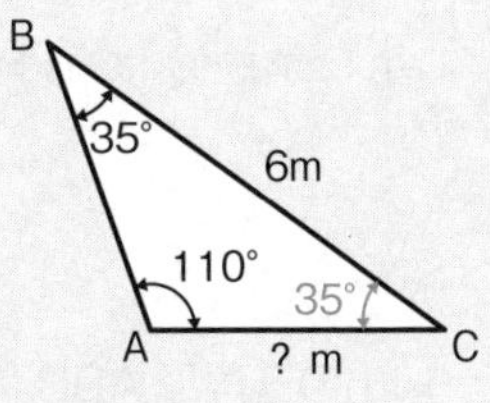

よって、∠ABC =∠BCAであるから、三角形ABCは二等辺三角形である。

次に点Aから辺BCに垂線を下すと次図のようになる。

よって、$\cos 35^\circ=\frac{3}{AC}$

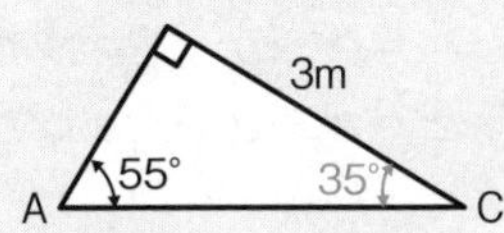

$$AC=\frac{3}{\cos 35^\circ}=\frac{3}{0.81915}=3.662\text{m}$$

よって、辺ACの長さは、3.662mとなる。

<別解>

正弦定理より、$\frac{6}{\sin 110°}=\frac{x}{\sin 35°}$

$x=\frac{\sin 35°}{\sin 110°}6x=\frac{6\times 0.57358}{0.93969}=\frac{3.44148}{0.93969}=3.662\text{m}$

※ sin110° = sin(180° − 110°) = sin70° となる。

2-3 誤差について

測量のような観測された値から、真値 **(真の値)** を得られることはない。得られるのは、測定された最確値 **(最も確からしい値)** である。最確値には誤差が必ず含まれているため、これを常に念頭に置いて観測作業を行う必要がある。

真値と最確値の関係を式で表すと、**(真値) = (最確値) + (誤差)** となる。

1. 誤差の種類

誤差には、次の３つの種類がある。

●定誤差（系統誤差）

定誤差には次に挙げる個人誤差、器械誤差、自然誤差の３つがあり、測量作業の観測者は、これら３つの**定誤差**をなくす（小さくする）ことが要求される。

- 個人誤差：観測者が目盛を大きめに読んだりするような誤差（癖）。
- 器械誤差：調整不完全な器械を用いたために生じるような誤差。これは、器械の選定や観測方法によって、ある程度補正することができる。
- 自然誤差：理論的誤差とも呼ばれ、温度差による伸縮や光の屈折、地球表面の曲率などによって起こるもので、理論計算で除去できる誤差である。

●不定誤差（偶然誤差）

原因不明の誤差。不定誤差の特徴としては、**「小さい誤差ほどより多く現れる」**、

「正負の誤差が同程度現れる」、「極めて大きい誤差は現れない」という、**誤差の三公理**がある。

●過誤

観測者の不注意や技術の未熟さによって引き起こされる誤差。**過失**ともいわれる。

2. 精度

測量作業では、その作業内容に応じて**精度**が要求される。精度とは、観測作業の**正確さ**のことで、観測作業により一定の精度が確保されない場合は、**再測（測量をやり直すこと）**を行う必要がある。

作業規程の準則には、各観測作業における誤差の制限（精度）が記載されている。

3. 最確値

最確値とは最も確からしい値のことであり、真値に最も近い値を指す。つまり、測量のように観測された値からは、真値を求めることができないため、**最確値≒真値**として扱っている。士補試験の計算問題では、問題文に「値を求めよ」ではなく、「最確値を求めよ」や、「最も近いものを求めよ」などと出題される。

例題 01　誤差に関する問題

▶R02-No.6 一部改変

次のａ～ｄの文は，測量における誤差について述べたものである。明らかに間違っているものはどれか。

a. 測量機器の正確さには限度があり，観測時の環境条件の影響を受けるため，十分注意して距離や角度などを観測しても，得られた観測値は真値にわずかな誤差が加わった値となる。

b. 系統誤差とは，測量機器の特性，大気の状態の影響など一定の原因から発生する誤差である。この誤差は，観測方法を工夫することによりすべて消去できる。

c. 偶然誤差とは，発生要因に特段の因果関係がないため，観測方法を工夫しても消去できないような誤差である。この誤差は，観測値の平均をとれば小さくできる。
d. 最確値は最も確からしいと考えられる値であり，一般的に最小二乗法で求めた値である。

解答

a. 正しい。観測後に得られる値は最確値と呼ばれ、誤差を含んだ値である。（真値）＝（最確値）＋（誤差）となる。

b. 間違い。系統誤差（定誤差）は観測器械の選定や観測方法により小さくすることはできるが、すべて消去することはできない。

c. 正しい。偶然誤差（不定誤差）は、いわゆる原因不明の誤差である。不定誤差の特徴としては、「小さい誤差ほどより多く現れる」「正負の誤差が同程度現れる」「極めて大きい誤差は現れない」という誤差の三公理がある。問題文にあるように、観測回数を増やし、平均を取れば小さくすることができる。

d. 正しい。最小二乗法は、誤差を伴った観測値の処理で、その誤差の二乗和を最小にすることで最確値を求める手法である。

よって、明らかに間違っているものはb.である。

2-4 重量と最確値

最確値を求めるには、ふつう算術平均でよい。算術平均とは一般に**平均**と呼ばれているものであり、**すべての値の合計をその値の数で割る**ことによって求められる値である。

では、AB 間の距離を X は2回、Y は5回測定した場合、AB 間の距離の最確値はどのように求めればよいのであろうか。この場合、2回観測した X よりも、5回観測した Y の方が信用度が高いと考えられる。この信用度のことを重量（じゅうりょう）と呼び、AB 間の距離の最確値を求めるには、この重量を考えた平均を行う必要がある。

1. 重量

重量（信用度）とは、前記したように「測定値の信用の度合い」であり、重量が大きいほど、その観測結果に信用があるということである。

以下に、士補試験に出題される**観測回数による重量**、**路線長による重量**、標準偏差**による重量**について記す。

●観測回数による重量（角度や距離）

角度の観測や距離の観測など、同じ目標（範囲）に対して観測回数を変えて観測した場合、1回より2回、2回より3回…と、観測回数を増やしその平均値を求めれば、観測精度はよくなる。このため、観測回数を増やしたときに得られる平均値は「重量が大きい＝精度がよい」と考えることができる。

このことから重量と観測回数の関係は、「重量（P）は観測回数（n）に比例する」ことになり、次の式で表される。

$$P_1 : P_2 = n_1 : n_2$$

角度の観測は観測回数が多いほど重量が大きい。信用度の高いデータといえる。

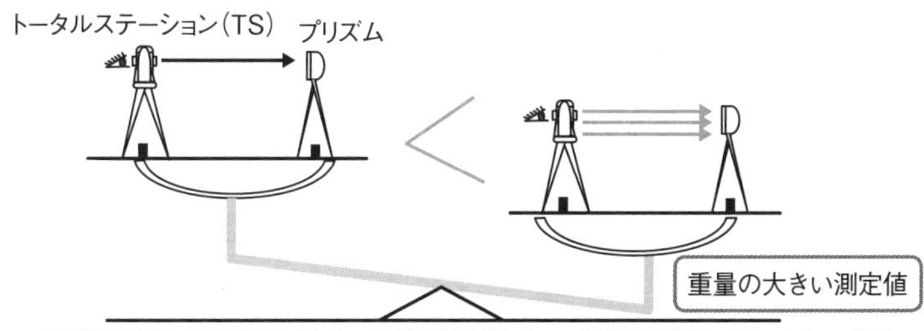

距離の観測は観測回数が多いほど重量が大きい。信用度の高いデータといえる。

図2-15：観測回数による重量

●路線長による重量（高低差）

水準測量のように、いくつかの異なる路線（ルート）から高低差を求め標高の最確値を計算する場合には、その路線長が長くなればなるほど誤差の累積が多くなり、観測データ中に誤差が多く含まれると考えられる。このため短い路線の観測データには大きな重量、長いものには小さい重量を与える必要がある。

つまり重量と路線長の関係は、「重量（P）は、路線長（S）に反比例する」となり、次の式で表される。

$$P_1 : P_2 = \frac{1}{S_1} : \frac{1}{S_2}$$

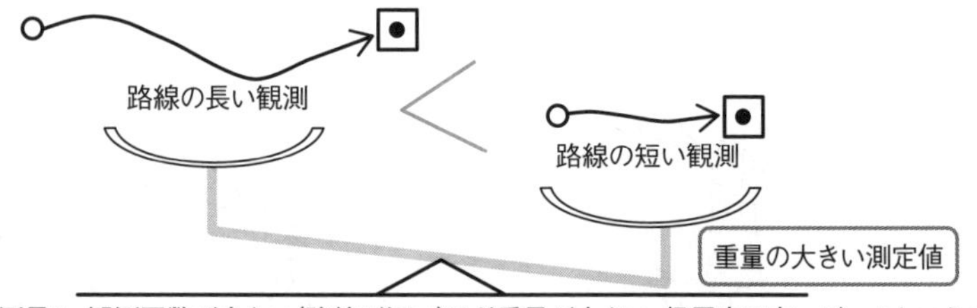
路線の長い観測
路線の短い観測
重量の大きい測定値
水準測量は、観測回数が少ない(路線が短い)ほど重量が大きい。信用度の高いデータといえる。

図2-16：路線の長さによる重量

●標準偏差による重量

標準偏差とは、ある範囲を繰返し測定した場合の測定精度を表すものである。標準偏差は、残差の二乗和を測定回数で除した（割った）ものの平方根で求められる。このため測定回数が多いほど標準偏差は小さく、精度は高いといえる（標準偏差の解説は Part2 の 2-10 参照）。

標準偏差と重量の関係は、「重量（P）は、標準偏差（m）の2乗に反比例する」となり、次の式で表される。

$$P_1 : P_2 = \frac{1}{m_1^2} : \frac{1}{m_2^2}$$

2. 重量平均

数回に分けて観測された観測値の最確値を求める場合、すべて同じ重量で観測された場合は、その最確値は前述したように算術平均（平均）を行えばよい。しかし、各観測値がそれぞれ異なる重量で観測された場合には、その重量の大きい観測値を他の観測値より「信用がある」と考えた平均方法、すなわち**重量平均による最確値の計算**を行う必要がある。

重量平均による最確値の計算は、以下の通りである。

$$最確値 = \frac{a_1 \cdot P_1 + a_2 \cdot P_2 + \cdots + a_n \cdot P_n}{P_1 + P_2 + \cdots + P_n}$$

a_1、a_2、…、a_n　1、2、…、n 回目の観測値

P_1、P_2、…、P_n　1、2、…、n 回目の観測値の重量

例題 02 重量平均による最確値の計算 ▶S60-1D 一部改変

観測器械を用いて，同じ場所の水平角を，Aは2回，Bは3回観測し，表の結果を得た。この水平角の最確値を求めよ。

表

	回数	観測値
A	1	30° 06′ 00″
	2	30° 05′ 59″
B	1	30° 06′ 05″
	2	30° 06′ 03″
	3	30° 05′ 58″

解答 観測回数を重量と考え、次のように重量平均を行い、最確値を求めればよい。

Aの重量 = 2、Bの重量 = 3。よって、

$$(\text{最確値}) = 30°05' + \frac{(60''\times2+59''\times2)+(65''\times3+63''\times3+58''\times3)}{2+2+3+3+3}$$

$$= 30°05' + \frac{238''+558''}{13} = 30°05'61'' = 30°06'01''$$

となる。

よって、水平角の最確値は、30° 06′ 01″となる。

ここで前記の計算の考え方は、次のようである。

- 手計算を行いやすいように、まず共通項について考える。
- 各観測値に共通項を作るため、30° 06′ 05″を30° 05′ 65″のように変換する。
  ※この場合、マイナスの値が出ないようにするとよい。
- その後、共通項（30° 05′）を前に出し、それ以外の部分で計算を行う。

2-5 勾配の計算

勾配(こうばい)とは、基準に対する斜面の度合いを数値で表すものである。一般的に「勾配が大きい」とは、傾斜の急な斜面を指し、「勾配が小さい」とは傾斜の緩い斜面を指す。

1. 盛（切）土と法面

堤防を造る場合など、土を盛ることを盛土(もりど)、切り取ることを切土(きりど)と呼ぶ。また、このように盛土や切土を行った場合の斜面のことを法面(のりめん)と呼んでいる。

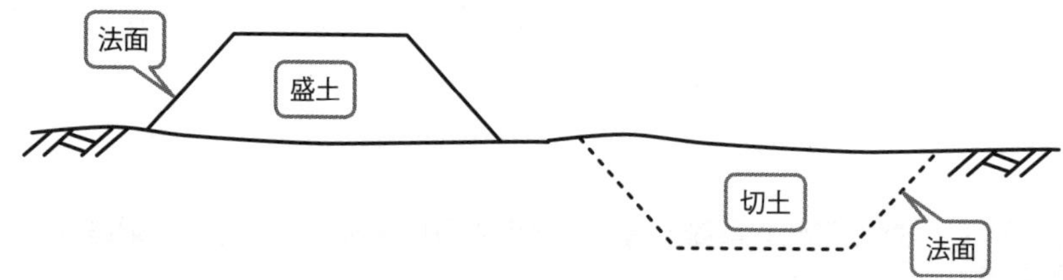

図2-17：盛（切）土と法面

2. 勾配の表し方

代表的な勾配の表し方は４種類あり、表 2-4 のようにそれぞれ目的によって使い分けるのが一般的である。

表2-4：勾配の表し方と適用

名　称	表　現	使用目的
法勾配（のり）	1：0.5　1　0.5 （高さを1としたときの水平距離との比）	土の盛・切面やよう壁などで使用
分　数	1/250　1m　250m （高さが1m上がる場合の水平距離との比）	河川の縦断勾配などで使用
パーセント （百分率）	1.5%　1.5m　100m （水平距離100mに対する高低差との比）	道路の縦横断勾配などで使用
パーミル （千分率）	2‰　2m　1,000m （水平距離1,000mに対する高低差との比）	鉄道や下水道の縦断勾配などで使用

3. 勾配の計算

以下に、士補試験で必要な法勾配およびパーセント勾配の計算について、例を挙げて説明する。

どちらの計算についても、図を描いてから計算することが大切である。

●法勾配の計算例

図 2-18 のように、法勾配 1：1.5、高さ 2.8m の盛土を行う場合、その勾配部の水平距離は何メートル必要かを考える。

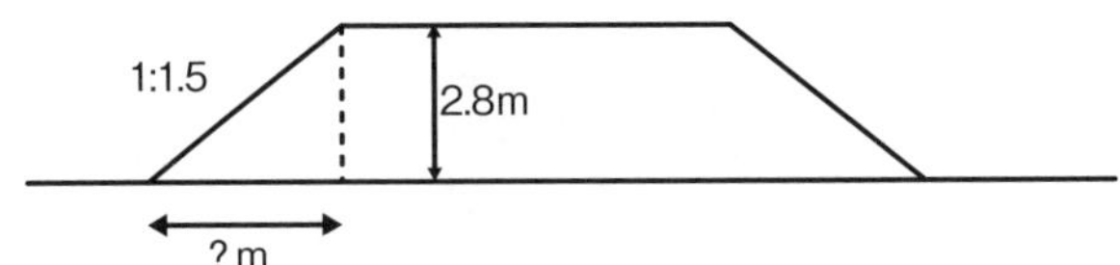

図2-18：勾配部の水平距離は何メートル

法勾配の 1:1.5 とは、高さ 1 に対する水平距離 1.5 を表している。このため、比例計算により、次のように求めることができる。

$$1:1.5 = 2.8:? \quad \text{より、} \quad ? = \frac{1.5 \times 2.8}{1} = 4.2\text{m}$$

よって、勾配部の水平距離は、4.2m 必要となる。

●パーセント勾配の計算例

図 2-19 のように標高 50.0m の地点から、標高 70.4m の地点まで、水平距離 314 mの道路がある。この道路勾配は幾らかを考える。

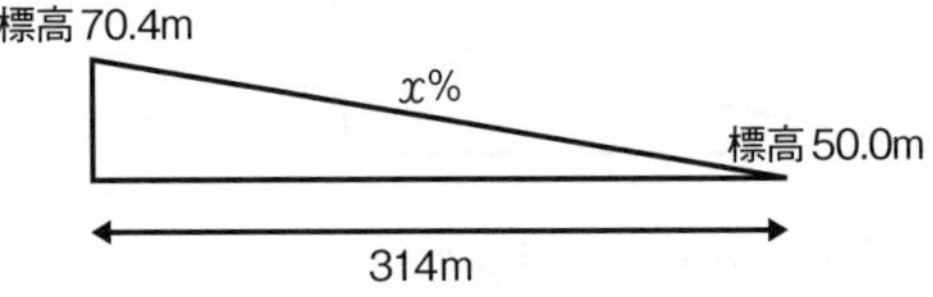

図2-19：道路勾配は幾らか

道路勾配は、パーセント（百分率）で表される。パーセント勾配は、水平距離 100m につき、何 m 昇っている（降りている）かを表すものである。また、2 地点間の高低差（標高差）は 20.4m となるため、次のように比例計算により求めることができる。

$$20.4:314 = ?:100 \quad \text{より、} ? = \frac{20.4 \times 100}{314} \fallingdotseq 6.5\text{m}$$

よって、100m で 6.5m 上がるため、6.5%勾配となる。

Chapter 03

代表的な器械と観測法

測量では、様々な観測器械が用いられる。ここでは、その中でも代表的なTS(トータルステーション:角度と距離を同時に測る機械)と、レベル(高低差を測る器械)、GNSS(衛星からの電波を受信し、3次元的な位置を求める機械)について記す。

また、機械と器械の使い分けは、動力(電源)で動くものを機械、その他を器械としている。以前はすべて「器械」と表現されていたが、バッテリーを搭載したTSやGNSS受信機の登場により、これらを「機械」と表現している。

※本書では従来からの例に従い、上記のように書き分けている。

3-1 トータルステーションとプリズム

トータルステーション(以下TS)は、角度を測る器械(**トランシット**や**セオドライト**)と距離を測る機械(**光波測距儀**)を組み合わせ、目標を視準(しじゅん)して(見て)ボタンを押せば、角度と距離が同時に観測できる、電子式の測距・測角機械である。このため、TSは**測角部**と**測距部**にその機能が分類される。

TSはバッテリーを搭載し、目標を視準し、レーザ(光)を飛ばして距離を測ることにより、図3-1の写真のように、パネル部に水平距離、鉛直角、水平角などの観測した値が表示され、そのデータが記録される。

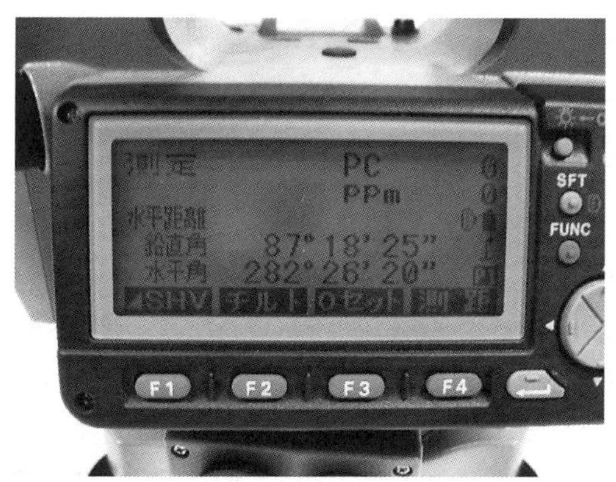

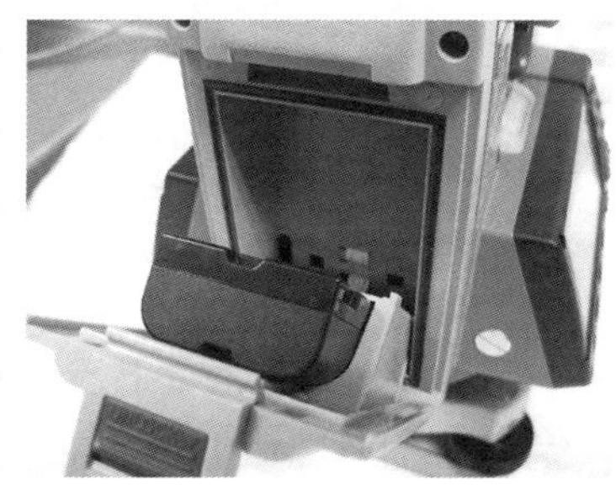

バッテリー格納時

図3-1:TS

プリズム（反射鏡）とは、TS から放たれるレーザを反射させ TS に戻す役割を持つものである。TS はプリズムによって反射されたレーザを受光することにより、距離を測定することができる。

図3-2：ミニプリズムとプリズム

その他、角度のみを観測する器械として、**トランシット**や**セオドライト**がある。

図3-3：電子式トランシット

※電子式トランシット（セオドライト）
角度の読取部がデジタル表示になったもの。目標を視準するだけで、鉛直角と水平角が同時に表示される。0°（水平角）へのセットがボタン１つでできるなど、以前からあるトランシットに比べ、作業能率がアップし、読取誤差などのヒューマンエラーが回避できる。

●トランシットとセオドライト

従来は異なる機構の測角器械であり、トランシットはアメリカから、セオドライトはヨーロッパから入ってきた器械といわれていたが、現在はその機能は同様のものとなり、単に修得した（習った）環境から、トランシットまたはセオドライトと２つの名称で呼ばれている。現在は、セオドライトの名称で統一されている。

1. TS 各部の名称と三軸

以下にTSの各部の名称を表す。

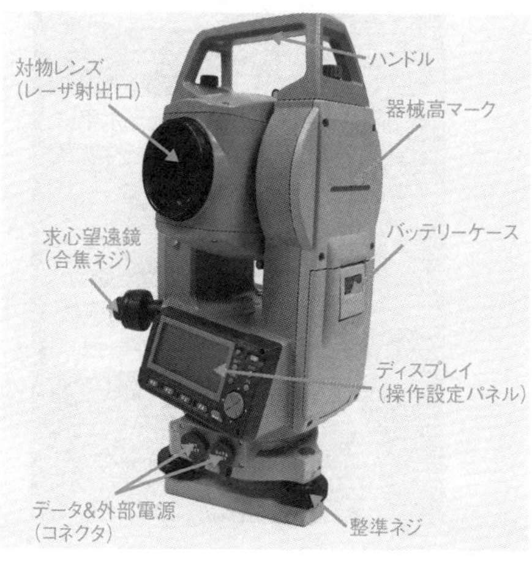

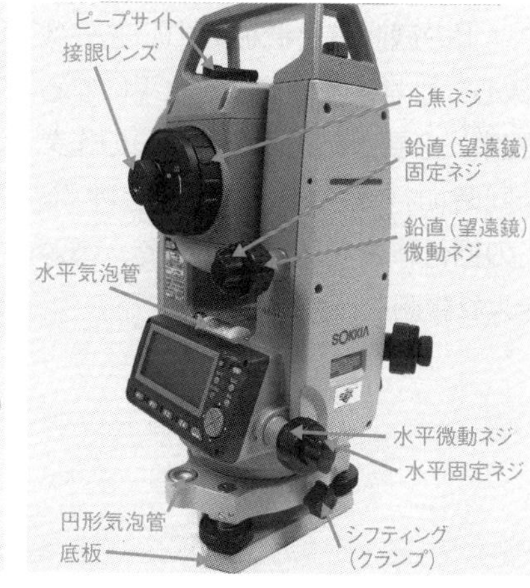

図3-4：TS各部の名称

TS（トランシット・セオドライト）には、図3-5のような3つの軸がある。

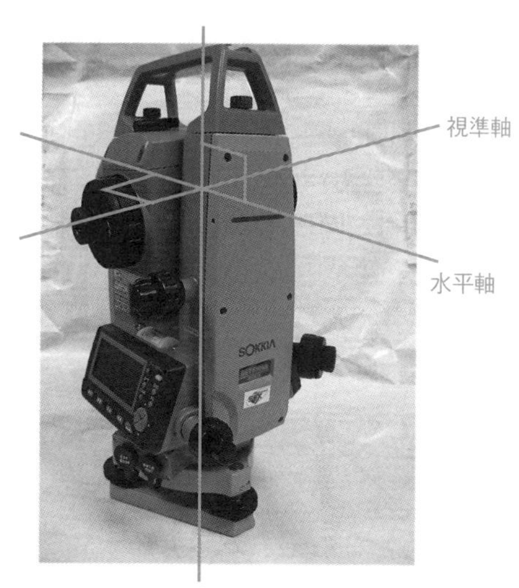

図3-5：TSの三軸

- **水平軸**：望遠鏡を固定する軸で、TS本体を水平にすることで水平軸が水平になる。水平軸と鉛直軸は直角に交わっている。
- **鉛直軸**：機械の中心を通る線。観測時には地上に対して鉛直になる。この線と地上の点を一致させる作業を**致心**（ちしん）という。
- **視準軸**（しじゅんじく）：望遠鏡の中心の軸。望遠鏡を覗く視線（視準線）と平行な関係にある。

2. TSの据付け

TSにより、角度（または距離）を観測するためには、図3-6のように地上の観測点と機械の中心を一致（**致心**）させ、かつ機械を水平にする（**整準**）必要がある。この2つの作業を同時に行うことを据付けと呼ぶ。この据付作業を行って初めて、電源を入れ観測を行うことができる。

図3-6：TSの据付け

3. TSによる角度の観測

TS（測角部）によって観測される角度の種類には、高低角と水平角があるが、一般に角度といえば、水平角を指している。

水平角は**右回り（時計回り）の観測を正（r）**、望遠鏡を反対にした**左回りの観測を反（ℓ）**としており、観測された角度（図3-7の∠AOB）は、正と反の観測値を平均したものとなる。

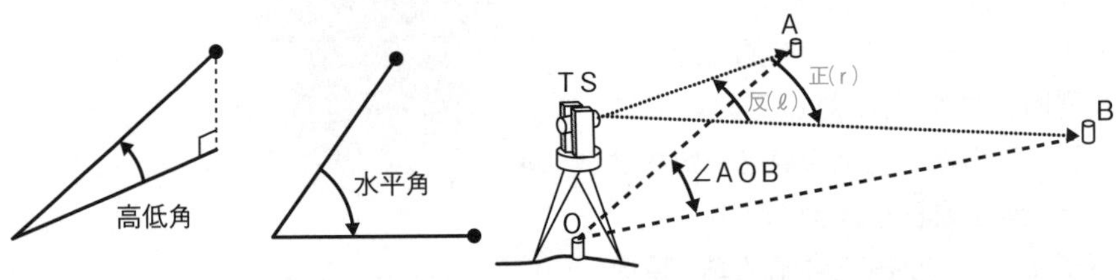

図3-7：TSによる角度の観測

4. 観測結果の整理

角度の観測方法は、原則正反1対回（せいはんいっついかい）で行うものとする。正反1対回とは、例えば図3-7のように∠AOBを観測する場合で考えると、まず望遠鏡正（r）でA→B（右回り）の観測を行い、続いて望遠鏡反（ℓ）でB→A（左回り）の観測を行う方法である。

測量で得られた結果は、公共測量では原則手簿（しゅぼ）に記入する必要がある。

角度を観測した結果は、手簿に表3-1のように記載される。

表3-1：角度を観測した手簿

測点	視準点	望遠鏡	観測角	結　果	平均角
O	A	r	0°00′00″	0°00′00″	47°32′13″※2
	B		47°32′15″	47°32′15″	
	B	ℓ	227°32′20″※1	47°32′10″※1	
	A		180°00′10″	0°00′00″	

※1 反の観測の計算方法は、反観測のA点の読み（ここでは、180° 00′10″）が、0° 00′00″になるようにするため、反観測のB点（227° 32′20″）から、A点（180° 00′10″）の値を引いた値となる（227° 32′20″− 180° 00′10″= 47° 32′10″）。

※2 平均角は、結果欄のB点の値を平均したものである。

記載項目は表3-1の通りである。結果の欄は、B点の角度の読みから、A点の角度の読みを引くことになる。平均角は、結果欄の正反の観測値を平均した値である。

●望遠鏡正反の観測

一般に望遠鏡（正：r）の位置は、図3-8のように接眼レンズと鉛直ネジが同じ方向にある場合をいう。望遠鏡（反：ℓ）は、これを180°回転させて観測する場合をいう。

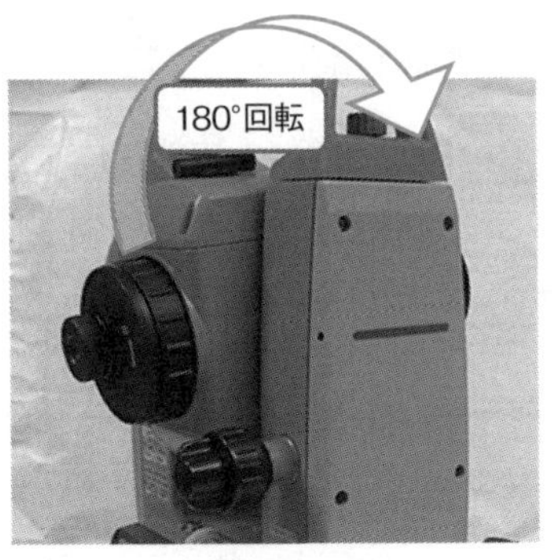

図3-8：望遠鏡の正反

望遠鏡の正反と観測角度の関係を図に描くと図 3-9 のようになる。

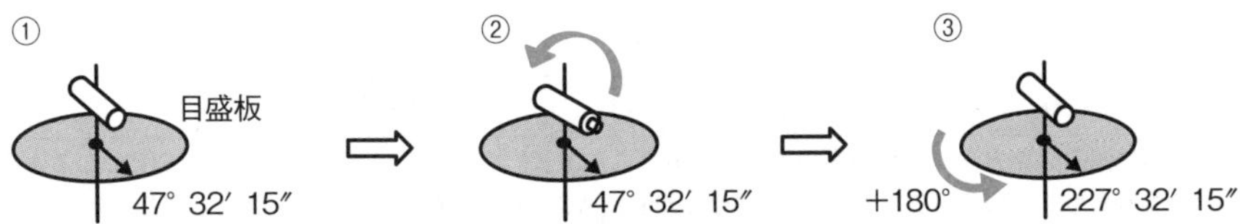

図3-9：正反と観測角度の関係

① 望遠鏡（正）で図の角度（47° 32′ 15″）を観測していると考える。

※「望遠鏡正方向」とは、右回りに観測すると、水平角が増加する（10°→ 15° など）方向である。

② 望遠鏡を反転（鉛直方向に 180° 回転）させる（この状態を望遠鏡（反）という）。

③ 水平運動により TS を 180° 回転させ、同じ目標を見ることにより、目盛は+180°（47° 32′ 15″+ 180° = 227° 32′ 15″）になる。

※この場合は、左右どちらに回転させてもよい。水平運動とは、望遠鏡を水平方向に回転させる作業である。

※望遠鏡（反）にして①と同様の目標を視準すると、図のように、ちょうど 180° が加わる（減る）ことになるのは「まれ」である。多少（5 秒程度）はズレることが多い。

角度の観測には、**単測法、倍角法、方向観測法**などがあるが、士補試験に過去出題されたことのある観測法は**方向観測法**のみである。

5. 方向観測法 重要度★☆☆

水平角の観測では、一般的に方向観測法が用いられる。方向観測法は**1視準1読定**（1方向を見て1回角度を読む）、望遠鏡正反の観測を**1対回**（正反1回で1組のこと）として行われる。

表3-2に、土補試験に出題された観測手簿を用いて解説する。

表3-2：水平角の観測手簿

目盛	望遠鏡	番号	視準点	観測角	計算	結果	
0°	r	1	高山	0° 0′28″	124°18′39″ −0° 0′28″	0° 0′ 0″	①
		2	（1）	124°18′39″		124°18′11″	②
	ℓ	2		304°18′42″	304°18′42″ −180° 0′25″	124°18′17″	③
		1		180° 0′25″		0° 0′ 0″	④
90°	ℓ	1		270° 2′30″	34°20′51″※ −270° 2′30″	0° 0′ 0″	
		2		34°20′51″		124°18′21″	
	r	2		214°20′43″	214°20′43″ −90° 2′33″	124°18′10″	
		1		90° 2′33″		0° 0′ 0″	

※計算結果が−（マイナス）になる場合は、角度が1周したと考えて、＋360°をする。

表3-2の観測作業を図に表したものが図3-10である。

現在、点O上にTSを据付け、高山（観測する点の名前）と（1）に挟まれた角度を求めようとしている。

1回だけの観測では、その信用度が低いため、正反1対回の観測を2回行い、これを平均して、観測された角度の精度を上げようとしている。

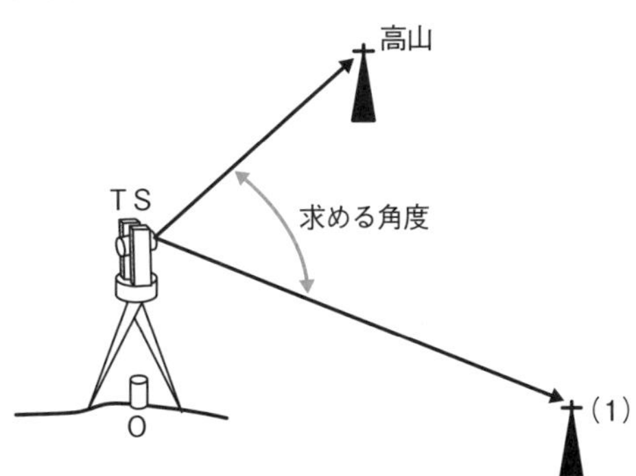

図3-10：高山と（1）に挟まれた角度を求める

また、表3-2の①～④の状態を図で表すと図3-11のようになる。

ここで、①の観測角が0° 00′ 00″（初期値）からズレているのは、トランシット（セオドライト）使用時からの流れで、「0」目盛の信用性が低いため、少しズラして観測を始めたころの名残である。また、2回目の観測作業が90°から始まっているのも、トランシット内部にある水平目盛盤を満遍なく使用し、盤に刻まれた目盛の誤差を軽減しようとする工夫である。

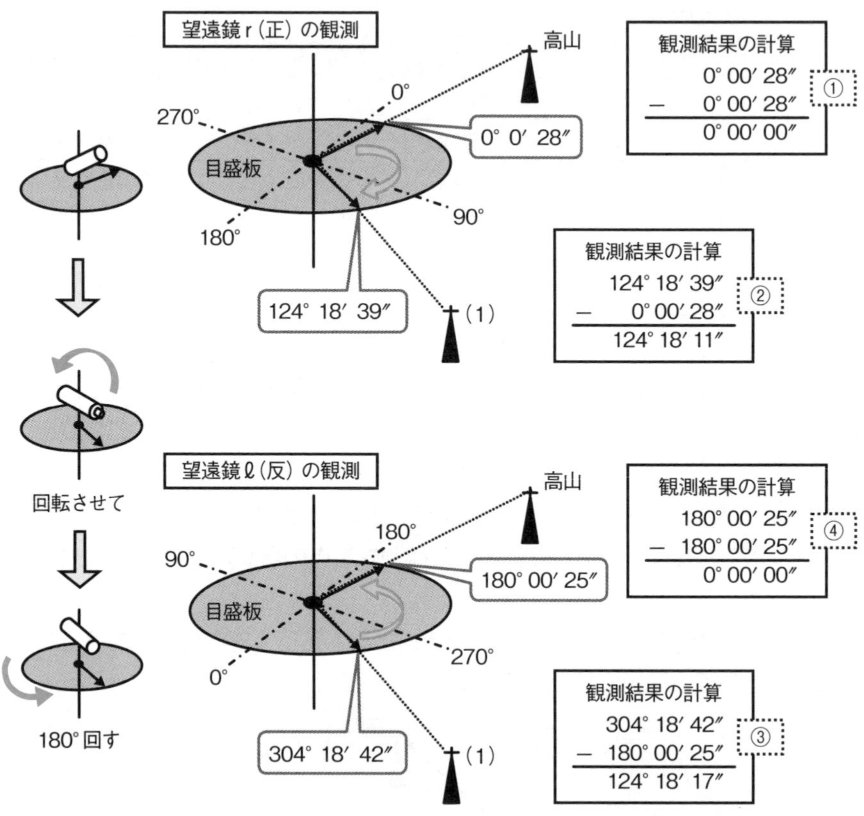

※現在のTSは、目盛変更が不可能な機種が多く、このような観測作業を行う場合には、0°目盛から1対回の観測を繰返し行い、2対回としている。

図3-11：正反1対回の観測作業

●観測精度の判定

観測されたデータはその平均値を取ればよいが、その前にその観測値自体を採用してよいか否かの判定が必要となる。これは人間が観測作業を行う以上、ヒューマンエラーや気象などの観測条件に結果が左右されるためである。

方向観測法の観測精度の判定には、倍角差と観測差が用いられる。倍角差・観測差は次のように計算される。

- 倍角：同じ視準点に対する、1対回（望遠鏡の正反観測）の結果の**秒数和。**
  <正（r）＋反（ℓ）>
- 較差：同じ視準点に対する、1対回の結果の差。
  <正（r）－反（ℓ）>
- 倍角差：複数対回による同じ視準点の倍角値の、最大値と最小値の差。
  <倍角の最大値 － 倍角の最小値>
- 観測差：複数対回による同じ視準点の較差の、最大値と最小値の差。
  <較差の最大値 － 較差の最小値>

参考までに作業規程の準則では、方向観測法（水平角）の許容範囲を表 3-3 のように定めている。

表3-3：方向観測法の許容範囲

区分／項目	1級基準点測量	2級基準点測量		3級基準点測量	4級基準点測量
		1級トランシット(TS)	2級トランシット(TS)		
倍角差	15″	20″	30″	30″	60″
観測差	8″	10″	20″	20″	40″

表 3-2 の観測データについて倍角差・観測差の検討を行うと、表 3-4 のようになる。ちなみに、表 3-3 の1級基準点測量の許容範囲で考えると、倍角差と観測差は許容範囲内である。

表3-4：倍角差・観測差の検討

目盛	望遠鏡	番号	視準点	観測角	結果	倍角	較差	倍角差	観測差
0°	r	1	高山	0° 0′28″	0° 0′0″	28″	− 6″	03″	05″
		2	（1）	124° 18′39″	124° 18′11″				
	ℓ	2		304° 18′42″	124° 18′17″				
		1		180° 0′25″	0° 0′0″				
90°	ℓ	1		270° 2′30″	0° 0′0″	31″	−11″		
		2		34° 20′51″	124° 18′21″				
	r	2		214° 20′43″	124° 18′10″				
		1		90° 2′33″	0° 0′0″				

●結果の計算

前出の観測データについてまとめると、次のようになる。

- **倍角の計算**

目盛 0 度の場合：11″＋17″＝28″（r＋ℓ）

目盛 90 度の場合：10″＋21″＝31″（r＋ℓ）

- **較差の計算**

目盛 0 度の場合：11″－17″＝－6″（r－ℓ）

目盛 90 度の場合：10″－21″＝－11″（r－ℓ）

- **倍角差の計算**

31″－28″＝03″（倍角の）最大値 － 最小値

- **観測差の計算**

－6″－（－11″）＝05″（較差の）最大値 － 最小値

よって、観測精度に問題はないため、これを平均し、水平角の最確値を求めると次のようになる。

$$124°18' + \frac{11'' + 17'' + 21'' + 10''}{4} = 124°18' + 14.75'' \fallingdotseq 124°18'15''$$

よって、表 3-2 の観測手簿による、高山～（1）間の水平角の最確値は、124° 18′ 15″となる。

6. TSによる水平角観測の誤差 重要度★★★

器械誤差と呼ばれる、TS（測角部）が持つ誤差の種類と消去（軽減）法を以下にまとめる。

表3-5：誤差の種類と消去(軽減)法

名称		原因	消去(軽減)法
TSの三軸誤差	視準軸誤差	TSの視準（水平）軸と望遠鏡の視準線が直交していないため、水平角の測定に生じる誤差[注]	望遠鏡**正反観測の平均値**を取ることにより消去
	水平軸誤差	TSの水平軸と鉛直軸が直交していないため、水平角の測定に生じる誤差	望遠鏡**正反観測の平均値**を取ることにより消去
	鉛直軸誤差	TSの鉛直軸と鉛直線の方向が一致していないため、水平角の測定に生じる誤差	**なし**（補正値を算出することにより、低減することが可能）
偏心誤差		目盛盤の中心と鉛直軸がズレているために、水平角の測定に生じる誤差	**望遠鏡正反観測**の平均値を取ることにより消去
外心誤差		視準軸（望遠鏡）が回転軸の中心（鉛直軸）からズレているため、水平角の測定に生じる誤差	**望遠鏡正反観測**の平均値を取ることにより消去
目盛誤差		目盛板の目盛間隔が均等でない場合に、水平角の測定に生じる誤差	目盛板を均等な間隔ごとに使用することにより、誤差を小さくはできるが、完全に消去はできない

注　視準線とは、十字線と対物レンズの中心を結ぶ線。また、視準軸は水平軸と直交している。

7. TSによる距離の観測

観測される距離には、水平距離、斜距離、高低差の３種類がある。地図や建設図面などは水平距離で表されているため、一般的に測量では**距離＝水平距離**を表していると考えてよい。

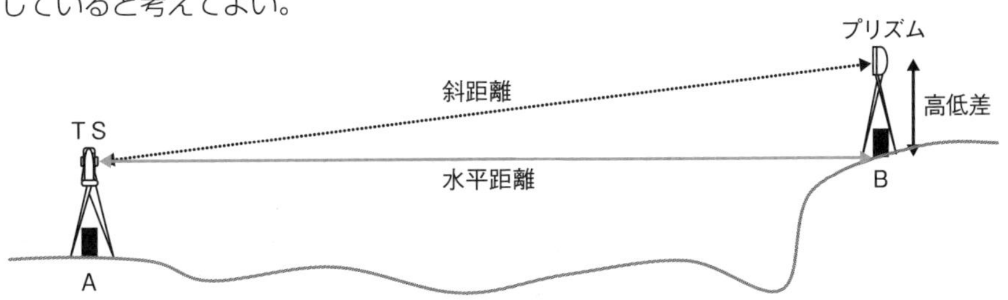

図3-12：TSによる距離と角度の観測

図3-13：TSによる距離と角度の観測およびプリズム
（写真左：株式会社トプコンソキアポジショニングジャパン提供）

8. TS による距離観測の原理

TS（測距部）による距離の観測は、望遠鏡中心部にあるレーザ射出口から発射されたレーザをプリズムにより反射し再度 TS で受光して行われる。

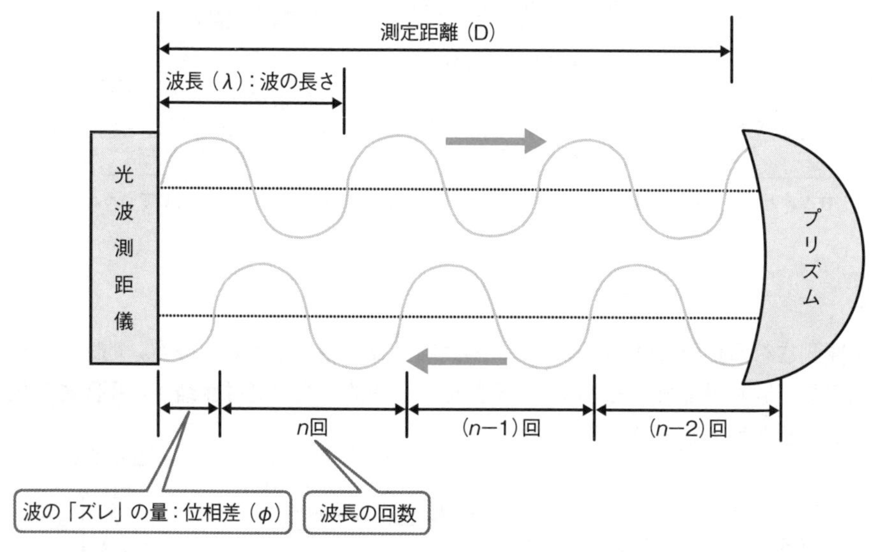

図3-14：TS による距離観測の原理

TS（測距部）は、まず光を波に変え（変調周波数）注、波長**（その波の長さ）**と、プリズムにより反射され光波測距儀に戻ったときに生じる位相差**（波のズレの量）**を測定し、内部計算することにより、距離を測定することができる。

注　変調周波数：TS（測距部）は、光を波に変えて距離を観測するものであるが、光を波に変える方法は基準発振機により変調周波数（ある一定の周波数）を光に与え、光に強弱（明暗）を付けることにより行われる。

9. データコレクタ

データコレクタ（以下DC）とは、TSにより測定されたデータの記録や精度管理、コンピュータへのデータ転送などを行う装置である。**電子野帳**、**データレコーダ**などとも呼ばれる。DCは、TSとケーブルにより接続される独立型とTS内に組み込まれている組込型に分類される。

図3-15：データコレクタ

DCに記録された観測データは、測量作業の品質を左右するため、**意図的に消去訂正**ができないようになっている。

10. TSによる距離観測の誤差 重要度★★☆

TS（測距部）による距離観測時における誤差は、観測距離に比例するものと比例しないものに大別され、それぞれについてまとめると表3-6、表3-7のようになる。

表3-6：**観測距離に比例する誤差**

気象（気温、気圧、湿度）に関する誤差	TS（測距部）の原理は、TSにより放たれた光がプリズムにより反射し、TSまで戻る時間を基に計算されている。 しかし、光は空気中を通過するため、気象条件（気温、気圧、湿度）による影響で光の速度が変化し誤差が生じてしまう。このような誤差を「気象誤差」といい、光が空気中を長く進めばその影響は大きくなるため、**観測距離に比例する**。
変調周波数の誤差	TSにより放たれる光は、実際はその発光時に一定の周波数で強弱を与えた（振幅変調）「波」として用いられている。このように光に強弱（振幅変調）を与える周波数を「変調周波数」と呼び、変調周波数はTS内部にある基準発振機から発射されている。 変調周波数の誤差とは、この基準発振機による基準周波数の誤差であり、これにより光の波長が変化するため、観測誤差が生じる。この誤差は、観測距離が長くなれば大きくなるため、**観測距離に比例する**。

表3-7：**観測距離に比例しない誤差**

器械定数誤差	TSに限らず、器械はその製造過程から、必ず独自の誤差を持っている。このような器械独自の誤差を器械定数誤差といい、その大きさを「器械定数」として表している。器械定数は器械独自の一定の誤差であるため、**観測距離には比例しない**。
プリズム（反射鏡）定数誤差	プリズムはTSから放たれた光を反射させる役割を持っているが、TSの器械定数同様に、個々に独自の誤差を持っている。この誤差は、プリズム定数（反射鏡定数）とも呼ばれ、**観測距離に比例しない**。
位相差測定誤差	TSは、まず光を波に変え、その波の長さ（波長）と、プリズムにより反射されTSに戻ったときに生じる「波のズレの量」（位相差）を測定し、計算により距離を測定する仕組みである。「位相差測定誤差」とは、この位相差をTSが測定するときに生じる誤差であり、その大きさは観測距離に関係なく器械によって異なるため、**観測距離には比例しない**。
致心誤差	測点間の距離を観測するために、TSもプリズムもその中心（鉛直軸）を測点鉛直線上に一致させるための求心装置が備え付けられている。 求心装置は器械の据付時に行う作業（致心作業）に用いられるものであり、致心作業による誤差（致心誤差）は、観測者の注意によって軽減できるものであるため、**観測距離には比例しない**。

※ TS（測距部）による観測は、過去に出題された問題では「光波測距儀による観測」とも書かれている。

過去問題にチャレンジ

▶H22-No.6 一部改変

Q1 TSの特徴

次の文は，TSとDCを用いた測量について述べたものである。明らかに間違っているものはどれか。次の中から選べ。

1. 観測においては，水平角観測，鉛直角観測，距離測定を同時に行うことができる。
2. 距離測定においては，気温，気圧を入力すると自動的に気象補正を行うことができる。
3. DCに記録された観測値は，速やかに他の媒体にバックアップを取ることが望ましい。
4. 観測終了後直ちに観測値が許容範囲内にあるかどうか判断できる。
5. DCに記録された観測値のうち，再測により不要となった観測値は，編集により削除することが望ましい。

解答

1. 正しい。TSとは、光波測距儀と電子セオドライトの機能を併せ持つ測量機械である。これにより、1回の視準で、水平角、鉛直角、斜距離（距離）を同時に観測することができる。

2. 正しい。TSでは、あらかじめ気温や気圧などの気象要素を入力することにより、機械内部の計算により、（気象）補正された値を表示することができる。

3. 正しい。DCに記録されたデータは、不意のトラブルによるデータの紛失を防ぐために、観測者が覚えやすい一定の作業の区切りなどにより、適宜他の記録媒体などにバックアップを取っておくことが望ましい。

4. 正しい。TS にあらかじめ定められた許容範囲を設定すると自動的に点検ができるため、観測データの良否をその場で確認でき、再測すべきか否かの判断が簡単に行える。

5. 間違い。DC に一度保存された測量データは、その測量の品質を保証するために、簡単に修正や削除が行えないようになっている（行ってはならない）。

よって、明らかに間違っているものは 5. となる。

過去問題にチャレンジ

▶R2-No.5

Q2 倍角差・観測差の計算

公共測量における１級基準点測量において，トータルステーションを用いて水平角を観測し，表の観測角を得た。ア～コに入る数値のうち明らかに間違っているものはどれか。次の中から選べ。

表

目盛	望遠鏡	番号	視準点	観測角	結果	倍角	較差	倍角差	観測差
0°	r	1	303	0°　0′20″	0°0′0″				
		2	(1)	97°46′19″	ア	オ	キ		
	ℓ	2		277°46′26″	イ				
		1		180°　0′28″	0°0′0″				
								ケ	コ
90°	ℓ	1		270°　0′21″	0°0′0″				
		2		7°46′20″	ウ	カ	ク		
	r	2		187°46′13″	エ				
		1		90°　0′11″	0°0′0″				

1. 結果のアは97° 45′ 59″であり，イは97° 45′ 58″である。
2. 結果のウは97° 45′ 59″であり，エは97° 46′ 2″である。
3. 倍角のオは117″であり，カは121″である。
4. 較差のキは＋1″であり，クは－3″である。
5. 倍角差のケは4″であり，観測差のコは2″である。

解答

1. 正しい。アの（1）の結果を求める場合、303の観測角が0° 0′ 20″、（1）の観測角が97° 46′ 19″であるため、次のような計算を行えばよい。

   97° 46′ 19″－0° 00′ 20″＝97° 45′ 59″

   同様にイの結果を求めるには、次のような計算を行う。

   277° 46′ 26″－180° 00′ 28″＝97° 45′ 58″

   ※観測角の計算は、すべての観測角から番号1の観測角を引けば結果となる。

2. 正しい。ウも1と同様に次のように計算すればよい。

   7° 46′ 20″－270° 00′ 21″＋360°＝97° 45′ 59″

   ※観測角2の値－1の値がマイナスとなるため、360°を加えている。

   エについても同様に計算を行うと次のようになる。

   187° 46′ 13″－90° 00′ 11″＝97° 46′ 02″

3. 正しい。倍角は同じ観測点に対する1対回（望遠鏡の正反観測）の結果の秒数和であるため、次のように計算される。

   オは、59″＋58″＝117″。カは59″＋62″＝121″

   ※90°の正観測の結果が、97° 46′ 2″であるため、他の観測結果とそろえるため45′ 62″として計算する。

4. **間違い**。較差は同じ視準点に対する1対回の結果の差（正－反）であるため、次のように計算される。

   キは、97° 45′ 59″－97° 45′ 58″＝＋1″

   クは、97° 46′ 2″－97° 45′ 59″＝＋3″　－3″ではない。

   ※正（r）－反（ℓ）を行う必要がある

5. 倍角差は、複数対回による同じ視準点の倍角値の最大値と最小値の差であるため、次のように計算される。

121″－117″＝4″

観測差は、複数対回による同じ視準点の較差の最大値と最小値の差であるため、次のように計算される。

3″－1″＝2″

※問題の場合、2対回であるため最大値と最小値はどちらかの値となる。

よって、明らかに間違っているものは4.である。
問題文の表に正答を書き込むと次のようになる。

目盛	望遠鏡	番号	視準点	観測角	結果	倍角	較差	倍角差	観測差
0°	r	1	303	0° 0′ 20″	0° 0′ 0″			4″	2″
		2	(1)	97° 46′ 19″	97° 45′ 59″	117″	+1″		
	ℓ	2		277° 46′ 26″	97° 45′ 58″				
		1		180° 0′ 28″	0° 0′ 0″				
90°	ℓ	1		270° 0′ 21″	0° 0′ 0″				
		2		7° 46′ 20″	97° 45′ 59″	121″	+3″		
	r	2		187° 46′ 13″	97° 46′ 2″				
		1		90° 0′ 11″	0° 0′ 0″				

過去問題にチャレンジ

▶H28-No.4

Q3 TSによる水平角観測の誤差

次の文は，トータルステーション（以下「TS」という。）を用いた水平角観測において生じる誤差について述べたものである。望遠鏡の正（右）・反（左）の観測値を平均しても消去できない誤差はどれか。次の中から選べ。

1. TS の水平軸と望遠鏡の視準線が，直交していないために生じる視準軸誤差。
2. TS の水平軸と鉛直線が，直交していないために生じる水平軸誤差。
3. TS の鉛直軸が，鉛直線から傾いているために生じる鉛直軸誤差。
4. TS の水平目盛盤の中心が，鉛直軸の中心と一致していないために生じる偏心誤差。
5. 望遠鏡の視準線が，TS の鉛直軸の中心から外れているために生じる外心誤差。

解答

1. 消去できる。視準軸誤差は、望遠鏡正反の観測値を平均することにより消去できる。

2. 消去できる。水平軸誤差は、望遠鏡正反の観測値を平均することにより消去できる。

3. 消去できない。鉛直軸誤差の消去法は存在しないが、補正値を算出することにより軽減することはできる。

4. 消去できる。偏心誤差は、望遠鏡正反の観測値を平均することにより消去できる。

5. 消去できる。外心誤差は、望遠鏡正反の観測値を平均することにより消去できる。

よって、消去できないものは 3. となる。

過去問題にチャレンジ

H28-No.6

Q4 TSによる距離測定の誤差

次のa～eは，トータルステーションによる距離測定に影響する誤差である。このうち，距離に比例する誤差の組合せはどれか。次の中から選べ。

a. 器械定数及び反射鏡定数の誤差
b. 変調周波数の誤差
c. 位相測定の誤差
d. 致心誤差
e. 気象測定の誤差

1. a，d
2. a，e
3. b，c
4. b，e
5. c，e

解答

a. 距離測定に比例しない。器械定数や反射鏡（プリズム）定数とは、個々の器械が持つ独自の誤差をいう。器械定数は一定の誤差であるため、測定距離に比例しない。

b. **距離測定に比例する。**変調周波数の誤差とは基準発振機による周波数の誤差であり、これにより光の波長が変化するため測定距離に影響を与え、測定距離が長くなればその誤差は比例して大きくなる。

c. 距離測定に比例しない。位相測定の誤差とは、位相差をTSが測定するときの誤差であるため、測定距離には比例しない。

d. 距離測定に比例しない。測点間の距離を測定するため、TSもプリズムもその中心（鉛直軸）を地上の測点と一致させ据え付ける必要がある。致心誤差とはその測点と鉛直軸が一致しない誤差であるため、測定距離には比例しない。

e. 距離測定に比例する。レーザは空気中を進むため気象条件（気温、気圧、湿度）によって影響を受ける。このため現地で気象条件を観測し、TS内部で気象補正を行う必要があるが、この気象条件の測定に誤差があれば測定距離に誤差が生じ、長い距離（時間）空気中を進めばその誤差は大きくなる。よって、気象測定の誤差は測定距離に比例する。

よって、測定距離に影響する誤差の組合せは4.となる。

3-2 レベル

1. レベルの種類と各部の名称

レベルは、標尺（ひょうしゃく）（スタッフ）と組み合わせて、地点間の高低差を直接観測する器械である。代表的な器械の種類として、オートレベルと電子レベルがある。

レベルにはもう一つチルチングレベルと呼ばれる種類がある。チルチングレベルとは、視準線と気泡管軸の平行を完全なものとするため、これを手動で微調整するチルチング装置を取り付けたものである。オートレベルは、振子の原理でこれを自動で平行に保つ装置＝コンペンセータ（補正装置）を搭載したものである。

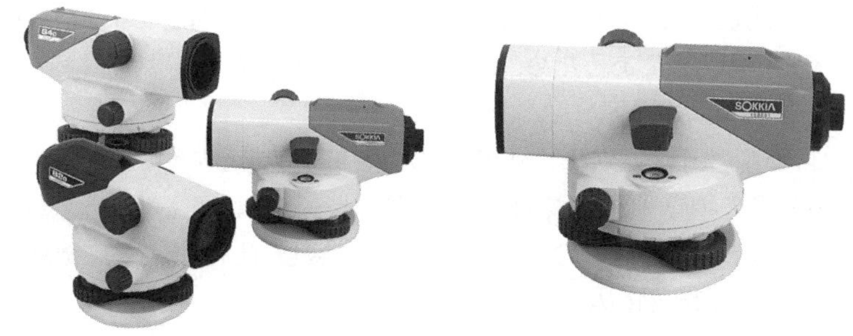

図3-16：オートレベル（株式会社トプコンソキアポジショニングジャパン提供）

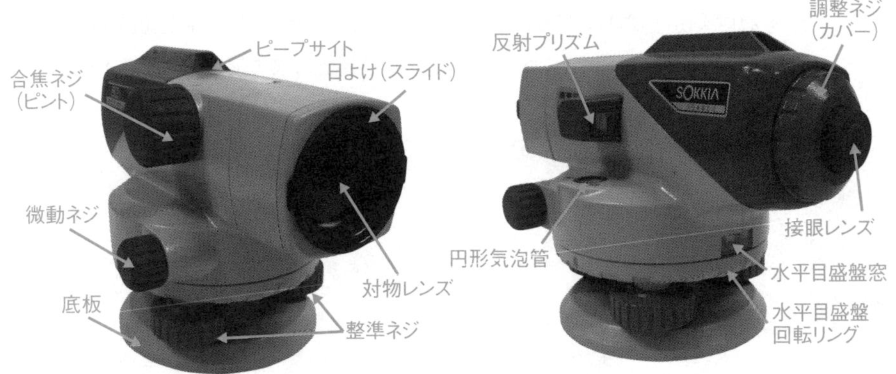

図3-17：オートレベルの各部の名称

図3-18：電子レベル

●レベルの三軸の関係

視準線・気泡管軸・鉛直軸には、次のような関係がある。

- 視準線は気泡管軸と平行
- 気泡管軸と鉛直軸は直交

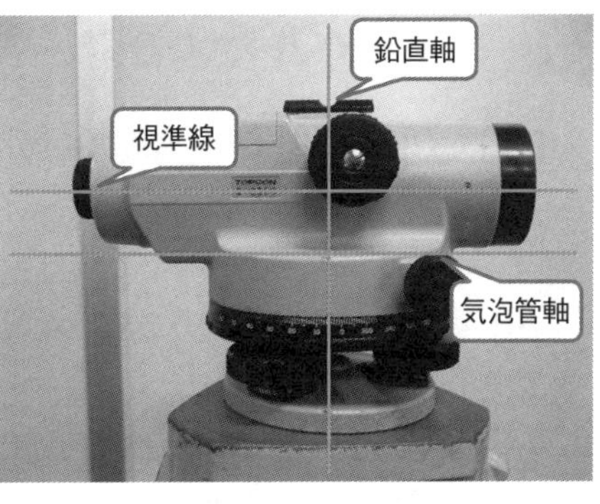

図3-19：レベルの三軸

2. 標尺（スタッフ）の種類

代表的な標尺には、バーコード標尺（**パターンスタッフ**）、**アルミ標尺**の２種類がある。

●バーコード標尺

標尺に図 3-20 のようなバーコードが印刷されており、精密な測量を行う場合にも用いられる。**バーコード標尺は電子レベルの専用標尺**であり、基本的に**同一メーカーの電子レベルと対になったものしか使用することができない。**

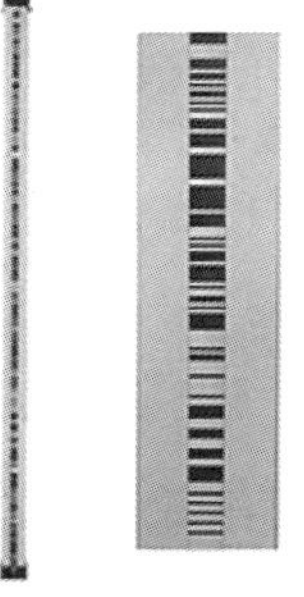

図3-20：バーコード標尺

●アルミ標尺

材質は金属（アルミ合金）で、引抜式標尺とも呼ばれ、3m ～ 5m の長さを持つ。簡易的な測量や建設工事などに用いられる。どのメーカーのレベルと標尺を組み合わせても問題はない。

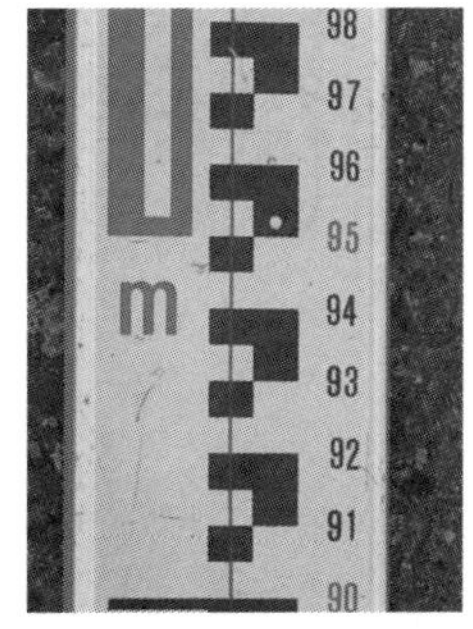

図3-21：アルミ標尺

3. 電子レベルおよびバーコード標尺の特徴

電子レベルとバーコード標尺の特徴には、次のようなものがある。

- 電子レベルはバーコード状の目盛の刻まれたバーコード標尺を検出器で認識し、電子画像処理を行って、**標尺の目盛および距離を自動的に読み取る。**
- 観測作業にはその機械（メーカー）**専用の標尺**を用いる。
- 電子レベルを DC に接続することにより、観測したデータをメモリカードや専用電卓に記録できる。
- 電子レベルはバッテリーや電池を使用するため、作業中は予備の電源を持つ必要がある。
- 望遠鏡でバーコード標尺を視準し、ピントを合わせボタンを押すだけの作業であるため、標尺の読取誤差など、**観測者個人の誤差が生じにくい。**
- オートレベルと同様、**コンペンセータを内蔵**し、軽微な視準線の傾きは補正される。

4. レベルの種類による特徴 重要度★★☆

３種類のレベル（チルチングレベル・オートレベル・電子レベル）について、過去、土補試験に出題された問題を基に、その違いをまとめると表 3-8 のようになる。

表3-8：３種類のレベル

	チルチングレベル	オート（自動）レベル	電子レベル
電源（バッテリー）	**不要**		**必要**
読取装置	望遠鏡で視準し、マイクロメータなどにより読み取る。		**望遠鏡で視準し、画像処理にて読み取る。**
視準線の合致	チルチングネジ（または俯仰ネジ）（気泡管水準器の合致）	**コンペンセータ**（振子による視準線の自動調整）	
標　　尺	一般標尺		**バーコード標尺（機械専用の標尺）**
据付作業	必　　要		
視準距離	**作業規程の準則による制限**		
点検・調整	必　　要		
取 扱 い	基本的に３種類のレベルどれもが同じであるが、電子レベルに関しては**バッテリーの消耗**と**視野の遮断**（障害物による標尺の見え方）や**標尺の背景にある反射物**に注意する必要がある。		
観測作業	気泡管の不等膨張などによる視準軸誤差を防ぐために、洋傘などにより、**直射日光が当たらないようにする**（１級～２級水準測量）。	コンペンセータを用いているため、直射日光が当たらないようにすることを省略することができる（１級～２級では省略できない）。	コンペンセータを利用しているが、電子機器であるため、内部の温度上昇を防ぐ意味から、**直射日光が当たらないようにする。**

5. レベルによる観測の原理と用語

レベルはその種類にかかわらず、標尺と組み合わせて地点間の高低差を求める器械である。高低差が求められる原理は図 3-22 のようになる。

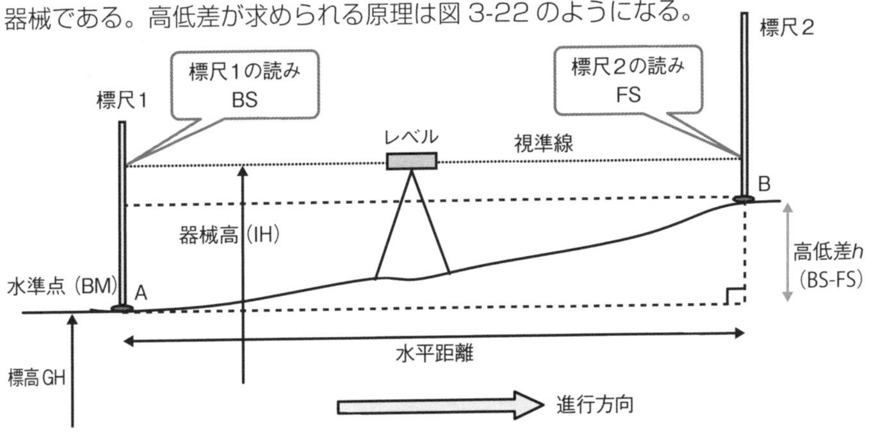

図3-22：高低差が求められる原理

AB 2点間の高低差（h）を求めようとすると、標尺 1 と 2 の目盛をレベルで読み取り、その値の差を取ればよい。また、B 点の地盤高（標高）を求めようとすれば、高さ（標高）のわかっている A 点（BM）に高低差の値を加えればよい。

つまり、

（高低差：h）＝（後視：BS）－（前視：FS）

（標高：GH）＝（BM）＋（高低差：h）

ということになる。

☑ 水準測量で用いられる用語

- 後視（こうし）（BS：バックサイト）

  進行方向に対して後ろの標尺を読むこと（または値）。

- 前視（ぜんし）（FS：フォアサイト）

  進行方向に対して前の標尺を読むこと（または値）。

- 地盤高（GH：ジーエイチ、グラウンドハイ）

  地盤の高さ。一般的に標高を指す。

- 器械高（IH：アイエイチ）

  視準線までの高さ（標高）。

- もりかえ点（TP：ターニングポイント）

  視準距離が長くなったり、障害物で見えない場合などは、レベルを移動する必要がある。この中継の点。TP では、前視と後視の両方の値を取る。

- 水準点（BM：ベンチマーク）

  水準点を指す。

- 仮水準点（KBM：仮ベンチマーク）

  仮の水準点。工事などで、高さの基準を仮に決定しておく点。

過去問題にチャレンジ

H28-No.11

Q5 レベルの特徴

次の文は，水準測量で使用するレベルについて述べたものである。明らかに間違っているものはどれか。次の中から選べ。

1. 電子レベルは，標尺のバーコード目盛を読み取り，標尺の読定値と距離を自動的に測定することができる。
2. 自動レベルのコンペンセータは,視準線の傾きを自動的に補正するものである。
3. くい打ち法（不等距離法）により，自動レベルの視準線の調整を行うことができる。
4. 自動レベルの点検調整では，円形気泡管を調整する必要がある。
5. 自動レベルは，コンペンセータが地盤などの振動を吸収するので，十字線に対して像は静止して見える。

解答

1. 正しい。バーコード標尺は電子レベルの専用標尺であり、基本的に同一メーカーの電子レベルと対になったものしか使用することができない。

2. 正しい。コンペンセータは視準線と気泡管軸を振子の原理で自動的に平行（水平）に保つ装置である。

3. 正しい。くい打ち法[注]（不等距離法）とは、レベルの気泡管軸と視準線が平行（水平）であるかどうかを調べる、点検・調整法である。レベル全般に用いることができる。

注　くい打ち法については、Part2 の 3-8 を参照。

4. 正しい。1 級～ 2 級水準測量では、観測期間中概ね 10 日ごとに器械の点検を行う必要がある。自動レベルの点検では、円形気泡管と視準線およびコンペンセータの点検を行う必要がある。

5. **間違い。**コンペンセータは、振子の原理により視準線と気泡管軸を平行に保つものである。地盤の振動は吸収しない。地盤の振動がある場合は、望遠鏡視野の中で像が微動する。

よって、明らかに間違っているものは 5. となる。

6. レベルによる高低差の観測法

レベルにより高低差を求めるには、その目的から次のような2通りの方法がある。

- **昇降式記帳法**（しょうこう）
  既知点から未知点の高低差を求める方法
- **器高式記帳法**（きこう）
  一度に多くの地点の高低差を求める方法

図3-23：レベルによる高低差の観測

●昇降式記帳法

昇降式記帳法とは既知点から新点（未知点）までの長い路線を、レベルと標尺を何回も交互に据え替えて観測を行い、途中の高低差を累計して新点の標高を求める方法である。BM の移設や 2 点間の標高（高低差）を知りたい場合に用いられる。

例えば、図 3-24 のように BM（既知点）から KBM（新点）の高低差を求める場合、KBM 方向を進行方向とし、レベルと標尺を据え替えながら KBM を目指す。

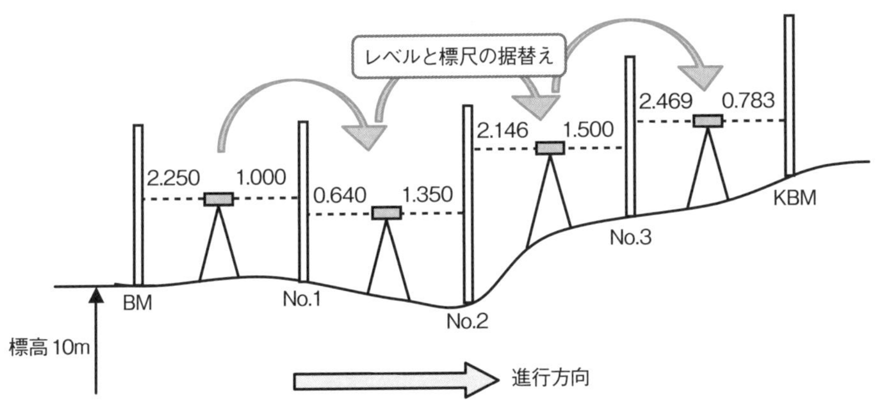

図3-24：昇降式記帳法

その際、KBM の標高を求めるには、表 3-9 のような手簿を用いて、各点（No.1 ～ No.3）の標高値を求めながら、これを合計して BM と KBM の高低差を求めることになる。

※レベルから標尺までの距離は、作業規程の準則により制限がある（1 級で最大 50m など）。

手簿の書き方は、まず、後視（BS）から前視（FS）の値を引き、その値の符号に従って、昇（+）または降（−）の欄にそれぞれ記入する。昇の欄の合計から降の欄の合計を引いた値が出発点（BM）と到達点（KBM）の高低差である。また、後視の合計から前視の合計を引いた値も比高の値に等しいので点検に利用する。

表3-9：昇降式手簿の書き方

No.	BS	FS	高低差		GH
			昇(+)	降(−)	
BM	2.250				10.000
1	0.640	1.000	1.250		11.250
2	2.146	1.350		0.710	10.540
3	2.469	1.500	0.646		11.186
KBM		0.783	1.686		12.872
合計	7.505	4.633	3.582	0.710	
点検	2.872		2.872		

（計算例）

- 2.250（BMのBS）－ 1.000（No.1のFS）＝＋ 1.250（＋なので、「昇」の欄に記入）
- 10.000（BMの標高）＋ 1.250（前述の数字）＝ 11.250（No.1の標高）

●器高式記帳法

器高式記帳法とは、１点に据えたレベルを基準に、周辺の各点に立てた標尺を順次視準し、それぞれの高さを求める方法である。土地の起伏を測定し地形図やその断面図を作成する作業、現場内の各点の高さを測定し施工基準面を設定する場合などに用いられる。器高式記帳法については、Part2の7-2にも詳しく記してある。

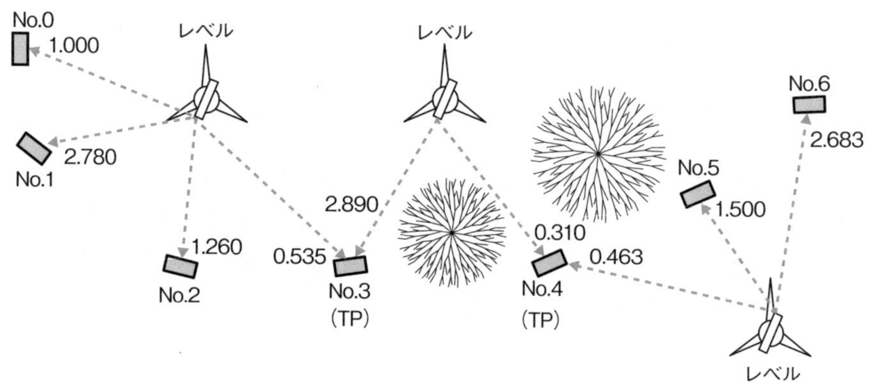

図3-25：器高式記帳法

表3-10：器高式手簿の書き方

No.	BS	IH	FS		GH
			TP	IP	
0	1.000	11.000			10.000
1				2.780	8.220
2				1.260	9.740
3	2.890	13.355	0.535		10.465
4	0.463	13.508	0.310		13.045
5				1.500	12.008
6				2.683	10.825

●手簿への記入方法

BS を読み取った点の GH に BS の値を加えて、IH に記入する。IH から IP を引けば、FS を行った点の GH を求められる。TP では、FS →レベル移動→ BS と、連続して観測するため、その間標尺を動かしてはならない。

過去問題にチャレンジ

▶ H26-No.26 一部改変

Q6 器高式手簿の書き方

表は，ある公共測量における水準測量の観測手簿の一部である。観測は，器高式による直接水準測量で行っており，BM1，BM2 を既知点として標高及び器械高を決定している。表中の [ア] に当てはまる値を求めよ。

表

地　点	後視(m)	器械高(m)	前視(m)
BM1	1.308	81.583	
No.1	0.841	[ア]	1.043
No.1 GH			0.854
No.2			1.438
No.2 GH			1.452
No.2＋5m	1.330	81.126	1.585
BM2			1.350

問題文の観測手簿から観測時の状態を考えると次のようになる。No.1 の標高を求め、これを基に計算すればよい。

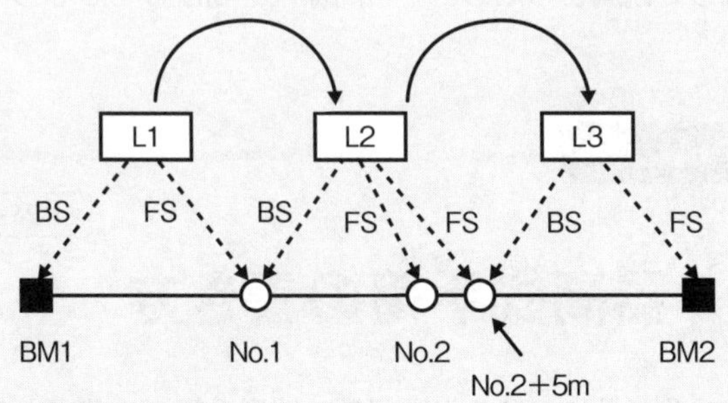

① No.1 の標高を計算
No.1 の標高は、（BM1 の器械高）－（前視）のため、
81.583 － 1.043 = 80.540m となる。

② ア の計算
ア の値は、No.1 の器械高であるため、①で求めた No.1 の標高を用いて次のように計算すればよい。
器械高は、（標高）＋（後視）のため、
80.540 + 0.841 = 81.381m となる。

よって、ア には、81.381 が入る。

3-3 GNSS 受信機

1. GNSS とは

GNSS（ジーエヌエスエス：Global Navigation Satellite System：衛星測位システム）測量とは、上空の衛星から発射される電波を受信することにより、地上の位置を求める測量方法である。いわゆるカーナビを想像すればよい。

衛星として代表的なものは、アメリカのGPS衛星であるが、その他にも次のようなものがある。

- アメリカのGPS（**ジーピーエス**：Global Positioning System）
- ロシアのGLONASS（**グロナス**：Global Navigation Satellite System）
- ヨーロッパ共同体のGalileo（**ガリレオ**：Galileo positioning system）
- 日本の準天頂衛星（みちびき）（QZSS：Quasi-Zenith Satellite System）

※GNSSという呼び名は、平成23年の作業規程の準則の改正により、GPS衛星とGLONASS衛星を併用して利用することができるようになったため、従来のGPS測量からGNSS測量へと名称が変更されたものである。それまでは、GPS測量と呼ばれていた。
※現在は、日本の準天頂衛星がGPS衛星を補完しているため、GPS・準天頂衛星と呼ばれる。

2. GNSS測量の原理

GNSS測量の原理は、図3-26のように既知点と未知点にGNSSアンテナを設置し、衛星電波到達のズレを用いて2点間の基線ベクトル（既知点から未知点への距離と方向、高低差）を決定し、計算により未知点の座標値を求めようとする方式である。

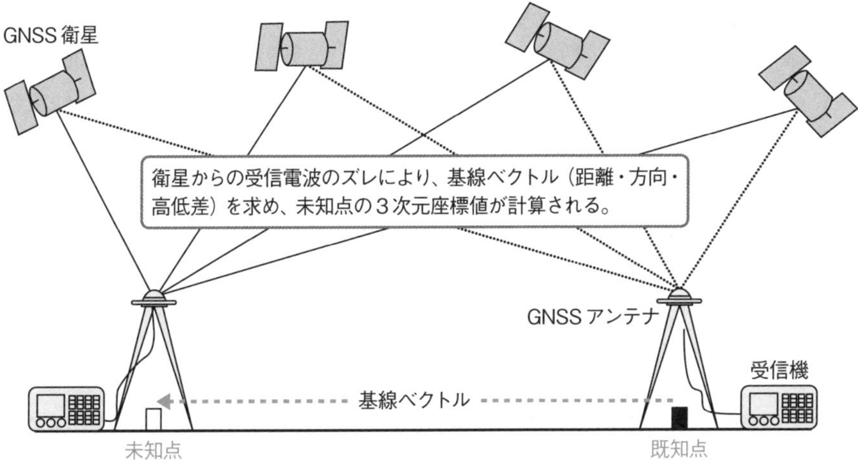
GNSS衛星
衛星からの受信電波のズレにより、基線ベクトル（距離・方向・高低差）を求め、未知点の３次元座標値が計算される。
GNSSアンテナ
受信機
基線ベクトル
未知点
既知点

図3-26：GNSS測量の原理

3. GNSS 測量に必要な機器

GNSS 測量には、衛星からの電波を受信するためのアンテナと受信機が必要である。図 3-27 のように三脚などに据え付けて使用する。

図3-27：受信アンテナと受信機（一体型）
（GNSS アンテナ：株式会社トプコンソキアポジショニングジャパン提供）

4. GPS 衛星の概要

GPS 衛星は、地球の赤道面に対して約 55 度傾いた地上高度約 20,000㎞の6つの軌道上に、合計 24 個（1 軌道につき4個）[注1]あり、周回軌道 0.5 恒星日（11 時間 58 分）で、常時電波を発信しながら地球の周りを回っている。このGPS 衛星が発信する電波（搬送波）には、衛星の位置を計算するための軌道情報や時刻などの航法メッセージと、観測に用いる C/A コードやPコード[注2]が含まれている。

注1　予備の衛星を含めると、31 個（2022 年現在）の衛星がある。GPS 衛星の配備状況は、みちびき公式サイトで公開されている。

注2　電波の周波数帯は L1、L2 がある。また、コードとはデータの起終点を示すものであり、C/A コードは２日間周期、P コードは２週間周期で、それぞれが L1、L2 波に乗っている。

5. 準天頂衛星（みちびき）の概要

準天頂衛星は「みちびき」ともよばれ、GPS と同様に衛星を用いて現在位置を特定することのできる我が国の測位衛星である。その目的は GPS の「補完」や「補強」であり、日本における衛星測位の利用可能エリアや利用時間帯を広げる効果がある。

準天頂衛星は静止軌道に近い32,000～40,000kmの高度を、現在4個の衛星が軌道傾斜角約40度、23時間56分の周期で常時測位信号を送信しながら周回している。またその軌道は傾斜静止衛星軌道（準天頂軌道）と呼ばれ、日本～インドネシア～オーストラリア（アジア・オセアニア地域）のあたりを8の字を描く特殊な軌道である。4機体制の準天頂軌道衛星は、傾斜静止衛星軌道を周回する3つの衛星と、赤道上空の静止軌道に配置される1つの静止衛星から構成される。

作業規程の準則では、準天頂衛星は、GPS衛星と同等の衛星として使用することができ、例えばGPS衛星3機、準天頂衛星1機の計4個の組合せで、公共測量における基準点測量を行うことができる。

6. GNSS測量の概要

GNSS測量を分類すると、図3-28のようになる。

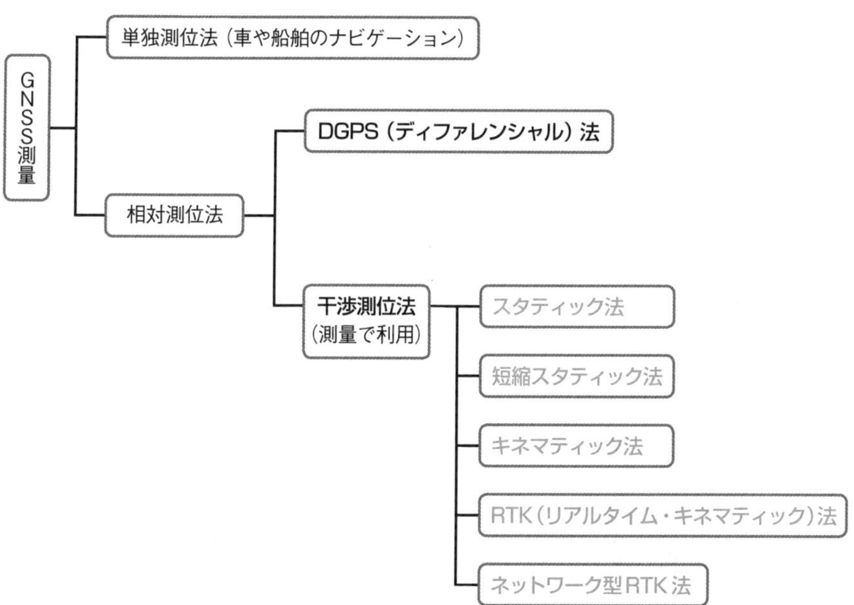

図3-28：GNSS測量の分類

●スタティック法・短縮スタティック法

スタティック法とは、GNSS受信機を複数の観測点に据えた後、同一時間帯に、**GPS・準天頂衛星のみでは4個以上（GLONASS衛星を併用する場合は5個以上）**のGNSS衛星からの電波を連続して受信し、各測点間の**基線ベクトル**を求める方法である。

スタティック法は長時間の観測を行うため、観測データ量が多くなることや、マルチパスなど、環境が観測値に与える影響も観測値の平均化により軽減されるので、他の方法に比べて非常に**高精度の観測**が期待でき、1～4級基準点測量で使用されている。

短縮スタティック法とは、スタティック法と同様の観測方法を用い、基線解析において衛星の組合せを多数作るなどの処理を行い、観測時間をより短くすることにより、効率化を図った観測方法であり、3～4級基準点測量で使用されている。

短縮スタティック法では、観測時間を短くするために、できるだけ多くのGNSS衛星からGPS、準天頂衛星のみでは5個以上（GLONASS衛星を併用する場合は6個以上）の電波を受信する必要がある。

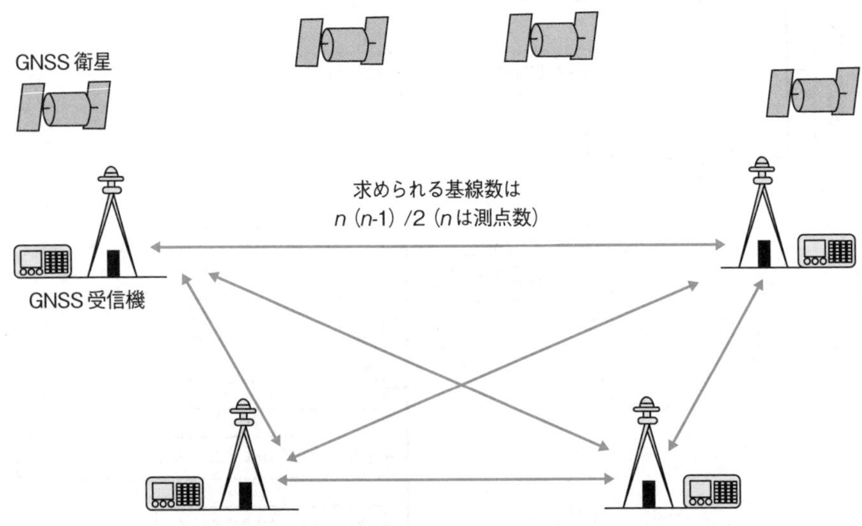

図3-29：スタティック法の原理

●キネマティック法

キネマティック法とは、図3-30のようにGNSS受信機の1台を固定点に据え付け（固定局）、他の1台を用いて他の観測点を移動（移動局）しながら、1分以上の順次観測を行い、固定点と観測点の相対位置（基線ベクトル）を求める方法である。

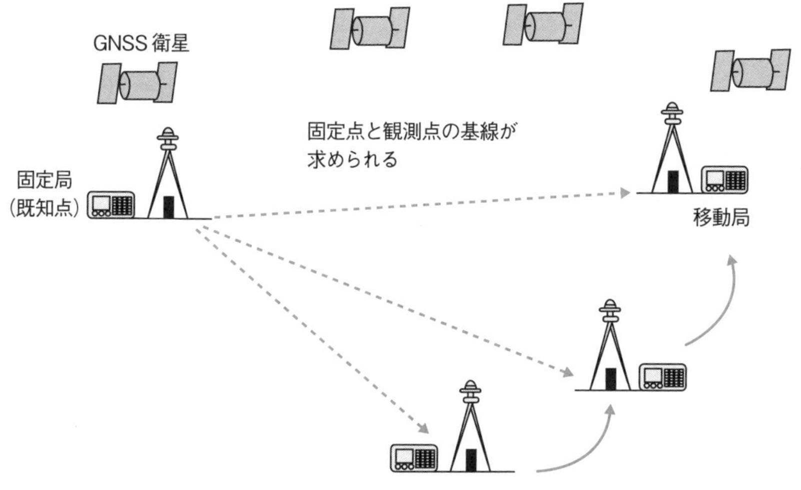

図3-30：キネマティック法の原理

●RTK（アールティーケー）法

RTK（リアルタイム キネマティック：Real Time Kinematic）法とは、図3-31のように、既知点（固定点：基地局）から携帯電話やインターネットなどにより送信された補正観測データと、新点（移動局）で取得されたGNSS電波により2点間の基線ベクトルを求め、瞬時に新点の座標値を計算し、移動局のモニター上に表示させるものである。

これにより、1点の観測にかかる時間が10秒程度と短い時間でリアルタイムでの観測が行え、効率的に新点の座標値を求めることができる。

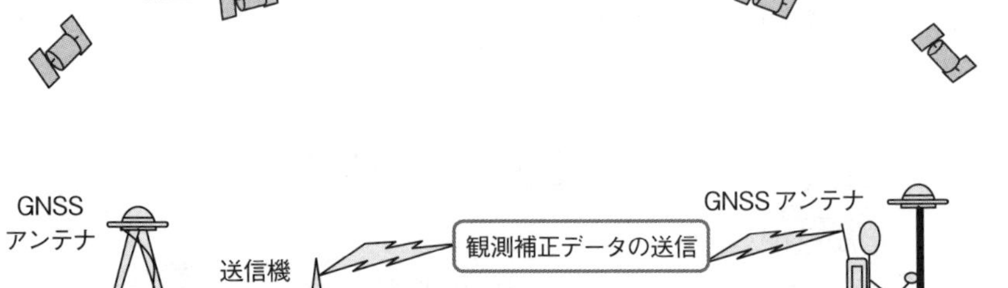

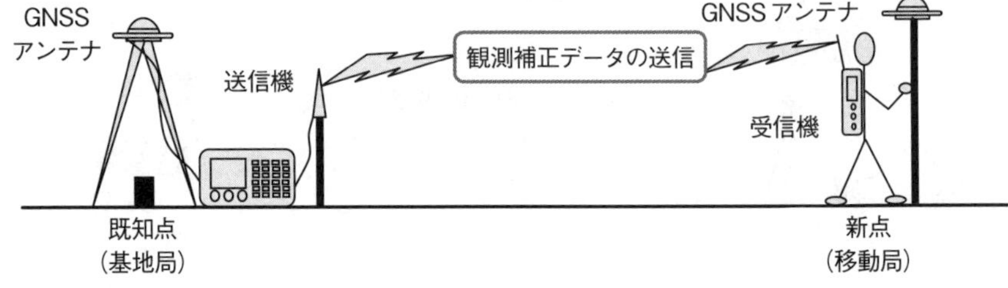

図3-31：RTK法の原理

●ネットワーク型RTK法

RTK法では、基準局（既知点）と移動局（新点）の距離が離れる（一般的に10㎞以上）と、観測精度が落ちてしまう問題があり、基準局から離れた場所で用いることができなかった。

そこで、ネットワーク型RTK法では、3点以上の基準局（電子基準点）からの**リアルタイムデータ（位置情報サービス事業者からのデータ）**を利用し、基準点（基準局）と新点（移動局）が離れていても、RTK法と同等の精度で観測できるようにした。これにより基地局と移動局間の距離の制限がなく、さらに**受信機1台での観測作業が可能**となったため、効率的に観測作業が行えるようになった。

また、ネットワーク型RTK法には、作業規程の準則によりVRS方式（仮想点方式）とFKP方式（面補正パラメータ方式）の2方式が規定されている。

7. GNSS測量における注意点 重要度★★★

●上空視界の確保

GNSS測量では測点間の**見通しは必要ない**が、GNSS衛星からの電波を受信する関係上、**上空視界を妨げるような障害物のある場所**では観測作業を行うことができない。また木の葉や枝が張り出している場所では、風などにより上空からの電波が遮られ、サイクルスリップ[注]を起こす原因となるため、注意が必要である。

注　GNSS衛星からの電波が遮られ観測データが不連続となり、データが欠落する現象。欠落したデータは結果に誤差となって現れる。

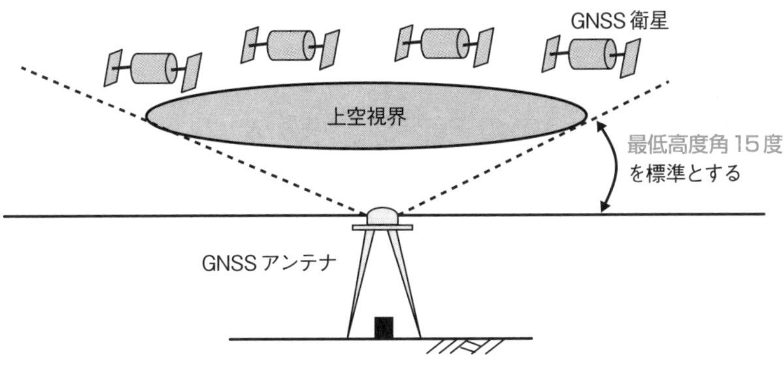

図3-32：上空視界の確保

●障害電波とマルチパス

観測点近辺にレーダーや電波塔など、**障害電波発生源**がある場所はGNSSアンテナの**受信障害の原因**となる可能性がある。さらに、金属製品（トタン、看板、車など）や高層建築物などがある場合は、マルチパス[注]を生じる原因となるため、それらを避けてGNSSアンテナを設置する必要がある。

また、障害電波の発生源としては、電気火花（高圧線や電車）、強力電波（レーダーやラジオなどの放送局）、特定周波数電波（無線通信）などがある。

注　GNSS衛星からの電波が障害物などに反射してGNSSアンテナに到着する現象。GNSSアンテナは本来の電波と反射した電波の両方を受信することとなり、誤差の原因となる。

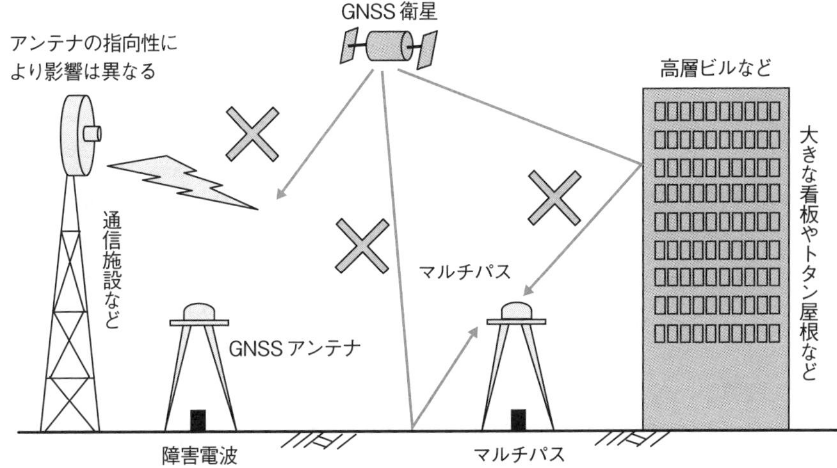

図3-33：障害電波とマルチパス

過去問題にチャレンジ

▶H25-No.7

Q7 GNSS 測量に関する一般事項

次の文は，GNSS について述べたものである。明らかに間違っているものはどれか。次の中から選べ。

1. GNSS とは，人工衛星を用いた衛星測位システムの総称であり，GPS，GLONASS，準天頂衛星システムなどがある。
2. 公共測量の GNSS 測量において基線ベクトルを得るためには，最低 3 機の測位衛星からの電波を受信する。
3. GNSS 測量では，観測点間の視通がなくても観測点間の距離と方向を求めることができる。
4. GNSS 測量では，観測中に GNSS アンテナの近くで電波に影響を及ぼす機器の使用を避ける。
5. GNSS 測量の基線解析を行うには，測位衛星の軌道情報が必要である。

解答

1. 正しい。GNSS の定義に関する文章である。作業規程の準則には「GPS、準天頂衛星システムおよび GLONASS を適用する」とある。また、GLONASS（グロナス）はロシアのシステム、準天頂衛星システムは日本のシステムである。

2. 間違い。公共測量の GNSS 測量では、基線ベクトルを得るために最低４機の GNSS・準天頂衛星からの電波を同時に受信する必要がある。これは、受信機の座標（x，y，z）の未知数と時計の誤差（t）の４つの未知数を扱うためである。

3. 正しい。衛星からの電波を受信して、2地点間の基線ベクトル（距離と方向）を求めるシステムのため、測点間の見通しは不要である。ただし、電波を受信するため、上空視界は必要である。

4. 正しい。観測点近辺では、無線機など、障害電波発生のおそれがあるものはGNSSアンテナの受信障害の原因となる可能性があるため、その使用を避けるべきである。

5. 正しい。GNSS衛星が発信する電波には、衛星の位置を計算するための軌道情報や時刻などの「航法メッセージ」と、観測に用いる周波である「C/AコードやPコード」が含まれている。軌道情報がなければ衛星自身の位置がわからず、基線解析が行えない。

よって、明らかに間違っているものは2.となる。

過去問題にチャレンジ

▶ H30-No.8 一部改変

Q8 準天頂衛星システム

次の文は，準天頂衛星システムを含む衛星測位システムについて述べたものである。正しいものはどれか。次の中から選べ。

1. 衛星測位システムには，準天頂衛星システム以外にGPS，GLONASS，Galileoなどがある。
2. 準天頂衛星と米国のGPS衛星は，衛星の軌道が異なるので，準天頂衛星はGPS衛星と同等の衛星として使用することができない。
3. 準天頂衛星システムの準天頂軌道は，地上へ垂直に投影すると0の字を描く。
4. 準天頂衛星は，約12時間で軌道を1周する。

5. 準天頂衛星の測位信号は，東南アジア，オセアニア地域では受信できない。

解答

1. 正しい。日本の準天頂衛星以外の各国の衛星測位システムには次のようなものがある。GPS（アメリカ）、GLONASS（ロシア）、BeiDou（中国）、Galileo（欧州）、NAVIC（インド）。この中で作業規程の準則で使用が認められているのは、GPSと準天頂衛星、GLONASSである。

2. 間違い。準天頂衛星はGPSの補完衛星である。GPSを補い、安定した位置情報を得るためGPS衛星と同等の衛星として使用できる。

3. 間違い。準天頂衛星は地上に垂直に投影すると8の字を描く傾斜静止衛星軌道にある。

4. 間違い。準天頂衛星は傾斜静止衛星軌道という8の字を描く軌道を取る。北半球に約13時間、南半球に約11時間留まり、約24時間で軌道を1周する。

5. 間違い。準天頂衛星は我が国を中心としたアジア、オセアニア地域に特化した測位衛星であり、8の字を描く傾斜静止衛星軌道を取る。

よって正しいものは1.となる。

Chapter 04

測量の基準

地上の位置を表すためには、その基準となるものが必要である。ここでは、測量の基準となる各項目について記す。

4-1 地球の形状

測量において地上の位置を表すには、測量法（第 11 条）により、次の4つの方法がある。

① **地理学的経緯度および平均海面からの高さ**
② **直角座標および平均海面からの高さ**
③ **極座標および平均海面からの高さ**
④ **地心直交座標**

これらを用いて地上の位置を表すには、まず「地球の形状（基準）」を決定しておく必要がある。しかし実際の地球の形状は、山や谷、さらには海があり、そのままの形状を用いては複雑すぎて実用には向かない。そこで、現在の地球の形状にできるだけ沿った地球楕円体（回転楕円体）を定めている。地球楕円体にはいくつかの種類があるが、測量に用いる地球楕円体を準拠楕円体と呼び、これを基準として前述した手法により地上の位置を表すことになる。

我が国では、世界的に最も多く採用されている GRS80 楕円体（Geodetic Reference System 1980）を準拠楕円体としており、その３次元座標に ITRF 座標系（International Terrestrial Reference Frame）を用いている。

ITRF 座標系は、GRS80 楕円体と整合するように作成された座標系で、**地球の重心に原点**を置き、***X* 軸をグリニッジ子午線と赤道との交点方向**に、***Y* 軸を東経 90 度の方向**に、***Z* 軸を北極の方向**にとって、地上の位置を *X*, *Y*, *Z* の座標で表すものである。

アクセスキー 1

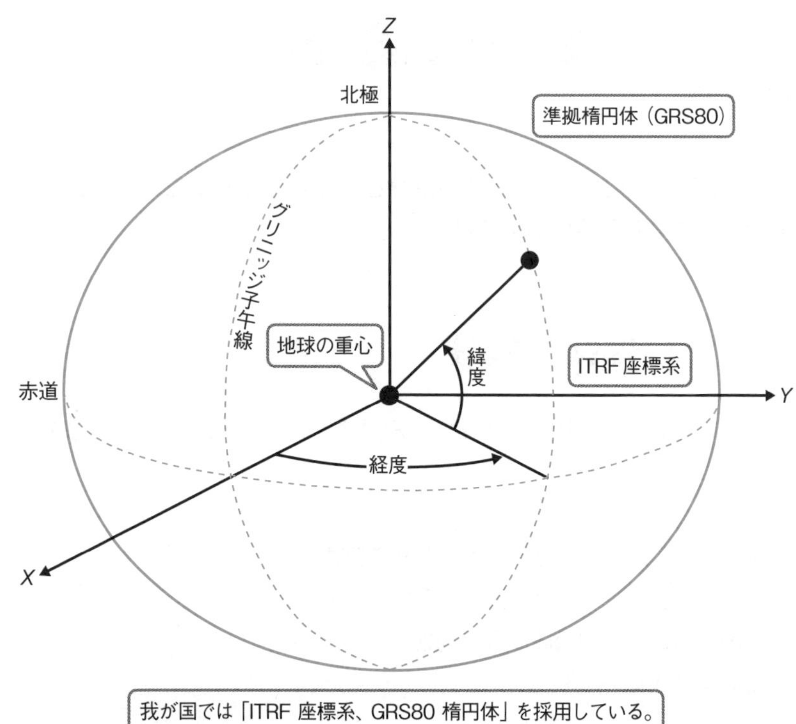

図4-1：ITRF 座標系と GRS80 楕円体の関係

4-2 | 地上の位置の表し方

地上の位置を表すには、前述のように測量法により４つの方法が定められている。以下にその各方法について説明する。

① **地理学的経緯度**

測地経緯度のことであり、地上の位置を**緯度経度で表したもの。**

経度とは、イギリスのグリニッジ天文台跡を通る、子午線（北極と南極を結ぶ線で赤道と直交するもの）を基準に、東西にそれぞれ 180 度までを表したもの。東回りを東経、西回りを西経という。緯度とは、赤道から南北方向に 90 度までを表したもの。南方向を南緯、北方向を北緯という。

我が国で採用している測地系は、日本測地系 2011（JGD2011）であり、世界測地系である ITRF に基づいている。経緯度は ITRF により、GRS80 楕円体面に表現している。つまり、地理学的経緯度は、世界測地系に基づく値で示されている。

※経緯度には、地理学的経緯度と天文学的経緯度がある。一般的な経緯度は地理学的経緯度を指す。

② **直角座標**

日本を **19 のエリア**に分割した、日本独自の座標系である平面直角座標系で位置を表したもの。

③ **極座標**

ある基準の点から、距離と角度で任意の位置を表したもの。一般的な座標では x, y で表されるが、極座標では r（距離）と θ（角度）で表される。

④ **地心直交座標**

ITRF 座標系の座標値で位置を表したもの。GNSS 測量機を用いた測量で求められる座標値がこれである。

⑤ **平均海面**

前述の①〜③までは、平面上の位置の表し方であるが、日本における高さの表示は、標高値を用いており、その**標高 0 m（基準）は、東京湾の平均海面**である。

4-3 日本経緯度原点と日本水準原点

日本の測量の原点は、測量法（第 11 条）により日本経緯度原点および日本水準原点と定められている。

日本経緯度原点とは、日本の地球上での位置（経緯度）を決定する上で基準となる点、つまり、平面位置を決定する測量の原点である。測量法施行令により、その数値が決定されている。

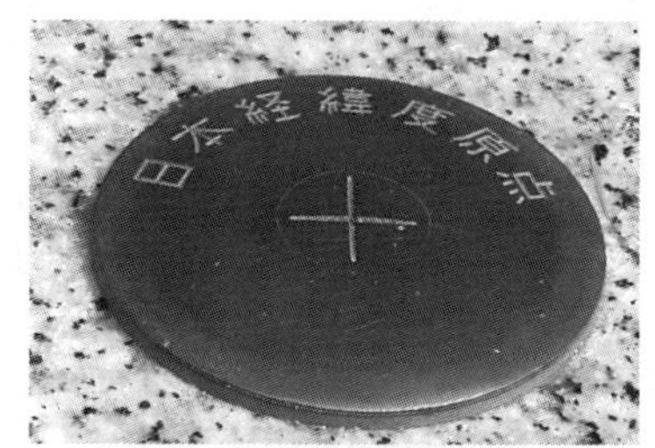

図4-2：日本経緯度原点

- **場所**：東京都港区麻布台２丁目18番　金属標の十字の交点
- **原点数値**：（経度）東経 139° 44′ 28.8869″
  （緯度）北緯 35° 39′ 29.1572″

また、日本水準原点とは、**日本の土地の高さ（標高）の原点**となるものである。前述したように標高の基準は東京湾平均海面であるが、海面は潮の満ち引きにより常に変化している。そこで、地上に高さの基準を移したものを日本水準原点とし、高さの測量の原点としている。測量法施行令により、その数値が決定されている。

- **場所**：東京都千代田区永田町１丁目１番　水準点標石の水晶目盛板の「0」の位置
- **原点数値**：東京湾平均海面上 24.3900m

4-4 | 基準点

Part1 の 4-3 に記したように、測量の基準が原点のみでは不便である。そこで様々な基準点を全国に設け、その平面位置や高さを原点から決定している。基準点の種類としては、国家基準点となる**三角点**、**水準点**および**電子基準点**、さらに地方公共団体が設置および管理を行う**公共基準点**や**水準点**がある。

① **三角点**

高さと位置の基準となる点。**国土地理院が基本測量で設置**した基準点の1つ。1等～4等に分類され、全国に109,021点ある（2022年4月現在）。

② **水準点**

高さの基準となる点。**国土地理院が基本測量で設置**したものは、基準、一～二等水準点に分類され、全国に16,439点ある（2022年4月現在）。

③ **電子基準点**

国土地理院が基本測量で設置した高さと位置の基準となる点。GPS衛星からの電波を24時間受信して位置情報を観測する基準点。全国に1,318点ある（2022年4月現在）。

④ **公共基準点・水準点**

高さと位置の基準となる点。**地方公共団体が設置**し、1級～4級（団体により異なる）に分類される。

図4-3：三角点

図4-4：水準点

図4-5：公共基準点

図4-6：電子基準点

※写真のような石や金属製の標識を永久標識と呼ぶ。

4-5 平面直角座標系

地球上にある任意点の水平位置は、厳密には準拠楕円体上の地理学的経緯度によって表されるべきである。しかし曲面（球面）上の座標である経緯度表示では、測量計算が面倒になる。

そこで、公共測量のような測量範囲が比較的狭い場合には、日本固有の座標系である平面直角座標系を用い、比較的簡単に測量計算が行われている。

日本で用いられている平面直角座標は、**全国を 19 の座標系に分類**し、地球の表面（球面）を平面に投影して用いられている。このため、各座標の原点を通る子午線（真南と真北を結んだ線：x 軸）は等しい長さになる。しかし、距離については、x 軸上から東西に離れるに従って平面距離が増大していくため、投影距離の誤差を相対的に 1/10,000 以内に収めるよう**座標原点（x 軸上）に縮尺係数（0.9999）**を与え、かつ、**座標原点（x 軸上）より東西 130㎞以内を適用範囲**としている。

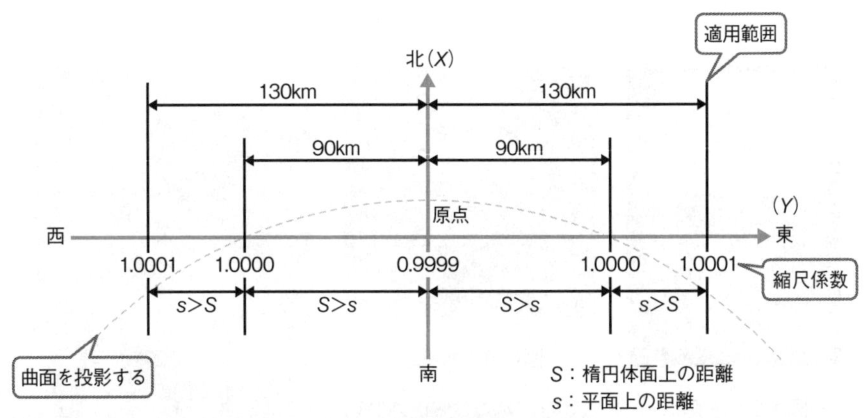

縮尺係数
曲面上の距離とそれを投影した平面距離の比。縮尺係数が 1 より小さい場合は平面距離が曲面距離より短く、大きい場合は平面距離が曲面距離より長い。

座標
平面直角座標では、数学で用いる座標とは異なり、縦座標軸を X、横座標軸を Y としている。これにより、地点の位置を（X, Y）の直角座標で表すことができる。

図4-7：平面直角座標系の縮尺係数

☑ 平面直角座標系のポイント 重要度★★★

- 座標系の X 軸は、**原点において子午線に一致**する軸とし、**真北に向かう値を正**とし、座標系の Y 軸は、**座標系原点において座標系の X 軸に直交**する軸とし、**真東に向かう値を正**とする。
- 座標系の X 軸上における縮尺係数は、0.9999 とする。
- 各座標系原点の座標値は、X = 0.000m、Y = 0.000m とされている。

※平面直角座標系については、Part2 の 6-3 に記してある。

表4-1：平面直角座標系　（平成22年 改正）

系番号	座標系原点の経緯度		適用区域
	経度（東経）	緯度（北緯）	
I	129度30分0秒0000	33度0分0秒0000	長崎県 鹿児島県のうち北方北緯32度南方北緯27度西方東経128度18分東方東経 130 度を境界線とする区域内（奄美群島は東経 130 度 13 分までを含む）にあるすべての島、小島、環礁および岩礁
II	131度 0分0秒0000	33度0分0秒0000	福岡県 佐賀県 熊本県 大分県 宮崎県 鹿児島県（I 系に規定する区域を除く）
III	132度10分0秒0000	36度0分0秒0000	山口県　島根県　広島県
IV	133度30分0秒0000	33度0分0秒0000	香川県　愛媛県　徳島県　高知県
V	134度20分0秒0000	36度0分0秒0000	兵庫県　鳥取県　岡山県
VI	136度 0分0秒0000	36度0分0秒0000	京都府　大阪府　福井県　滋賀県　三重県　奈良県　和歌山県
VII	137度10分0秒0000	36度0分0秒0000	石川県　富山県　岐阜県　愛知県
VIII	138度30分0秒0000	36度0分0秒0000	新潟県　長野県　山梨県　静岡県
IX	139度50分0秒0000	36度0分0秒0000	東京都（XIV 系、XVIII 系および XIX 系に規定する区域を除く）　福島県　栃木県 茨城県 埼玉県 千葉県 群馬県 神奈川県
X	140度50分0秒0000	40度0分0秒0000	青森県 秋田県 山形県 岩手県 宮城県
XI	140度15分0秒0000	44度0分0秒0000	小樽市 函館市 伊達市 北斗市 北海道後志総合振興局の所管区域　北海道胆振総合振興局の所管区域のうち豊浦町、壮瞥町および洞爺湖町　北海道渡島総合振興局の所管区域　北海道檜山振興局の所管区域
XII	142度15分0秒0000	44度0分0秒0000	北海道（XI 系および XIII 系に規定する区域を除く）

XIII	144度15分0秒0000	44度0分0秒0000	北見市　帯広市　釧路市　網走市　根室市　北海道オホーツク総合振興局の所管区域のうち美幌町、津別町、斜里町、清里町、小清水町、訓子府町、置戸町、佐呂間町および大空町　北海道十勝総合振興局の所管区域　北海道釧路総合振興局の所管区域　北海道根室振興局の所管区域
XIV	142度　0分0秒0000	26度0分0秒0000	東京都のうち北緯 28 度から南であり、かつ東経 140 度 30 分から東であり、東経 143 度から西である区域
XV	127度30分0秒0000	26度0分0秒0000	沖縄県のうち東経126 度から東であり、かつ東経 130 度から西である区域
XVI	124度　0分0秒0000	26度0分0秒0000	沖縄県のうち東経 126 度から西である区域
XVII	131度　0分0秒0000	26度0分0秒0000	沖縄県のうち東経 130 度から東である区域
XVIII	136度　0分0秒0000	20度0分0秒0000	東京都のうち北緯 28 度から南であり、かつ東経140度30分から西である区域
XIX	154度　0分0秒0000	26度0分0秒0000	東京都のうち北緯 28 度から南であり、かつ東経 143 度から東である区域

4-6 標高とジオイド 重要度★★★

地球には重力（引力）がある。地球を構成する物質は様々であるため、この重力は一定ではなく場所により異なっている。

いま、地球全体が海水で覆われた状態であると仮定すると、その海面は重力のバランスが取れた場所で留まるため、一定の面とはならず、場所により凹凸のある面となる。このような面をジオイドと呼んでいる。我が国では、**東京湾平均海面に一致するこの面をジオイドとしている。標高とはこのジオイドから測った高さ**となる。

前述したように、GNSS 測量の基準は地心直交座標である ITRF 座標系である。ここで測られる高さは、回転楕円体（GRS80 楕円体）からの高さである楕円体高であり、日本の標高とは何ら関係がない。

そこで、準拠楕円体からジオイドまでの高さをジオイド高として、図 4-8 のように**（楕円体高）=（標高）+（ジオイド高）**と考え、GNSS で観測された高さからジオイド高を引くことによって、標高を求めることができる。なお、ジオイド高は国土地理院が提供する、ジオイド・モデル「日本のジオイド 2011」により、知ることができる。

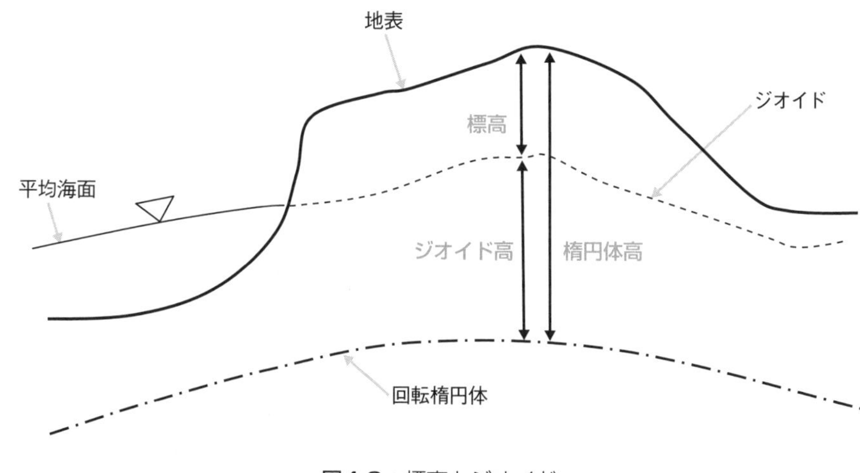

図4-8：標高とジオイド

過去問題にチャレンジ

▶ R3-No.4

Q1 測量の基準1

次の文は，地球の形状及び測量の基準について述べたものである。明らかに間違っているものはどれか。次の中から選べ。

1. 標高とは，地球の形状と大きさに近似した回転楕円体の表面から，平均海面を陸側に延長したと仮定した面までの高さである。
2. 測量法（昭和24年法律第188号）では，地球上の位置を緯度，経度で表すための基準として，地球の形状と大きさに近似した回転楕円体が用いられる。
3. 地心直交座標系の座標値から，当該座標の地点における緯度，経度及び楕円体高へ変換できる。
4. GNSS測量で直接求められる高さは，楕円体高である。
5. ジオイドは，重力の方向と直交しており，地球の形状と大きさに近似した回転楕円体の表面に対して凹凸がある。

解答

1. 間違い。標高はジオイド（東京湾平均海面）からの高さである。問題文はジオイド高のことをいっている。

2. 正しい。我が国では、回転楕円体としてGRS80、三次元座標にITRF座標系を採用している。

3. 正しい。地心直交座標は地球上の位置をITRF座標系の座標値で表したものである。地心直交座標はX,Y,Zの3つの成分で表され、計算によって緯度、経度、楕円体高に換算できる。

4. 正しい。GNSS測量における基準は地心直交座標であるITRF座標系である。ここで測られる高さは準拠楕円体から地表までの高さである楕円体高である。

5. 正しい。ジオイドとは重力の等しい面のことである。重力は常に一定ではなく場所により異なっている。このため、ジオイド面は凹凸のある面で、重力方向に直交している。

よって、明らかに間違っているものは1.となる。

過去問題にチャレンジ

▶ R4-No.4

Q2 測量の基準 2

次の文は，地球の形状及び位置の基準について述べたものである。明らかに間違っているものはどれか。次の中から選べ。

1. 地理学的経緯度は，世界測地系に基づく値で示される。
2. 世界測地系では，地球をその長半径及び扁平率が国際的な決定に基づき政令で定める値である回転楕円体であると想定する。
3. 標高は，ある地点において，平均海面を陸地内部まで仮想的に延長してできる面から地表面までの高さである。
4. 緯度，経度及びジオイド高から，当該座標の地点における地心直交座標系（平成 14 年国土交通省告示第 185 号）の座標値が計算できる。
5. 測量の原点は，日本経緯度原点及び日本水準原点である。ただし，離島の測量その他特別の事情がある場合において，国土地理院の長の承認を得たときは，この限りでない。

解答

1. 正しい。地理学的経緯度は、地上の位置を緯度、経度で表したものである。我が国で採用している測地系は、日本測地系2011（JGD2011）であり、世界測地系であるITRFに基づいている。緯度経度は、ITRFによりGRS80楕円体面に表現している。

2. 正しい。測量法第11条（測量の基準）3-1の文章である。測量法11条には、その他に「3-2 その中心が地球の重心と一致するものであること。」、「3-3 その短軸が地球の自転軸と一致するものであること。」とある。

3. 正しい。いわゆるジオイド面のことである。ジオイドは地球を水で覆ったと仮定したときの地球の形を表す言葉で、ジオイドからの高さ（東京湾平均海面に一致する面をジオイドとしている）が標高となる。

4. **間違い。**ジオイド高に加えて標高が必要となる。（ジオイド高）＋（標高）＝（楕円体高）であり、地心直交座標で位置を表すには、経緯度と楕円体高が必要である。つまり、「緯度、経度及び標高から地心直交座標系の座標値を求めることができる。」ならば正しい。ジオイド高は国土地理院により提供されている（日本のジオイド2011）。

5. 正しい。測量法第11条（測量の基準）の文章である。

よって、明らかに間違っているものは4.となる。

Part 02

実践対策編

第２部では、土補試験で出題される科目ごとに知識解説を行います。
どこを覚えておけばよいのか、どこを理解すればよいのかを、各章で分野ごとにまとめています。出題の傾向についても、おさえておきましょう。

アクセスキー　s
（小文字のエス）

Chapter 01

測量に関する法規

測量に関する法規は、主に測量法、作業規程の準則について出題される。法規というと、測量法などの丸暗記が必要と考えるかもしれないが、決してそのようなことはなく、士補試験に例年出題される分野に絞りその要点のみをしっかりと覚えておけばよい（条番号などを覚える必要はない）。

士補試験に出題される内容としては、主に次の４つがある。

- **測量法**：測量に関する法律で国会において制定される。
- **測量法施行令**：測量法の規定を実施するために内閣が制定する命令。
- **測量法施行規則**：測量法や測量法施行令を施行するために国土交通大臣が制定する命令（省令）。
- **公共測量 作業規程の準則**：測量法の規定により定められた則るべき通達。公共測量の実施に当たり、規格の統一や確保すべき精度、効率的な作業の実施などについての技術基準。これに基づいて各公共測量の作業規程が作成されている。

この中でも特に出題されるのは、**測量法**と**作業規程の準則**の２つである。

例年、法規の士補試験への出題内容としては測量法、作業規程の準則や観測作業における注意事項、測量の基準もしくは地球の大きさと形状などに関するものとなっている。

アクセスキー 7
（数字のなな）

1-1 測量法（一部抜粋・改変）

ここでは、測量法の中でも特に重要な条文について記す。

1. 測量法の目的 重要度★★☆

●測量法の目的：第１条

国もしくは公共団体が費用の全部もしくは一部を負担し、もしくは補助して実施する土地の測量またはこれらの測量の結果を利用する土地の測量について、その実施の基準および実施に必要な権能を定め、測量の重複を除き、ならびに測量の正確さを確保するとともに、測量業を営む者の登録の実施、業務の規制などにより、測量業の適正な運営とその健全な発達を図り、もって各種測量の調整および測量制度の改善発達に資すること。

2. 測量の分類 重要度★★★

●測量法による測量：第３条

測量とは、土地の測量をいい、地図の調製および測量用写真の撮影を含むものとする。

3. 測量作業の分類 重要度★★★

●基本測量：第４条

基本測量とは、すべての測量の基礎となる測量で、国土地理院の行うものをいう。

●公共測量：第５条

公共測量とは、基本測量以外の測量でその実施に要する費用の全部または一部を国または公共団体が負担し、または補助して実施する測量、または基本測量の測量成果を使用して実施する測量で国土交通大臣が指定するもの。

●基本測量及び公共測量以外の測量：第６条

基本測量及び公共測量以外の測量とは、基本測量又は公共測量の測量成果を使用して実施する基本測量及び公共測量以外の測量（建物に関する測量その他の局地的測量又は小縮尺図の調整その他の高度の精度を必要としない測量で政令で定めるものを除く）をいう。

この測量を実施しようとする者は、あらかじめ国土交通省令で定めるところにより、その旨を国土交通大臣に届け出なければならない（第46条：届出等）。

4. 測量計画機関と測量作業機関 重要度★★☆

●測量計画機関：第７条

測量計画機関とは、「公共測量」または「基本測量及び公共測量以外の測量」を計画する者をいう。測量計画機関が、自ら計画を実施する場合には、測量作業機関となることができる。

●測量作業機関：第８条

測量作業機関とは、測量計画機関の指示または委託を受けて測量作業を実施する者をいう。

5. 測量の基準 重要度★★★

●測量の基準：第11条

基本測量および公共測量は、次に掲げる測量の基準に従って行わなければならない。

- 位置は、地理学的経緯度および平均海面からの高さで表示する。ただし、場合により、直角座標および平均海面からの高さ、極座標および平均海面からの高さまたは地心直交座標で表示することができる。
- 距離および面積は、回転楕円体の表面上の値で表示する。
- 測量の原点は、日本経緯度原点および日本水準原点とする。
- 地理学的経緯度は、世界測地系に従って測定しなければならない。

・世界測地系とは、地球を次に掲げる要件を満たす扁平な回転楕円体であると想定して行う地理学的経緯度の測定に関する測量の基準をいう。

（その長半径および扁平率が、地理学的経緯度の測定に関する国際的な決定に基づき政令で定める値であるものであること。
その中心が地球の重心と一致するものであること。
その短軸が地球の自転軸と一致するものであること。）

6. 測量標 重要度★★★

●測量標：第 10 条

測量標とは、永久標識、一時標識および仮設標識をいう。

●測量標の保全：第 22 条

何人も、国土地理院の長の承諾を得ないで、基本測量の測量標を移転し、汚損し、その他その効用を害する行為をしてはならない。

●測量標の移転の請求：第 24 条

基本測量の永久標識または一時標識の汚損その他その効用を害するおそれがある行為を当該永久標識もしくは一時標識の敷地またはその付近でしようとする者は、理由を記載した書面をもって、国土地理院の長に当該永久標識または一時標識の移転を請求することができる。

●測量標の使用：第 26 条

基本測量以外の測量を実施しようとする者は、国土地理院の長の承認を得て、基本測量の測量標を使用することができる。

●公共測量の表示等：第 37 条

公共測量を実施する者は、当該測量において設置する測量標に公共測量の測量標であること及び測量計画機関の名称を表示しなければならない。

7. 測量成果 〈重要度★☆☆〉

●測量成果及び測量記録：第 9 条

測量成果とは、当該測量において最終の目的として得た結果をいい、測量記録とは測量成果を得る過程において得た作業記録をいう。

●測量成果の複製：第 29 条

基本測量の測量成果のうち、地図その他の図表、成果表、写真または成果を記録した文書を測量の用に供し、刊行し、または電磁的方法であって国土交通省令で定めるものにより不特定多数の者が提供を受けることができる状態に置く措置をとるために複製しようとする者は、国土交通省令で定めるところにより、あらかじめ、国土地理院の長の承認を得なければならない。

●測量成果の使用：第 30 条

基本測量の測量成果を使用して基本測量以外の測量を実施しようとする者は、国土交通省令で定めるところにより、あらかじめ、国土地理院の長の承認を得なければならない。

8. 公共測量 〈重要度★★☆〉

●公共測量の基準：第 32 条

公共測量は、基本測量または公共測量の測量成果に基づいて実施しなければならない。

●作業規程：第 33 条

測量計画機関は、公共測量を実施しようとするときは、当該公共測量に関し観測機械の種類、観測法、計算法その他国土交通省令で定める事項を定めた作業規程を定め、あらかじめ、国土交通大臣の承認を得なければならない。これを変更しようとするときも、同様とする。

・公共測量は、この承認を得た作業規程に基づいて実施しなければならない。

●計画書についての助言：第36条

測量計画機関は、公共測量を実施しようとするときは、あらかじめ、計画書を提出して、国土地理院の長の技術的助言を求めなければならない。その計画書を変更しようとするときも、同様とする。

9. 土地の立入り・障害物の除去 重要度★★★

●土地の立入りおよび通知：第15条

基本測量を実施するために必要があるときは、国有、公有または私有の土地に立ち入ることができる。

- 宅地またはかき、さくなどで囲まれた土地に立ち入ろうとする者は、あらかじめその占有者に通知しなければならない。
- 土地に立ち入る場合においては、その身分を示す証明書を携帯し、関係人の請求があったときは、これを呈示しなければならない。

●障害物の除去：第16条

基本測量を実施するためにやむを得ない必要があるときは、あらかじめ所有者または占有者の承諾を得て、障害となる植物またはかき、さくなどを伐除（ばつじょ）することができる。

10. 測量士および測量士補 重要度★★★

●測量士および測量士補：第48条

技術者として基本測量または公共測量に従事する者は、登録された測量士または測量士補でなければならない。

- 測量士は、測量に関する計画を作製し、または実施する。
- 測量士補は、測量士の作製した計画に従い測量に従事する。

11. その他

●測量業および測量業者：第10条の2・第10条の3

測量業および測量業者は次のように定義されている。

- 測量業：基本測量、公共測量または基本測量および公共測量以外の測量を請け負う営業をいう。
- 測量業者：測量業者としての登録を受けて測量業を営む者をいう。

●測量業者の登録および登録の有効期間：第55条

測量業を営もうとする者は、この法律の定めるところにより、測量業者としての登録を受けなければならない。

- 測量業者は、その営業所ごとに測量士を一人以上置かなければならない。

●罰則：第61条の2

測量業者としての登録を受けないで測量業を営んだ者は懲役または罰金に処される。

過去問題にチャレンジ

▶R4-No.1

Q1 測量法 1

次のa～eの文は，測量法（昭和24年法律第188号）に規定された事項について述べたものである。明らかに間違っているものだけの組合せはどれか。次の中から選べ。

a. 「測量」とは，土地の測量をいい，地図の調製や測量用写真の撮影は測量には含まれない。
b. 測量計画機関は，公共測量を実施しようとするときは，あらかじめ，当該公共測量の目的，地域及び期間並びに当該公共測量の精度及び方法を記載した計画書を提出して，国土地理院の長の技術的助言を求めなければならない。

c. 「基本測量」とは，国土地理院が実施する測量をいうため，測量業者は基本測量を請け負うことはできない。

d. 測量士は，測量に関する計画を作製し，又は実施する。測量士補は，測量士の作製した計画に従い測量に従事する。

e. 国土地理院の長の承諾を得ないで，基本測量の測量標を移転してはならない。

1. a，c
2. a，d
3. b，d
4. b，e
5. c，e

解答

a. **間違い。**測量法第３条（測量法による測量）に関する文章である。測量法による測量は、地図の調製及び測量用写真の撮影が含まれている。

b. **正しい。**測量法第 36 条（計画書）に関する文章である。問題文の通りであるが、その計画を変更しようとする場合についても同様の手続きとなる。

c. **間違い。**測量法第 10 条２（測量業）に関する文章である。「測量業」とは基本測量、公共測量または基本測量および公共測量以外の測量を請け負う営業である。また、測量業者とは測量業者としての登録を受けて測量業を営むものである（測量法第 10 条３：測量業者）。

d. 正しい。問題文の通り。測量法第 48 条（測量士および測量士補）に関する文章である。

e. 正しい。測量法第 22 条（測量標の保全）に関する文章である。問題文の他に汚損、その効用を害する行為をしてはならない。また、測量法第 24 条（測量標の移転の請求）により、基本測量の測量標の汚損、その他その効用を害するおそれがある行為を測量標の敷地またはその付近でしようとする者は、国土地理院の長に測量標の移転を請求することができるとある。

よって、明らかに間違っているものは、1. の a，c　である。

過去問題にチャレンジ

▶ R3-No.1

Q2 測量法 2

次の a ～ e の文は，測量法（昭和 24 年法律第 188 号）に規定された事項について述べたものである。明らかに間違っているものだけの組合せはどれか。次の中から選べ。

a. 公共測量は，基本測量又は公共測量の測量成果に基いて実施しなければならない。

b. 「基本測量及び公共測量以外の測量」とは，基本測量及び公共測量を除くすべての測量をいう。ただし，建物に関する測量その他の局地的測量及び小縮尺図の調製その他の高度の精度を必要としない測量は除く。

c. 基本測量以外の測量を実施しようとする者は，国土地理院の長の承認を得て，基本測量の測量標を使用することができる。

d. 「基本測量及び公共測量以外の測量」を計画する者は，測量計画機関である。

e. 「測量記録」とは，当該測量において最終の目的として得た結果をいい，「測量成果」とは測量記録を得る過程において得た結果をいう。

1. a，c
2. a，d
3. b，d
4. b，e
5. c，e

解答

a. 正しい。問題文の通り。測量法第 32 条（公共測量の基準）に関する問題である。

b. 間違い。測量法第 6 条（基本測量及び公共測量以外の測量）に関する問題である。
すべての測量ではなく、「基本測量又は公共測量の測量成果を使用して実施する」基本測量及び公共測量以外の測量である。

c. 正しい。問題文の通り。測量法第 26 条（測量標の使用）に関する問題である。

d. 正しい。測量法第 7 条（測量計画機関）に関する問題である。測量計画機関とは、土地の測量を計画するものであり、土地の測量とは「基本測量」「公共測量」「基本測量及び公共測量以外の測量（基本測量又は公共測量の測量成果を使用して実施する基本測量及び公共測量以外の測量）」である。問題文中の基本測量及び公共測量以外の測量は、測量法に定められた「基本測量及び公共測量以外の測量」であるため、これらを計画するものは、測量計画機関である。

e.　**間違い。**測量法第９条（測量成果及び測量記録）に関する問題である。「測量成果」が当該測量において最終の目的として得た結果であり、「測量記録」が測量成果を得る過程において得た結果である。

よって、明らかに間違っているものは、4. のｂ，ｅ　である。

過去問題にチャレンジ

▶R2-No.1

Q3 測量法３

次のａ～ｅの文は，測量法（昭和24年法律第188号）に規定された事項について述べたものである。明らかに間違っているものだけの組合せはどれか。次の中から選べ。

a.　「基本測量」とは，すべての測量の基礎となる測量で，国土地理院又は公共団体の行うものをいう。

b.　何人も，国土地理院の長の承諾を得ないで，基本測量の測量標を移転し，汚損し，その他その効用を害する行為をしてはならない。

c.　基本測量の測量成果を使用して基本測量以外の測量を実施しようとする者は，あらかじめ，国土地理院の長の承認を得なければならない。

d.　測量計画機関は，公共測量を実施しようとするときは，当該公共測量に関し作業規程を定め，あらかじめ，国土地理院の長の承認を得なければならない。

e.　技術者として基本測量又は公共測量に従事する者は，測量士又は測量士補でなければならない。

1.　a，c
2.　a，d

3. b, e
4. c, d
5. d, e

解答

a. **間違い。**基本測量（第４条）に関する問題である。基本測量とはすべての測量の基礎となる測量で、国土地理院の行うものをいう。公共団体が行う測量は公共測量である。

b. 正しい。問題文の通り。測量標の保全（第22条）に関する問題である。

c. 正しい。測量標の使用（第26条）に関する問題である。基本測量以外の測量を実施しようとする者は、国土地理院の長の承認を得て、基本測量の測量標を使用することができる。

d. **間違い。**作業規程（第33条）に関する問題である。承認を受けるのは国土地理院の長ではなく、国土交通大臣である。また、公共測量は承認を得た作業規程に基づいて実施される。

e. 正しい。測量士および測量士補（第48条）に関する問題である。問題文の通り。測量士は、測量に関する計画を作製し、または実施する。測量士補は測量士の作製した計画に従い測量に従事する。

よって、明らかに間違っているものは、2. の a，d である。

1-2 作業規程の準則および観測作業の注意事項など

1. 作業規程の準則（一部抜粋・改変） 重要度★★★

作業規程の準則について重要なものを記す。

●測量の基準

公共測量において、位置は、特別の事情がある場合を除き、平面直角座標系に規定する世界測地系に従う直角座標および測量法施行令に規定する日本水準原点を基準とする高さ（標高）により表示する。

●関係法令などの遵守

計画機関および作業機関ならびに作業者は、作業の実施に当たり、財産権、労働、安全、交通、土地利用規制、環境保全、個人情報の保護などに関する法令を遵守し、かつ、これらに関する社会的慣行を尊重しなければならない。

●作業計画

作業機関は、測量作業着手前に、測量作業の方法、使用する主要な機器、要員、日程等について適切な作業計画を立案し、これを計画機関に提出してその承認を得なければならない。

●安全の確保

作業機関は、特に現地での測量作業において、作業者の安全の確保について適切な措置を講じなければならない。

●作業計画・測量成果などの提出

作業機関は、測量作業着手前に、測量作業の方法、使用する主要な機器等について適切な作業計画を立案し、これを計画機関に提出して、その承認を得なければならない。作業計画を変更しようとするときも同様である。また、作業が終了したときは、遅滞なく、測量成果など、これらを計画機関に提出しなければならない。

●選点

選点とは、平均計画図に基づき、現地において既知点（電子基準点を除く）の現況を調査するとともに、新点の位置を選定し、選点図および平均図を作成する作業をいう。

●既知点の現況調査

既知点の現況調査は、異常の有無などを確認し、基準点現況調査報告書を作成するものとする。

●新点の選定

新点は、後続作業における利用などを考慮し、適切な位置に選定するものとする。

●建標承諾書など

計画機関が所有権または管理権を有する土地以外の土地に永久標識を設置しようとするときは、当該土地の所有者または管理者から建標承諾書などにより承諾を得なければならない。

●永久標識の設置

新設点の位置には、原則として、永久標識を設置し、測量標設置位置通知書を作成するものとする。

- 設置した永久標識については、写真などにより記録するものとする。
- 永久標識には、必要に応じて固有番号などを記録したICタグを取り付けることができる。
- 設置した永久標識については、点の記を作成するものとする。
- 電子基準点のみを既知点として設置した永久標識は、点の記にその旨を記載する。

※永久標識については、Part2の2-3を参照。

●対空標識の規格および設置など

対空標識の設置とは、同時調整および数値図化において基準点、水準点、標定点などの写真座標を測定するため、基準点などに一時標識を設置する作業をいう。

設置した対空標識は、撮影作業完了後、速やかに原状を回復するものとする。

※対空標識については、Part2の5-1-5、5-1-6を参照。

2. その他の法規 重要度★★☆

その他、過去に出題されたことのある法律について記す。

●道路交通法・道路法

道路を測量や工事などで使用する場合には、道路使用許可（**道交法**：**所轄の警察署長の許可**）と道路占用許可（**道路法**：**道路管理者の許可**）の２つの機関から許可を得る必要がある。また、事前に、交通監視員の配置計画や非常事態の緊急連絡網などを準備しておく必要がある。

●個人情報保護法

個人情報の適正な取扱いに関し、国および地方公共団体の責務などを明らかにするとともに、個人情報を取り扱う事業者の遵守すべき義務などを定めることにより、個人情報の有用性に配慮しつつ、個人の権利利益を保護することを目的とする。

過去問題にチャレンジ

▶R1-No.2

Q4 作業規程の準則など 1

次のａ～ｅの文は，公共測量における測量作業機関の対応について述べたものである。明らかに間違っているものだけの組合せはどれか。次の中から選べ。

a. 気象庁から高温注意情報が発表されていたので，現地作業ではこまめな水分補給を心がけながら作業を続けた。
b. 現地作業の前に，その作業に伴う危険に関する情報を担当者で話し合って共有する危険予知活動（KY 活動）を行い，安全に対する意識を高めた。
c. 測量計画機関から貸与された測量成果を，他の測量計画機関から受注した作業においても有効活用するため，社内で適切に保存した。

d. 基準点測量を実施の際，観測の支障となる樹木があったが，現地作業を早く終えるため，所有者の承諾を得ずに伐採した。現地作業終了後，速やかに所有者に連絡した。

e. E市が発注する基準点測量において，E市の公園内に新点を設置することになった。利用者が安全に公園を利用できるように，新点を地下に設置した。

1. a，b
2. a，c
3. b，e
4. c，d
5. d，e

解答

a. 正しい。測量作業機関は、特に現地での測量作業において作業者の安全の確保について適切な措置を講じる必要がある。問題文の場合は熱中症対策をとる必要がある。

b. 正しい。事前に全員で情報共有を行い、KY（危険予知活動）やKYT（危険予知トレーニング）を行い、労働災害を未然に防ぐ必要がある。

c. **間違い**。貸与された資料はその目的以外に使用してはならない。作業終了時にすべて返却する必要がある。

d. **間違い**。樹木の伐採は、所有者の「事前承諾」が必要である。また、このような事態を避けるため、伐採を要しない手法をあらかじめ考慮しておく必要がある。

e. 正しい。作業規程の準則には永久標識の形式が定められている。問題文のように公共の場所（公園内）に測量標のような突起物があると危険であると判断される。このため地下埋設とすべきである。

よって、明らかに間違っているものは 4．のc，dとなる。

過去問題にチャレンジ

▶R2-No.2

Q5 作業規程の準則など 2

次のａ～ｅの文は，公共測量における測量作業機関の対応について述べたものである。明らかに間違っているものだけの組合せはどれか。次の中から選べ。

a. 測量計画機関から個人が特定できる情報を記載した資料を貸与されたことから，紛失しないよう厳重な管理体制の下で作業を行った。
b. 基準点測量の現地作業中に雨が降り続き，スマートフォンから警戒レベル３の防災気象情報も入手したことから，現地の作業責任者が判断して作業を一時中止し，作業員全員を安全な場所に避難させた。
c. 水準測量における新設点の観測を速やかに行うため，現地の作業責任者からの指示に従い，永久標識設置から観測までの工程を同一の日に行った。
d. 現地作業で伐採した木材と使用しなかった資材を現地で処分するため，作業地付近の草地で焼却した後に，灰などの焼却したゴミを残さないように清掃した。
e. 空中写真撮影において，撮影終了時の点検中に隣接空中写真間の重複度が規定の数値に満たないことが分ったが，精度管理表にそのまま記入した。

1. a, b
2. a, c
3. b, e
4. c, d
5. d, e

解答

a. 正しい。問題文のような場合、測量作業機関は個人情報を取り扱う事業者である。遵守すべき義務として紛失、漏洩しないような厳重な管理が必要である。

b. 正しい。測量作業機関は、特に現地での測量作業において作業者の安全の確保について適切な措置を講じる必要がある。問題文の場合は作業員の生命を守る必要がある。

c. 間違い。新設点の観測は永久標識設置後、24 時間以上経過してから行う必要がある（作業規程の準則）。問題文の場合、永久標識設置から観測までの工程は同一日にはできない。

d. 間違い。廃棄物処理法に基づいた処分が必要となる。同法によりゴミの野焼きは原則禁止されている。問題文のような場合は、伐採した木材は処理業者による処分。未使用の資材は持ち帰りが原則である。

e. 正しい。技術者の倫理としてデータ改ざんなどは決して行ってはならない。得られたデータをそのまま報告することは当然のことである。空中写真の重複度が規定の数値に満たない場合は、原則再撮影が必要となる。

よって、明らかに間違っているものは 4. の c,d となる。

Chapter 02

基準点測量

基準点測量とは、既知点（既存の基準点）を基に新点（新しい基準点）を設置（作成）する測量である。既知点には地上の平面位置となる経緯度や平面直角座標系の座標値が定められており、ここから新点への方向や角度、距離をTSやGNSSにより観測することによって、新点の平面位置が決定される。

また、基準点測量はその目的に応じて1級～4級基準点測量に分類され、これにより設置された基準点は1級～4級基準点と呼ばれる。

基準点測量の方法は既知点と既知点を結んだ、結合多角方式（結合トラバース）によって行われる。

多角測量（またはトラバース測量とも呼ばれる）とは基準点測量などに用いら

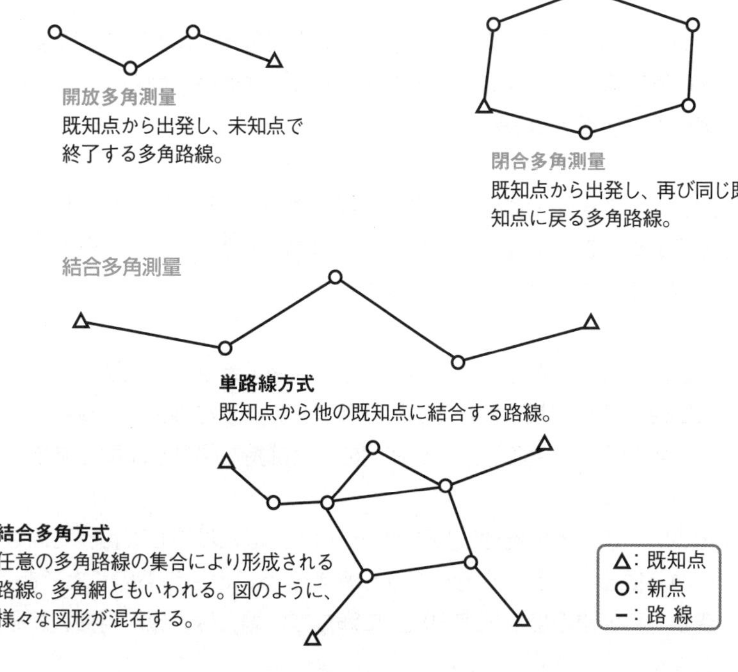

開放多角測量
既知点から出発し、未知点で
終了する多角路線。
閉合多角測量
既知点から出発し、再び同じ既
知点に戻る多角路線。
結合多角測量
単路線方式
既知点から他の既知点に結合する路線。
結合多角方式
任意の多角路線の集合により形成される
路線。多角網ともいわれる。図のように、
様々な図形が混在する。
△：既知点
○：新点
－：路 線

図2-1：多角測量（トラバース測量）の種類

れる測量方法であり、図 2-1 のようにその路線の形から、開放多角測量、閉合多角測量、結合多角測量（結合多角方式、単路線方式）などに分けられる。

作業規程の準則によれば、１級～２級基準点測量では原則、結合多角方式、３級～４級基準点測量は、結合多角または結合単路線方式により行われる。

2-1 基準点測量の作業工程

基準点測量の作業工程は TS による方法と GNSS による方法に大別されるが、士補試験では、作業工程を間違えずに並べその内容を簡潔に述べられるようになればよい。

1. 基準点測量の作業工程 重要度★★★

基準点とは、その地点の水平座標値や高さ、方向および距離など、その地点の位置に関する情報を持ったものであり、広義には三角点や基準点、水準点などを指す。士補試験では、水準測量により設置される水準点と、基本測量による三角点を除いた、作業規程の準則に定める１級～４級基準点の設置作業について出題される。

作業規程の準則による基準点測量は、図 2-2 の作業工程により実施される。

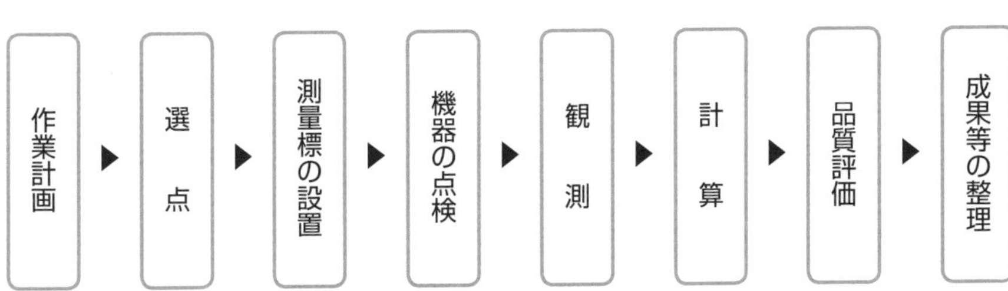

図2-2：基準点測量の作業工程

2. 各作業工程の概要 重要度★☆☆

基準点測量の各作業工程の概要は、次の通りである。

① **作業計画**

作業計画では、**資料収集**を行い、**平均計画図**や**作業計画書**を作成する。

- 資料収集：配点図や成果表、点の記、地形図などの資料を集める。
- **平均計画図**：地形図上にて新点の概略位置を決定し、既知点や新設点の設置位置、距離観測や角度観測を実施する方向を地形図に表したもの。
- **作業計画書**：使用機器や作業期間、人員などを考えて作業工程を決定した作業の計画書。

※平均計画図や作業計画書は、計画機関に提出して承諾を受ける必要がある。

② **選点**

選点とは、**平均計画図に基づき**、現地において**既知点の現況調査**（電子基準点を除く）を行うとともに、**新点の位置の選定**を行い、**選点図**ならびに**平均図**を作成する作業をいう。

- **既知点の現況調査**：既知点の有無や視通（みとおし）、障害物、土地所有者、道路状況などを調べ、基準点現況調査報告書を作成する作業。
- **新点の選定**：新設点設置予定地域に立ち入り、作業の実施方法、その位置や偏心の有無を検討する。またTSでの作業の場合は視通線の確保、GNSSによる場合には、上空視界の確保に伴う樹木の伐採などを検討する。
- **選点図**：新点の選定をした後に、その位置や視通線などを地形図に記入したもの。
- **平均図**：選点図に基づいて作成されたもの（選点図の概略図）。

③ **測量標の設置**

測量標の設置とは、新設点位置に**永久標識を設置**する作業をいう。永久標識の設置には、利用目的や現地の状況に応じて**埋設の種類**を選択する。設置後は、**測量標設置位置通知書**および**点の記**を作成する。

また、永久標識には、必要に応じて固有番号を記録したICタグを取り付けることができる。

- **埋設の種類**：埋設する場所や土質の状況に応じて、地上埋設、地下埋設、屋上埋設があり、その構造は金属標となっている。

- **測量標設置位置通知書**：永久標識の情報で、所在地や測量標の種類、設置年月日が記載されている。永久標識は設置後、速やかに**国土地理院の長に通知**する必要がある。
- **点の記**：今後の測量でその点を利用するために作成されるもの。所在地や所有者、順路や周辺のスケッチ、地図などの事項が書き込まれている。

④ **機器の点検**

観測に使用する機器は、**観測着手前および観測期間中には適宜点検**し、必要に応じて調整する。また、作業計画において機器は目的とする精度に合わせて選択され、これらの機器は所定の検定を受けたものが用いられる。

⑤ **観測**

実際の観測作業。観測作業は平均図などに基づいて、**TS、GNSS 機器などを用い、または併用**して観測される。その方法は**原則として結合多角方式**によって行われ、用いる既知点数や路線長、偏心距離の制限などの作業方法が、各等級の区分により定められている。

観測に際しては、水平角、鉛直角、距離、偏心などの手簿が作成され、後の計算作業に必要な数値をまとめた観測記簿が作成される。

⑥ **計算**

計算とは、新点の水平位置および標高を求めるために行うもので、点検計算と平均計算に分類される。

<点検計算>

観測値の良否を点検するため、観測終了後に現地で直ちに行う計算作業。点検計算において、観測値が許容範囲を超えた場合には再測を行う。

- **TS による観測**

すべての点検路線について、水平位置および標高の**閉合差**を計算し、観測値の良否を判定する。

- **GNSS による観測**

電子基準点間の結合の計算（電子基準点のみを使用する場合）または重複する基線ベクトルの較差や環閉合差の計算（電子基準点のみを既

知点とする場合以外）により、観測値の良否の判定を行う。

〈平均計算〉

平均計算とは最終結果を求めるために行われるもので、観測値の標準偏差が求められる。平均計算により、許容範囲を超える値がある場合再測を行う。平均計算は、１級～２級基準点測量や３級～４級基準点測量の等級区分により各方法が定められている。

⑦ 品質評価

品質評価とは、基準点測量成果に基づき、製品仕様書が規定するデータ品質を満たしているかどうかを評価する作業であり、品質要求を満たしていない項目があれば必要な調整を行う必要がある。また、品質評価は作業機関が品質評価手順に基づき行うものである。

⑧ 成果等の整理

測量成果や観測手簿、メタデータ[注]の作成、基準点網図などの一連の観測作業の成果を整理する。

注　メタデータは、製品仕様書に従い、ファイルの管理および利用において必要となる事項について作成される。メタデータについては、Part2 の 6-5-4 を参照。

過去問題にチャレンジ

▶H29-No.5

Q1 基準点測量の作業工程

次のａ～ｆは，基準点測量で行う主な作業工程である。標準的な作業の順序として，最も適当なものはどれか。次の中から選べ。

a.　踏査・選点
b.　成果等の整理
c.　観測
d.　計画・準備

e.　測量標の設置
f.　平均計算

1.　d → a → e → c → f → b
2.　d → e → a → f → c → b
3.　d → e → c → a → f → b
4.　d → a → f → e → c → b
5.　d → a → e → f → c → b

解答

公共測量における基準点測量の作業工程は次の通りである。

作業計画 → 選点 → 測量標の設置 → 機器の点検 → 観測 → 計算 → 品質評価 → 成果等の整理

選択肢の中で最も正しいものは次のようになる。

d：計画・準備 → a：踏査・選点 → e：測量標の設置 → c：観測 → f：平均計算 → b：成果等の整理

よって、最も適当なものは 1. となる。

2-2 基準点の選点

基準点の選点に関する問題の一部は、枝問として作業工程や基準点測量の運用にも出題される。

1. 選点のポイント 重要度★★☆

新点の設置位置の条件には次のようなものがあるが、基本的に後続作業の利便性を考慮して、適切な位置に配置することが大切である。

① 測量地域全般に既知点の配点と合わせた、基準点の**配点密度が必要かつ十分で、均等**であること。
② **地盤が堅固**であること。
③ **見通しがよく、後の利用や保存に適している**こと。
④ 全体の**路線長は極力短く**し、**節点数を少なく**、節点間の距離は長くすること。
⑤ 敷地所有者または管理者の承諾が得られること。
⑥ **上空視界を確保**すること（GNSS)。
⑦ **障害電波の有無を確認**すること（GNSS)。

※（GNSS）とあるものは、観測に GNSS 測量機を用いた場合のみ適用される。

2. 既知点の現況調査

既知点の現況調査（電子基準点を除く）は、点の記や地形図などを用いて行い、**標石（標識）の異常の有無を確認**する。

また、既知点標識に、亡失や破損、傾き、転倒など、異常のある場合はもちろんのこと、正常な場合についても、図 2-3 のような**基準点現況調査報告書**を作成し、計画機関への成果品の１つとして提出する必要がある。

基 準 点 現 況 調 査 報 告 書

調査年月日	自：令和○年○月○日 □日間 至：令和○年○月○日	作　業　名：○○県○地区 基準点測量作業 作業機関名：□測量設計 株式会社 調　査　者：○△ □×　　　　印

1/5 万図 名	等級種類	冠字番号	名称(番号)	基準点コード	所在地	現況区分	現況地目	備考
初山別	Ⅲ		吉田		北海道天塩郡	露出	山林	地表より 0.50m
初山別	Ⅰ	1-8617			北海道天塩郡	正常	荒地	

図2-3：基準点現況調査報告書の例

3. 新点の選定 〈重要度★☆☆〉

新点は、既知点の配点と合わせた**配点密度が必要かつ十分で、均等**になるように配置する必要がある。また、見通しや**後続作業における利便性を考慮**し、標識の**長期保存**に適した場所に設置する必要がある。

GNSS 測量による場合は、上記の事柄に加え、**上空視界の確保**と、電波障害を引き起こすような**発信源の有無**、**マルチパスの原因**となるような構造物の有無についても考慮し、適切な場所を選定する必要がある。

4. 建標承諾書の取得 〈重要度★★☆〉

永久標識を設置する場合は、その**土地の所有者または管理者から**の**建標承諾書が必要**となる。特に、やむを得ず個人の私有地に設置しようとする場合には、事前に基準点設置の目的を十分に説明する必要がある。

5. 選点図・平均図の作成

新点の位置を選定した場合には、その位置や視通線などを地形図に記入し、**選**

点図を作成する必要がある。また、選点図に基づいて、測量作業規程に定める諸条件が適合しているかを検討し、平均図を作成する。平均図は、計画機関の承認を得る必要がある。

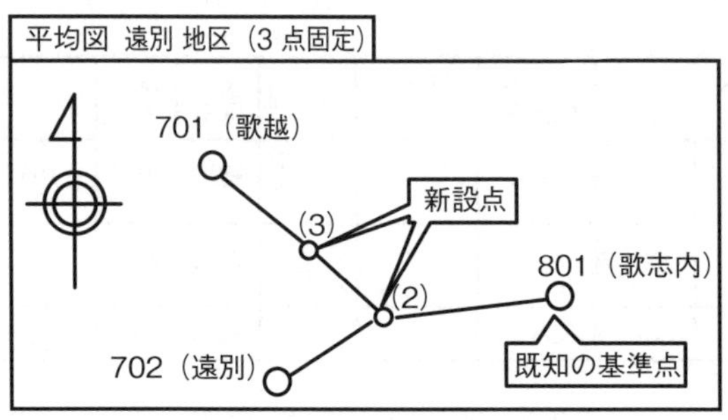

図2-4：平均図の例

過去問題にチャレンジ

▶ H21-No.4 一部改変

Q2 選点及び測量標

次の文は，基準点測量の選点及び測量標の設置における留意点を述べたものである。明らかに間違っているものはどれか。次の中から選べ。

1. 新点位置の選定に当たっては，視通，後続作業における利用しやすさなどを考慮する。
2. 新点の配置は，既知点を考慮に入れた上で，配点密度が必要十分で，かつ，できるだけ均等になるようにする。
3. 新点の設置位置は，できるだけ地盤の堅固な場所を選ぶ。
4. GNSS 測量機を用いた測量を行う場合は，レーダーや通信局などの電波発信源となる施設付近は避ける。
5. トータルステーションを用いた測量を行う場合は，できるだけ一辺の長さを短くして，節点を多くする。

解答

1. 正しい。基準点は将来において長く保存・利用されるものであり、その後、様々な測量に利用されるものである。このため、新点の設置場所は、次の作業を考慮し、最も適した場所に行う必要がある。

2. 正しい。基準点の配点は、おおよそ次のような事項に基づいて決定されている。
   - 2つの既知点間をなるべく直線に近い状態で結ぶ。
   - 節点の数を少なくし、路線長をできるだけ短くする。
   - 節点間の距離を長く、等しくする。

   これらの条件を極力満たすことにより、測距・測角ともに観測精度の均一化を図ることができる。

3. 正しい。埋設後、基準点が沈下や交通などによる振動で動くことのないようにする。新点は後の利用も考え、沈下や隆起などによる破損や亡失を防ぐ必要がある。このため、地盤堅固な場所に設置する必要がある。

4. 正しい。GNSS 衛星から発信されている電波は微弱なものである。このため、高圧線や電波塔など強い電波を発するものの付近では、受信障害を起こすおそれがある。

5. 間違い。既知点間を結ぶ多角路線は、節点数や辺の数をできるだけ少なく、節点間の距離もできるだけ等しく、直線状に平たんな経路を選択する必要がある。
   また、節点とは、障害物などにより隣接する基準点間の見通しがない場合に、やむを得ず設けられる仮設の観測点（中継点）である。

よって、明らかに間違っているものは 5. となる。

2-3 測量標の設置

測量標の設置とは、新設点の位置に永久標識等を設ける作業である。測量標は基準点の位置を永久に表示する必要があるため、定められた材質により所定の規格、埋設法により設置する。また、設置に当たっては、安全性、環境等に配慮する必要がある。士補試験における単独項目としての出題はないが、選択肢の1つとして出題が多い。

1. 設置方法

設置方法には、地上埋設、地下埋設、屋上埋設がある。例えば公共性の高い公園などに設置する場合は、利用者の安全性に配慮して地下埋設を選択する必要がある。

2. 記録

設置した永久標識は標識の全景と近景を写した写真等により記録する。

3. IC タグの取り付け

設置した永久標識には IC タグを取り付けることができる。IC タグには点名、所在地、設置年月日、周辺の地理情報などが記録されている。IC タグの代わりに QR コードも利用できる。

4. 測量標の材質

測量標は周囲をコンクリートで固めた上に、真鍮またはステンレス製の金属標を設置するのが原則である。3～4級基準点に関してはその他に標杭（木製またはプラスチック）・標鋲（ひょうびょう）も用いることができる。

5. 点の記の作成

設置した永久標識については点の記を作成する。点の記には建標承諾書などに基づいて所在地、地目、所有者、その付近の要図、場合により写真などが記載される。

点の記の作成目的は、後続作業への利用と管理である。

2-4 トータルステーション(TS)による基準点測量

TS による基準点測量は、平均図等に基づき TS を用いて、関係点間の水平角、鉛直角、距離等を観測する作業をいう。また観測作業は、TS 等及び GNSS 測量機を併用することができる。

1. 機械の点検 重要度★☆☆

観測に使用する機器の点検は、観測着手前及び観測期間中に適宜行い、必要に応じて機器の調整を行う必要がある。

2. 観測作業の実施 重要度★★☆

① TS の器械高、反射鏡高及び目標高は、ミリメートル位まで測定する。
② 水平角観測、鉛直角観測及び距離測定は、1 視準で同時に行うことを原則とする。
③ 水平角観測は、1 視準 1 読定、望遠鏡正及び反の観測を 1 対回とする。
④ 鉛直角観測は、1 視準 1 読定、望遠鏡正及び反の観測を 1 対回とする。
⑤ 距離測定は、1 視準 2 読定を 1 セットとする。
⑥ 距離測定に伴う気温及び気圧の測定は、距離測定の開始直前又は終了直後に行う。
ただし、3 級基準点測量及び 4 級基準点測量においては、気圧の測定を行わず、標準大気圧を用いて気象補正を行うことができる。
⑦ 基準面上の距離の計算は楕円体高を用いる。楕円体高は標高とジオイド高から求める。
⑧ 観測値の記録は、DC を用いる。ただし、DC を用いない場合は、観測手簿に記載する。

過去問題にチャレンジ

▶ R4-No.6

Q3 TSによる基準点測量1

次の文は，公共測量におけるトータルステーション（以下「TS」という。）を用いた1級基準点測量及び2級基準点測量の作業工程について述べたものである。［ア］～［エ］に入る語句の組合せとして最も適当なものはどれか。次の中から選べ。

選点とは，平均計画図に基づき，現地において既知点の現況を調査するとともに，新点の位置を選定し，［ア］及び平均図を作成する作業をいう。

観測とは，TSを用いて関係点間の水平角，鉛直角，距離等を観測する作業をいい，原則として［イ］により行う。観測値について倍角差，観測差等の点検を行い，許容範囲を超えた場合は，再測する。

平均計算とは，新点の水平位置及び標高を求めるもので，計算結果が正しいと確認されたプログラムを使用して，既知点2点以上を固定する［ウ］等を実施するとともに，その結果を［エ］にとりまとめる。

	ア	イ	ウ	エ
1.	選点図	結合多角方式又は単路線方式	厳密水平網平均計算	品質評価表
2.	選点図	結合多角方式	厳密水平網平均計算	精度管理表
3.	観測図	結合多角方式又は単路線方式	三次元網平均計算	精度管理表
4.	観測図	結合多角方式	厳密水平網平均計算	品質評価表
5.	観測図	結合多角方式又は単路線方式	三次元網平均計算	品質評価表

解答

ア：選点図

選点図は新点の選定をした後に、その位置や視通線などを地形図に記入したものである。選点図に基づいて作業既定の諸条件に適合しているかを検討し平均図を作成する。平均図は計画機関の承認を得る必要がある。

イ：結合多角方式

1，2 級基準点測量は原則として、結合多角方式。3，4 級基準点測量は結合多角方式又は単路線方式による。

ウ：厳密水平網平均計算

平均計算は新点位置の最終結果を求めるために行われるもので、既知点2点以上を固定するのは、厳密水平網平均計算である。平均計算は平均図に基づいて行われる。

エ：精度管理表

平均計算の結果は、精度管理表にまとめられる。

よって、最も適当な語句の組み合わせは 2. となる。

過去問題にチャレンジ

▶R1-No.5

Q4 TSによる基準点測量２

次のａ～ｄの文は，公共測量において実施するトータルステーションを用いた基準点測量について述べたものである。［ア］～［エ］に入る語句の組合せとして最も適当なものはどれか。次の中から選べ。

a.　１級基準点測量及び２級基準点測量は，原則として［ア］方式で行う。
b.　距離測定は，１視準［イ］読定を１セットとする。
c.　器械高は，［ウ］単位まで測定する。
d.　基準面上の距離の計算は，［エ］を用いる。

	ア	イ	ウ	エ
1.	結合多角	1	センチメートル	標高
2.	単路線	1	ミリメートル	楕円体高
3.	結合多角	2	ミリメートル	楕円体高
4.	単路線	2	センチメートル	標高
5.	結合多角	2	ミリメートル	標高

解答

ア：結合多角

１～２級基準点測量は原則として結合多角方式。３～４級基準点測量は結合多角方式又は単路線方式による。

イ：2

距離の測定は1視準2読定を1セット、角度は1視準1読定、望遠鏡正反の観測を1対回とする。

ウ：ミリメートル

器械高、反射鏡高及び目標高は、ミリメートル位まで測定する。

エ：楕円体高

基準面上の距離の計算は、楕円体高を用いる。なお、楕円体高は、標高とジオイド高から求める。

よって、最も適当な語句の組合せは3. となる。

3. TS の気象誤差 重要度★★☆

TS（測距部）の誤差に関しては Part1 の 3-1-10 に記した。この誤差の中で観測距離に比例する誤差として**気象誤差**がある。この気象誤差に関して、以下に記す。

TS からレーザを飛ばして距離を測る場合、そのレーザは空気中を通ることになる。このため、観測時の気象条件（気温、気圧）の影響を受け、観測距離に誤差を生じることになる。

この気温と気圧の変化が観測距離に与える影響をまとめると表 2-1 のようになる。

表2-1：TSの気象誤差

	観測距離に与える影響	観測補正前の距離より
気圧(P)が高くなる	**小**(気温に比較して)	**長くなる**
気温(t)が高くなる	**大**(気圧に比較して)	**短くなる**

① **気温と気圧測定の誤差が観測距離に与える影響**

TS を用いた距離の観測においては、気温と気圧を測定し、観測距離を補正する必要があるが、気温と気圧を測定する際に、どちらの測定誤差が

観測距離に与える影響が大きいかを考えると、

気圧1hPaの測定誤差より、気温1℃の測定誤差の方が観測距離に与える影響が大きくなる。

ちなみに、気温1℃の誤差に相当する気圧は、約3.5 hPaである。

② TS測距部（光波測定器）の器械定数誤差 重要度★★☆

●器械定数誤差とは

器械定数誤差とは、TSやプリズムが持つその器械固有の誤差である。TS測距部が持つ固有誤差を器械（測距）定数、プリズムが持つ固有誤差を反射鏡（プリズム）定数と呼ぶ。正しい距離を得るためには、観測距離からこの器械定数誤差（器械定数＋反射鏡定数）を補正する必要がある。

つまり、TSにより距離測定を行った場合には、観測値に次のような器械定数誤差と気象補正値が含まれると考えればよい。器械定数誤差は測定距離に比例しないため、同じ器械を用いて観測する場合は常に一定の値となる。
観測値＝真の値＋ 器械定数誤差（器械定数＋反射鏡定数）＋（気象補正値）

●器械定数誤差の測定方法

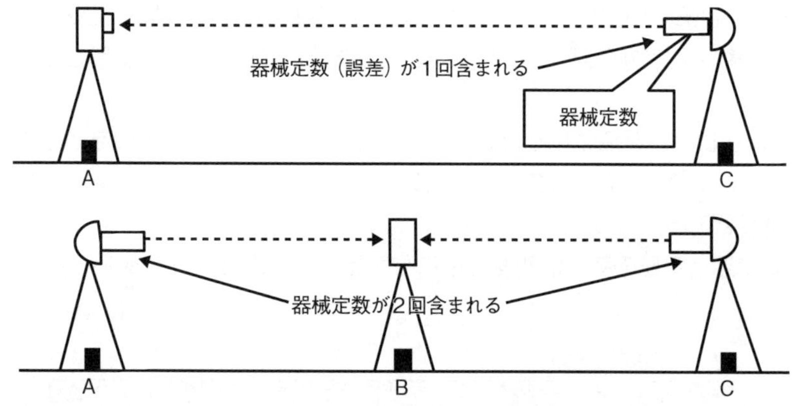

図2-5：器械定数誤差の測定方法

TSの測距部における、器械定数の点検方法は「3点法」と呼ばれるものが利用されている。その方法は、次に示す通りである。

本来は、AC＝（AB＋BC）、つまりAC－（AB＋BC）＝0となるはずであるが、器械定数誤差（K）があると、≠0となる。また器械定数は常に一定であり、観測ごとに一定の値が生じるため、次式が成り立つ。

AC＋K＝（AB＋K）＋（BC＋K）

よって、K（器械定数誤差）＝AC－（AB＋BC）

過去問題にチャレンジ

▶R1-No.7

Q5 器械定数誤差

図に示すように，平たんな土地に点A，B，Cを一直線上に設けて，各点におけるトータルステーションの器械高と反射鏡高を同一にして距離測定を行った結果，器械定数と反射鏡定数の補正前の測定距離は，表のとおりである。表の測定距離に，器械定数と反射鏡定数を補正したAC 間の距離は幾らか。最も近いものを次の中から選べ。

ただし，測定距離は気象補正済みとする。また，測定誤差は考えないものとする。

なお，関数の値が必要な場合は，巻末の関数表を使用すること。

A　B　C

図

表

測定区間	測定距離（m）
AB	600.005
BC	399.555
AC	999.590

1. 999.560m
2. 999.570m
3. 999.590m
4. 999.610m
5. 999.620m

解答

K（器械定数誤差）＝器械定数＋反射鏡定数であるため、Kを求める式を考えると次のようになる。

(AC＋K) ＝ (AB＋K) ＋ (BC＋K) ＝ (AB＋BC) ＋2K

前式に問題文の数値を当てはめると次のようになる。

(999.590＋K) ＝ (600.005＋399.555) ＋2K＝999.560＋2K

K－2K＝999.560 － 999.590 ＝－0.03

－K＝－0.03 よってK＝0.03

AC 間の正しい距離は、

AC＋K＝999.590＋0.03＝999.620m

AC 間の距離で最も近いものは 5. となる。

2-5 GNSS による基準点測量

Part1 の3-3において、GNSS 受信機や観測の方法などについて簡単に触れた。ここではGNSS 測量機を用いた基準点測量について記す。

1. 基準点測量で用いられる観測法 重要度★☆☆

作業規程の準則では、基準点測量に用いられるGNSS測量の観測方法が表2-2の通り定められている。

表2-2：GNSSによる基準点測量

GNSS測量方法	適　用
スタティック法 （120分以上の観測）	1～2級基準点測量（10km以上）
スタティック法 （60分以上の観測）	1～2級基準点測量（10km未満※） 3～4級基準点測量
短縮スタティック法	3～4級基準点測量
キネマティック法	3～4級基準点測量
RTK法	3～4級基準点測量
ネットワーク型RTK法	3～4級基準点測量
備　　考	**※観測距離が10kmを超える場合は、1級GNSS測量機により2周波による観測を行う。**ただし、節点を設けて観測距離を10km未満にすることで、2級GNSS測量機により観測を行うこともできる。

2. 基準点測量に用いられるGNSS受信機 重要度★★☆

基準点測量では、次に示すような**1級・2級GNSS測量機**が用いられる。

- **1級GNSS測量機**：L1周波数帯（L1帯）とL2周波数帯（L2帯）の電波を同時に受信可能。2周波受信機
- **2級GNSS測量機**：L1帯のみを受信する。1周波受信機

GNSS衛星からの電波が地上のアンテナに届くまでには、**電離層 → 対流圏 → 水蒸気層**の順に、大気の各層を電波が通過する必要がある。このうち電離層は地球上空60km～500km程度の範囲といわれ、この中を電波が通過するときにその速度（伝播速度）が変化してしまう。この結果、地上のアンテナから衛星までの距離が本来の値と異なるために生じる測位誤差が、**電離層遅延（伝播遅延）誤差**と呼ばれるものである。

このため、長距離基線のGNSS測量では、測位用電波として衛星より発信される、周波数の異なるL1帯とL2帯の**2周波を同時受信**し、両周波の伝播距離の差を解析し**電離層遅延誤差を補正**している。

- **電離層遅延誤差**：電離層（地上60～500㎞程度に位置する希薄な大気の層が電離状態になっている領域）をGNSS衛星からの電波が通過する際に、屈折し電波到達時間が遅くなるために生じる誤差。**GNSS衛星がL1、L2と2つの電波を発信しているのは、この誤差を消去（軽減）**するためである。
- **対流圏遅延誤差（大気遅延誤差）**：対流圏（地上～約10㎞程度までの大気の層）をGNSS衛星からの電波が通過する際に生じる速度遅延による誤差。これを補正するために基線解析ソフトに設定されている**デフォルト（標準）値を用いて気象補正**が行われる。

電離層の影響は10km以上の長距離基線といわれ、これ以下の基線距離で2周波を受信する1級GNSS測量機を用いるとデータ量や解析時間の問題など欠点が目立ち、かえって不都合が生じる。そこで、**基線距離の短い**（10km未満程度：短距離基線）**観測では、1周波受信の2級GNSS測量機が通常用いられる。**

ただし、短時間で**整数値バイアス**[注]を決定する必要のある、短縮スタティック法では、その距離に関係なく、2周波受信の1級GNSS測量機を利用するのが標準である。

[注]整数値バイアス：GNSS衛星からの電波の波の数。RTK法では初期化とも呼ばれる。

3. GNSS 測量機を用いた基準点測量の作業工程

GNSS 測量機を用いた基準点測量は、表 2-3 の工程で行われる。

表2-3：GNSSを用いた基準点測量の作業工程

番号	作業工程	概　要
①	観測	平均図に基づき観測図（セッション計画）の作成
	観測作業の流れ	• GNSS アンテナの設置 • アンテナ高の測定 • GNSS 受信機へ観測要件の入力 • 観測（受信）
②	計算	成果表の作成
	計算の流れ	• GNSS 観測手簿（受信情報などの出力） • 基線解析（GNSS 観測記簿の出力） • 基線解析結果の評価 • 点検計算および再測 • 平均計算（三次元網平均計算）

4. 観測作業の実施 重要度★★★

GNSS 測量機を用いた観測作業は、次の点に注意して実施する。

① GNSS 測量機による 1 ～ 2 級基準点測量は、スタティック法により行われ、**観測距離が 10 ㎞を超える場合は、1 級 GNSS 測量機**により 120 分以上の観測を行う。また、節点を設け、観測距離を **10㎞未満にすることにより、2 級 GNSS 測量機により観測**を行う。

② **アンテナ高などは、ミリメートル位**まで測定する。

③ 衛星からの入力方向によって生じるアンテナ位相特性を消去するため、アンテナの向きは一定方向（一般には北）にそろえる。

④ 標高の取付け観測では、距離が 500 m以下の場合、楕円体高の差を高低差として使用できる。

⑤ GNSS 衛星の動作状態、飛来情報などを考慮し、**片寄った衛星配置の使用は避ける**注。

Part 02 実践対策編
Chap 01
Chap 02
Chap 03
Chap 04
Chap 05
Chap 06
Chap 07
基準点測量

注　GNSS衛星は地球の周回軌道上にあるため、上空における衛星配置（位置）は時間とともに変化する。衛星の配置状況はGNSS測量の精度に影響を与えるため、観測中のGNSS衛星の配置状況※1や飛来情報※2には十分注意する必要がある。

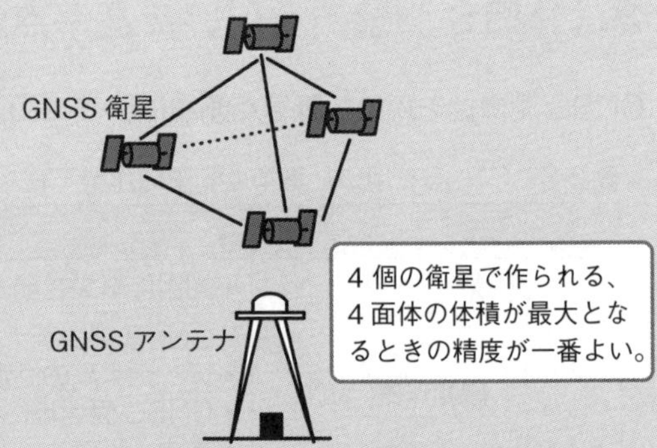

GNSS衛星
4個の衛星で作られる、
4面体の体積が最大となるときの精度が一番よい。
GNSSアンテナ

図2-6：GNSS衛星の配置

※1　GNSS衛星の配置状況は、DOP（Dilution Of Precision：精度低下率）という数値で表され、最もよい配置で1、数字が大きくなるにつれて悪い衛星配置を表すようになっている。一般的にDOPの数値は5程度までは観測上支障がないといわれている。GNSS受信機では、観測中に受信衛星の数とDOPの数値をモニターに表示するものもある。また、5個以上の衛星から、同時に電波が受信できる場合には、GNSS受信機が自動的に最も精度がよい配置となる衛星の組合せを選び、受信するようになっている。

※2　**飛来情報**（アルマナックデータ：Almanac Data）
GNSS衛星の**飛来情報**には、アルマナックデータが用いられる。アルマナックデータとは、その日時に利用可能な全衛星の概略の軌道情報や時刻情報が記載されているもので、一度取得すれば1週間程度は利用できるように考慮されており、少なくとも6日に一度は更新されることになっている。アルマナックデータを用いて衛星飛来情報を計算することができ、観測計画を検討することができる。実務では、アルマナックデータも観測データとともに提出が義務付けられている。

⑥　GNSS衛星の**最低高度角は15°**を標準とする。

⑦　スタティック法（短縮スタティック法を含む）については、次の通り行う。
- **観測図には、**同時に複数のGNSS測量機を用いて行われるセッション**（観測範囲）計画を記入する。**
- 観測は、**1つのセッションを1回行う。**
- 既知点と新点が結合する閉じた多角形を完成させ、「異なるセッションの組合せによる点検のための**多角形を形成**する」・「異なるセッションによる点検のため、**1辺以上の重複観測**を行う」のいずれかにより行う（電子基準点のみを既知点とする場合を除く）。

⑧　スタティック法で行う場合、使用する衛星の数は、
- **GPS・準天頂衛星**を使用する場合は同時に**4衛星以上**
- **GPS・準天頂衛星とGLONASS衛星を併用**する場合は、同時に**5衛星以上**

⑨　観測距離が10km以上の観測、短縮スタティック法およびキネマティッ

ク法、RTK 法（ネットワーク型を含む）を行う場合、

- **GPS・準天頂衛星**を使用する場合は、**同時に5衛星以上**
- **GPS・準天頂衛星と GLONASS 衛星を併用**する場合は、**同時に6衛星以上**

とする。

⑩ GLONASS 衛星を用いて観測する場合は、GPS・準天頂衛星および GLONASS 衛星を**それぞれ2衛星以上**用いる。

⑪ GNSS 観測による**基線解析の結果は** FIX 解[注]とする。

注　基線解析で得られる整数値、厳密解のこと。

5. 計算（基線解析）の実施 重要度★★☆

計算（基線解析）は、次の点に注意して実施する。

① GNSS 衛星の軌道情報は、放送暦[注]を標準とする。

注　個々の衛星の軌道情報であり、これを基に衛星の位置が決定される。

② スタティック法（短縮スタティック法）による基線解析は、原則として PCV 補正[注]を行う。

注　PCV（Phase Center Variation）とは、GNSS 衛星電波の入射角に応じて、アンテナでの受信位置が変化することをいう。このズレの量を補正することにより、1点で観測した状態にすることを PCV 補正と呼ぶ。PCV 補正は同一機種の GNSS アンテナを用いる場合には考慮する必要はないが、多機種のアンテナを使用する場合や電子基準点などを利用する場合には、高さ方向に数センチの誤差が生じることがある。このため各 GNSS アンテナは独自に PCV 補正量を持ち、この PCV 補正量を用いて基線解析することで、受信位置の補正を行っている。

③ GNSS 測量における気象補正は、解析ソフト（プログラム）に用いられている、**標準的な気象要素の値**を用いる。

④ **スタティック法による基線解析では、基線長が 10km 未満は1周波または2周波で行い、10km 以上は2周波で行う。**

⑤ 基線解析の固定点の経緯度は、成果表の値（元期座標）または**セミ・ダイナミック補正**を行った値（今期座標）とする。固定点とする既知点の経緯度を入力し、楕円体高は、その点の標高とジオイド高から求め入力する。

⑥ 基線解析に使用する高度角は、**観測時に** GNSS 測量機に**設定した受信高度角**とする。

6. セミ・ダイナミック補正 重要度★☆☆

セミ・ダイナミック補正とは、地殻変動による基準点の位置誤差を補正する手法であり、公共測量では、**電子基準点（付属標を除く）のみを既知点として用いる測量（1～3級）に適用**される。

現在、公開されている測量成果（測地成果2011）は、1997年および2011年の位置情報を元期（げんき）として算出されている。しかし、これ以降に求められた基準点の座標値は、地殻変動による影響により年々その精度は悪くなっているのが現状である。そこで、「測量成果を改定せずに、既存の測量成果と観測結果の間に生じる地殻変動のひずみの影響を補正する」ことを目的にセミ・ダイナミック補正は導入された。

この補正を行うことにより、測量を実施した今期の観測結果から、測地成果2011の元期において得られたであろう測量成果を高精度に求めることができる。

セミ・ダイナミック補正を行うには、**国土地理院が提供する地殻変動補正パラメータを使用**する。また、地殻変動補正パラメータは、**測量の実施時期に対応したもの**を使用し、その適用範囲は年度単位（4月1日から3月31日）である。

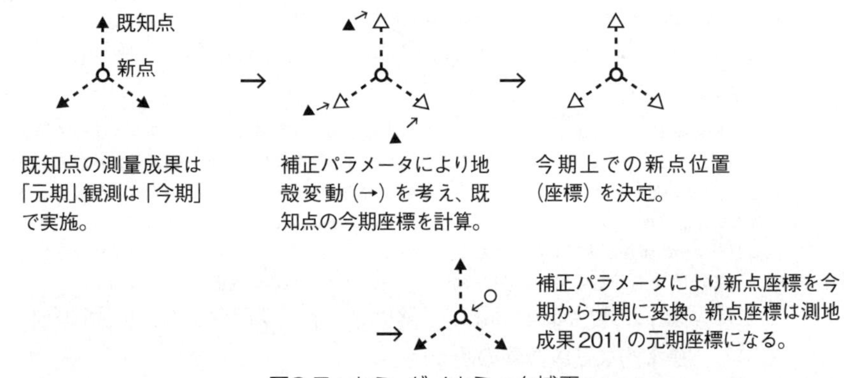

既知点
新点
既知点の測量成果は「元期」、観測は「今期」で実施。
補正パラメータにより地殻変動（→）を考え、既知点の今期座標を計算。
今期上での新点位置（座標）を決定。
補正パラメータにより新点座標を今期から元期に変換。新点座標は測地成果2011の元期座標になる。

図2-7：セミ・ダイナミック補正

7. 基線解析の流れ

基線解析とは、干渉測位法において、受信・記録されたデータを基に、アンテナ間（基線）の長さと方向を決定する作業である。GNSS観測の終了から基線解析結果の出力までの流れは、図2-8のようになる。

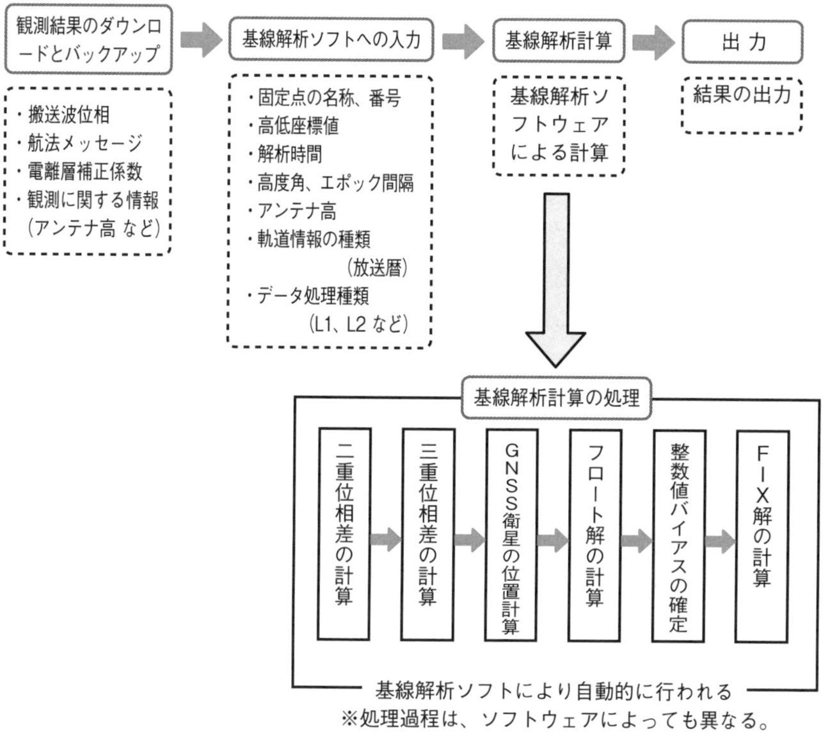

観測結果のダウンロードとバックアップ → 基線解析ソフトへの入力 → 基線解析計算 → 出力

・搬送波位相
・航法メッセージ
・電離層補正係数
・観測に関する情報（アンテナ高 など）

・固定点の名称、番号
・高低座標値
・解析時間
・高度角、エポック間隔
・アンテナ高
・軌道情報の種類（放送暦）
・データ処理種類（L1、L2 など）

基線解析ソフトウェアによる計算

結果の出力

基線解析計算の処理

二重位相差の計算 → 三重位相差の計算 → GNSS衛星の位置計算 → フロート解の計算 → 整数値バイアスの確定 → FIX解の計算

基線解析ソフトにより自動的に行われる
※処理過程は、ソフトウェアによっても異なる。

図2-8：GNSS観測の終了から基線解析結果の出力までの流れ

過去問題にチャレンジ

▶R2-No.8

Q6 GNSS 測量（観測作業）1

次の a ～ e の文は，GNSS 測量機を用いた基準点測量（以下「GNSS 測量」という。）について述べたものである。［ア］～［オ］に入る語句の組合せとして最も適当なものはどれか。
次の中から選べ。

a. GNSS 測量機を用いた 1 級基準点測量は，原則として，［ア］により行う。

b. アンテナ位相特性の影響による誤差は，各観測点のGNSSアンテナを［　イ　］方向に整置することで軽減することができる。

c. GNSS測量では，［　ウ　］が確保できなくても観測できる。

d. ［　エ　］の影響による誤差は，GNSS衛星から送信される2周波の信号を用いて解析することにより軽減することができる。

e. GNSS衛星から直接到達する電波以外に，構造物などに当たって反射した電波が受信される現象を［　オ　］といい，測量の誤差の原因となる。

	ア	イ	ウ	エ	オ
1.	結合多角方式	不特定	観測点上空の視界	対流圏	マルチパス
2.	結合多角方式	同一	観測点間の視通	電離層	マルチパス
3.	単路線方式	同一	観測点間の視通	対流圏	サイクルスリップ
4.	単路線方式	同一	観測点上空の視界	対流圏	サイクルスリップ
5.	単路線方式	不特定	観測点間の視通	電離層	マルチパス

解答

ア：結合多角方式

1級基準点測量及び2級基準点測量は、原則として、結合多角方式により行うものとする。

イ：同一

衛星からの電波入力方向によって生じるアンテナ位相特性を軽減するため、アンテナの向きは一定方向（一般的には北）にそろえる必要がある。

ウ：観測点間の視通

GNSS 測量は、GNSS 衛星からの電波をアンテナで受信して、アンテナ間の基線ベクトルを決定する作業である。このため上空視界は必要であるが、観測点間の視通は必要ない。

エ：電離層

電離層の影響による誤差（電離層遅延誤差）とは、GNSS 衛星からの電波が電離層を通過する場合に屈折してアンテナへの到達時間が変化する誤差である。電離層の影響を軽減するために GNSS 衛星は L1 と L2 の２つの電波を発信している。このため、２周波を受信できる GNSS 受信機（１級 GNSS 測量機）が必要となる。

オ：マルチパス

GNSS 衛星からの電波が障害物などに反射して GNSS アンテナに到達する現象。GNSS アンテナは本来の電波と反射した電波の両方を受信することになり、誤差の原因となる。

よって、最も適当な語句の組み合わせは 2. となる。

過去問題にチャレンジ

▶ H29-No.8

Q7 GNSS 測量（観測作業）2

次の a ～ e の文は，GNSS 測量について述べたものである。［ ア ］～［ オ ］に入る語句の組合せとして最も適当なものはどれか。次の中から選べ。

a. GNSS とは，人工衛星からの信号を用いて位置を決定する［ ア ］システムの総称である。

Part 02 実践対策編
Chap 01
Chap 02
Chap 03
Chap 04
Chap 05
Chap 06
Chap 07
基準点測量

b. GNSS 測量の基線解析を行うには，GNSS 衛星の［イ］が必要である。
c. GNSS 測量では，［ウ］が確保できなくても観測できる。
d. 基線解析を行う観測点間の距離が長い場合において，［エ］の影響による誤差は2周波の観測により軽減することができる。
e. GNSS アンテナの向きをそろえて整置することで，［オ］の影響を軽減することができる。

	ア	イ	ウ	エ	オ
1.	衛星測位	軌道情報	観測点間の視通	対流圏	アンテナ位相特性
2.	衛星測位	軌道情報	観測点間の視通	電離層	アンテナ位相特性
3.	衛星測位	品質情報	観測点上空の視界	対流圏	マルチパス
4.	GPS連続観測	軌道情報	観測点上空の視界	対流圏	アンテナ位相特性
5.	GPS連続観測	品質情報	観測点間の視通	電離層	マルチパス

解答

ア：**衛星測位**

GNSS とは、(Global Navigation Satellite System) の略称で、これを訳すと、全地球衛星測位システムとなる。

イ：**軌道情報**

基線解析とは、GNSS アンテナ間（基線）の距離と方向を決定する作業である。基線解析を行うためには、GNSS 衛星の軌道情報（GNSS 衛星の位置を計算するための情報）が必要である。

ウ：観測点間の視通

GNSS 測量は、GNSS 衛星からの電波をアンテナで受信して、アンテナ間の基線ベクトルを決定する作業である。このため、観測点間の視通は必要ない。

エ：電離層

電離層遅延誤差とは、GNSS 衛星からの電波が電離層を通過する場合に屈折し、アンテナへの到達時間が変化する誤差である。電離層の影響は10km以上の基線といわれ、これを消去（軽減）するためにGNSS 衛星は、L１とL２の２つの電波を発信している。このため、２周波を受信できるGNSS 測量機（１級 GNSS 測量機）が必要となる。

オ：アンテナ位相特性

異機種のアンテナを用いる場合（電子基準点など）は、PCV 補正を行うことにより機種間のアンテナ特性[注]（アンテナ位相）を軽減できるが、同一機種では、問題文のように向きをそろえることにより、アンテナ特性を軽減できる。アンテナはセッションごとに向きを統一すればよいが、一般には「北」とするのが原則である。

[注]アンテナに入射する電波の方向により電波の位相がズレる性質があるためで、この位相のズレは観測値に影響を与える。

よって、正しい語句の組合せは、２となる。

過去問題にチャレンジ

▸R2-No.9

Q8 セミ・ダイナミック補正１

次の文は，公共測量におけるセミ・ダイナミック補正について述べたものである。

[ア] ～ [エ] に入る語句の組合せとして最も適当なものはどれか。次の中から選べ。

セミ・ダイナミック補正とは，プレート運動に伴う［ ア ］地殻変動による基準点間のひずみの影響を補正するため，国土地理院が電子基準点などの観測データから算出し提供している。

［ イ ］を用いて，基準点測量で得られた測量結果を補正し，［ ウ ］（国家座標）の基準日（元期）における測量成果を求めるものである。

［ イ ］の提供範囲は，全国（一部離島を除く）である。

三角点や公共基準点を既知点とする測量を行う場合であれば，既知点間の距離が短く相対的な位置関係の変化も小さいため，地殻変動によるひずみの影響はそれほど問題にならない。しかし，電子基準点のみを既知点として測量を行う場合は，既知点間の距離が長いため地殻変動によるひずみの影響を考慮しないと，近傍の基準点との間に不整合を生じる。例えば，地殻変動による平均のひずみ速度を約 0.2 ppm/year と仮定した場合，電子基準点の平均的な間隔が約 25 km であるため，電子基準点間には 10 年間で約［ エ ］mm の相対的な位置関係の変化が生じる。

このような状況で網平均計算を行っても，精度の良い結果は得られないが，セミ・ダイナミック補正を行うことにより，測量を実施した今期の観測結果から，［ ウ ］（国家座標）の基準日（元期）において得られたであろう測量成果を高精度に求めることができる。

	ア	イ	ウ	エ
1.	定常的な	地殻変動補正パラメータ	測地成果2011	50
2.	突発的な	標高補正パラメータ	測地成果2011	50
3.	定常的な	標高補正パラメータ	測地成果2000	20
4.	定常的な	地殻変動補正パラメータ	測地成果2011	20
5.	突発的な	標高補正パラメータ	測地成果2000	20

解答

ア：定常的な

日本列島は４つのプレートがぶつかり合うプレート境界に位置しているため、複雑な地殻変動が観測されている。セミ・ダイナミック補正は地殻変動による基準点の位置誤差を補正する手法であり、次のような地殻変動を補正の対象としている。プレート運動に伴う定常的な地殻変動、一時的な広域地殻変動（スロースリップ、余効変動等）、広域的な地盤沈下。

イ：地殻変動補正パラメータ

地殻変動補正パラメータは、国土地理院が提供するもので、適用範囲は年度単位である。これを用いてセミ・ダイナミック補正が行われる。

ウ：測地成果 2011

現在、公開されている測地成果（測地成果 2011）の位置情報を元期（基準日）としている。これにより測量成果を改定せずに、既存の測量成果と観測結果の間に生じる地殻変動のひずみの影響が補正される。

エ：　50

ひずみ量（位置関係の変化）は次のように計算される。

(ひずみ量 mm)＝(ひずみ速度 mm/year)×(元期からの経過時間 year)×(基線長 km)

これに代入すると、0.2ppm/year × 10 年× 25km ＝ 50mm となる。

※単位を合わせて計算すると次のようになる。0.0000002 × 10 × 25000000mm ＝ 50mm

よって、最も適当な語句の組み合わせは 1. となる。

過去問題にチャレンジ

▶R3-No.9

Q9 セミ・ダイナミック補正2

公共測量の２級基準点測量において，電子基準点Ａ，Ｂを既知点とし，新点ＣにGNSS測量機を設置して観測を行った後，セミ・ダイナミック補正を適用して元期における新点ＣのＹ座標値を求めたい。基線解析で得た基線ベクトルに測定誤差は含まれないものとし，基線ACから点ＣのＹ座標値を求めることとする。

元期における電子基準点ＡのＹ座標値，観測された電子基準点Ａから新点Ｃまでの基線ベクトルのＹ成分，観測時点で使用するべき地殻変動補正パラメータから求めた各点の補正量がそれぞれ表１，２，３のとおり与えられるとき，元期における新点ＣのＹ座標値は幾らか。最も近いものを次の中から選べ。

ただし，座標値は平面直角座標系（平成14年国土交通省告示第９号）における値で，点Ａ，ＣのＸ座標値及び楕円体高は同一とする。

また，地殻変動補正パラメータから求めたＸ方向および楕円体高の補正量は考慮しないものとする。

なお，関数の値が必要な場合は，巻末の関数表を使用すること。

表1

名称	元期におけるY座標値
電子基準点A	0.000m

表2

基線	基線ベクトルのY成分
A → C	+15,000.040m

表3

名称	地殻変動パラメータから求めたY方向の補正量(元期 → 今期)
電子基準点A	−0.030m
新点C	0.030m

1. 14,999.980m
2. 15,000.010m
3. 15,000.040m

4. 15,000.070m

5. 15,000.100m

解答

セミ・ダイナミック補正に関する計算問題である。元期(げんき)と今期(こんき)の考えを考慮して、次のように計算すればよい。

セミ・ダイナミック補正は、公共測量では電子基準点のみを既知点として用いる測量に適用される。既存の測量成果と観測結果の間に生じる地殻変動のひずみの影響を補正することを目的としている。

「元期における新点CのY座標値」を求めるため、今期→元期の補正量を考えると、表3から次のようになる。

・電子基準点A＝＋0.030m

・新点C＝－0.030m

つまり元期の観測結果に直すと、元期に比べて今期は、電子基準点AがY座標方向に＋0.030m、新点Cが－0.030m移動していることになる。

図に表すと次のようになる。

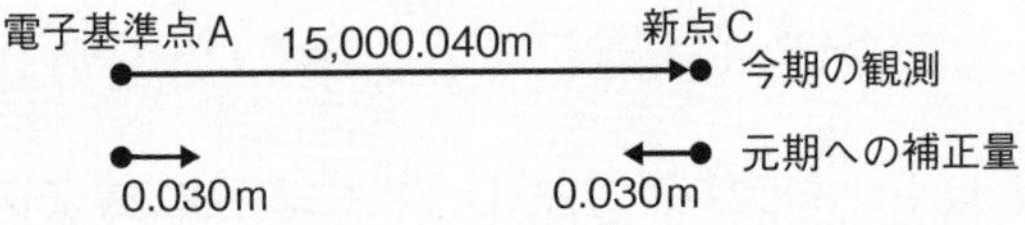

よって、

AC間の元期におけるY座標方向の距離＝15,000.040－0.030－0.030＝14,999.980mとなる。

問題文から、電子基準点AのY座標値は0.000mであるため、新点CのY座標値は、1.の14,999.980mとなる。

2-6 点検計算

基準点測量では、観測作業が終了すると、**現地において観測値の良否を求める計算**を行う必要があり、この計算は点検計算と呼ばれる。

点検計算とは既知点間の結合における座標値の差、すなわち**閉合差について点検**するものであり、1 級～ 4 級までの各区分においてその許容値が定められており、この**許容値を超えた区間は再測**となる。点検計算を簡単にいい換えれば、観測値の良否の点検を現地で行い、現地を離れることができるか否かの判定を下すものである。

1. 点検計算の流れ（観測にTSを用いた場合）

点検計算は、次のような流れで行われる。

① 標高の概算（近似標高の計算）
② 前出の標高値を用い、投影基準面への距離補正（投影補正・距離測定値の計算）
③ 投影基準面上の距離を用いた偏心補正計算
④ 投影基準面上の距離（球面距離）から、座標面（平面直角座標系）上の距離（平面距離）への補正（縮尺補正）
⑤ 平面距離を用いた座標の計算（近似座標値の計算）

2. 点検路線の決定（観測にTSを用いた場合） 重要度★★☆

点検計算では、以下のような点に注意し点検路線を決定する必要がある。点検計算は、この点検路線の閉合差を求めることによって行われる。

- **既知点と既知点を結合**させる。
- **路線をなるべく短く**する。
- すべての既知点は、1 つ以上の**点検路線で結合**させる。
- 点検路線の多角形は、路線の 1 つ以上を**点検路線と重複**させる。

3. GNSS 測量機を用いた場合の点検方法 〈重要度★☆☆〉

●電子基準点のみを既知点とする場合以外の観測

すべてのセッションについて、次のいずれかの方法により行う。

① 異なるセッション（連続して行われる1回の観測。図2-9参照）の組合せによる最少辺数の多角形を選定し、基線ベクトルの環閉合差を計算する。
② 重複する基線ベクトル（2つのGNSSアンテナを結ぶ線）の較差を比較点検する。

●電子基準点のみを既知点とする場合の観測

① 点検計算に使用する既知点の緯度、経度及び楕円体高は、今期座標とする。
② 電子基準点間の結合の計算は、最少辺数の路線について行う（辺数が同じ場合は、路線長が最短のものについて行う）。
③ すべての電子基準点は、1つ以上の点検路線で結合させるものとする。

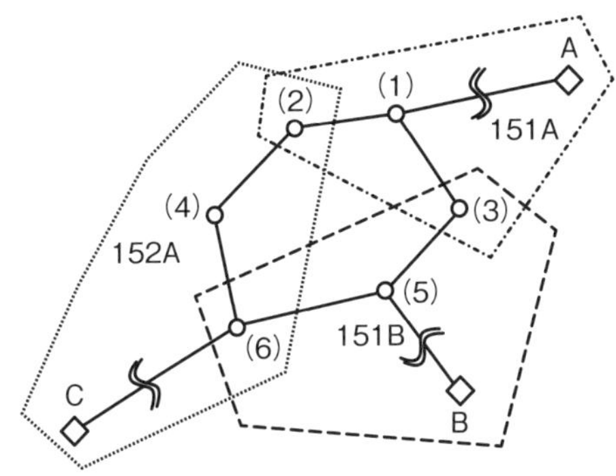

※各点線で囲まれたのが1つのセッション。A、B、Cは基準点、(1)～(6)は新点

図2-9：GNSS セッションの例

過去問題にチャレンジ

▶R3-No.5

Q10 点検計算（TSを用いた観測）

次のa～eの文は，トータルステーションを用いた基準点測量の点検計算について述べたものである。明らかに間違っているものだけの組合せはどれか。次の中から選べ。

a. 点検路線は，既知点と既知点を結合させる。
b. 点検路線は，なるべく長いものとする。
c. すべての既知点は，1つ以上の点検路線で結合させる。
d. すべての単位多角形は，路線の1つ以上を点検路線と重複させる。
e. 点検計算（水平位置及び標高の閉合差）の結果が許容範囲を超えた場合は，点検路線の経路を変更して再計算する。

1. a，c
2. a，d
3. b，d
4. b，e
5. c，e

解答

a. 正しい。問題文の通り。

b. 間違い。点検路線は、なるべく短いものとする。

c. 正しい。すべての既知点は、少なくとも1つの点検路線と結合させる必要がある。

d. 正しい。問題文の通り。

e. 間違い。点検計算の結果、許容範囲を超える場合は再測を行うなど適切な処置を講ずる必要がある。

よって、明らかに間違っているものは 4. となる。

Part 02 実践対策編
Chap 01
Chap 02
Chap 03
Chap 04
Chap 05
Chap 06
Chap 07
基準点測量

2-7 基準点成果情報

基準点成果情報には、基準点測量により決定された基準点の種別や経緯度、標高、平面直角座標の座標値などが表示されている。基準点成果情報はインターネットで公開されており、誰でも閲覧することが可能となっている。

士補試験においては、これに何が書かれているかを理解し、平面直角座標系での位置を判断することが重要となる（平面直角座標系については、Part2 の 6-3 参照）。

1. 基準点成果情報の記載事項 重要度★★☆

過去に士補試験に出題された、基準点成果情報を表 2-4 に挙げ、各項目について説明すると、次の①～⑧のようになる。

① 平面直角座標系の系番号を表す
② 基準点名称および等級
③ 基準点の経緯度［緯度（北緯）、経度（東経）］
④ 平面直角座標系原点からの（この基準点の属する系での）X 座標値と Y 座標値
⑤ 標高
⑥ 縮尺係数（楕円体面上の距離は、球面距離を直角座標系上の距離である平面距離にするための係数）。成果表には、球面距離が記載されているため、

（平面距離）＝（球面距離）×（縮尺係数）で表される
⑦　準拠楕円体（GRS80）からの高さ

表2-4：基準点成果情報の例

世界測地系（測地成果 2011）	
基準点コード	TR35340009801
1/50000 地形図名	菊池
種　別 ②	四等三角点
冠字番号 ②	尽 14
点　名 ②	横平
緯　度 ③	32° 57′ 35″.0932
経　度 ③	130° 19′ 43″.4036
標　高 ⑤	128.02 m
座 標 系 ①	2系
X ④	−4450.632 m
Y ④	−16012.038 m
縮尺係数 ⑥	0.9999035
楕円体高 ⑦	32.80m

2. 方位角と方向角 重要度★★☆

方位角とは**真北方向から右回りに測った角度**、方向角とは**平面直角座標系のX軸（または特定の方向）から右回りに測った角度**をいう。

方向角（T）は図 2-10 のように、取付け先（どの方向への角度か）によって、その大きさが異なる。

例えば、

- A点からB点への方向角＝ T_{AB}
- B点からA点への方向角＝ T_{BA}

となる。

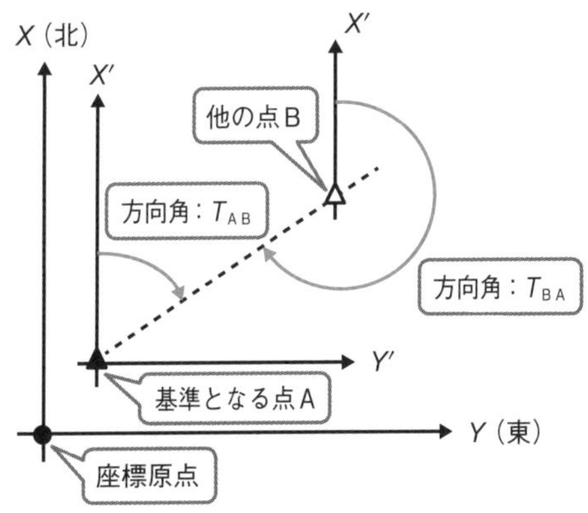

図2-10：方向角

方位角と方向角についての重要事項を次の①～③に記す。

① **平面直角座標系における方位角と方向角の関係**

平面直角座標系における方向角と方位角の関係は図 2-11 のようになる。

- **真北**：北極点の方向を指す。地図の北方向はその真北を指す。
- **真北方向角**：方向角からマイナスすれば方位角になる角をいう。
  （真北方向角）＝（方向角）－（方位角）
  座標原点で子午線と接する X 軸と、図中Aの基準点を通る X 軸に平行な X' 軸から、その基準点を通る子午線への角度。符号を持ち、時計回りが正（+）、反時計回りが負（－）となる。記号は（γ）。
- **方向角**：座標原点で子午線と接する X 軸と、基準点を通る X 軸に平行な X' 軸から、目標となる他の基準点までを時計回りに測った角度。記号は（T）。
- **方位角**：基準点を通る子午線（真北方向）から、目標となる他の基準点までを時計回りに測った角度。記号は（α）。

Part 02 実践対策編
Chap 01
Chap 02
Chap 03
Chap 04
Chap 05
Chap 06
Chap 07
基準点測量

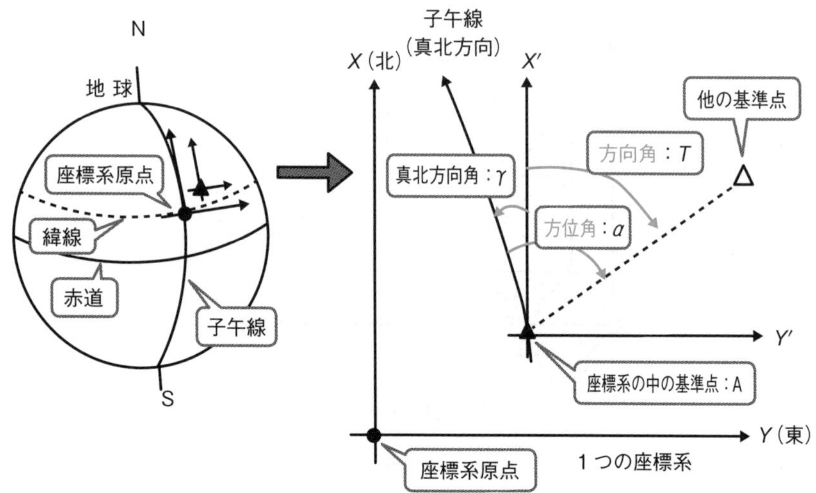

図2-11：平面直角座標系における方向角と方位角の関係

② 磁北との関係

磁北（方位磁石の指す北）と真北方向は偏角の分だけズレており、真北および平面直角座標系の X 軸との関係は図 2-12 のようになる。

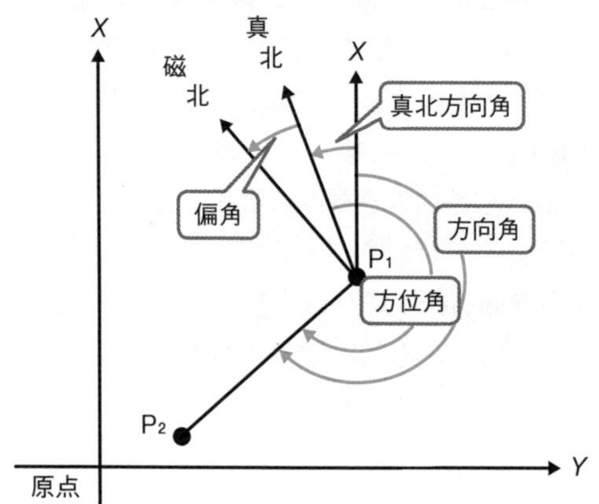

図2-12：磁北との関係

③ **真北方向角の符号について**

真北方向角は、その基準点の X 軸からその基準点を通る子午線までの角度をいい、符号は時計回りを正、反時計回りを負としている。子午線は極に集中しているため、座標原点から西側にある場合は、真北方向の符号は正（＋）となる。

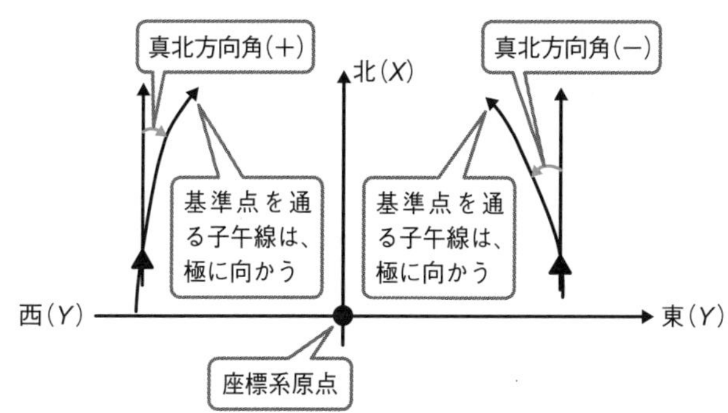

図2-13：真北方向角の符号

3. 縮尺係数 〈重要度★☆☆〉

縮尺係数とは、球面である地球上の距離を平面に移す場合のズレを表す係数。また縮尺係数（m）は、地図の投影において元像（球面上の距離：ΔS）と投影された像（平面上の距離：Δs）の比であり、次の式で表される。

$$m = \frac{\Delta s}{\Delta S}$$

基準点測量においては、基準面上の距離を平面直角座標系上の距離に補正する場合に用いられる。

過去問題にチャレンジ

▶ H27-No.5 一部改変

Q11 基準点成果情報

次表は，基準点成果等閲覧サービスで閲覧できる基準点成果情報の抜粋である。［ア］及び［イ］に入るべき符号と［ウ］に入るべき縮尺係数の組合せとして最も適当なものはどれか。次の中から選べ。

ただし，平面直角座標系の５系における座標原点は，次のとおりである。

緯度（北緯）36° 00′ 00″.0000　　経度（東経）134° 20′ 00″.0000

表

基準点基本情報	
基準点コード	TR35234250501
等級種別	三等三角点
冠字選点番号	伊73
基準点名	姫路城
部号	93
基準点成果情報	
20万分の1地勢図名	姫路
5万分の1地形図名	龍野
成果区分	世界測地系(測地成果2011)
北緯	34° 50′ 19″.6382
東経	134° 41′ 38″.2752
標高(m)	45.49
平面直角座標系(番号)	5
平面直角座標系(X)(m)	［ア］128,762.258
平面直角座標系(Y)(m)	［イ］32,982.651
縮尺係数	［ウ］

	ア	イ	ウ
1.	−	+	0.999913
2.	−	+	1.000013
3.	+	−	0.999913
4.	+	−	1.000013
5.	+	+	1.000013

解答

<ア・イ>

平面直角座標系（5系）の座標原点の経緯度と、対象となる三角点の経緯度を比べると、緯度、経度ともに、南東方向つまり、Xが（−）、Yが（+）方向に位置している[注]ことがわかる。よって、アには「−」、イには「+」の符号が入る。

注　緯度：原点座標より南側に位置している。
　　経度：原点座標より東側に位置している。

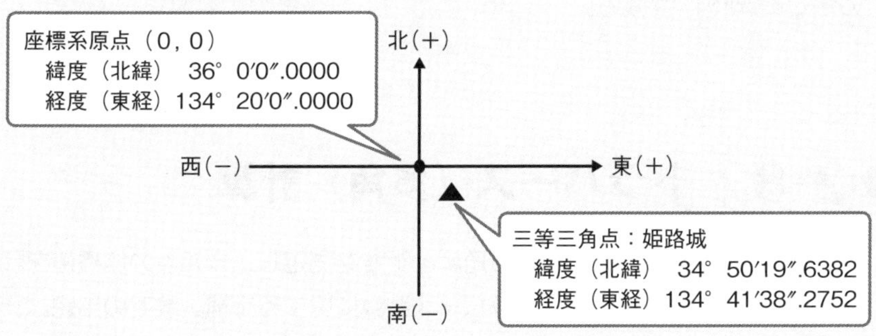

<ウ>

任意地点の縮尺係数は、次式により求めることができる。

$m = m_0 + y^2 / (2R^2 \cdot m_0^2)$

m：任意地点の縮尺係数、y：y座標値（km単位）、R：地球半径（6,370km）、m_0：0.9999

ここで問題文の数値を代入すると、

$m = 0.9999 + 32.982^2 / (2 \times 6370^2 \times 0.9999^2)$

$\fallingdotseq 0.999913$

よって、正しい語句の組合せは1.となる。

※問題を解くだけならば無理に計算を行わなくとも、次のように考えればよい。

まず、ア・イにより座標値の符合がわかっているので、ここで選択肢を1.か2.に絞り込むことができる。

次に、互いの縮尺係数を見ると、「1」より大きいものが選択肢2.、小さいものが選択肢1.である。

平面直角座標系は、座標原点から90km離れた地点で、縮尺係数「1」であるため、問題文より、座標原点から約32km（Y軸上）しか離れていないこの三角点の縮尺係数が、「1」を超えることはない。よって、消去法で選択肢1.が残る。

2-8 トラバース（多角）計算

トラバース計算とは、既知点から角度と距離を測定し、未知点の座標値を計算で求めようとするものである。トラバース計算に関する士補試験での出題は、座標計算、方向角の計算、閉合差（比）の計算と大きく3つに分類される。頻繁に出題されるのは、座標計算に関する問題であり、続いて方向角、閉合差（比）に関するものとなる。

1. 座標計算 重要度★★★

図2-14のように、測点間の距離と方向角が求められれば、三角関数を用いてB点の*X*, *Y*座標を求めることができる。

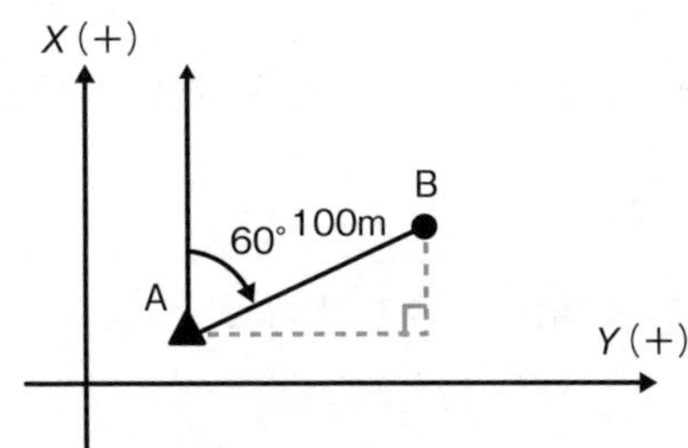

図2-14：座標計算の基礎

図2-14のような、既知点Aと未知点Bがある場合、方向角60°、AB間の距離を100 mとすると、B点の座標値は、次のように求められる（三角関数の値は、巻末の三角関数表による）。

・X 座標の値

$\cos 60° = x / 100\text{m}$　より、

$x = 100\text{m} \times \cos 60° = 100\text{m} \times 0.5 = 50.000\text{m}$

・Y 座標の値

$\sin 60° = y / 100\text{m}$　より、

$y = 100\text{m} \times \sin 60° = 100\text{m} \times 0.86603 = 86.603\text{m}$

よって、A点の座標値を（0.000, 0.000）とすると、B点の座標値は、（50.000, 86.603）となる。

また、A点に座標値が与えられている場合は、上記の計算によって求めたB点の座標値に、A点の座標値を加えればよい。

例題01　座標計算

▶H24-No.7 一部改変

平面直角座標系において，点Pは既知点Aから方向角が240° 00′ 00″，平面距離が200.00mの位置にある。既知点Aの座標値を，$X = +500.00\text{m}$，$Y = +100.00\text{m}$ とする場合，点Pの X 座標及び Y 座標の値を求めよ。

Part 02 実践対策編
Chap 01
Chap 02
Chap 03
Chap 04
Chap 05
Chap 06
Chap 07
基準点測量

解答　問題文を図に描くと次のようになる。

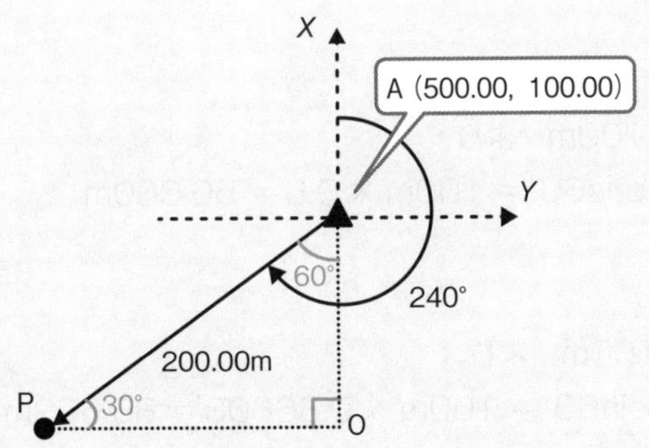

図より点Pの座標値を求めるためには、点Aから点Pに対する方向角を用いて、任意点Oを含めた三角形PAOの内角を求め、三角関数を用いて計算すればよい。

まず、∠PAO = 240° − 180° = 60°
次に、三角形PAOにおける、辺OA・OPの長さを求めると、
OA = 200.00m × cos60° = 200.00m × 0.50000 = 100.00m
OP = 200.00m × sin60° = 200.00m × 0.86603 = 173.21m
となる。

※sin・cosの値は、三角関数表による。
※符号は、図より*X*, *Y*座標ともに点Aからマイナス方向であるため、点Aの座標値からマイナスすればよい。

次に、問題文中のA点の座標値にこれを加えると、P点の座標値になる。
*X*座標＝＋500.00m＋（−100.00m）＝＋400.00m
*Y*座標＝＋100.00m＋（−173.21m）＝−73.21m

よって、点Pの座標値は、（＋400.00, −73.21）となる。

2. 方向角の計算 重要度★★☆

方向角とは、図 2-15 のように、その平面直角座標系原点における北方向（子午線方向）と平行な線（X 軸）を基準として測った角度のことであり、右回りを正（+）とし、この方向に観測された角度である。

方向角は取付け先が必要なため、次のように呼ばれる。

T_1：B 点の A 点に対する方向角
α_1：B 点の C 点に対する方向角
α_2：C 点の次点に対する方向角

ちなみに、β_1 ～ β_2 は、交角（または夾角（きょうかく））と呼ばれ、この角度と測点間の距離（測線長）を測って、トラバース計算が行われる。

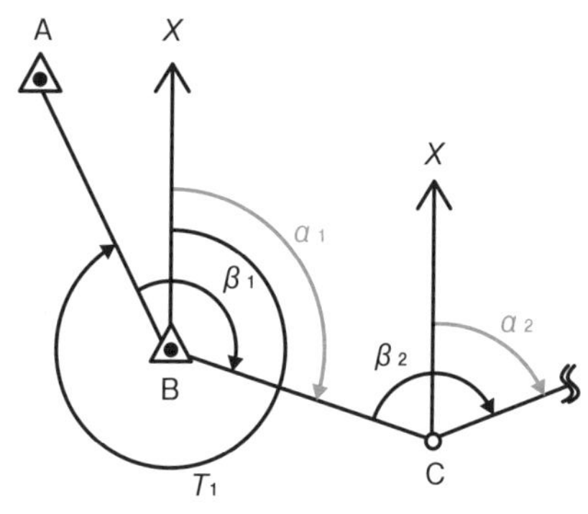

図2-15：方向角

方向角計算の基本

図 2-15 を基に方向角 α_2 を求める場合を考えると図 2-16 のようになる。

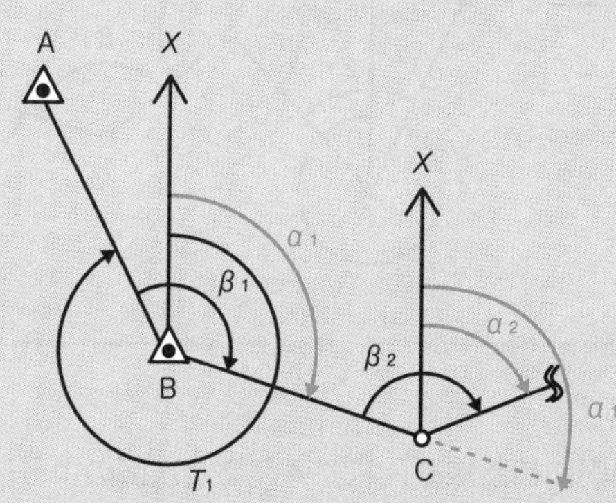

図2-16：方向角 α_2 を求める

まず、**B 点の C 点に対する方向角（α_1）** を求めると次のようになる。

$\boldsymbol{\alpha_1 = (T_1 + \beta_1) - 360°}$

次に、路線 B − C を延長すると図の破線のようになり、ここから前出の

Part 02 実践対策編 Chap 01 Chap 02 Chap 03 Chap 04 Chap 05 Chap 06 Chap 07 基準点測量

α_1 を用いて、**α_2（次点の方向角：C 点の次点に対する方向角）**を求めると、次のようになる。

$$\boldsymbol{\alpha_2 = (\alpha_1 + \beta_2) - 180°}$$

このように、順次求めていくことにより、各点における方向角が求められる。

例題 02 方向角の計算

▶ H9-1-D 一部改変

図のような多角測量を実施し，表の観測値を得た。新点（3）における既知点 B の方向角は幾らか。

ただし，既知点 A における既知点 C の方向角 T_A は 330° 14′ 20″とする。

表

$\beta_1 =$ 80° 20′ 32″
$\beta_2 =$ 260° 55′ 18″
$\beta_3 =$ 141° 34′ 10″
$\beta_4 =$ 273° 02′ 15″

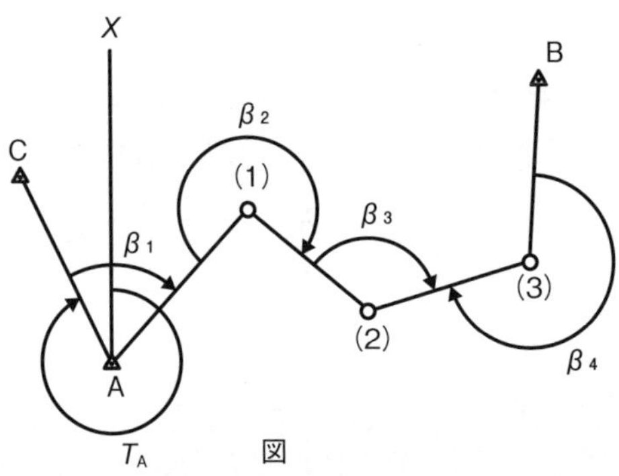

図

解答 問題の図に補助線を入れて考えると次図のようになる。

① **α_1 の計算**　$\alpha_1 = (T_A + \beta_1) - 360°$

② **α_2 の計算**　$\alpha_2 = (\beta_2 + \alpha_1) - 180°$

③ **α_3 の計算**　$\alpha_3 = (\beta_3 + \alpha_2) - 180°$

④ （3）から B への方向角 $= (360° - \beta_4) + \alpha_3 - 180°$

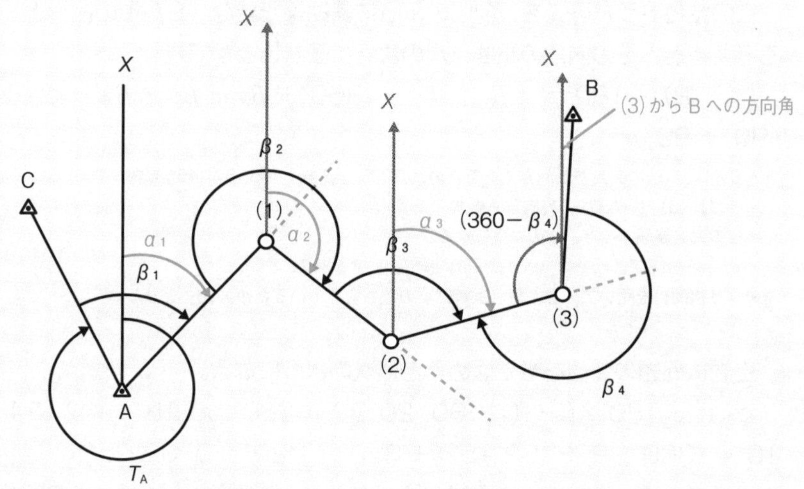

これに、問題文の数値を当てはめると次のようになる。

① $\alpha_1 = (330°\ 14'20'' + 80°\ 20'32'') - 360° = 50°\ 34'52''$

② $\alpha_2 = (260°\ 55'18'' + 50°\ 34'52'') - 180° = 131°\ 30'10''$

③ $\alpha_3 = (141°\ 34'10'' + 131°\ 30'10'') - 180° = 93°\ 04'20''$

④ (3) から B への方向角 $= (360° - 273°02'15'') + 93°04'20'' - 180° = 0°\ 02'05''$

解答　0° 02′05″

また別解として、次図のように多角形の内角の和を用い、次のように計算して求めてもかまわない。

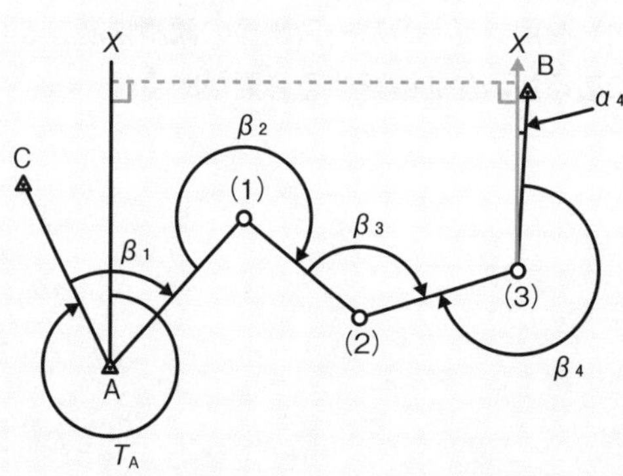

この結合トラバースを、前図のように補助線で結び、6角形の図形として考えると、その内角の和は、次のように表すことができる。

$(n-2)\times180° = (\beta_1 + T_A) - 360° + \beta_2 + \beta_3 + \beta_4' - \alpha_4 + (90° + 90°)$

※ • β_4' は、(3) の夾角が逆向きであるため、$(360° - \beta 4) = 86°\ 57'\ 45''$ を表している。
- α_4 は (3) からBへの方向角を表す。
- この式を展開すると、次のようになる。
  $\alpha_4 = -180°(n-1) + \beta_1 + \beta_2 + \beta_3 + \beta_4' + T_A$
- n は補助線を用いてできた角（直角部）の数も含めているため、「6」となる。

上式に問題の数値を当てはめると、次のようになる。

$\alpha_4 = -180°\times(6-1) + 80°\ 20'32'' + 260°\ 55'18'' + 141°\ 34'10'' + (360° - 273°\ 02'15'') + 330°\ 14'20'' = 0°\ 02'05''$

参考までに、手計算による場合は、次のように角度、分、秒とそれぞれ加えると計算しやすい。

$\beta_1 + \cdots + \beta_4' = (80 + 260 + 141 + 86)° + (20 + 55 + 34 + 57)' + (32 + 18 + 10 + 45)''$

3. 閉合差（比）の計算 重要度★☆☆

トラバース測量では、開放多角測量（開放トラバース）を除いて必ず既知点（基準点）から既知点に結合する。このとき既知点と観測値の座標値が一致すればよいが、観測誤差（距離測定と角測定の誤差）により、まず一致することはない。

そこで閉合差（比）を用いてトラバース測量の**観測精度**を表し、観測値が定められた許容範囲内にあるか否かを確認する必要がある。

閉合差（比）

図 2-17 のように、本来なら既知点 A に結合すべきであるが、A′ の座標値を得てしまった場合、A′ − A、つまり E が閉合差（または閉合誤差）となる。

また、閉合差 E は、ピタゴラスの定理により、次のように求めることができる。

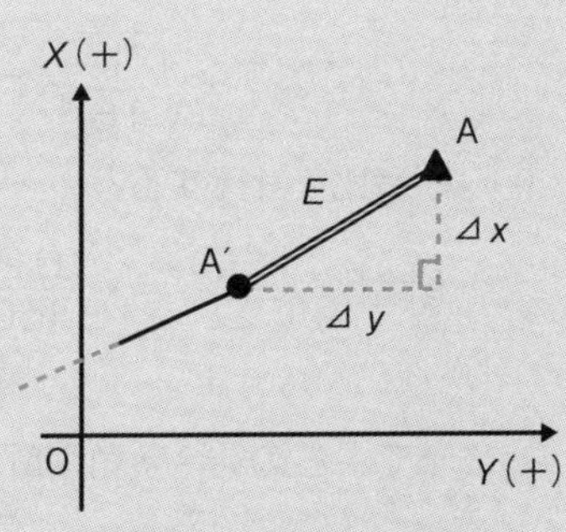

図2-17：閉合差(比)

$$E = \sqrt{\Delta x^2 + \Delta y^2}$$

閉合差 E の値を、トラバース測線長の総和（ΣL）で割ったものを、閉合比（$1/P$）と呼び、次のように表すことができる。

$$\text{閉合比} = \frac{E}{\Sigma L} = \frac{1}{P}$$

※閉合比は、分子を 1 とした形で表す。

例題 03 閉合差（比）の計算

▶ H13-2-C 一部改変

既知点 A から既知点 B に結合する多角測量を行い，X 座標の閉合差 + 0.15m，Y 座標の閉合差 + 0.20m を得た。この測量の精度を閉合比で表すと幾らか。

ただし，路線長は 2,450.00m とする。

解答 次のように計算すればよい。

① X、Y 座標の閉合差から、全体の閉合差を求めると、ピタゴラスの定理より、

$$E(\text{閉合差}) = \sqrt{\Delta x^2 + \Delta y^2} = \sqrt{0.15^2 + 0.20^2} = \sqrt{\frac{9}{400} + \frac{1}{25}}$$

$$=\sqrt{\frac{1}{16}}=0.01\sqrt{625}=0.25\text{m}$$ となる。

② 閉合比を計算すると、

$$閉合比=\frac{E}{\Sigma L}=\frac{0.25\text{m}}{2{,}450.00\text{m}}=\frac{0.25\text{m}\div 0.25}{2{,}450.00\text{m}\div 0.25}=\frac{1}{9{,}800}$$

よって、この結合多角測量の精度（閉合比）は1/9,800となる。

過去問題にチャレンジ

▶R3-No.8

Q12 座標値の計算

GNSS測量機を用いた基準点測量を行い，基線解析により基準点Aから基準点B，基準点Aから基準点Cまでの基線ベクトルを得た。表は，地心直交座標系（平成14年国土交通省告示第185号）におけるX軸，Y軸，Z軸方向について，それぞれの基線ベクトル成分（ΔX，ΔY，ΔZ）を示したものである。基準点Cから基準点Bまでの斜距離は幾らか。最も近いものを次の中から選べ。

なお，関数の値が必要な場合は，巻末の関数表を使用すること。

表

区間	基線ベクトル成分		
	⊿X	⊿Y	⊿Z
A → B	＋300.000m	＋100.000m	－400.000m
A → C	＋100.000m	－400.000m	－200.000m

1. 538.516 m
2. 574.456 m
3. 781.025 m
4. 806.226 m
5. 877.496 m

解答

基準点Aの座標値を原点（0，0）として基準点B、C間の平面上（X、Y）の距離を三平方の定理により求め、その後同様に斜距離を求めればよい。

・X、Y座標上での基準点B、C間の距離

$B-C=\sqrt{(300-100)^2+(100+400)^2}$

$=\sqrt{200^2+500^2}=\sqrt{40000+250000}$

$=\sqrt{290000}$

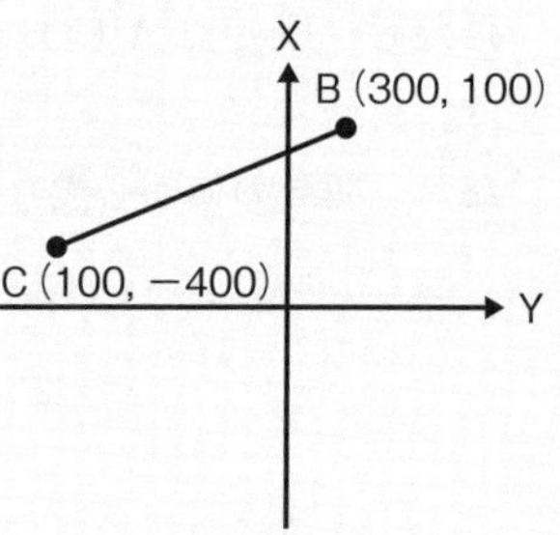

・B－C間の斜距離

B－C間の高低差は、$(-200)-(-400)=200$

よって、

$\sqrt{290000+(200)^2}=\sqrt{290000+40000}$

$=\sqrt{330000}=100\sqrt{33}=100\times5.74456$

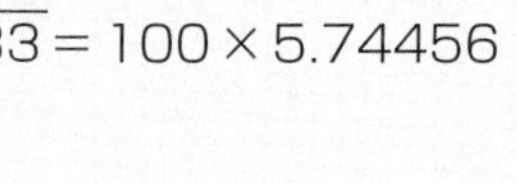

$=574.456\text{m}$

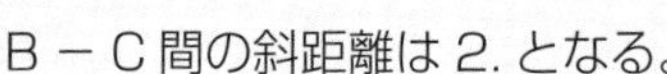

B－C間の斜距離は2. となる。

または、3次元空間における2点間の距離公式を用いると次のようになる。

点（x_1、y_1、z_1）と点（x_2、y_2、z_2）を結ぶ線分の長さは、

$\sqrt{(x_1-x_2)^2+(y_1-y_2)^2+(z_1-z_2)^2}$となる。

これに問題文の数値を当てはめると、C－B間の距離は、

$\sqrt{(300-100)^2+(100+400)^2+(-400+200)^2}$

$=\sqrt{40000+250000+40000}=\sqrt{330000}=100\sqrt{33}$

$=100\times5.74456=574.456$となる。

過去問題にチャレンジ

R3-No.6

Q13 方向角の計算

図に示すように多角測量を実施し，表のとおり，きょう角の観測値を得た。新点（1）における既知点Bの方向角は幾らか。最も近いものを次の中から選べ。

ただし，既知点Aにおける既知点Cの方向角TAは，225° 12′ 40″とする。

なお，関数の値が必要な場合は，巻末の関数表を使用すること。

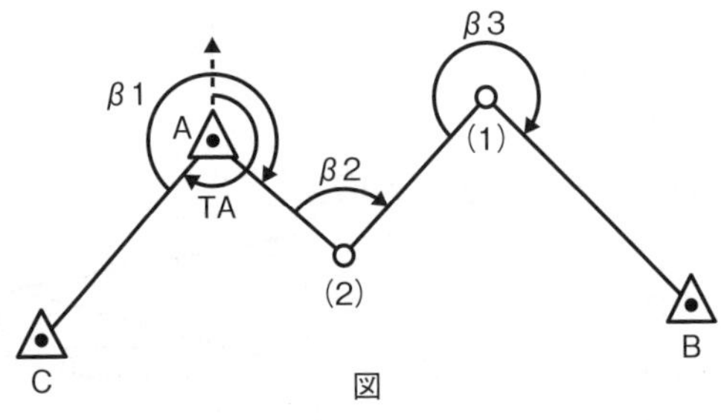

図

表

きょう角	観測値
β_1	262° 26′ 30″
β_2	94° 32′ 10″
β_3	273° 08′ 50″

1. 42° 11′ 20″
2. 44° 39′ 50″
3. 86° 51′ 10″
4. 135° 20′ 10″
5. 137° 48′ 40″

解答

方向角を求める問題である。A点の（2）に対する方向角から順に計算して求めればよい。

・A →（2）への方向角

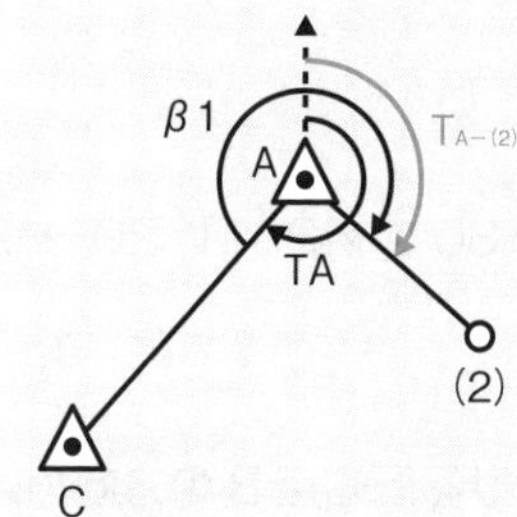

$$T_{A-(2)} = TA + \beta 1 - 360° = 225°\ 12'\ 40'' + 262°\ 26'\ 30'' - 360°$$
$$= 127°\ 39'\ 10''$$

・（2）→（1）への方向角

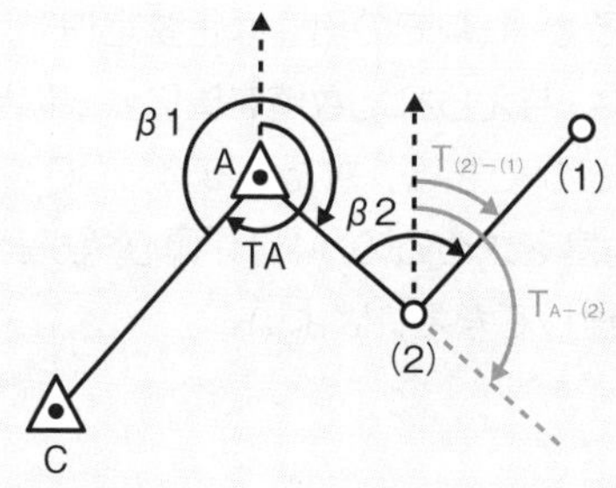

$$T_{(2)-(1)} = T_{A-(2)} + \beta 2 - 180° = 127°\ 39'\ 10'' + 94°\ 32'\ 10'' - 180°$$
$$= 42°\ 11'\ 20''$$

・(1) → B への方向角

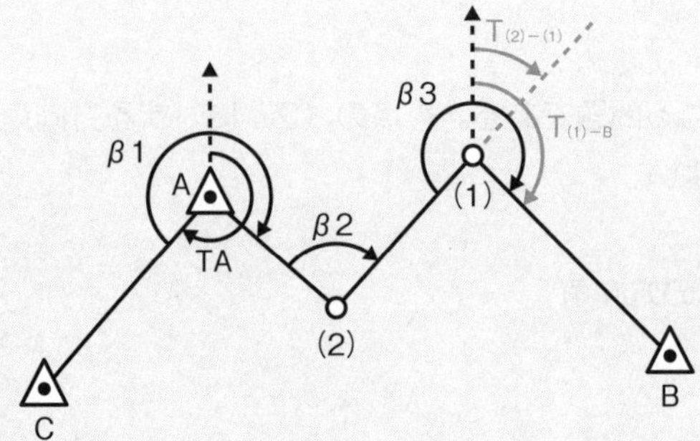

$$T_{(1)-B} = T_{(2)-(1)} + \beta 3 - 180^\circ = 42^\circ\ 11'\ 20'' + 273^\circ\ 08'\ 50'' - 180^\circ$$
$$= 135^\circ\ 20'\ 10''$$

よって、新点（1）における既知点 B の方向角は、4 となる。

2-9 偏心補正計算

偏心補正計算の出題は、その計算方法から正弦定理を用いるものと、余弦定理を用いるものに大別されるが、試験での出題は正弦定理を用いる問題が主である。

正弦定理を用いる問題は、与えられた数値を単に公式に当てはめればよいため、比較的簡単に解答することができる。また、ほぼ 100%の確率で問題文に図が示してあるため、「どの角度を求めるのか？」「偏心角がどこになるのか？」などについて、問題の図を整理して考えればよい。

1. 偏心補正計算とは

偏心補正計算とは、図2-18のように、本来観測したい角度（T）が、既知点（B）から既知点（A）を見通せないため直接観測ができない場合などに用いる計算方法である。この場合まずP点に観測点を偏心させ、角度（T'）を観測した後、偏心要素であるe（偏心距離）、ϕ（偏心角）、S（既知点AB間の距離）、またはS'（既知点B～偏心点Pの距離）を観測し、x（偏心補正量）を求め、計算により角度（T）を求めればよい。

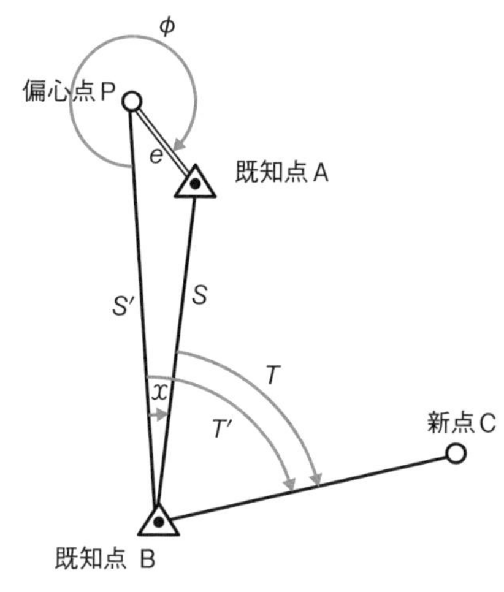

図2-18：偏心補正計算

水平角観測における偏心補正計算の方法には、正弦定理と余弦定理**（二辺夾角）**の2通りがある。これらの方法は、計算に使用する測点間の距離が偏心点に対してどのような位置にあるかによって、使い分ける必要がある。

2. 正弦定理による計算 重要度★★☆

正弦定理による計算は、**測点間距離が偏心点に対して対向する辺**（図2-18の場合は偏心点Pに対向する辺Sになる）である場合に用いられる。

例えば、図2-18のように偏心補正量xを求める場合、

正弦定理より、

$$\frac{e}{\sin x} = \frac{S}{\sin \alpha}$$

$$\sin x = \frac{e}{S} \sin \alpha$$

※ここで$\alpha =(360^\circ - \phi)$

よって、$x = \sin^{-1}\left(\frac{e}{S}\sin\alpha\right)$ となる。

※上記が作業規程の準則による式である。試験で用いる式は、上式を次のように展開し、第２項以降の微小項目を無視したもので十分である。

これを x について展開すると、

$$x = \left(\frac{e}{S}\sin\alpha\right) + \frac{1}{6}\left(\frac{e}{S}\sin\alpha\right)^3 + \cdots\cdots$$ となる。

第２項以下は微小項であるため無視する。

さらに、上式より導かれる x の値はラジアン単位であるため、ρ'' を掛けて度分秒に直すと、**偏心補正計算の基本式** $x'' = \frac{e}{S}\rho''\sin\alpha$ となる。

このように、測点間距離 S がわかっている場合は、正弦定理を用いて、偏心補正の基本式により偏心角を求めることができる。

※作業規程の準則によれば、$\frac{e}{S}$ または $\frac{e}{S'} < \frac{1}{450}$ の場合は、$S = S'$ として計算してよい。

3. 余弦定理による計算

余弦定理（二辺夾角）による計算は、**測点間距離が偏心点に隣接する辺**（図2-18の場合は、偏心点Pに隣接する辺 S' となる）である場合に用いられる。

ここで図2-18を用いて考えると、測点間距離 S' がわかっている場合は、余弦定理により偏心点の対向辺の距離と、次の式により偏心角を求めることができる。

- 距離 S を求める（余弦定理）

$$S = \sqrt{S'^2 + e^2 - 2S'e\cos\alpha}$$

※余弦定理については、Part1 の 2-2-5「覚えておくと便利な公式」を参照。

- 偏心角 x を求める

$$\tan x = \frac{e\sin\alpha}{S' - e\cos\alpha} \qquad x = \tan^{-1}\left(\frac{e\sin\alpha}{S' - e\cos\alpha}\right)$$

<証明>

偏心角 x を求めるには、次のように式を組み立てればよい。

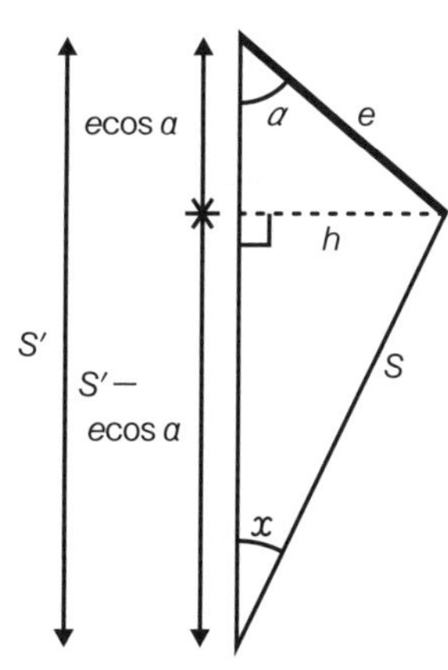

図2-19：偏心角 x を求める

図 2-19 より、$\sin\alpha = \dfrac{h}{e}$、よって、$h = e\sin\alpha$

$$\tan x = \frac{h}{S' - e\cos\alpha} = \frac{e\sin\alpha}{S' - e\cos\alpha}$$

よって、$x = \tan^{-1}\left(\dfrac{e\sin\alpha}{S' - e\cos\alpha}\right)$ となる。

過去問題にチャレンジ

▶R4-No.7

Q14 正弦定理による偏心補正計算

図は，トータルステーションによる偏心観測について示したものである。図のように，既知点Bにおいて，既知点Aを基準方向として新点C方向の水平角を測定しようとしたところ，既知点Bから既知点Aへの視通が確保できなかったため，既知点Aに偏心点Pを設けて，水平角T'，偏心距離e及び偏心角ϕの観測を行い，表の結果を得た。このとき，既知点A方向と新点C方向の間の水平角Tは幾らか。最も近いものを次の中から選べ。

ただし，既知点A，B間の距離Sは，1,500 mであり，S及びeは基準面上の距離に補正されているものとする。

また，角度1ラジアンは，$(2 \times 10^5)''$とする。

なお，関数の値が必要な場合は，巻末の関数表を使用すること。

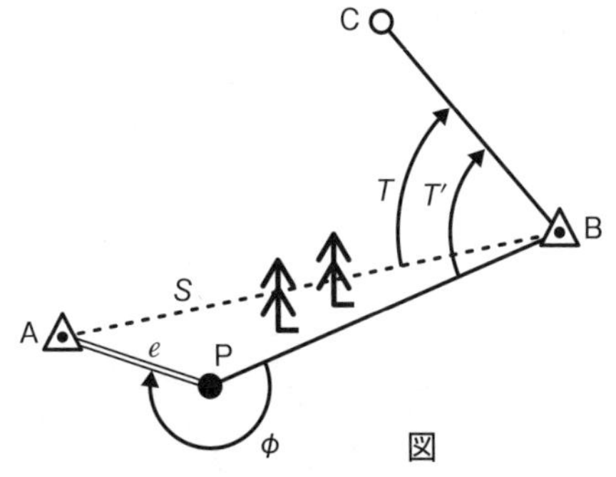

図

1. 50° 30′ 00″
2. 50° 32′ 00″
3. 50° 34′ 00″
4. 50° 36′ 00″
5. 50° 38′ 00″

表

観測結果	
ϕ	210° 00′ 00″
e	2.70m
T′	50° 41′ 00″

解答　問題文の図より、水平角 T＝T′－∠PBA（x：偏心補正量）であることがわかる。この∠PBA(x)を求めるには次の手順で解けばよい。

① 偏心補正計算

$$x = \frac{e}{S}\rho'' \times \sin\alpha = \frac{2.7}{1500} \times 2 \times 10^5 \times \sin 150^\circ = \frac{9 \times 200000}{5000} \times \sin 30^\circ = 360 \times 0.5 = 180'' = 3'$$

※ sin150°の値は、次図のように sin（180° − 150°）＝ sin30°と考えればよい。

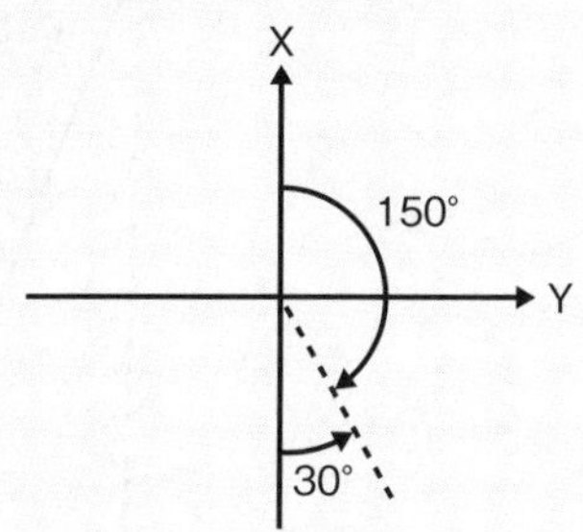

※ 2.7/1500 は、計算しやすいように 27/15000 として、9/5000 とすればよい。

② 水平角（T）を求める。

T ＝ T′ − x　より、T ＝ 50° 41′ 00″ − 3′ ＝ 50° 38′ 00″

よって、最も近い値は 5. となる。

過去問題にチャレンジ

▶ H22-No.8

Q15　余弦定理による偏心補正計算

トータルステーションを用いた基準点測量において，既知点Aと新点Bの距離を測定しようとしたが，既知点Aから新点Bへの視通が確保できなかったため，新点Bの偏心点Cを設け，図に示す観測を行い，表の観測結果を得た。点A，B間の基準面上の距離Sは幾らか。最も近いものを次の中から選べ。

ただし，ϕ は偏心角，T は零方向から既知点Aまでの水平角であり，点A，C間の距離 S' 及び偏心距離 e は基準面上の距離に補正されているものとする。

なお，関数の数値が必要な場合は，巻末の関数表を使用すること。

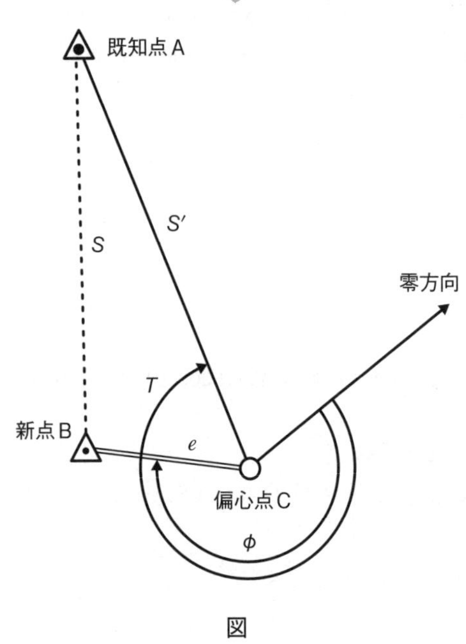

図

1. 815m
2. 834m
3. 854m
4. 880m
5. 954m

表

観測結果	
S'	900 m
e	100 m
T	314° 00′ 00″
ϕ	254° 00′ 00″

解答

問題の図から、余弦定理を用いて式を組み立てると、次のようになる。

$$S^2 = S'^2 + e^2 - 2S'e \cdot \cos(T - \phi)$$

この式に数値を代入する。

$$\begin{aligned} S^2 &= 900^2 + 100^2 - 2 \times 900 \times 100 \times \cos(314^\circ - 254^\circ) \\ &= 810{,}000 + 10{,}000 - 180{,}000 \times \cos 60^\circ \\ &= 820{,}000 - 180{,}000 \times 0.5 \\ &= 730000 \qquad S = \sqrt{730000} = 100 \times \sqrt{73} = 854.4\text{m} \end{aligned}$$

※ cos60°の値及び$\sqrt{73}$の値は巻末の三角関数表により求める。

よって、最も近いものは 3. となる。

2-10 標準偏差

1. 標準偏差とは

標準偏差とは、平均二乗誤差や中等誤差とも呼ばれ、簡単にいえば**観測(値)データのバラつきの度合いを表す値**である。

つまり、標準偏差（データのバラつきの度合い）が大きければ「精度が悪い」、小さければ「精度のよい」観測であるといえる。標準偏差は、測量において「観測値の精度」を比較するための材料として用いられている。

2. 標準偏差の考え方

例を挙げて考えると、表 2-5 のようにA、Bの２人が 30 mの距離をそれぞれ５回観測した場合、次のような観測値を得ることができた。この場合、どちらが精度のよい（バラつきの少ない）観測を行っているかを考える。

表2-5：ABの観測値

観測者	回数	観測値(m)	偏差	[偏差]^2
A	1	30.200	+0.200	0.040
	2	30.100	+0.100	0.010
	3	30.000	0.000	0.000
	4	29.900	−0.100	0.010
	5	29.800	−0.200	0.040
[偏差]^{2}の合計				0.100
B	1	30.250	+0.250	0.0625
	2	30.050	+0.050	0.0025
	3	30.000	0.000	0.000
	4	29.950	−0.050	0.0025
	5	29.750	−0.250	0.0625
[偏差]^{2}の合計				0.130

ここで、A、Bの観測値の平均を取ると、A = 30.000 m、B = 30.000 mと同じ値となり、どちらがより正確な（バラつきの少ない）観測を行っているかが不明である。

そこで、**（観測値）−（真値）＝（偏差）**として求めると表 2-5 の通りとなるが、この値を見ても正負の符号があるため、そのバラつきは明確ではないし、これを合計しても「0」となってしまう。そこで、偏差を２乗し、その合計を観測回数で割り、その平方根を取ると、次のようになる。

- 観測者A：([偏差]^{2}の合計)／(観測回数)＝ 0.100／5 ＝ 0.020
  $\sqrt{0.020} = 0.141$m
- 観測者B：([偏差]^{2}の合計)／(観測回数)＝ 0.130／5 ＝ 0.026
  $\sqrt{0.026} = 0.161$m

よって、値の小さい観測者Aの方が観測値のバラつきが少なく、精度のよい観測であるといえる。このときの数値を標準偏差という。

まとめると、

$$\sigma = \sqrt{\frac{\Sigma \delta^2}{n}} \quad \cdots\cdots ①$$

となる。

ここで、σ：標準偏差、δ：偏差、n：観測回数を表す。

※偏差と残差の違いは、偏差＝観測値－真値、残差＝観測値－最確値である。つまり、真値がわかっている場合は偏差、真値がわからず最確値しかわからない場合は残差と呼ぶ。ここでは、偏差、残差ともにδの記号を用いている。

3. 測量における標準偏差の利用 重要度★★☆

標準偏差の考え方は2.に示した通りであるが、観測作業により得られた数値は、あらかじめわかっている「真値」ではなく、観測された「最確値」である。

最確値について簡単に触れると、測量とは「未知の値を観測作業によって決定する」作業であり、その値には常に「誤差」が含まれている。よって観測作業により得られる値とは、最も確からしい値（真値に近い値）、すなわち「最確値」ということである。このことから測量で考える標準偏差とは、「最確値の精度」であるといえる。

標準偏差を求めるには、何の標準偏差を求めるのかにより、次の式がある。

●観測値の標準偏差（１つの観測値に対する標準偏差を求める式）

$$\sigma = \sqrt{\frac{\Sigma\delta^2}{n-1}} \quad \cdots\cdots ②$$

ここで、σ：観測値に対する標準偏差、δ：残差、n：観測回数を表す。

●最確値（算術平均）に対する標準偏差

$$\sigma = \sqrt{\frac{\Sigma\delta^2}{n(n-1)}} \quad \cdots\cdots ③$$

ここで、σ：最確値に対する標準偏差、δ：残差、n：観測回数を表す。

●最確値（重量平均）に対する標準偏差

$$\sigma = \sqrt{\frac{\Sigma(p\ \delta^2)}{\Sigma p\cdot(n-1)}} \quad \cdots\cdots ④$$

ここで、σ：最確値に対する標準偏差、δ：残差、n：観測回数、p：重量を表す。

※上記の②と③の式は覚える必要がある。

4. 標準偏差の計算例

以下に、例題を用いて 3. にある公式の活用を解説する。

例題 04　標準偏差の計算　オリジナル問題

表は AB 2点間の距離を TS を用いて同様の方法により，3回観測した結果である。AB 2点間の最確値とその標準偏差を求めよ。ただし, TS(測距部) に関する誤差はすべて補正済みであるものとする。

表

観測回数	観測値(m)	δ	δ^2
1	60.246	−0.038	0.001444
2	60.282	−0.002	0.000004
3	60.324	0.04	0.001600
合　計			0.003048

解答　次の手順で計算すればよい。

① **最確値を求める。**

問題文より、3回の観測いずれも同様の方法により求めているため、最確値は単に算術平均でよい。

よって、$60.000+\dfrac{0.246+0.282+0.324}{3}=60.284\text{m}$ となる。

② **残差（δ）および δ^2 を求める。**

例題の表を参照。

※残差（δ）などは、問題文にあるように直接表に書き込むようにするとよい。

③ **観測値に対する標準偏差を求める。**

観測値に対する標準偏差は、3. の公式②によって求められる。よって、

$$\sigma = \sqrt{\frac{\Sigma\delta^2}{n-1}} = \sqrt{\frac{0.003048}{3-1}} = \sqrt{0.001524} \fallingdotseq \pm 0.0390\text{m}$$

これにより、各測定値は、最確値から± 0.0390m の範囲にあるといえる。

④ **最確値に対する標準偏差を求める。**

最確値に対する標準偏差は、3. の公式③によって求められる。よって、

$$\sigma = \sqrt{\frac{\Sigma\delta^2}{n(n-1)}} = \sqrt{\frac{0.003048}{3(3-1)}} = \sqrt{\frac{0.003048}{6}}$$

$$= \sqrt{0.000508} \fallingdotseq \pm 0.0225\text{m}$$

よって、真値は最確値から、± 0.0225m の範囲にあると推定される。
また、最確値と標準偏差の書き方は、次のようにするとよい。

観測結果　60.284m ± 0.0225m

過去問題にチャレンジ

▶R4-No.3

Q16 最確値（算術平均）の標準偏差

次の文は，測量の誤差について述べたものである。［ア］～［エ］に入る語句及び数値の組合せとして最も適当なものはどれか。次の中から選べ。

なお，関数の値が必要な場合は，巻末の関数表を使用すること。

［ア］は，測定の条件が変わらなければ大きさや現れ方が一定している誤差である。一方，［イ］は，原因が不明又は原因が分かってもその影響を除去できない誤差である。

このように測定値には誤差が含まれ，真の値を測定することは不可能である。

しかし，ある長さや角度に対する［イ］だけを含む測定値の一群を用いて，理論的に，真の値に最も近いと考えられる値を求めることは可能であり，このようにして求めた値を，最確値という。

ある水平角について，トータルステーションを用いて同じ条件で5回測定し，表の結果を得たとき，［ア］が取り除かれているとすれば，最確値は［ウ］，最確値の標準偏差の値は［エ］となる。

	ア	イ	ウ	エ
1.	系統誤差	偶然誤差	45° 22′ 23″	0.8″
2.	系統誤差	偶然誤差	45° 22′ 25″	0.8″
3.	系統誤差	偶然誤差	45° 22′ 25″	1.7″
4.	偶然誤差	系統誤差	45° 22′ 23″	1.7″
5.	偶然誤差	系統誤差	45° 22′ 25″	1.7″

表

測定値
45° 22′ 25″
45° 22′ 28″
45° 22′ 24″
45° 22′ 25″
45° 22′ 23″

解答

ア：系統誤差

定誤差とも呼ばれる。その原因と特性を追究して明らかにすれば理論的に取除くことができる誤差。系統誤差には、個人誤差、器械誤差、自然誤差がある。

イ：偶然誤差

原因不明の誤差であり、測定値から系統誤差や過誤を取除いても残る小さな誤差である。偶然誤差が起こる確率は、誤差の三公理の特徴を持つ。

ウ：45° 22′ 25″

最確値を求める問題で、観測回数が同じであれば単に次のような算術平均でよい。

$$45^\circ\ 22' + \frac{25''+28''+24''+25''+23''}{5} = 45^\circ\ 22' + 25''$$

$= 45° 22′ 25″$

エ：0.8″

最確値の標準偏差は以下の式で表される。

$$\sigma = \sqrt{\frac{\Sigma \delta^2}{n(n-1)}}$$

各測定値の偏差を求める。（偏差）＝（測定値）－（最確値）により、

測定値	偏差（δ）	偏差²（δ^2）
45° 22′ 25″	25−25=0	0
45° 22′ 28″	28−25=3	9
45° 22′ 24″	24−25=−1	1
45° 22′ 25″	25−25=0	0
45° 22′ 23″	23−25=−2	4
$\Sigma \delta^2$		14

$$\sigma = \sqrt{\frac{\Sigma \delta^2}{n(n-1)}} = \sqrt{\frac{14}{5(5-1)}} = \sqrt{\frac{14}{20}} = \sqrt{0.7}$$

$$= 0.1 \times \sqrt{70} = 0.1 \times 8.36660 = 0.837 \fallingdotseq 0.8''$$

よって、最も適当な語句の組合せは 2. となる。

2-11 間接水準測量

間接水準測量とは、図 2-20 のように観測区間の両端に固定点を設け、鉛直角観測と距離測定を行い、その後、高低計算によって未知点の標高を計算するものである。

士補試験では問題文に図が描かれていない場合が多いため、「図を描き」→「式を組み立てる」という流れで解答するとよい。

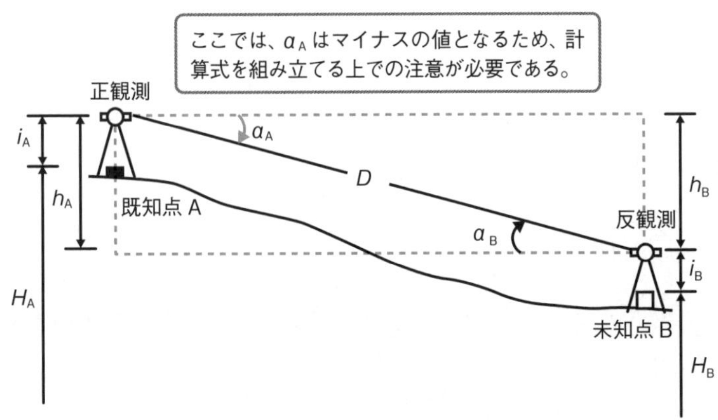

ここで、i：器械高、α：高低角、H：標高、D：2点間の斜距離とする。
※問題文の中には、目標高と器械高を同一としている場合がある。この例のように、目標高が器械高と異なる場合は、目標高を（f）として、図を描き計算に加えればよい。

図2-20：間接水準測量

1. 間接水準測量の式を組み立てる 重要度★☆☆

図 2-20 を用いて、未知点Bの標高（H_B）を正観測（既知点からの観測）と反観測（未知点からの観測）から求める式を組み立てると次のようになる。

<正観測からの式>

$h_B + i_B + H_B = i_A + H_A$ より、$H_{B正} = i_A + H_A - h_B - i_B + K$

ここで、$h_B = D \sin \alpha_A$ を表す。

<反観測から求める式>

$h_A + i_B + H_B = i_A + H_A$ より、$H_{B反} = i_A + H_A - h_A - i_B - K$

ここで、$h_A = D \sin \alpha_B$ を表す。

※なお K は両差を表し、正観測の場合は「+」、反観測の場合は「−」とする。

未知点Bの標高を求めるには、**正観測と反観測の平均を取ればよい**ため、両式をまとめると次のようになる。

$$H_B = \frac{H_{B正} + H_{B反}}{2} = \frac{(i_A + H_A - h_B - i_B + K) + (i_A + H_A - h_A - i_B - K)}{2}$$

$$= i_A + H_A - i_B - \frac{(h_B + h_A)}{2}$$

※正観測と反観測の計算は別々に行い最後に平均をしてもよいが、士補試験は手計算であるため、計算しやすさを優先させてまとめた方がよい。

2. 両差（K）

両差（りょうさ）とは、球差と気差を合計したもので、この影響を受けずに観測作業を行うためには、1. のように、両端から正反方向の同時観測を行えばよい。また、気差における屈折係数 k の値は、一般に 0.12 ～ 0.14 程度であり、両差（K）は片方向からの計算のとき、**正観測（既知点から未知点）で「＋」、反観測（未知点から既知点）で「－」**となる。また、正反を観測し平均した場合は、両差が打ち消し合うため考える必要はない。

※公共測量では、屈折係数 $k = 0.133$ を使用している。また、地球の半径 $R = 6370000$ m（平均曲率半径）としている。

- 球差：地球の表面が球であるために生じる誤差

  $\frac{S^2}{2R}$（R：地球の半径、S：測点間の距離）

- 気差：大気密度が標高により異なるために、視準線が屈折して生じる誤差

  $\frac{S^2 k}{2R}$（k：屈折係数）

- 両差：$K = (球差) - (気差) = \frac{S^2}{2R} - \frac{S^2 k}{2R} = \frac{S^2}{2R}(1 - k)$

過去問題にチャレンジ

▶R2-No.7

Q17 間接水準測量

図に示すとおり，新点Aの標高を求めるため，既知点Bから新点Aに対して高低角 α 及び斜距離Dの観測を行い，表の結果を得た。新点Aの標高は幾らか。最も近いものを次の中から選べ。

ただし，既知点Bの器械高 i_B は1.40m，新点Aの目標高 f_A は1.60m，既知点Bの標高は350.00m，両差は0.10mとする。また，斜距離Dは気象補正，器械定数補正及び反射鏡定数補正が行われているものとする。

なお，関数の値が必要な場合は，巻末の関数表を使用すること。

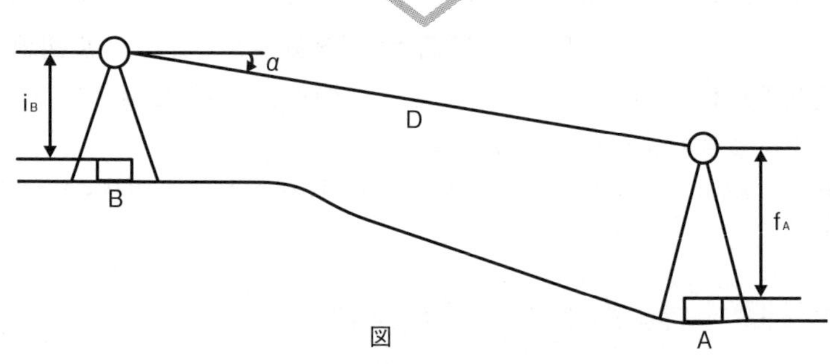

図

表

α	$-\ 3°00'00''$
D	950.00 m

1. 297.38 m
2. 300.08 m
3. 300.18 m
4. 300.38 m
5. 303.38 m

解答

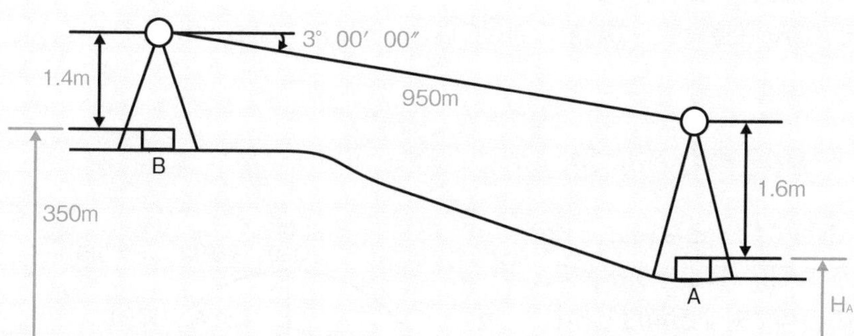

A 点の標高を H_A として、前図より式を組み立てると次のようになる。

$H_A = 350.00m + 1.40m - 950.00m \times sin3° 00' 00'' - 1.60m + 0.10m = 300.177m$

よって、sin3°を関数表より 0.05234 とすると、$H_A \fallingdotseq 300.18m$ となる。

※両差は正観測（既知点から未知点）の場合は＋、反観測（未知点から既知点）の場合は－とする。

よって A 点の標高に最も近い値は 3. となる。

2-12 高度定数の較差

TS による基準点測量において、水平角および鉛直角観測、距離測定は 1 視準（1 回の視準）で同時に行われる。

その際の鉛直角観測の精度の判定には、高度定数の較差が用いられる。

1. 鉛直角と高度角

鉛直角（Z）とは図 2-21 のように天頂（真上）から水平方向の目標に対する角度であり、高低（高度）角（α）とは、水平線を基準として天頂方向の目標に対する角度である。両者には、$\alpha = 90° - Z$のような関係がある。また水平線から、仰角（ぎょうかく）（見上げる角度）は＋（プラス）、俯角（ふかく）（見下ろす角度）は－（マイナス）となる。

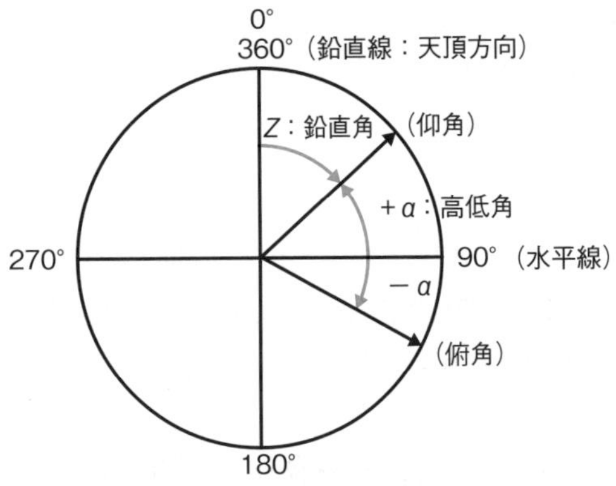

※一般的に天頂を 0° としている。

図2-21：鉛直角と高低角

2. 高度定数

高度定数とは、望遠鏡正反の観測における誤差であり、鉛直角観測における**観測精度の判定**に用いられる。

例えば、図 2-22 のように望遠鏡正（r）と反（ℓ）で観測を行った場合、$r + \ell = 360°$ となるはずである。

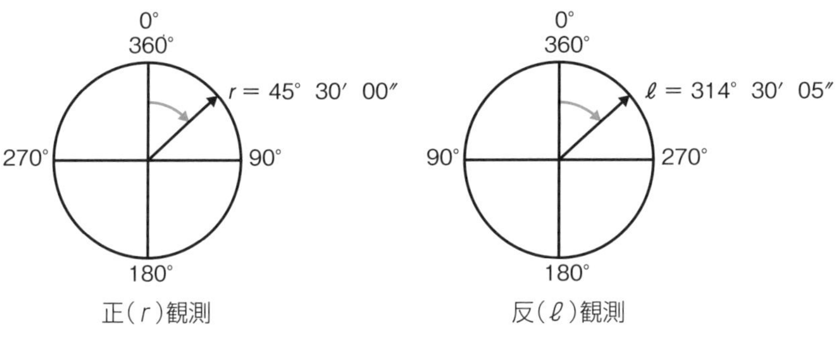

図2-22：高度定数

このときの鉛直角Zは、正反の平均、

{45° 30′00″＋(360°－314° 30′05″)} ÷2＝ 45° 29′58″

と、計算される。よって、(正(r)－反(ℓ))＋360°＝2Zとなる。

また、高低角（α）は、90°－Z＝90°－45° 29′58″＝44° 30′02″となる。

鉛直角は、理論上$r+\ell$＝360°となるが、図2-22の場合は、

45° 30′ 00″＋314° 30′ 05″＝ 360° 00′ 05″（360°＋5″）となる。この場合の5″を**高度定数と呼ぶ**。高度定数は、望遠鏡の取付け誤差など**TS自身が持つ機械固有の誤差**である。

3. 高度定数の較差

高度定数の較差とは、各方向の高度定数の最大値と最小値の差であり、高度角の大小にかかわらず、一定の値を表すため、観測値の良否の点検に用いられる。

具体的に例を挙げて考えると次のようになる。

例題 05 高低角と高度定数の計算 オリジナル問題

次表のような鉛直角の観測を行った場合，点A，Bの高低角及び高度定数の較差を求めよ。

表

望遠鏡	視準点	鉛直角
r	A	89° 48′ 02″
ℓ		270° 11′ 58″
ℓ	B	269° 43′ 30″
r		90° 16′ 26″

解答　次の手順で計算すればよい。

① **点Aの高低角の計算**

$2Z = r - \ell = 89°48'02'' + (360° - 270°11'58'') = 179°36'04''$

よって、$Z = 179°\ 36'04''/2 = 89°\ 48'02''$となり、

$\alpha = 90° - 89°\ 48'02'' = 0°\ 11'58''$となる。

② **点Bの高低角の計算**

$2Z = r - \ell = 90°16'26'' + (360° - 269°43'30'') = 180°32'56''$

よって、$Z = 180°\ 32'\ 56''/2 = 90°\ 16'\ 28''$となり、

$\alpha = 90° - 90°\ 16'\ 28'' = -\ 0°\ 16'\ 28''$となる。

③ **高度定数の較差の計算**

点Aの高度定数＝$(89°\ 48'\ 02'' + 270°\ 11'\ 58'') - 360° = 0$

点Bの高度定数＝$(90°\ 16'\ 26'' + 269°\ 43'\ 30'') - 360° = -4''$

高度定数の較差＝$0 - (-4) = 4''$となる。

このように、高度定数の較差とは、高度定数の（最大値）－（最小値）で表される。

過去問題にチャレンジ

▶H25-No.5

Q18 高低角と高度定数の計算

公共測量における1級基準点測量において，トータルステーションを用いて鉛直角を観測し，表の結果を得た。点A，Bの高低角及び高度定数の較差の組合せとして最も適当なものはどれか。次の中から選べ。

表

望遠鏡	視準点		鉛直角観測値
	名　称	測　標	
r	A	甲	63° 19′ 27″
ℓ			296° 40′ 35″
ℓ	B	甲	319° 24′ 46″
r			40° 35′ 12″

	高低角(点A)	高低角(点B)	高度定数の較差
1.	−26° 40′ 34″	−49° 24′ 47″	2″
2.	+26° 40′ 25″	−49° 24′ 47″	2″
3.	+26° 40′ 31″	−49° 24′ 49″	4″
4.	+26° 40′ 34″	+49° 24′ 47″	4″
5.	+26° 40′ 31″	+49° 24′ 50″	0″

解答

<点Aの高低角を求める>

$r - \ell + 360° = 2Z$より、

63° 19′27″＋(360° − 296° 40′35″) = 126° 38′52″

※計算結果は常にマイナスのため、あらかじめℓに360°を加えておく。

よって、Z = 126° 38′52″ /2 = 63° 19′26″となる。

ここで、高低角（α）は、水平線を基準として示す目標までの角度であるため、$\alpha = 90° - Z$で表される。

よって、$\alpha = 90° - 63° 19' 26'' = +26° 40' 34''$となる。

＜点Bの高低角を求める＞

点Aと同様に計算を行えば、

$40° 35' 12'' + (360° - 319° 24' 46'') = 81° 10' 26''$

$Z = 81° 10' 26'' / 2 = 40° 35' 13''$

$\alpha = 90° - 40° 35' 13'' = +49° 24' 47''$

＜高度定数の較差の計算＞

高度定数の較差とは、各方向の高度定数の最大値と最小値の差であるから、

Aの高度定数＝$(63° 19' 27'' + 296° 40' 35'') - 360° = +2''$

Bの高度定数＝$(40° 35' 12'' + 319° 24' 46'') - 360° = -2''$

したがって、$+2'' - (-2'') = 4''$となる。

よって、最も正しい値の組合せは 4. となる。

Chapter 03 水準測量

水準測量では、主にレベルおよびTS、GNSS（以下、レベル等）を用いて高低差を観測する、レベル等による水準測量（以下、水準測量）について出題される。また、水準測量はその目的から1級～4級、簡易水準測量に分類され、これにより設置された水準点は、それぞれ1級～4級、簡易水準点と呼ばれる。

また水準測量は、次のように直接水準測量と間接水準測量に大別され、まれに渡海（河）水準測量の内容について出題がある。

☑ 直接水準測量

- 直接水準測量：レベル等を用いて、2地点間の高低差を観測する方法。
- 渡海（河）水準測量（経緯儀法）：TSを用いて角度と距離（または角度）を観測し、2地点間の高低差を求める方法。

☑ 間接水準測量

- 渡海（河）水準測量（俯仰ネジ法）：気泡管レベルと標尺、目標板を用いて2地点間の高低差を求める方法。
- **渡海（河）水準測量**（交互法）：レベルと標尺を用いて2地点間の高低差を間接的に求める方法。

※ここでは、特に記述のない場合、水準測量＝レベル等による水準測量とする。

作業規程の準則による水準測量は図3-1の作業工程により行われる。

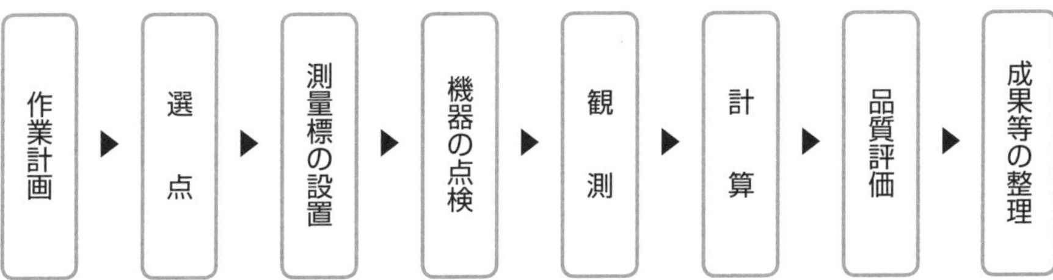

図3-1：水準測量の作業工程

3-1 レベルによる観測作業の注意事項

レベルによる観測作業の注意事項については、Part 1の3- 2にその一部を記したが、ここではさらに詳細に記す。

1. レベルと標尺の適用 重要度★☆☆

レベルには 1 級～ 3 級レベル、標尺は 1 級～ 2 級標尺が、その性能により定められている。その適用についてまとめると表 3-1 のようになる。

表 3-1：レベルと標尺の適用

機　器	適　用
1級レベル	1級～4級水準測量
2級レベル	2級～4級水準測量
3級レベル	3級～4級・簡易水準測量
1級標尺	1級～4級水準測量
2級標尺	3級～4級水準測量

つまり、1 級水準測量には 1 級レベルと 1 級標尺の組合せ、**2 級水準測量には、1 級～ 2 級レベルと 1 級標尺の組合せ**が必要となる。

※ 2 級水準測量には、2 級標尺を使用することができない。

2. レベルと標尺の点検 重要度★★☆

水準測量に用いられる観測機器は、適宜、点検および調整を行わなくてはならない。

点検調整は、観測着手前に次の項目について行い、水準測量用作業電卓または観測手簿に記録する。

- **1 ～ 2 級水準測量では、観測期間中概ね10 日ごとに行う。**
- 気泡管レベル（チルチングレベル）は、円形水準器および主水準器軸と視準線の平行性を点検する。
- 自動レベルや電子レベルは、円形水準器と視準線の点検調整およびコンペンセータの**点検**を行う。
- 標尺の付属水準器を点検する。

3. 水準測量の観測方法と注意事項 重要度★★★

作業規程の準則には、測量標の設置や直接水準測量において観測誤差を消去または最小限に食い止める観測方法が次のように記載されている。

☑ 測量標の設置

- 永久標識には、必要に応じ固有番号などを記録したICタグを取り付けることができる。
- ４級水準点および簡易水準点には、**標杭・標鋲を用いることができる。**
- 永久標識を設置した点については座標を求め、成果表に記載する。
- 新設点の観測は、埋設後１週間程度経過してから行うことが望ましく、やむを得ず、すぐに観測する場合でも**24時間以上経過**してから行う。

☑ 観測作業

- 特定方向に誤差が累積した場合に生じる系統的誤差を避けるため、簡易水準測量を除き**往復観測**とする。
- 目盛誤差の系統的誤差を消去するため、また標尺の零目盛誤差を消去するために、**標尺は２本１組とし、往路と復路では入れ替えて**観測し、**測点数は偶数**とする。
- 視準線誤差を防ぐため、レベルはできる限り両標尺を結ぶ**直線上に設置し、観測する両標尺までの視準距離を等しく**する。
- 視準距離は、水準測量の区分によりその制限が決まっており、その制限を超えないようにする（1級水準測量で最大50m、2級で60m、3～4級で70m）。
- 鉛直軸誤差を小さくするためレベルを支持する**三脚は特定の２脚と視準線とを常に平行にし、進行方向に対して左右交互に整置する。**
- 往復観測において、水準点間の測点数が多い場合は、適宜**固定点を設け、往路と復路の観測に共通して使用**する。
- 観測は、１視準１読定とし、１級水準測量の場合、標尺の読定方法は電子レベルの場合、後視→前視→前視→後視とする。
- １級水準測量における気温測定は、標尺目盛の温度補正を正確に行うため、温度計を十分に野外にさらしてから気温測定をする必要がある。

・1級水準測量では、観測の開始時、終了時、固定点到着時ごとに気温を 1℃単位で測定する。
・主気泡管の不等膨張による誤差を防ぐために、傘などにより、レベルに**直射日光が当たらないように**する。オートレベルの場合はコンペンセータを用いているためにこの作業は必要ないが（1 ～ 2 級水準測量では必要）、**電子レベルの場合は電子部品の温度上昇を防ぐために必要**である。
・標尺を設置する場合は**地盤堅固な場所**に標尺台を置き、十分に踏み込む。
・観測作業に作為がないことを明確にするため、**手簿に記入した読定値を訂正してはならない。**
・**1級水準測量**においては、大気による屈折（レフラクション）誤差の影響を少なくするため、標尺の**下方 20cm 以下を読定しない（バーコードの標尺は、メーカーの仕様に従う）。**
・1日の観測作業は、**水準点で終わることを原則とする。**なお、やむを得ず固定点で終了する場合でも、固定点の異常を点検できるようにする必要がある。

3-2 | 水準測量の誤差と消去法 重要度★★★

水準測量の観測作業では、レベルおよび標尺の器械誤差が生じる。このレベルと標尺が持つ誤差の種類と消去（軽減）法を表3- 2、表3- 3にまとめる。

表 3-2：レベルに関する誤差

誤差の種類	原　因	消去(軽減)法
視準線誤差	望遠鏡の視準線と気泡管軸が平行でないために生じる誤差	**視準距離（レベルと前後標尺の距離）を等しくする。**
球差	地球が球面体であるために生じる誤差	
気差	気温の変化などにより大気密度が変化するために起こる光の屈折誤差	・視準距離を短くする。 ・視準距離を等しくする。
鉛直軸誤差	鉛直軸が傾いているために生じる誤差	**三脚の特定の２脚を進行方向に平行に整置し、そのうちの１本を常に同一の標尺に向けて観測する。またレベルの整準は、望遠鏡を常に特定の標尺に向けて行う**(完全に消去することはできない)。

誤差の種類	原 因	消去(軽減)法
三脚の沈下による誤差	地盤の弱い場所に三脚を据え付けた場合、三脚の沈下により生じる誤差	・脚杭や足場によって、三脚が沈下しないようにする。 ・地盤堅固な場所に据え替える。
視差による読取誤差	望遠鏡の対物レンズと接眼レンズの焦点が合っていないために生じる誤差	接眼レンズを調節し、十字線が明瞭に見えるようにしてから観測する。
大気の屈折誤差（レフラクション）	地表面に近づくほど大気の気温が上昇し、大気密度（屈折率）が小さくなる。このため視準線が下方に屈折し観測比高が小さくなる誤差	**・標尺の下方を視準しない。** ・視準距離を短くする。

表3-3：標尺に関する誤差

誤差の種類	原 因	消去法
標尺の傾きによる誤差	標尺が鉛直に立てられていないために生じる誤差	・標尺を前後にゆっくりと動かし、最小読定値を読み取る。 ・鉛直気泡管や支持棒を用いて、標尺を鉛直に立てるようにする。
零目盛誤差（標尺の零点誤差）	標尺底面の摩耗などにより、零目盛の位置が正しくないために生じる誤差	**測定回数を偶数回にする(出発点に立てた標尺を終点に立てる)(往路と復路の標尺は交換する)。**
標尺の目盛誤差	標尺の目盛が正しくないために生じる誤差	・所定精度の標尺を使用する。 ・改正数により補正する。
標尺の沈下・移動による誤差	観測中の標尺の、沈下や移動により生じる誤差	・標尺台を用いて観測する。 ・標尺台を地面に十分に踏み込む。

過去問題にチャレンジ

▶R3-No.10

Q1 観測作業の注意事項と誤差 1

次のａ～ｄの文は，水準測量における誤差への対策について述べたものである。［ア］～［エ］に入る語句の組合せとして最も適当なものはどれか。次の中から選べ。

a. ［ア］を小さくするには，レベルと三脚の特定の２脚を進行方向に平行に整置し，そのうちの１本を常に同一の標尺に向けて観測する。また，レベルの整準は，望遠鏡を特定の標尺に向けて行う。

b. 大気の屈折による誤差を小さくするには，視準距離を可能な限り［　イ　］する方が良い。

c. 標尺の［　ウ　］は，観測点数を偶数にすることで小さくすることができる。

d. 標尺台の沈下による誤差を小さくするには，後視・前視・［　エ　］の順序で観測する。

	ア	イ	ウ	エ
1.	視準線誤差	長く	目盛誤差	前視・後視
2.	視準線誤差	短く	目盛誤差	後視・前視
3.	鉛直軸誤差	短く	零点誤差	後視・前視
4.	鉛直軸誤差	長く	目盛誤差	後視・前視
5.	鉛直軸誤差	短く	零点誤差	前視・後視

解答

ア：鉛直軸誤差

鉛直軸誤差は、レベルの鉛直軸が傾いているために生じる誤差であり、完全に消去することはできない。

イ：短く

大気の屈折誤差は、地表面に近づくほど気温が上昇し、大気密度（屈折率）が小さくなるために、大気密度の小さい下方に光（視準線）が曲がる誤差。

ウ：零点誤差

標尺底面の摩耗などにより、零目盛の位置が正しくなくなるために生じる誤差。

エ：前視・後視

１級水準測量において電子レベルを用いる場合にこのような標尺の読定方法を用いる。一定の変化であれば両側目盛のある標尺でレベルの沈下にも有効である。

よって、最も適当な語句の組合せは 5. となる。

過去問題にチャレンジ

▶R2-No.10

Q2 観測作業の注意事項と誤差 2

次の文は，公共測量における水準測量を実施するときに遵守すべき事項について述べたものである。明らかに間違っているものはどれか。次の中から選べ。

1. １日の観測は，水準点で終わることを原則とする。なお，やむを得ず固定点で終わる場合は，観測の再開時に固定点の異常の有無を点検できるような方法で行うものとする。
2. １級水準測量では，観測は１視準１読定とし，後視→前視→前視→後視の順に標尺を読定する。
3. １級水準測量及び２級水準測量の再測は，同方向の観測値を採用しないものとする。
4. 往復観測を行う水準測量において，水準点間の測点数が多い場合は，適宜，固定点を設け，往路及び復路の観測に共通して使用する。
5. ２級水準測量では，１級標尺又は２級標尺を使用する。

解答

1. 正しい。問題文の通り。

2. 正しい。１級水準測量の場合、標尺の読定方法は問題文の通りである。

3. 正しい。水準測量の再測に関する文章である。水準点及び固定点によって区分された区間の往復観測値の較差が、許容範囲を超えた場合に再測となる。この場合、問題文のように同方向の観測値を採用しない。

4. 正しい。問題文の通り。直接水準測量に関する文章である。

5. 間違い。レベルや標尺は性能により、その適用が定められている。１級水準測量には１級レベルと１級標尺の組合せ。２級水準測量には１～２級レベルと１級標尺の組合せが必要となる。２級水準測量で２級標尺は使用できない。

よって、明らかに間違っているものは５.となる。

過去問題にチャレンジ

▶R1-No.11

Q3 観測作業の注意事項

公共測量において３級水準測量を実施していたとき，レベルで視準距離を確認したところ，前視標尺までは 70m，後視標尺までは 72m であった。観測者が取るべき処置を次の中から選べ。

1. 前視標尺をレベルから 2m 遠ざけて整置させる。
2. レベルを後視方向に 1m 移動し整置させる。
3. レベルを後視方向に 2m 移動し整置させ，前視標尺をレベルの方向に 3m 近づけ整置させる。

4. レベルを後視方向に 3m 移動し整置させ，前視標尺をレベルの方向に 4m 近づけ整置させる。
5. そのまま観測する。

解答

作業規程の準則により直接水準測量の最大視準距離は、1 級で 50m、2 級で 60m、3 ～ 4 級で 70m と定められている。問題文は 3 級水準測量であるため視準距離が 70m を超えないように注意することと、前後標尺とレベルの距離が等しくなる必要がある。

1. 間違い。前視標尺までは 70m であるため、長くすることはできない。

2. 間違い。レベルを後視方向に 1m 動かしても 71m となり最大視準距離の値を超えてしまう。

3. 間違い。レベルを後視方向に 2m 移動すると 70m、前視標尺をレベルに 3m 近づけると 69m となる。最大視準距離は超えていないが、前後標尺とレベルが等距離でないため、間違いである。

4. 正しい。レベルを後視方向に 3m 移動すると 69m、前視標尺をレベルに 4m 近づけると 73m － 4m ＝ 69m となり、視準距離も 70m を超えずレベルと前後標尺の距離も等しくなるため、正しい。

5. 間違い。後視標尺からレベルまでの距離が 72m と最大視準距離を超えるため、間違いである。

よって、観測者が取るべき処置として正しいものは 4. となる。

3-3 渡海（河）水準測量

渡海（河）水準測量とは、河や海のため直接水準測量が実施できない場所や、谷や渓谷など、地形の関係で、前視と後視の距離が著しく異なる場所の高低差を求める場合に行われる水準測量で、その方法により次のように分類される。

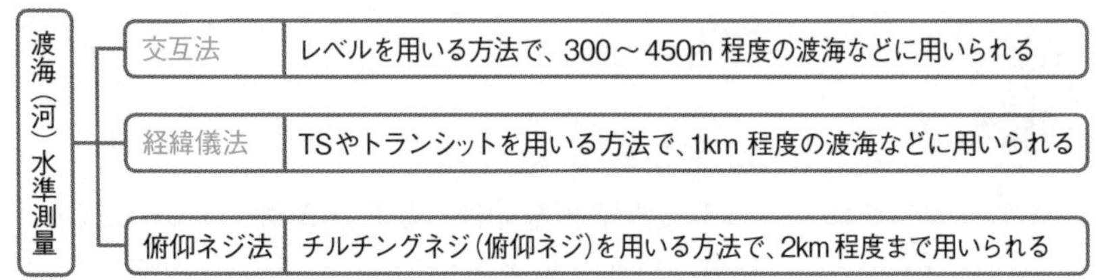

渡海（河）水準測量
交互法
レベルを用いる方法で、300～450m 程度の渡海などに用いられる
経緯儀法
TSやトランシットを用いる方法で、1km 程度の渡海などに用いられる
俯仰ネジ法
チルチングネジ（俯仰ネジ）を用いる方法で、2km 程度まで用いられる

※現在、俯仰ネジ（チルチング）を持つレベルを観測作業に用いることはほとんどなく、渡海（河）水準測量にも、交互法または経緯儀法が用いられるのが一般的である。ここでは、作業規程の準則に沿って上記３つの方法を記載した。

図3-2：渡海（河）水準測量の分類

以下に、交互法、経緯儀法の２方法について簡単に解説する。

1. 交互法

観測距離が 300m（2 級～ 4 級は 450m）以内の場合に用いられる方法で、1 級レベルと 1 級標尺 1 組を用いて図 3-3 のように行われる。

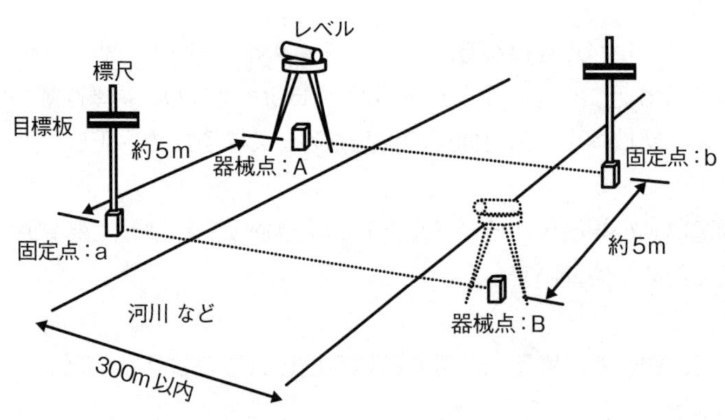

図3-3：交互法

① 観測時間帯は、南中（太陽が南に来るとき）前3時間、後4時間。観測セット数は、60/*S*（*S*：観測距離、km）回。観測日数は、*n*/25（*n*：観測セット数）行う。
② 器械点Aにレベルをセットし、自岸（固定点: a）の標尺を1回（後視）、対岸標尺（固定点: b）を5回（前視）、さらに自岸を1回観測（後視）し、これを1セットとする。
③ 対岸の観測は、観測者の指示に従い、目標板を上下させてレベルの視準線に一致させ、標尺目盛を1mm単位で読み取る。
④ 1日の観測セット数の1/2を終了した時点で、レベルを対岸（器械点：B）に移動し、同様に観測を行う。

2. 経緯儀法

経緯儀法は、TSやトランシットを用いて行う方法であり、その使用機材によっていくつかの方法があるが、ここではTSと反射鏡を用いた方法について述べる。

① 測量時間帯は、南中（太陽が南に来るとき）前3時間、後4時間。観測セット数は、80/*S*（*S*：観測距離、km）回。観測日数は、*n*/40（*n*：観測セット数）行う。
② 両岸に図3-4のようにTSと反射鏡を設置し、高低角観測により、望遠鏡正反の位置で1視準1読定を1対回とし、これを2対回行い1セットの観測とする。また、観測値はその平均値を採用する。

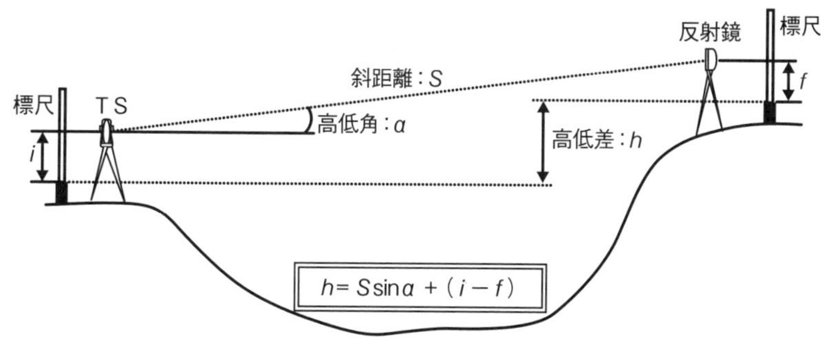

図3-4：経緯儀法

過去問題にチャレンジ

▶H15-3A

Q4 水準測量について

次の文は，標準的な公共測量作業規程に基づく水準測量について述べたものである。

［ア］～［オ］に入る語句はどれか。最も適当な組合せを次の中から選べ。

水準測量とは，既知点に基づき，新点である水準点の標高を定める作業である。水準測量の方式は，直接水準測量と渡海（河）水準測量に分けられる。

直接水準測量は，2本の標尺の中央で等距離の位置にレベルを整置して，後視の標尺の目盛と前視の標尺の目盛を読み取り，その観測の繰り返しによって2点間の［ア］を直接に測定する方法である。近年は，人間の眼で直接に標尺の目盛を読み取るレベルから，専用の［イ］標尺の目盛を自動で読み取って［ア］を求める［ウ］が使用されるようになってきた。これにより，観測者による個人誤差がなくなるとともに，作業能率が向上するようになった。

渡海（河）水準測量は，標尺とレベル間の距離を等しくすることが困難な海や河を挟む両岸の［ア］を不等距離観測で求める測量方法であり，観測距離に応じて，レベルと標尺を用いる［エ］，トータルステーション，セオドライト（トランシット），レベル及び標尺を用いる［オ］，俯仰ねじを有するレベルと標尺を用いる俯仰ねじ法の種類がある。これらの測量方法は，直接水準測量に比べて精度は劣るが，直接水準測量の実施が不可能なところでは有効な方法である。

	ア	イ	ウ	エ	オ
1.	高低差	インバール	自動レベル	経緯儀法	交互法
2.	ジオイド比高	インバール	自動レベル	交互法	経緯儀法
3.	高低差	バーコード	電子レベル	経緯儀法	交互法
4.	高低差	バーコード	電子レベル	交互法	経緯儀法
5.	高低差	インバール	電子レベル	交互法	経緯儀法

解答

ア：高低差　イ：バーコード　ウ：電子レベル
エ：交互法　オ：経緯儀法

よって、正しい語句の組合せは 4. となる。

Part 02 実践対策編 Chap 01 Chap 02 Chap 03 Chap 04 Chap 05 Chap 06 Chap 07 水準測量

3-4 GNSS 測量機による水準測量

1. GNSS 水準測量

GNSS 測量機による水準測量（以下、GNSS 水準測量）とは、GNSS 測量機を用いた新設される水準点の標高を定める作業である。GPS、準天頂衛星に代表される衛星測位システムの充実と高精度化された**ジオイド・モデル「日本のジオイド 2011」の整備により実現可能**となった。

GNSS 水準測量により**設置されるのは 3 級水準点**であり、利用される既知点は一～二等水準点、水準測量により標高が取り付けられた電子基準点、1 ～ 2 級水準点である。また既知点の数は 3 点以上（単路線方式は 2 点以上）を標準とする。

また、**GNSS 水準測量の適用範囲はジオイド・モデルの提供地域**である。

2. 観測作業

① GPS、準天頂衛星は 5 衛星以上、GLONASS 衛星を用いて観測する場合は 6 衛星以上となる。また、GLONASS 衛星を用いて観測する場合は、GPS 衛星及び GLONASS 衛星を、それぞれ 2 衛星以上を用いる。
②結合多角方式で行われる。
③観測距離は 6km 以上、40km 以下とし、路線長は 60km 以下とする。
④観測作業はスタティック法により行われる。
⑤電波の大気遅延（対流圏遅延）は標高に大きな影響を与えるおそれがあるため、

作業地域の気象条件に注意する必要がある。
⑥大気遅延は基線解析ソフトに設定されている標準値を用いて補正され、電離層遅延はL1L2の2周波数帯の組合せで消去される。
⑦観測楕円体比高は700m以下を標準とする。
⑧使用機器は、1～2級GNSS測量機である。ただし、2級GNSS測量機が使用できるのは、基線が10km未満の場合である。

※ GNSS測量による標高の測量（GNSS水準測量）は、作業規程の準則の令和2年3月の改正により追加された。測量士試験（午前）では2017年から出題されているため、士補試験への今後の出題が予想される。以下に令和元年、3年度測量士試験（午前）に出題された問題を例題として掲載している。

例題 01　GNSS水準測量1

▶R1-No.11（測量士 午前）

次の文は，公共測量におけるGNSS測量機を用いた標高の測量（以下「GNSS水準測量」という。）について述べたものである。明らかに間違っているものはどれか。次の中から選べ。

1. GNSS水準測量では，スタティック法により観測を行う。
2. GNSS水準測量では，既知点として，水準測量により標高が取り付けられた電子基準点を使用することができる。
3. GNSS水準測量では，セミ・ダイナミック補正を行う。
4. GNSS水準測量では，高精度なジオイド・モデルを用いることにより，近傍に水準点がない場合でも3級水準点を設置することができる。
5. GNSS水準測量では，電波の大気遅延が高さ方向の精度に影響することから，観測時の気象条件に十分注意する。

解答

1. 正しい。GNSS水準測量ではスタティック法が用いられる。基準点測量のスタティック法と同様である。

2. 正しい。その他、一～二等水準点、1～2級水準点も利用することができる。

3. 間違い。元期以降に標高の成果を改定している地域の場合、セミ・ダイナミック補正を行うことにより２重の補正が行われるため。セミ・ダイナミック補正は適用されない。

4. 正しい。GNSS 水準測量では３級水準点が設置できる。遠くの水準点から測量をする必要がなくなり、時間・経費を大幅に削減できる。

5. 正しい。GNSS 衛星から送信される電波は、地上の観測局に到達するまでに、大気による遅延を受ける。GNSS 衛星の仰角が低いほど、大気の中を通る距離が長くなるため、遅延量も大きくなる。いくつもの受信電波の交点で地上位置を求める GNSS は、その仕組みから水平位置よりも高さ方向の誤差が大きく出る。

よって、明らかに間違っているものは 3. となる。

例題 02　GNSS 水準測量 2

▶ R3-No.11（測量士 午前）

次の文は，公共測量における GNSS 測量機による水準測量（以下「GNSS 水準測量」という。）について述べたものである。明らかに間違っているものはどれか。次の中から選べ。

1. GNSS 水準測量を行うことができるようになった背景には，衛星測位システムの充実及び国土地理院が提供するジオイド・モデルの高精度化がある。
2. GNSS 衛星から発信された電波の大気遅延は高さ方向の精度に影響することから，観測時の気象条件に十分注意することが必要である。
3. GNSS 水準測量において電子基準点を既知点として使う場合は，「標高区分:水準測量による」となっている電子基準点に限り使用することができる。
4. GNSS 水準測量では，スタティック法により，２時間以上を標準とした GNSS 観測を行う必要がある。

5. GNSS 水準測量は原則として結合多角方式により行い，既知点から新点又は新点から新点の距離は 6km 以上であり，かつ 40km 以下が標準とされている。

解答

1. 正しい。国土地理院が提供する高精度化ジオイド・モデル、日本のジオイド2011（ver.2.1）と衛星測位システムの充実により、GNSS 測量機を用いたスタティック法で高精度に標高の測量が行えるようになった。このため GNSS 水準測量の適用範囲はジオイド・モデルの提供地域である。

2. 正しい。作業規程の準則によれば、作業地域の気象条件によっては、GNSS 観測を行わないように定めている。

3. 正しい。既知点の種類は、一～二等水準点、1～2級水準点、電子基準点（標高区分：水準測量による）である。

4. **間違い**。GNSS 測量機による水準測量は、スタティック法により5時間以上の観測を行う必要がある。これは、水平に比べて高さのバラつきが大きく精度が劣るためであり、長時間の観測を行うことで、観測データが多くなることやマルチパスなどの観測値に与える影響も平均化により軽減されるためである。

5. 正しい。原則として結合多角方式であり、既知点数は３点以上、路線の辺数は６辺以下、観測距離は 6㎞以上かつ 40㎞以下、路線長は 60㎞以下である。

よって、明らかに間違っているものは 4. となる。

3-5 往復観測の較差と制限 重要度★★★

1. 較差

較差(かくさ)とは、水準測量における固定点間の往観測と復観測の差をいう。

較差の計算について例を挙げると、図3-5のようになる。

図3-5：較差の計算の例

このように、**往観測と復観測の観測値の差**を較差という。

※一般には、観測作業の最大値と最小値の差をいう。

2. 較差の許容範囲

往復観測値の較差の許容範囲（制限）は、次のような式で与えられる。

$$m = \pm k\sqrt{S}$$

(m：較差の許容範囲、k：1km当たりの較差の許容値、S：水準路線長(km、片道))

作業規程の準則における、水準測量の較差の許容範囲は、表3-4の通りである。

表3-4：水準測量の較差の許容範囲

項目＼区分	1級水準測量	2級水準測量	3級水準測量	4級水準測量
往復観測値の較差	$2.5\text{mm}\sqrt{S}$	$5\text{mm}\sqrt{S}$	$10\text{mm}\sqrt{S}$	$20\text{mm}\sqrt{S}$

※Sは片道の観測距離（km）

※試験問題としては、較差の許容値や表3-4の式は与えられるため、上記の値や式を覚える必要はない。

※較差の許容範囲の式は、誤差伝播の法則により求められる。

過去問題にチャレンジ

R2-No.11

Q5 往復観測の較差と制限

図は，水準点Ａから固定点（1），（2）及び（3）を経由する水準点Ｂまでの路線を示したものである。この路線で１級水準測量を行い，表に示す観測結果を得た。再測すべき観測区間はどれか。次の中から選べ。

ただし，往復観測値の較差の許容範囲は，Ｓを観測距離（片道，km単位）としたとき，$2.5\text{mm}\sqrt{S}$とする。

なお，関数の値が必要な場合は，巻末の関数表を使用すること。

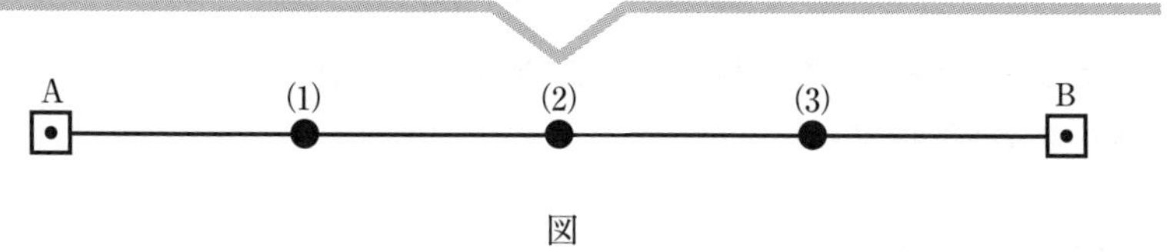

図

表

観測区間	観測距離	往路の観測高低差	復路の観測高低差
A → (1)	380m	+0.1908m	−0.1901m
(1) → (2)	320m	−3.2506m	+3.2512m
(2) → (3)	350m	+1.2268m	−1.2254m
(3) → B	400m	+2.3174m	−2.3169m

1. A～（1）
2. （1）～（2）
3. （2）～（3）
4. （3）～B
5. 再測の必要はない

解答

A）各観測区間の較差の許容値を求める

問題文より各観測区間の各観測区間の較差の許容値を求めると次のようになる。

A〜(1)　：$2.5mm\times\sqrt{0.38}$ = 2.5㎜ × 0.616 = 1.540 = 0.0015m

(1)〜(2)：$2.5mm\times\sqrt{0.32}$ = 2.5㎜ × 0.565 = 1.415 = 0.0014m

(2)〜(3)：$2.5mm\times\sqrt{0.35}$ = 2.5㎜ × 0.592 = 1.477 = 0.0014m

(3)〜B　：$2.5mm\times\sqrt{0.40}$ = 2.5㎜ × 0.632 = 1.580 = 0.0015m

区間全体：$2.5mm\times\sqrt{(0.38+0.32+0.35+0.40)}$

=2.5mm ×1.204= 3.010mm = 0.0030m

※すべて四捨五入ではなく切捨てとする。

※平方根の計算：$\sqrt{0.38}$ は、$0.1\sqrt{38}$ と考えて関数表から引けばよい。その他も同様である。

B）各観測区間の往復観測における較差を求める

観測区間	往観測（m）	復観測（m）	較差（m）	較差の許容値（m）	判定
A〜(1)	+0.1908	−0.1901	0.0007	0.0015	OK
(1)〜(2)	−3.2506	+3.2512	0.0006	0.0014	OK
(2)〜(3)	+1.2268	−1.2254	**0.0014**	**0.0014**	OK
(3)〜B	+2.3174	−2.3169	0.0005	0.0015	OK
区間全体	+0.4844	−0.4812	0.0032	0.0030	OUT

C）較差の許容値と観測値の較差を比較し、再測すべき区間を求める

Bの表より各観測区間ではすべて較差の許容値に入っている。しかし、区間全体を見ると格差の許容値を超えていることがわかる。

このため、この観測結果を採用することはできず、最も較差が許容値に近い観測区間（2）〜（3）を再測する必要がある。

よって再測が必要な区間は 3. となる。

3-6 水準測量の計算（標尺補正と楕円補正）

水準測量の計算は、新点の標高を求めるために行う、標尺補正と楕円補正、変動補正計算をいう。

1. 水準測量の計算における注意事項 重要度★☆☆

水準測量の計算工程における注意事項は、次の通りである。

① 水準点の標高は、観測値に対し必要に応じて標尺補正、楕円補正を行い、平均計算を行って求める。
② 計算は、読定単位と同じ桁まで計算する（1 級 0.1mm、2 級 1mm まで）。
③ **標尺補正および楕円補正は、1 ～ 2 級水準測量**について行う。ただし、1 級水準測量は楕円補正に変えて正標高補正計算（重力値による補正）を用いることができる。また、2 級水準測量における標尺補正計算は、水準点間の高低差が 70m 以上の場合に行うものとし、補正量は、気温 20℃における標尺改正数を用いて計算する。
④ **変動補正計算**は、地盤沈下調査を目的とする水準測量について、**基準日を設けて行う。**

2. 標尺補正 重要度★★★

標尺補正（標尺の温度補正）とは、観測に用いられる標尺の材質は一般的に金属であるため、観測時の気温により少なからず伸縮し、刻まれた目盛が正しい長さを表すことができない。そこで次式により補正値を求め、正しい（補正された）高低差を求めることである。

$$\varDelta C = \left\{ C_0 + (T - T_0) \times \alpha \right\} \times \varDelta h$$

$\varDelta C$：標尺補正量　C_0：基準温度における標尺改正数　T：観測時の測定温度
T_0：基準温度（標尺改正数の基準温度：20 度）　α：膨張係数
$\varDelta h$：高低差（往復観測の平均値）

※標尺補正量は、高低差の絶対値に対して計算を行う。
※観測時の**測定温度**は、**1級水準測量では観測の開始、終了、および固定点への到着ごと**に、**気温を1℃単位で測定**したときの平均を採用する。
※膨張係数や標尺改正数は各標尺に検定結果として備えられている。

標尺改正数は基準温度20℃のときの1m当たりの伸びの量であり、これは室内の検定に便利なように定められたものである。また、標尺および楕円補正を2級水準測量の場合のみ70m以上の高低差に対して実施するのは、測定温度と基準温度の差を一定とした場合に高低差（Δh）に対する補正量が、70m以下の高低差の場合は計算単位（1mm）に比べて小さくなるためである。

3. 楕円補正

水準測量により求められる高さ、すなわち標高は平均海面からのものである。また、レベルは図3-6のように重力に対して直交するように据え付けられる。

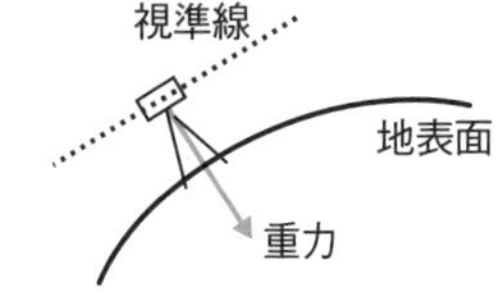

図3-6：レベルの据付け

しかし、地球上の重力は、引力と地球の自転による遠心力の関係で、極に近付くほど大きくなり、反対に赤道に近付くほど小さくなる。つまり、重力が標高に及ぼす影響が存在することになる。この影響を補正するのが**楕円補正**である。

過去問題にチャレンジ

▶R3-No.12

Q6 標尺補正計算

公共測量により，水準点A，Bの間で1級水準測量を実施し，表に示す結果を得た。温度変化による標尺の伸縮の影響を考慮し，使用する標尺に対して標尺補正を行った後の，水準点A，B間の観測高低差は幾らか。最も近いものを次の中から選べ。

ただし，観測に使用した標尺の標尺改正数は，20 ℃において1m当たり-8.0×10^{-6} m，膨張係数は$+1.0\times10^{-6}$ /℃とする。

なお，関数の値が必要な場合は，巻末の関数表を使用すること。

Part 02 実践対策編 Chap 01 02 03 04 05 06 07 水準測量

表

観測路線	観測距離	観測高低差	気　温
A→B	1.8km	+40.0000m	23℃

1.　+ 39.9991 m　　　2.　+ 39.9996 m

3.　+ 39.9998 m　　　4.　+ 40.0000 m

5.　+ 40.0004 m

解答

標尺補正計算の公式に問題文より与えられた数値を代入する。

$\Delta C=\{C_0+(T-T_0)\times\alpha\}\times\Delta h$

$=\{-8.0\times10^{-6}\mathrm{m/m}+(23℃-20℃)\times1.0\times10^{-6}/℃\}\times40.0000\mathrm{m}$

$=(-0.000008+3\times0.000001)\times40.0000\mathrm{m}$

$=(-0.000008+0.000003)\times40.0000\mathrm{m}=-0.000005\times40.0000=-0.0002\mathrm{m}$

ただし

ΔC：標尺補正量　　C_0：基準温度における標尺改正数

T：観測時の測定温度　　T_0：基準温度　　α：膨張係数

Δh：高低差　である。

よって、観測高低差は次のようになる。

$|+40.0000\mathrm{m}|-0.0002\mathrm{m}=+39.9998\mathrm{m}$

※高低差はその絶対値に対して計算を行う必要がある。

よって、最も近いものは 3. となる。

3-7 重量平均による標高の最確値の計算 重要度★★★

1. 水準測量における重量

レベルを用いて行われる水準測量は、標尺の値を読むことによって２点間の高低差を求める直接水準測量である。このため、観測時にレベルや標尺より発生する器械誤差や、観測者のミスなどによる個人誤差、自然誤差を極力小さくすると、観測値に対して主に生じる誤差は「不定誤差」のみと考えられる。この不定誤差は観測回数が多いと増加する。つまり、レベルを用いた水準測量の場合、**その水準路線が長いほど観測回数が増えて誤差が累積するといえる。**

重量（じゅうりょう）[注]とは、観測値の信用の度合いであり、重量が大きいほど、観測値に信用があるといえる。このため、レベルを用いた直接水準測量の場合、**路線長が長くなると、観測値の信用度が低くなる**ことから、重量（P）は路線長（S）に反比例するため $P = 1/S$ の関係が成り立つ。

この重量（P）を考え、観測値の最確値を求める方法を重量平均と呼ぶ。

注　重量（「重み」とも呼ぶ）：測定値の信用度。重量は測量の場合、観測方法や路線長などにより決定される。

2. 重量平均による最確値の計算

数回に分けて観測された観測値の最確値を求める場合、すべて同じ重量で観測された場合は、その最確値は算術平均（単に「平均」という）を行えばよい。しかし、各観測値がそれぞれ異なる重量（路線長：観測距離）で観測された場合には、その重量の大きい観測値を他の観測値より「信用がある」と考えた平均方法、すなわち**重量平均法による最確値の計算**を行う必要がある。

重量平均による最確値の計算について考える。図 3-7 のように、既知点1、2から未知点に向かって水準測量を行い、結果高低差 h_1、h_2 を得たとする。しかし、路線長が異なるため観測結果に対する信用度が異なり、算術平均ではその最確値を求めることはできない。そこで、次のように重量平均の計算を行い、最確値を求める必要がある。

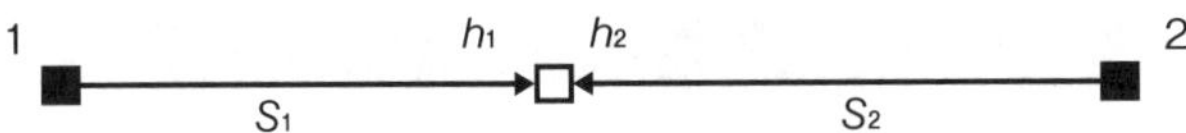

$$\frac{(P_1 \times h_1) + (P_2 \times h_2)}{P_1 + P_2} = (\text{最確値})$$

※ここで、$P_1 = \frac{1}{S_1}$、$P_2 = \frac{1}{S_2}$ である。

図3-7：重量平均による最確値

過去問題にチャレンジ

▶R3-No.13

Q7　重量平均による最確値の計算

図に示すように，既知点A，B及びCから新点Pの標高を求めるために公共測量における２級水準測量を実施し，表１の結果を得た。新点Pの標高の最確値は幾らか。最も近いものを次の中から選べ。

ただし，既知点の標高は表２のとおりとする。

なお，関数の値が必要な場合は，巻末の関数表を使用すること。

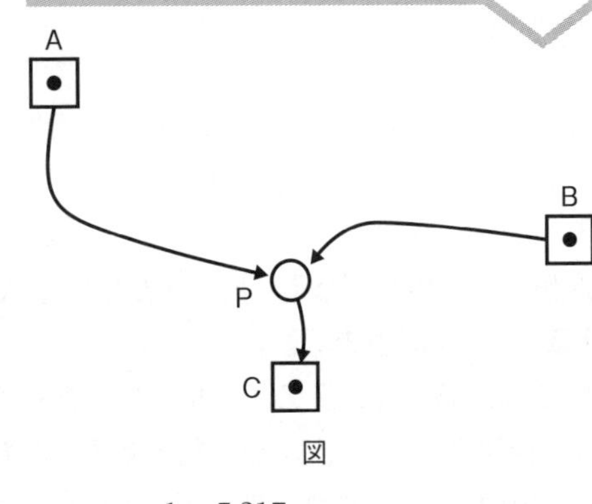

図

表1

観測結果		
観測路線	観測距離	観測高低差
A→P	2.0km	−8.123m
B→P	4.0km	+0.254m
P→C	1.0km	+11.994m

1. 5.217 m
2. 5.219 m
3. 5.221 m
4. 5.223 m
5. 5.225 m

表2

既知点	標　高
A	13.339m
B	4.974m
C	17.213 m

解答

①　各路線の観測標高と重量を計算する。

路　線	観測標高	観測距離	重量
A→P	13.339+(−8.123)=5.216m	2	(1／2)×4=2
B→P	4.974+0.254=5.228m	4	(1／4)×4=1
P→C	17.213+(−11.994)=5.219m	1	(1／1)×4=4

※P→Cの観測方向に注意する。
※水準路線の重量は、観測距離に反比例することに注意する。

②　重量計算により標高の最確値を求める。

$$5.2+\frac{(16\times 2+28\times 1+19\times 4)}{(2+1+4)}\times 0.001=5.2+\frac{136}{7}\times 0.001$$

$$\fallingdotseq 5.2+0.019=5.219\ \mathrm{m}$$

よって、最も近い値は 2. となる。

Part 02 実践対策編 Chap 01 Chap 02 Chap 03 Chap 04 Chap 05 Chap 06 Chap 07 水準測量

3-8 レベルの杭打ち調整法

1. 杭打ち調整法（視準線の点検）

杭打ち調整法**（不等距離法）**とは、**視準線誤差（レベルの気泡管軸と視準線が平行（水平）か否か）の点検・調整法の 1 つ**である。以下に、杭打ち調整法の考え方を記す。

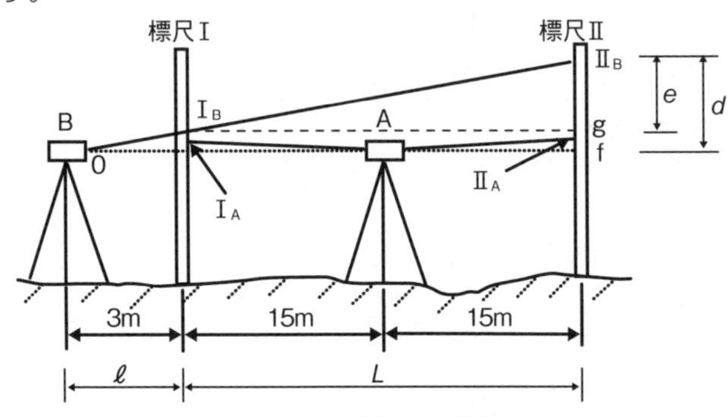

図3-8：杭打ち調整法

① 2 本の標尺の中央に据えたレベル(A)より、前後の標尺の読み（I_A、II_A）を取る。

② 標尺の延長線上に据えたレベル(B)より、標尺の読み（I_B、II_B）を取る。

③ 2 本の標尺の高低差は、①と②で読み取った値の差になるため、本来、$\text{II}_A - \text{I}_A = \text{II}_B - \text{I}_B$ となれば、レベルの視準線に調整の必要はない。しかし、$\text{II}_A - \text{I}_A \neq \text{II}_B - \text{I}_B$ であれば、調整が必要となる。

※レベル（A）は標尺間の中央にあるため、視準線誤差は消去される。このため、正しい標尺Ⅰ、Ⅱ間の高低差（h）は、$h = \text{II}_A - \text{I}_A$ により求められる。

④ 図 3-8 のように視準線が上方に傾いているレベルの視準線を水平に調整するためには、標尺Ⅱにおいて（$\text{II}_B - d$）の値をレベル（B）が読むようにすればよい。「杭打ち調整法の問題」とは、この調整量（d）を計算によって求めるものである。

⑤ 視準軸の調整量（d）の求め方について
図 3-8 より調整量（d）を求めるために、次のような式が組み立てられる。図 3-8 より、△0 II_B f と△ I_B II_Bg が相似であることを利用して、$d : e = (L + \ell) : L$ とする。

※ここで e とは、$\text{II}_B - g$ であり、これは図 3-8 から、$(\text{II}_B - \text{II}_A) - (\text{I}_B - \text{I}_A)$ によって求められる。

これを変形すると、$\dfrac{\ell + L}{L} \times e = d$ となる。

ここで、前出の e の式 $e = (\text{II}_B - \text{II}_A) - (\text{I}_B - \text{I}_A)$ を代入すれば、次のようになる。

$$\frac{\ell + L}{L} \times e = d \text{ より、} \frac{\ell + L}{L} \times \left\{(\text{II}_B - \text{II}_A) - (\text{I}_B - \text{I}_A)\right\} = d$$

※ℓ：標尺ⅠからレベルBまでの距離　L：標尺Ⅰ～Ⅱまでの距離
d：B点のレベルより、標尺Ⅱに対する視準軸の誤差

よって、補正量（d）が求められ、レベル（B）が標尺Ⅱの（$\text{II}_B - d$）値を視準するように、十字線を調整すればよいことがわかる。

2. 杭打ち調整法の解法手順 重要度★★★

例題を挙げて、杭打ち調整法の解法手順を記す。

例題 03 杭打ち調整法

▶H16-3-A 一部改変

レベルの視準線を点検するために，図のようにレベル位置 A，B で観測を行い，表の結果を得た。この結果をもとにレベルの視準線を調整するためには，標尺Ⅱの読定値を幾らにすればよいか。

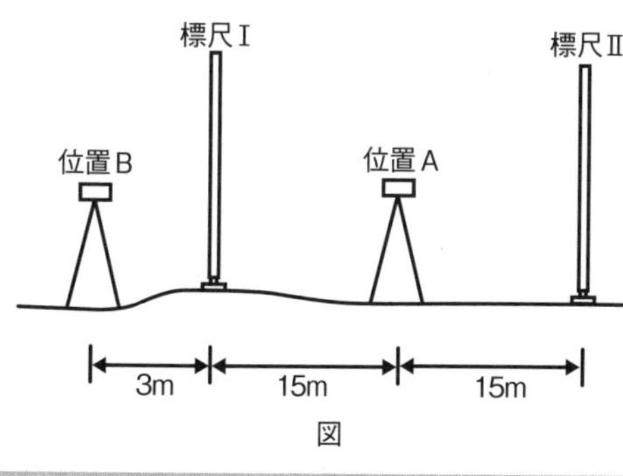

図

表

レベル位置	標尺Ⅰの読定値	標尺Ⅱの読定値
A	1.357m	1.406m
B	1.436m	1.475m

Part 02 実践対策編　Chap 01 Chap 02 Chap 03 Chap 04 Chap 05 Chap 06 Chap 07 水準測量

解答　次のように解法手順を覚えてしまえばよい。

① **観測結果から調整の有無を判断する**

レベル位置A：1.406m － 1.357m ＝ 0.049m

レベル位置B：1.475m － 1.436m ＝ 0.039m

（レベル位置A）－（レベル位置B）＝ 0.010 mとなり、

このレベルの視準線は調整が必要と判断できる[注]。

注　ここで、レベル位置Aの観測結果はレベルと前後標尺の間隔が等しいため、視準線誤差が消去された正しい高低差となる。

② **解答の目安を付ける**

レベル位置Bの高低差は視準線誤差を含んだものであり、その大きさは①より、0.010m である。

これにより、レベル位置Bにおいて視準線誤差を消去しようとすれば、0.010m 高い、標尺Ⅱの 1.475m ＋ 0.010m ＝ 1.485m 付近を見ればよいとわかる。　**※これが解答ではない。**

③ **レベル視準線の調整後の標尺読定値の計算**

ここで、Bにおいて標尺Ⅰまでの距離は３m、標尺Ⅱまではその 11 倍の 33 mであることに注意する。

レベル十字線の調整量は、比例式により次のように計算される。

$$\frac{33\text{m}}{30\text{m}} \times 0.010\text{m} = 0.011\text{m}$$

この値がレベル位置Bにおける標尺Ⅱへの補正量である。

よって、レベル位置Bにおける視準線調整後の標尺Ⅱの読定値は、次のようになる。

1.475m＋ 0.011m ＝ 1.486m

ここで、1.475m に対して、補正量 0.011m が＋か－かを判断するには、②の数値を手がかりとすればよい。②で「1.485m 付近を見ればよい」とあるため、

1.475m ＋ 0.011m ＝ 1.486m、1.475m － 0.011m ＝ 1.464m

のどちらを採用するか考えれば、答えを導くことができる。

よって、標尺Ⅱの読定値を 1.486m とすればよい。

※③にある$\frac{33m}{30m}$は、作業規程の準則（解法と運用）にその数値が定められている。過去の士補試験においても、これ以外の数値が出題されたことはない。このため、$\frac{33m}{30m}$＝1.1 と覚えてもよい。

過去問題にチャレンジ

▶R4-No.13

Q8 レベルの杭打ち調整法

レベルの視準線を点検するために，図のようにＡ及びＢの位置で観測を行い，表に示す結果を得た。この結果からレベルの視準線を調整するとき，Ｂの位置において標尺Ⅱの読定値を幾らに調整すればよいか。最も近いものを次の中から選べ。

なお，関数の値が必要な場合は，巻末の関数表を使用すること。

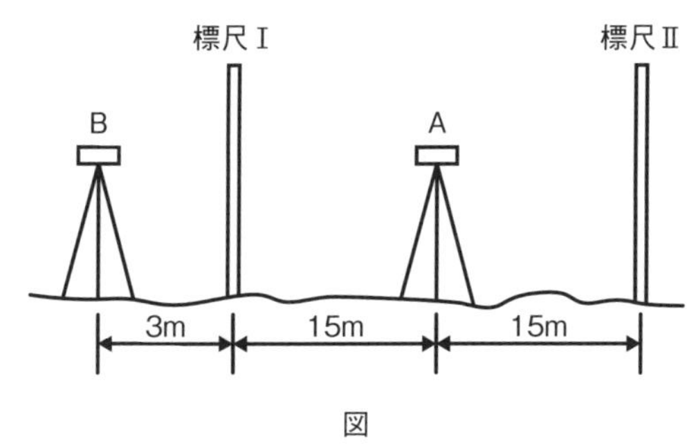

図

表

レベルの位置	読定値	
	標尺Ⅰ	標尺Ⅱ
A	1.4785 m	1.5558 m
B	1.6231 m	1.7023 m

1. 1.5579m
2. 1.6250m
3. 1.7002m
4. 1.7021m
5. 1.7044m

解答

① **観測結果から調整の有無を判断する**

レベル位置A：1.5558−1.4785＝0.0773m（正しい２点間の高低差）

レベル位置B：1.7023−1.6231＝0.0792m

（レベル位置A）−（レベル位置B）＝0.0773−0.0792＝−0.0019m　となるため、調整が必要である。※レベル位置Aが視準線誤差が消去された正しい２点間の高低差となる。

② **解答の目安（調整量）を付ける**

レベル位置Bで観測した高低差は、視準線誤差を含んだものとなり、その大きさは0.0019mである。これにより、レベル位置Bで視準線誤差を消去しようとすれば、標尺Ⅱが0.0019m高い、1.7023−0.0019＝1.7004m付近を視準すればよいことが解る。

つまり、レベル位置Bで標尺Ⅱが、1.7004を読んだとすると、標尺Ⅰと標尺Ⅱの高低差は、1.7004−1.6231＝+0.0773となり、レベル位置Aからの高低差と一致する(これが調整された値ではない)。

③ **視準線調整後の標尺読定値の計算**

レベル十字線の調整量は、次のように比例式で計算できる。

$$\frac{33\text{m}}{30\text{m}} \times 0.0019\text{m} = 0.00209\text{m}$$

よって、レベル位置Bにおける視準線調整後の標尺Ⅱの読定値は、次のようになる。

1.7023 − 0.00209 ≒ 1.7002m

※ここで、レベル位置Bにおける標尺調整量（0.00209）の符号は、②の数値を手がかりとして、判断すればよい。

よって、最も近い値は3.となる。

Chapter 04

地形測量

地形測量とは、TS や GNSS を用いて現地の地形や地物（建物や道路、橋など）の座標値を決定し、数値地形図データを作成する作業である。要は、詳細な地図を描くための測量であると考えればよい。

また地形測量は、作業規程の準則において「地形測量および写真測量」としてまとめられており、その中の 1 項目として「現地測量」がある。

●現地測量の位置付け

現地測量とは、先に記したように作業規程の準則にある「地形測量および写真測量」の中の 1 項目であり、数値地形図データ（デジタル化された地図）の作成および修正方法の 1 つである。

また、現地測量の作業工程にある細部測量とは、TS や GNSS などを用いた実際の観測作業であり、士補試験では現地測量の中の細部測量が主に出題される。

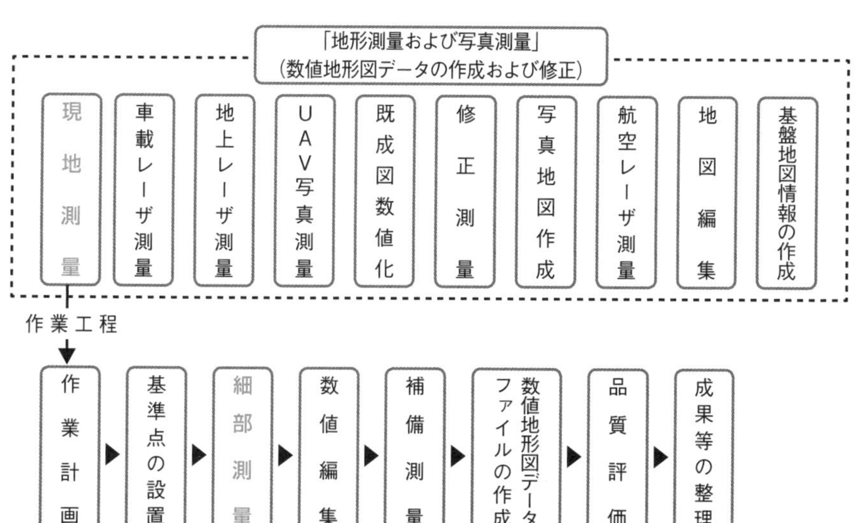

図4-1：現地測量の作業工程

☑ **現地測量のポイント** 〈重要度★★☆〉

- 現地測量は、TS 等または GNSS 測量機を用い、または**併用して**行われる。
- 現地測量は、**4 級基準点、簡易水準点**またはこれと同等以上の精度を有する基準点など（**TS 点**[注]など）**に基づいて実施**される。

注　基準点から TS や GNSS 測量機を用いて細部測量が行えない場合に設置される補助基準点のこと。

- 現地測量により作成される数値地形図データの地図情報レベル[注]は、**原則として 1,000 以下とし、250、500、1,000 を標準**とする。

注　地図の縮尺のことで、その数値が小さいほどその地図が詳細に表されていることになる（Part2 の 6-7-4 参照）。

4-1 TS 点の設置

1.TS 点 〈重要度★☆☆〉

現地測量は**「4 級基準点または簡易水準点、これと同等以上の精度を有する基準点に基づいて実施する」**とある。TS 点とは、地形や地物等の状況により、基準点に TS または GNSS 測量機を整置して細部測量を実施することが困難な場合に設置される**補助基準点**である。

TS 点を設置するには、TS による方法やキネマティック法または RTK 法、ネットワーク型 RTK 法による方法がある。

TS 点は補助基準点であるため既知点は基準点を用い、**TS 点を既知点として新たな TS 点の設置は行えない。**

2.TS による TS 点の設置 〈重要度★★☆〉

TS 点は、基準点に TS を設置して 2 対回以上測定し、放射法（または、これと同等の精度を確保できる方法）により求める（4 級基準点測量と同等）。

同等の方法としては図 4-2 にあるような後方交会法がある。放射法は基準点に TS を整置し TS 点までの距離と角度を測定して未知点の座標値を求めようとする方法である。後方交会法は TS 点に TS を整置し、複数の基準点までの距離と角度を測定して TS 点の位置を求めようとする方法である。

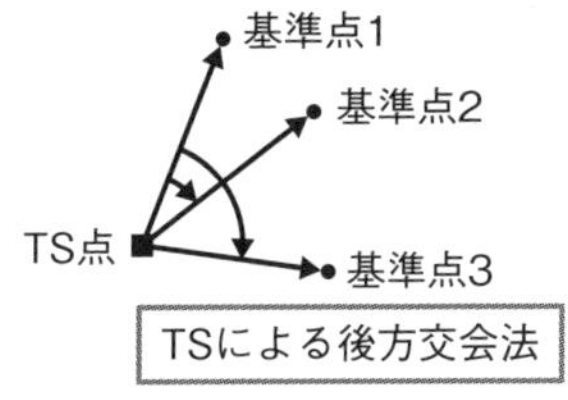

図4-2：TS 点の設置法

3.GNSS による TS 点の設置 重要度★★☆

① キネマティック法・RTK 法による TS 点の設置

- キネマティック法または RTK 法による TS 点の設置は、基準点に GNSS 測量機を整置し、**放射法**により行うものとする。
- 観測は、**2 セット**行い、**1 セット目の観測値を採用値**とし、観測終了後に再初期化をして、2 セット目の観測を行い、**2 セット目を点検値**とする（TS の 2 対回の観測と釣合をとるため）。
- 使用衛星数は、5 衛星以上（GPS・準天頂衛星を用いる場合）とする。

※ GLONASS 衛星を用いる場合は 6 衛星以上で、それぞれ GPS、準天頂衛星、GLONASS 衛星を 2 衛星以上使用する。

- 観測回数は、FIX 解を得てから 10 エポック以上。
- データ取得間隔は 1 秒（キネマティック法は 5 秒）とする。

※エポックとは各衛星から同時に受信する信号の単位であり、10 エポックでは 10 回の信号を受信する必要がある。データ取得間隔が 1 秒で観測回数が 10 エポックだから、1 回の観測作業は 10 秒となる。ただし、FIX 解（厳密な解）が得られてからの観測となる。

- 標高を求める場合は、国土地理院が提供するジオイド・モデルより求めたジオイド高を用いて楕円体高を補正して求める。

② ネットワーク型 RTK 法による TS 点の設置

- TS 点の設置は、間接観測法又は単点観測法により行うものとする。
- 観測は、**2 セット**行い、**1 セット目の観測値を採用値**とし、観測終了後に再初期化をして、2 セット目の観測を行い、**2 セット目を点検値**とする。
- 使用衛星数は、5 衛星以上（GPS・準天頂衛星を用いる場合）とする。

※ GLONASS 衛星を用いる場合は 6 衛星以上で、それぞれ GPS、準天頂衛星、GLONASS 衛星を 2 衛星以上使用する。

- 単点観測法による場合は、作業地域周辺の既知点において単点観測法により、整合を確認するものとする。

※単点観測法とは、VRS、FKP 方式ともに、仮想点又は電子基準点を固定点とした放射法による観測法である。単点観測法の特徴は、観測点に 1 級 GNSS 測量機が 1 台あればよいということである。

※間接観測法は、2 台の GNSS 測量機（または 1 台を速やかに移動）による同時観測を行い、既知点～新点（または新点～新点）を結合する多角網を構成する観測方法である。

③ まとめ 重要度★★★

試験対策としては、表 4-1 の内容を覚えておけばよい。

表4-1：TS点の設置法

	キネマティック法・RTK 法	ネットワーク型 RTK 法
使用機器	1 ～ 2 級 GNSS 測量機	1 級 GNSS 測量機
観測方法	放射法により 2 セット	単点観測法・間接観測法により 2 セット
観測回数	FIX 解を得てから 10 エポック以上	
使用衛星数	5 個（ただし GLONASS 衛星を用いる場合は 6 個）	
標高の測定	ジオイド・モデルによりジオイド高を用いて楕円体高を補正して求める	

4. 再初期化 重要度★☆☆

初期化とは、キネマティック法または RTK 法において整数値バイアス（GNSS 衛星から発せられる、電波の波の数）を決定する作業であり、OTF（オンザフライ）やアンテナスワッピングなどがある。

TS 点の設置では、初めに既知点と観測点間において、**初期化の観測を 2 セット行い、**セット間の較差が**許容範囲内にあることを確認した後に、観測を行う。**

また、障害物等で衛星からの電波が遮られた場合も再初期化を行う必要がある。

過去問題にチャレンジ

▶R4-No.16

Q1 TS 点の設置 1

次の文は，公共測量における地形測量のうち現地測量について述べたものである。明らかに間違っているものはどれか。次の中から選べ。

1. 地形の状況により，基準点からの細部測量が困難なため，ネットワーク型 RTK 法により TS 点を設置した。
2. 現地測量に GNSS 測量機を用いる場合，トータルステーションは併用してはならない。
3. 現地測量により作成する数値地形図データの地図情報レベルは，原則として 1000 以下とし 250，500 及び 1000 を標準とする。
4. トータルステーションを用いて，地形，地物などの水平位置を放射法により測定した。
5. 編集作業において，地物の取得漏れが判明したため，補備測量を実施した。

Part 02 実践対策編
Chap 01
Chap 02
Chap 03
Chap 04
Chap 05
Chap 06
Chap 07
地形測量

解答

1. 正しい。TS 点は地形、地物等の状況により、基準点に TS 又は GNSS 測量機を整置して細部測量を行えない場合に設置される。TS 点の設置は GNSS 測量機を用いた場合、キネマティック法、RTK 法、ネットワーク RTK 法により行われる。

2. **間違い。**現地測量とは、現地において TS 又は GNSS 測量機を用いて又は併用して地形、地物を測定し、数値地形図データを作成する作業である。

3. 正しい。問題文の通り。

4. 正しい。TS を用いる地形、地物等の測定は基準点又は TS 点から放射法で直接地形、地物等を測定することを原則としている。

5. 正しい。補備測量は、取得漏れや経年変化等を TS 等を用いて現地で直接測量する作業をいう。

よって明らかに間違っているものは、2. となる。

過去問題にチャレンジ

▶H30-No.16

Q2 TS 点の設置 2

次の文は，公共測量における地形測量のうち，現地測量について述べたものである。明らかに間違っているものはどれか。次の中から選べ。

1. 細部測量とは，地形，地物などを測定し，数値地形図データを取得する作業である。
2. トータルステーションを用い，地形，地物などの測定を放射法により行った。
3. 地形の状況により，基準点からの測定が困難なため，TS 点を設置した。
4. 設置した TS 点を既知点とし，別の TS 点を設置した。
5. 障害物のない上空視界の確保されている場所で，GNSS 測量機を用いて TS 点を設置した。

解答

1. 正しい。細部測量の定義である。観測器械は、TS、GNSS 測量機を用いて、または併用して行われる。

2. 正しい。TS を用いた細部測量では放射法を用いるのが一般的である。これはTSの特性を最大限に活かし､効率よく観測作業を行うためである。

3. 正しい。地形、地物等の状況により、基準点に TS または GNSS 測量機を整置して細部測量を行うことが困難な場合は、基準点の代わりとなる TS 点設置することができる。

4. 間違い。TS 点を基準点の代わりとして用いると、新たに設置された点は 2 次点となり精度が損なわれる。このため TS 点からは TS 点の設置が行えない。TS 点を設置する場合は、既知点を基準点とする必要がある。

5. 正しい。TS 点の設置は TS または GNSS 測量機を用いて行われる。GNSS 測量機を用いた TS 点の設置は、キネマティック法又は RTK 法、ネットワーク型 RTK 法により行われる。

よって、明らかに間違っているものは 4. となる。

4-2 TSを用いた細部測量

1. TSを用いた細部測量

TSによる細部測量は、基準点またはTS点にTSを整置し、地形や地物までの距離と方向を同時に観測することにより行われる。

TS最大の特徴としては、**測角と測距を同時に行うことができる**ことがある。このため細部測量の観測方法には、主に放射法が用いられる。これは、目標までの方向とその距離によって地物の位置を求める方法であり、**TSの特性を活かすことができる観測方法**である。

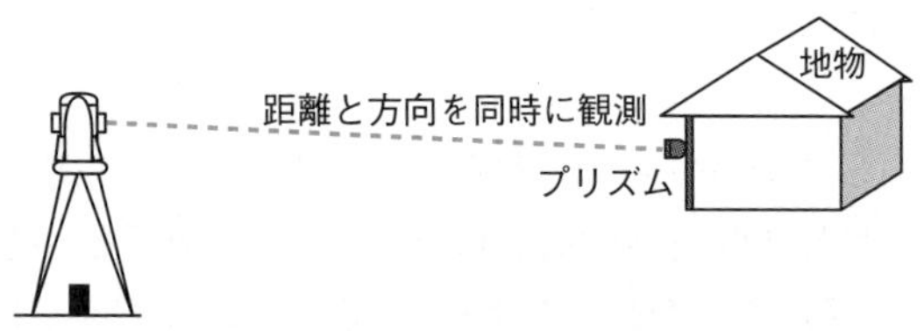

図4-3：TSによる細部測量（放射法）

☑ TSによる細部測量の特徴

- 1視準1読定（1回視て、1回読むこと）により観測地点の座標データが得られるため、作業効率が向上し、高精度のデータが取得できる。
- 地形の数値データが直接得られ、これを基にディスプレイ上で数値地形図が作成される。

2. オンライン方式とオフライン方式 重要度★☆☆

TSによる細部測量は、オンライン方式とオフライン方式に分けられる。

●オンライン方式

オンライン方式とは、携帯型のコンピュータとCADソフト[注]、TSを組み合わせ、**TSを用いて観測データを取り込みながら、地形図の編集までを現地で行う方式**である。現地で直接地形図の描画を行うため、作業効率がよくミスを発見しやすい。実際には、タブレットやPCとTSを組み合わせて使用するシステムである。

注　CAD（キャド：Computer Aided Design）ソフトとは、図形編集ソフトの1つであり、コンピュータにより設計、製図を行うための設計支援ソフトである。

●オフライン方式

オフライン方式とは、現地作業により**取得された地形図データを、DCなどの記録媒体に取り込み**、その後データをPCに再入力し、CADソフトにより地形データの作成や追加、修正を行う方式である。

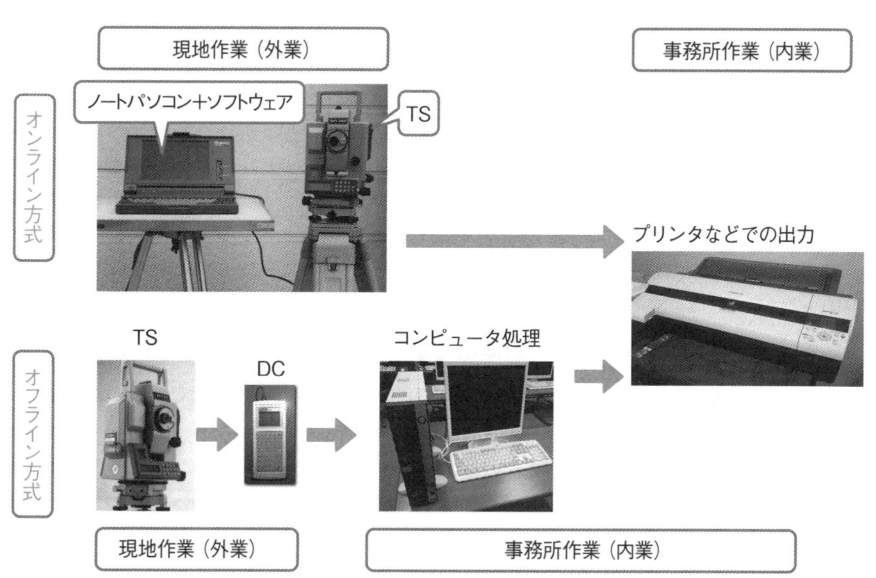

図4-4：オンライン方式とオフライン方式

Part 02 実践対策編
Chap 01
Chap 02
Chap 03
Chap 04
Chap 05
Chap 06
Chap 07
地形測量

3. TS を用いた細部測量の方法

●放射法

TS を用いた細部測量は、**放射法によるのが一般的**である。これは TS の特性を最大限に活かし、効率よく観測作業を行うことができるためである。放射法は基準方向からの角度と距離を測定し、地形や地物の位置を求めるもので、建物などのように直線で囲まれたものは、その「かど」を測定し、点どうしを直線で結べばその外形ができる。

※直線部分が長い建物などは、確認のため、その中間を測定する必要がある。

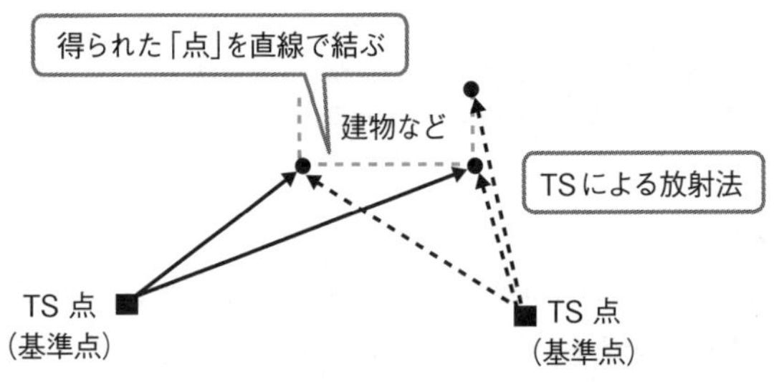

図4-5：放射法による細部測量

TS を用いた細部測量では、**地形・地物などの水平位置および標高の測定には、放射法や、他の有効な測定法を用いることができる。**

●道路や河川などの曲線部分の観測

道路や河川など**曲線部分を持つものは、その始点と終点および変曲点を測定する**必要がある。

変曲点とは、曲線部分を持つ地物などにおいて、その形状が変化する点をいう。道路の曲線部分など、その曲率が一定の場合は、あらかじめ定めた等間隔（10m 間隔など）で変曲点を測定し、図形編集装置（CAD システムなど）により、なめらかな曲線になるように、曲線始点→変曲点→曲線終点と結べばよい。

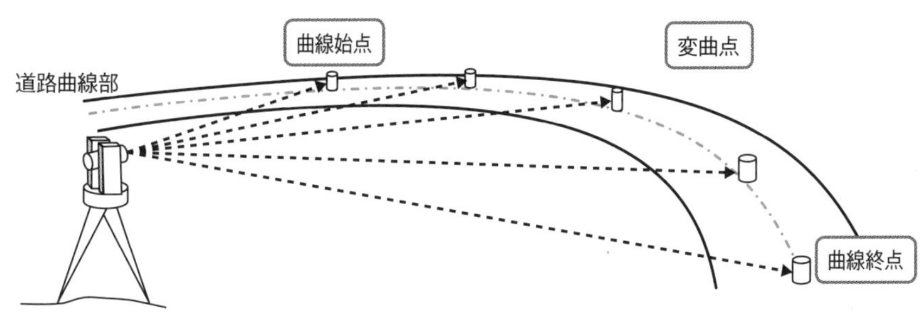

図4-6：曲線部分の観測

4. 測定位置確認資料の作成

TS を用いた細部測量では、編集に必要な資料および編集した図形の点検に必要な資料である測定位置確認資料注を現地で作成する。TS などにより取得されたデータは完全な数値データであり、これらの数値を眺めてみても現地の状況は到底理解できない。このため、**後の編集作業や確認作業に用いるため測定位置確認資料が必要**となる。

注　編集時に必要となる地名や建物などの名称などを記したもの。

測定位置確認資料は、オンライン方式、オフライン方式の両方式ともに作成されるが、現地において編集、点検までが行われるオンライン方式では、最終確認に用いられる程度のものであり、オフライン方式に比べ、その情報量は極端に少なくなる。

また、測定位置確認資料は、次のいずれかの方法により作成される。

- 現地において図形編集装置（CAD などのシステム）に直接、地名、建物情報、結線情報などを入力する（オンライン方式）。
- 野帳などに略図を記載する。
- 写真などで現況などを記録する。
- 拡大複写した地形図などの既成図に必要事項を記入する。
- 地形図とほぼ同一縮尺の空中写真に必要事項を記入する。

4-3 GNSSを用いた細部測量

1. GNSSの観測方法

GNSSを用いる細部測量では、**キネマティック法またはRTK法**を用いる方法と、**ネットワーク型RTK法**を用いる方法に分けられる。GNSSの観測方法についてはPart1の3-3-6に記したが、以下に、RTK法とネットワーク型RTK法について記す。試験においては、その名称と簡単な概要を覚えておけばよい。

① RTK法

RTK法による基線ベクトルは、直接観測法または間接観測法により求められる。

直接観測法は、固定局および移動局で同時にGNSS衛星からの信号を受信し、基線解析により固定局と移動局の間の基線ベクトルを求める観測方法である。

間接観測法は、固定局および2箇所以上の移動局で同時にGNSS衛星からの信号を受信し、基線解析により得られた2つの基線ベクトルの差を用いて移動局間の基線ベクトルを求める観測方法である。

② ネットワーク型RTK法

ネットワーク型RTK法による基線ベクトルは、直接観測法または間接観測法により求められる。

直接観測法は、**位置情報サービス事業者により算出された移動局近傍の任意地点の補正データ**などと移動局の観測データを用いて、基線解析により基線ベクトルを求める観測方法である。

間接観測法は、2台同時観測方式または1台準同時観測方式により基線ベクトルを求める観測方法である。

ネットワーク型RTK法による基準局からのリアルタイムデータは、**位置情報サービス事業者**（国土地理院の電子基準点網データ配信を受けている者または3点以上の電子基準点を基に、測量に利用できる形式でデータを配信している者）

から配信されるデータであり、これと**GNSS衛星からのデータ**を移動局で受信し解析処理を行って**新点の座標値を求める**ことになる。

RTK法に比べ、ネットワーク型RTK法には、次のような利点がある。

- **GNSS受信機1台での観測作業が可能。**
- **基準局の位置に関係なく、作業範囲が広い。**
- **作業効率がよい。**

また、ネットワーク型RTK法は、その配信データの違いにより、精度の確認がされたVRS方式およびFKP方式がある。以下に各方式について記す。

● VRS方式

VRS（Virtual Reference Station：**仮想基準点**）方式とは、図4-7のように位置サービス事業者が電子基準点から移動局付近に仮想基準点を設定し、この仮想基準点の観測データと基準局の補正パラメータを位置サービス事業者から受信し、**仮想基準点のデータ**と受信機で**観測したデータにより**基線解析を行ってリアルタイムに**新点の位置を算出する方式**である。

仮想基準点のため基地局を使用せず、移動局のGNSS測量機1台での作業が可能である。

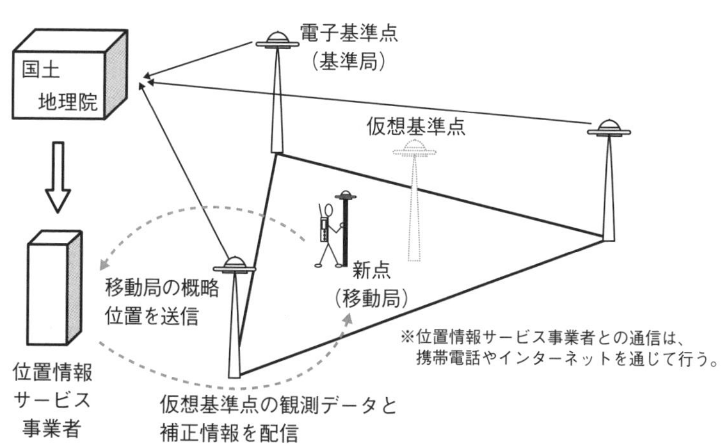

図4-7：VRS方式

● FKP 方式

FKP（Flächen Korrektur Parameter：**面補正パラメータ**）方式とは、図4-8 のように基準局の観測データと面補正パラメータ（誤差補正量）を配信事業者から受信し、受信機の GNSS 観測データと**面補正パラメータ（各基準局の誤差量）から**、リアルタイムに**新点の位置を算出する方法**である。

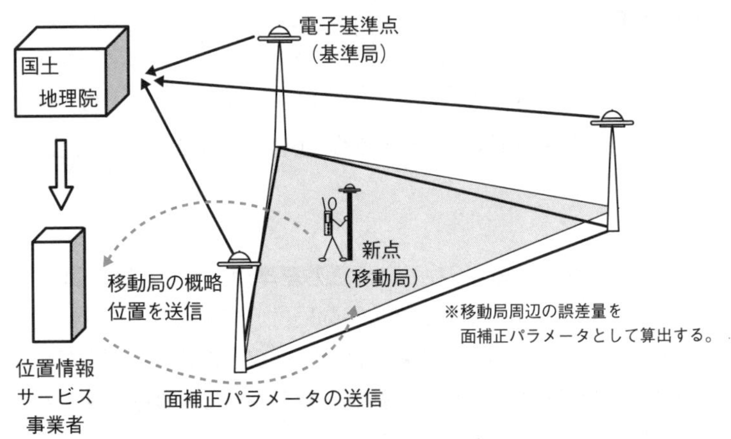

図4-8：FKP方式

2. キネマティック法・RTK 法・ネットワーク型 RTK 法による地形、地物の測定 〈重要度★★★〉

地形、地物の測定は、キネマティック法、RTK 法およびネットワーク型 RTK 法による観測において、基準点または TS 点を基準として、地形、地物などの位置を求め、数値地形図データを取得する作業である。

※TS点の設置と比べ高い精度の必要がない地形地物の測定では、測定方法に異なる部分があるため注意が必要である。

① キネマティック法・RTK 法による地形、地物などの測定

- 基準点または TS 点に GNSS 測量機を設置し、**放射法により行う**ものとする。
- 観測は **1 セット**行う。
- 観測の使用衛星数は **5 個以上（GPS・準天頂衛星を使用する場合）**。
- GLONASS 衛星を用いる場合は、使用衛星数は 6 個以上。ただし、

GPS・準天頂衛星および GLONASS 衛星をそれぞれ 2 個以上用いる。

- 観測回数などは、**FIX 解を得てから 10 エポック以上。**
- データ取得間隔は **1 秒**（キネマティック法は 5 秒以下）。
- 初期化を行う観測点では、点検のために 1 セットの観測を行う。
- 上記の1セットの観測終了後に再初期化を行い2セット目の観測を行う。
- **再初期化した 2 セット目の観測値を採用値**として観測を継続する。
- 初期化を行う場合、2 セットの観測による点検に代えて、既知点で 1 セットの観測により点検することができる。
- 標高を求める場合は、国土地理院が提供する**ジオイド・モデルにより求めたジオイド高を用いて楕円体高を補正して行う。**

② ネットワーク型 RTK 法による地形、地物の測定

- 地形、地物などの測定は、間接観測法または**単点観測法により行う**ものとする。

※その他は、キネマティック法、RTK 法と同じである。

過去問題にチャレンジ

▶R3-No.14

Q3 GNSS を用いた細部測量

次のａ～ｅの文は，公共測量における地形測量のうち，現地測量について述べたものである。

明らかに間違っているものだけの組合せはどれか。次の中から選べ。

a. 現地測量により作成する数値地形図データの地図情報レベルは，原則として 1000 以下である。

b. 現地測量は，４級基準点，簡易水準点又はこれと同等以上の精度を有する基準点に基づいて実施する。

c. 細部測量とは，トータルステーション又は GNSS 測量機を用いて地形を測定し，数値標高モデルを作成する作業をいう。

d. トータルステーションを用いた地形，地物などの測定は，主にスタ

ティック法により行われる。

e. 地形，地物などの状況により，基準点にトータルステーションを整置して細部測量を行うことが困難な場合，TS 点を設置することができる。

1. a，b　　2. a，d
3. b，e　　4. c，d
5. c，e

a. 正しい。現地測量により作成される数値地形図データの地図情報レベルは、原則として 1,000 以下とし、250、500、1,000 を標準とする。

b. 正しい。現地測量は４級基準点、簡易水準点またはこれと同等以上の精度を有する基準点（TS 点など）に基づいて実施される。

c. 間違い。細部測量とは、TS または GNSS 測量機を用いて地形、地物等を測定し、数値地形図データを取得する作業である。数値標高モデルではない。

d. 間違い。TS を用いた細部測量（地形、地物などの測定）は、主に放射法が用いられる。GNSS を用いた細部測量は、キネマティック法またはネットワーク型 RTK 法を用いる方法に分けられる。

e. 正しい。TS 点は、地形や地物等の状況により基準点等に TS または GNSS 測量機を整置して細部測量を行うことが困難な場合に設置される補助基準点である。

よって、明らかに間違っているものは 4. となる。

過去問題にチャレンジ

▶R2-No.15

Q4 現地測量

次の文は，公共測量における地形測量のうち現地測量について述べたものである。明らかに間違っているものはどれか。次の中から選べ。

1. 地形，地物などの測定においては，トータルステーションとGNSS測量機を併用しなければならない。
2. 現地測量は，4級基準点，簡易水準点又はこれと同等以上の精度を有する基準点に基づいて実施する。
3. 現地測量により作成する数値地形図データの地図情報レベルは，原則として1000以下とし250，500及び1000を標準とする。
4. 細部測量において，携帯型パーソナルコンピュータなどの図形処理機能を用いて，図形表示しながら計測及び編集を現地で直接行う方式をオンライン方式という。
5. 補備測量においては，編集作業で生じた疑問事項及び重要な表現事項，編集困難な事項，現地調査以降に生じた変化に関する事項などが，現地において確認及び補備すべき事項である。

解答

1. 間違い。「現地測量」とは、現地においてTS等又はGNSS測量機を用いて、又は併用して、地形、地物等を測定し、数値地形図データを作成する作業である。必ず併用する必要はない。

2. 正しい。問題文の通り。同等以上の精度を有する基準点とはTS点などの補助基準点である。

3. 正しい。問題文の通り。

4. 正しい。問題文のオンライン方式とオフライン方式（現地で取得された地形図データを記録媒体に取り込み、その後 PC に再入力してから CAD ソフトなどにより地形データの作成や追加、修正を行う方法）がある。

5. 正しい。補備測量とは主にオフライン方式の場合に行われ、基準点や TS 点など編集過程において明瞭な点に基づいて行うものである。内容に関しては問題文の通り。

よって明らかに間違っているものは 1. となる。

4-4 数値編集

数値編集とは、細部測量の結果に基づき、図形編集装置を用いて地形、建物等の数値地形図データを編集する作業である。

1. 分類コード 重要度★★☆

TS や GNSS によって測定した地形・地物の位置を表すデータは、数値データと呼ばれ、この数値データにはその属性を表す**分類コードが付与**される。

数値データはその名の通り数値であるため、それだけでは何を表しているのかが不明である。このため分類コードを付け、その数値が何であるかを明確にする必要がある。**分類コードとは、以前からある地図記号を数字に置き換えたもの**と考えればよい。

例えば、「病院」ならば、図 4-9 のように表される（作業規程の準則に準ずる場合）。

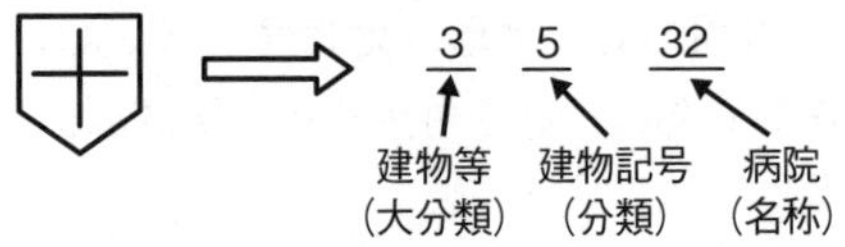

図4-9：病院の分類コードの例

また参考までに、作業規程の準則による分類コードの一例を記すと、表 4-2 のようになる。

表4-2：作業規程の準則による分類コードの例

大分類	分 類	分類コード		名 称
建物等	建物記号	35	03	官公署
			04	裁判所
			05	検察庁
	付 属 物	34	01	門
			02	屋 門

※分類コードは、初めの２桁で「大分類」と「分類」を、次の２桁で「名称」を表す。

2. 補備測量 重要度★☆☆

補備測量とは、主にオフライン方式の場合に行われ、基準点やTS点など編集過程において明瞭な点に基づいて行うものである。その内容は、現地において注記や境界などの重要な表現事項で**再確認が必要なもの**や、**現地調査以降に生じた変化に関する事項**、各種表現対象物の**表現の誤りや脱落**などが確認されるものである。

オンライン方式では現地にてPCモニター上で直接図示された図を確認することができ、現地において編集作業がほぼ終了しているため、**補備測量に該当する項目がない場合は省略できる**。

一方、オフライン方式を用いた場合では、数値データの編集後に重要事項の確認や必要部分の補備測量を実施する必要がある。

4-5 等高線とその計算

1. 等高線 重要度★★★

等高線（コンターライン）は地形の特徴をつかむために必要な線であり、地表面の標高が等しい地点をつないで作られる。

一般に、とつ部の点をつないでできるものを尾根線（稜線）、おう部の点をつないでできるものを谷線と呼ぶ。また、等高線間隔が広い場合は緩やかな斜面を、狭い場合は急な斜面を表す。

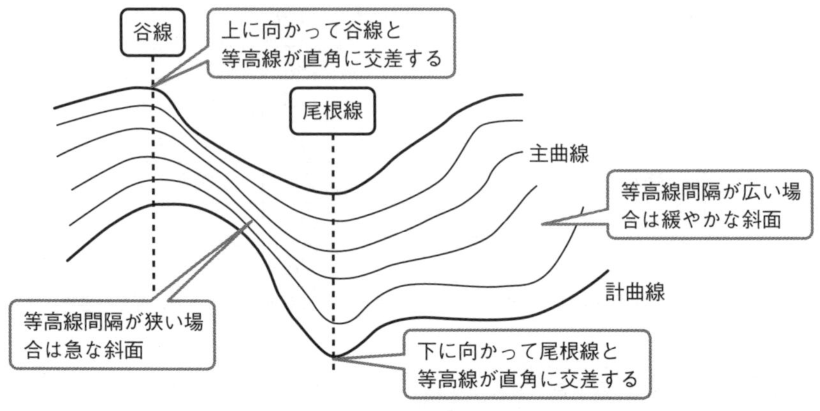

図4-10：尾根線と谷線

☑ 等高線の構成

等高線は、次の各線で構成される。

- 主 曲 線：基本的な等高線で原則として省略できない。
- 計 曲 線：地形図を読みやすくするため主曲線のうち**5本目ごとに太線**で描かれるもの。
- 補助曲線：緩い傾斜地など主曲線だけでは地形の特徴を表すことができない場合に用い、破線で描かれる。

ここで1/25,000地形図を例に挙げると、主曲線が10m間隔、計曲線は50m間隔で描かれ、補助曲線は主曲線間隔の1/2（5m間隔）や1/4（2.5m間隔）で描かれている。

等高線を描画するためには、直接測定法と間接測定法がある。間接測定法について簡単に説明すると、地性線（地形が変化する場所を結んだ線）を基に比例計算により等標高の地点を求め、これをつないで等高線を作成方法であり、CADなどの図形編集装置で行う方法である。

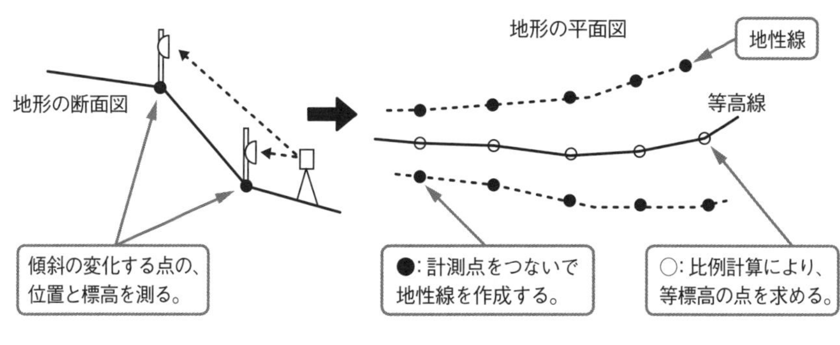
地形の断面図
地形の平面図
地性線
等高線
傾斜の変化する点の、位置と標高を測る。
●：計測点をつないで地性線を作成する。
○：比例計算により、等標高の点を求める。

図4-11：等高線の作成（間接法）

2. 等高線の計算

士補試験で過去に出題された等高線の計算問題について、例を挙げて解説する。

例題 01　等高線の計算

▶H26-No.15 一部改変

トータルステーションを用いた縮尺 1/1,000 の地形図作成において，傾斜が一定な直線道路上にある点Aの標高を測定したところ 81.6m であった。一方，同じ直線道路上の点Bの標高は 77.6m であり，点Aから点Bの水平距離は 60m であった。

このとき，点Aから点Bを結ぶ直線道路とこれを横断する標高 80m の等高線との交点は，地形図上で点Aから何㎝の地点か求めよ。

解答　問題を解く場合には必ず図を描くことが大切である。図を描き、与えられた数値を書き込むと解答しやすい。

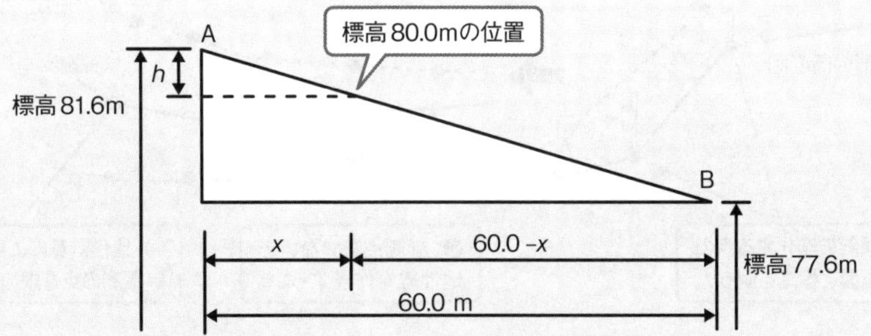

ここで、点ABを結ぶ線上で標高80.0mの等高線の位置を考えると、三角形の相似より、次の比例式が組み立てられる。

AB間の高低差は、81.6m − 77.6m = 4.0m、図中のhは、81.6m − 80.0m = 1.6m。よって、

4.0m ： 60.0m = 1.6m ： x mとなり、これを解くと、

$4.0x = 60.0 \times 1.6$　よって、$x = \dfrac{60.0 \times 1.6}{4.0} = 24\text{m}$

となり、A点から、24.0mの位置に標高80.0mの等高線があるといえる。これを、縮尺1/1,000地形図上で表すと、その地形図上の長さは、24.0m/1,000 = 2.4㎝となる。

よって、1/1,000地形図上では、A点から2.4㎝の位置で、標高80.0mの等高線とABを結ぶ直線道路との交点がある。

過去問題にチャレンジ

▶R4-No.14

Q5　等高線

次のa～dの文は，公共測量の地形測量における等高線による地形表現について述べたものである。[ア]～[オ]に入る語句の組合せとして最も適当なものはどれか。次の中から選べ。

a. 等高線は，間隔が広いほど傾斜が［ア］地形を表す。
b. 等高線の区分において，［イ］とは，0m の［ウ］及びこれより起算して５本目ごとの［ウ］をいう。
c. 等高線は，山頂のほか凹地でも［エ］する。
d. 等高線が谷を横断するときは，谷を［オ］から谷筋を直角に横断する。

	ア	イ	ウ	エ	オ
1.	緩やかな	計曲線	主曲線	閉合	上流の方へ上がって
2.	急な	補助曲線	計曲線	交差	下流の方へ下がって
3.	緩やかな	主曲線	補助曲線	閉合	下流の方へ下がって
4.	急な	計曲線	主曲線	閉合	下流の方へ下がって
5.	緩やかな	補助曲線	計曲線	交差	上流の方へ上がって

解答

ア：緩やかな：等高線間隔が広い場合は緩やかな地形、狭い場合は急な地形を表す。

イ：計曲線：地形図を読みやすくするため主曲線のうち５本目ごとに太線で描かれるもの。

ウ：主曲線：基本的な等高線で 1/25,000 地形図の場合、10m 間隔で描かれる。

エ：閉合：等高線が地形図内で閉合する場合には、山頂付近と凹（おう）地（くぼんだ土地）の場合がある。閉合した等高線の内側が高いのか低いのかは判断が付かない。高い場合は標高点、低い場合は内側に向かって矢印（小凹地）や等間隔の等高線に直角な直線（凹地）が付けてある。

オ：上流の方へ上がって：一般におう部の点をつないでできるものを谷線

と呼ぶ。等高線は、等しい標高値を持つ点を結んだ線であるため、おう部の場合は、それを横断するように描かれる。この等高線は谷線を直角に横断するため、上流の方へ（谷の上の方に）上がるように描かれる。

よって、最も適当な語句の組合せは 1. となる。

過去問題にチャレンジ

▶ R2-No.14

Q6 等高線の計算

図は，ある道路の縦断面を模式的に示したものである。この道路において，トータルステーションを用いた縮尺 1/500 の地形図作成を行うため，標高 125m の点 A にトータルステーションを設置し点 B の観測を行ったところ，高低角 − 30°，斜距離 86m の結果を得た。また，同じ道路上にある点 C の標高は 42m であった。点 B と点 C を結ぶ道路は，傾斜が一定でまっすぐな道路である。

このとき，点 B，C 間の水平距離を 300m とすると，点 B と点 C を結ぶ道路とこれを横断する標高 60m の等高線との交点 X は，この地形図上で点 C から何 cm の地点か。最も近いものを次の中から選べ。

なお，関数の値が必要な場合は，巻末の関数表を使用すること。

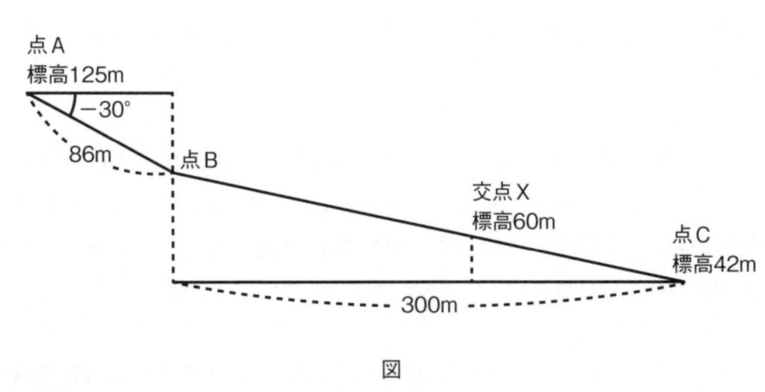

図

1. 8.6cm　　2. 13.5cm
3. 16.2cm　　4. 27.0cm
5. 33.0 cm

解答

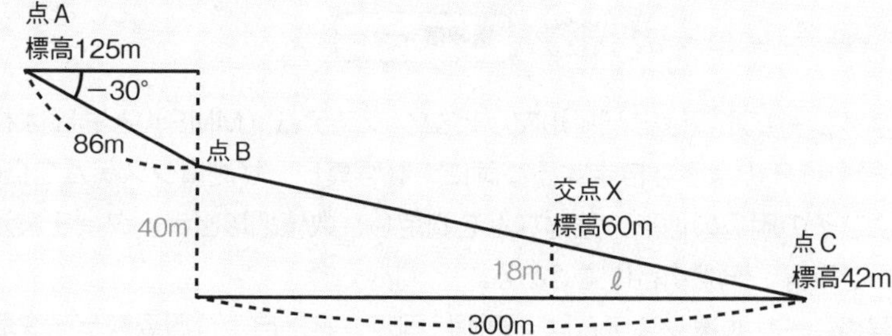

問題文の図より、点Cと交点X間の水平距離をℓとすると、ℓは次のように求めることができる。

① **点Bの標高と点Cとの高低差を求める。**
点Aの標高が 125 m、点Bとの斜距離が 86 m、高低角− 30°であるため、125m−(86m×sin30°)＝125m −(86m×0.500)＝125m−43m=82m
よって、点Bの標高は 82 m、点Cとの高低差は 82 m− 42 m＝40 mとなる。

② **交点Xと点Cとの高低差を求める。**
交点Xの標高は問題文より 60 mであるため、点Cとの高低差は60m−42m＝18m

③　比例計算により交点Xと点C間の水平距離を求める。

$$300:40=\ell:18 \qquad \ell=\frac{300\times18}{40}=\frac{5400}{40}=135\text{m}$$

1/500 地形図上での距離は　135/500 = 0.27 m= 27㎝となる。

よって、最も近いものは 4. となる。

4-6 | 車載写真レーザ測量

1. 車載写真レーザ測量 重要度★★☆

車載写真レーザ測量はモバイルマッピングシステム（MMS）とも呼ばれ、図4-12、図 4-13 のような自走する車両に車載写真レーザ測量システムを搭載し、道路およびその周辺の地形・地物などを測定し、数値地形図データ（三次元点群データ）を取得・作成する作業である。

車載写真レーザ測量システムは、車両に固定された自車位置姿勢データ取得装置と数値図化用データ取得装置、解析ソフトで構成される。

- 自車位置姿勢データ取得装置：車両の位置と姿勢を計測する装置（GNSS測量機、IMU装置[注]などや走行距離計）。
- 数値図化用データ取得装置：レーザ測距装置、計測用カメラなど。

注　IMU 装置については Part2 の 5-3-2 を参照。

また、作成される数値地形図データの地図情報レベルは、500 および 1,000 を標準とする。

2. 車載写真レーザ測量の特徴 重要度★☆☆

車載写真レーザ測量は、空中写真測量や航空レーザ測量とは異なる次のような特徴を持つ。

①道路及びその周辺の大縮尺の数値地形図データを作成する場合、TS などを用いた現地測量に比べて、広範囲を短時間でデータ取得できる。

②道路の高架下やトンネル内などの上空視界が不良（GNSS 衛星からの電波受

信ができない）な場所でも調整点を設置･処理することにより、数値地形図データを作成できる。

③取得した三次元点群データなどから、構造物などの形状の三次元モデルを作成することができる。

図4-12：車載レーザ測量システム：Leica Pegasus：Two
（ライカジオシステムズ株式会社提供）

図4-13：車載レーザ測量システム：TOPCON モバイルマッピングシステム
（一般社団法人長野県測量設計業協会提供）

3. 車載写真レーザ測量の作業工程

車載写真レーザ測量は、図 4-14 の工程で実施される。

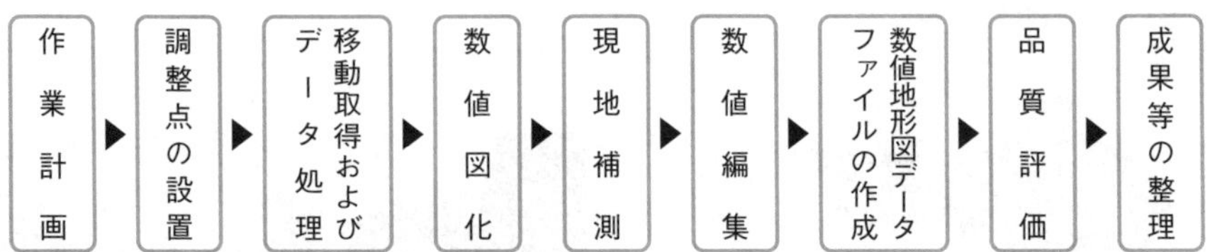

図4-14：車載写真レーザ測量の作業工程

4. 調整点

調整点とは、車載写真レーザ測量を実施、解析する際の水平位置や高さの基準となる点で、次のような場所に走行区間の路線長や景況に応じて、2 点以上設置される。

- GNSS 衛星からの電波受信が困難な場所
- カーブや右左折などの進路変動箇所
- データ取得区間の始終点

また調整点は、数値図化データ上で明瞭に確認できる地物とし、これらが存在しない場合は、標識や反射テープを用いて設置する。

5. 移動取得

移動取得とは、車載レーザ測量システムを用いて、自車位置姿勢データおよび数値図化用データを取得する作業であり、次のような点に注意して行う必要がある。

- データ取得区間は GNSS 衛星からの電波の安定取得と車両の安定走行が確保できる。
- GNSS 衛星からの電波が安定して取得できない区間では、自車位置姿勢データ取得装置のセルフキャリブレーション（データの再取得）が行える待避場所を確保する。

・移動取得の障害となるもの（立体交差部、側道部、取付け道路、積雪など）の事前調査を行う。
・使用するGNSS衛星の数は、GPS・準天頂衛星のみの場合は5衛星（ネットワーク型RTK法）とする。

6. 三次元点群データ 重要度★★★

三次元点群データはレーザスキャナにより地形や地物表面を自動的に計測し、図4-15のようにその表面を多数の点で構成された点群としてデータ保存したものである。図4-15のように**計測された点の1つ1つにはそれぞれ三次元（x, y, z）の座標値が与えられる。**

三次元点群データは、地形や地物表面を計測するため位置や形状は明確になるが、内部の状況を把握することはできない。

三次元点群データを活用することにより、地形や地物の3Dモデルなどを作成することができる。

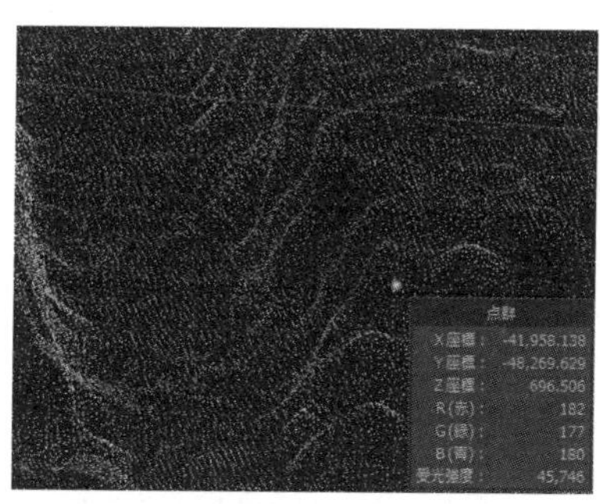

図4-15：三次元点群データ（一般社団法人長野県測量設計業協会提供）

図4-16：現況写真（左）と三次元点群データ全景（右）
（ライカジオシステムズ株式会社提供）

過去問題にチャレンジ

▶R1-No.20

Q7 車載写真レーザ測量

次の文は，車載写真レーザ測量について述べたものである。［ア］～［エ］に入る語句の組合せとして最も適当なものはどれか。次の中から選べ。

車載写真レーザ測量とは，計測車両に搭載した［ア］と［イ］を用いて道路上を走行しながら三次元計測を行い，取得したデータから数値地形図データを作成する作業であり，空中写真測量と比較して［ウ］な数値地形図データの作成に適している。ただし，車載写真レーザ測量では［エ］の確保ができない場所の計測は行うことができない。

	ア	イ	ウ	エ
1.	レーザ測距装置	GNSS/IMU 装置	高精度	計測車両から視通
2.	レーザ測距装置	高度計	高精度	計測車両の上空視界
3.	レーザ測距装置	GNSS/IMU 装置	広範囲	計測車両の上空視界
4.	トータルステーション	GNSS/IMU 装置	広範囲	計測車両から視通
5.	トータルステーション	高度計	高精度	計測車両の上空視界

解答

ア：レーザ測距装置

イ：GNSS/IMU 装置

車載写真レーザ測量のシステム構成は車両に固定された、数値図化用データ取得装置（レーザ測距装置）と自車位置姿勢データ取得装置（GNSS/IMU 装置）で構成される。

ウ：高精度

車載写真レーザ測量は、車の屋根部に搭載されたシステムで、見える範囲の点群データを取得する測量方法である。作成される数値地形図データの地図情報レベルは、500 及び 1,000 を標準とする。

広範囲の数値地形図データの作成ならば空中写真測量であり、作成される数値地形図データの地図情報レベルは、500、1000、2500、5000 及び 10000 を標準とする。

エ：計測車両からの視通

車載写真レーザ測量は、計測車両からの視通（レーザが届く範囲）の確保ができない場所のデータ取得はできない。

よって、最も適当な組合せは 1. となる。

4-7 地上レーザ測量

1. 地上レーザ測量 重要度★★★

地上レーザ測量とは、地上レーザスキャナ（地上に設置してレーザ光を照射し、対象物の三次元観測データを取得する測量機器）を用いて地上の地形、地物等の三次元観測データを取得する測量方法である。これにより、数値地形図データが作成され、その地図情報レベルは、250 及び 500 を標準とする。

2. 作業工程

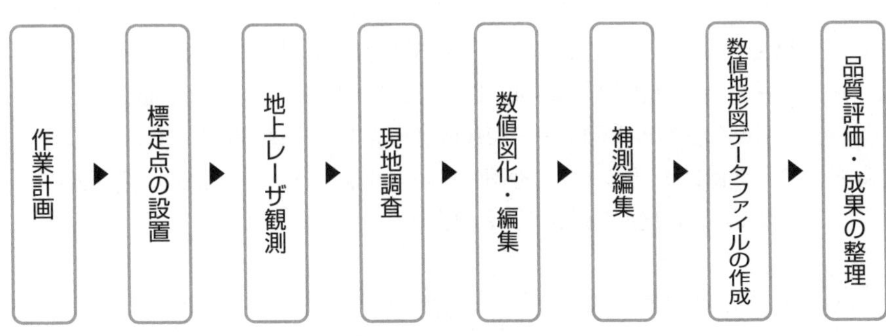

図4-17：地上レーザ測量の作業工程

3. 標定点の設置 重要度★☆☆

地上レーザ測量の標定点とは、座標変換により地上レーザスキャナに水平位置、標高及び方向を与えるための基準となる点である。

標定点は基準点測量により設置されその配置は次の事項に注意して適切に配置される。

①地上レーザスキャナの設置位置と作業地域の大きさ、地上レーザスキャナの性能、スポット長径、平面直角座標系への変換方法などを考慮する。

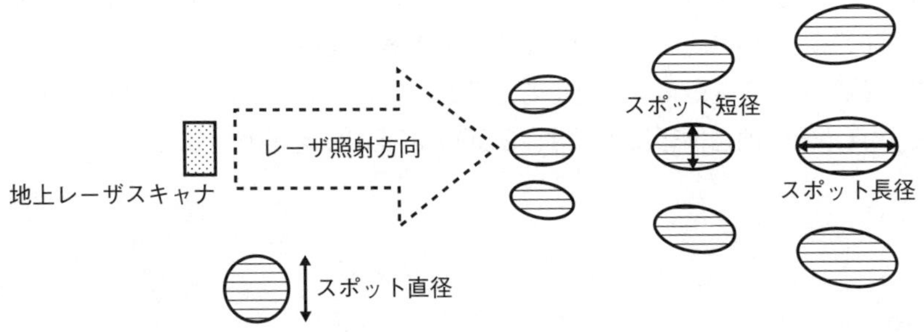

図4-18：地上レーザスキャナのスポット長径とスポット短径

※地上から三脚に取付けた位置から照射されるレーザ光は、水平な地面に照射されるとその形（スポット）は図のように、照射位置から離れると徐々に楕円形に広がっていく（スポット長径が長くなる）。

②標定点は、地上レーザ観測の有効範囲の外に設置することを原則とする。

③基準点は標定点を兼ねることができる。

4. 地上レーザスキャナの性能

地上レーザスキャナは次の性能を有するものとする。

①距離観測方法は TOF(タイム・オブ・フライト) 又は位相差方式とする。
②スポット径がわかること。
③観測点の水平及び垂直方向の角度の観測間隔がわかること。
④地形、地物等とレーザ光がなす角を入射角とし、標準的な地形、地物等が入射角 1.5度以上で観測できること(レーザ光が戻ってくる限界値)。
⑤反射強度が取得できること。

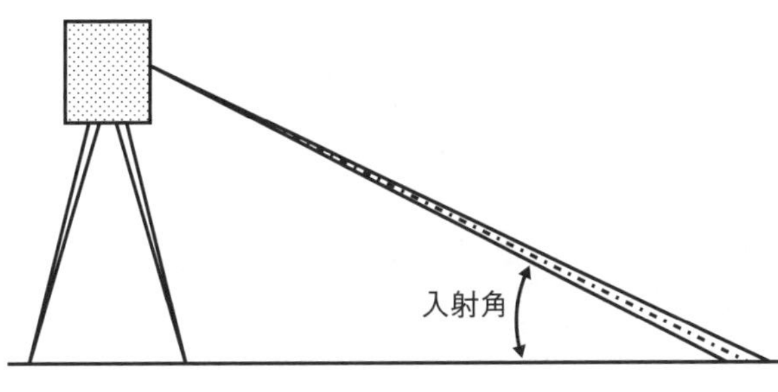

図4-19：地上レーザスキャナの入射角

図4-20：地上レーザスキャナ（トプコン GLS2000：株式会社トプコン 提供）

5. 地上レーザスキャナによる観測 重要度★★☆

地上レーザ測量では、次のような点に注意して、地形、地物等に対する方向、距離及び受光した反射強度が観測される。

①観測の方向は、**地形の低い方から高い方への向きを原則**とする。
②標定点の上には標識を設置する。
③観測方法は、次のようである。
- 平面直角座標系で観測する場合は、器械点と後視点による方法とする。
- 局地座標系で観測する場合は、相似変換又は後方交会による方法とする。

④反射強度が同等の地物が存在する場合は、それらの境が濃淡として捉えられる

ような措置をする。

⑤同一箇所からの複数回観測では、地上レーザスキャナの器械高を変える。

⑥一部の観測対象物のみを高密度で観測することができる。

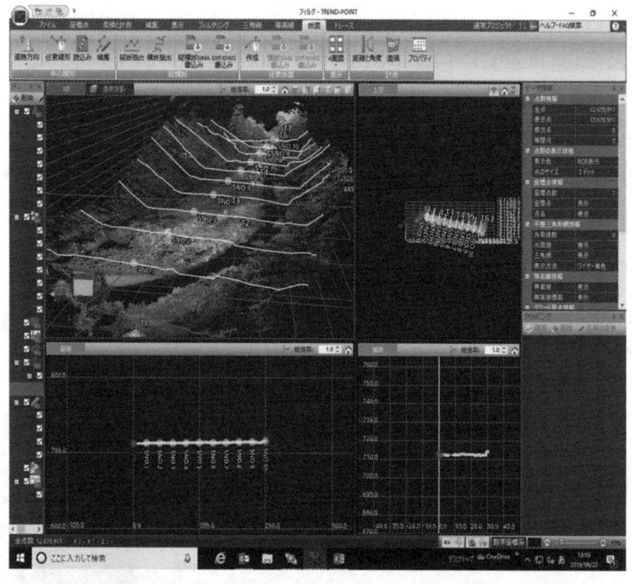

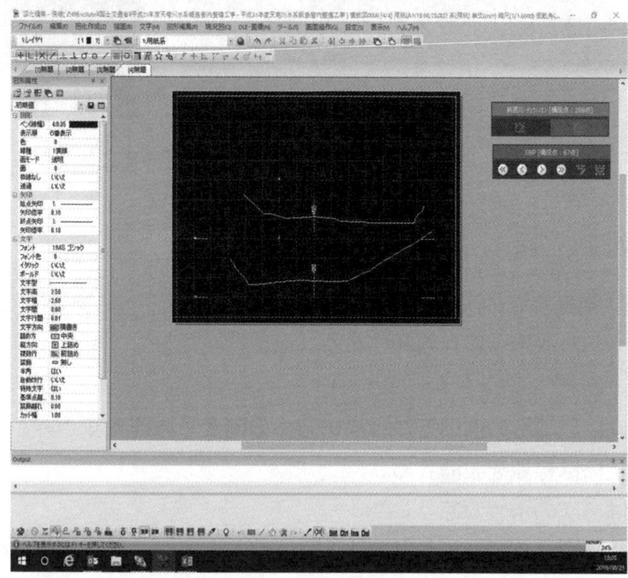

図4-21：地上レーザスキャナによる地形の点群データと横断面図
（一般社団法人長野県測量設計業協会 提供）

例題 01　地上レーザ測量

▶ R03-No.16（測量士 午前）

次のａ～ｅの文は，公共測量における地上レーザ測量について述べたものである。明らかに間違っているものだけの組合せはどれか。次の中から選べ。

a. 地上レーザ測量により作成する数値地形図データの地図情報レベルは，1000 が標準である。
b. 斜面に対する観測の方向は，地形の高い方から低い方への向きを原則とする。
c. 標定点は，地上レーザ観測の有効範囲の外に設置する。
d. 地上レーザスキャナは，地形，地物等とレーザ光がなす角を入射角とし，標準的な地形，地物等が入射角 1.5 度以上で観測できる性能を有するものとする。
e. 数値地形図作成において，観測した三次元観測データは，標定点等を使用して平面直角座標系へ変換し，オリジナルデータとする。

1. ａ，ｂ　2. ａ，ｃ
3. ｂ，ｅ　4. ｃ，ｄ
5. ｄ，ｅ

解答 地上レーザ測量に関する問題である。問題各文について考えると次のようになる。

a. **間違い**。地上レーザ測量により作成する数値地形図データの地図情報レベルは 250 及び 500 が標準である。

b. **間違い**。低い方から高い方への向きが原則である。逆に行うとレーザのスポット長径が大きくなり、観測点間隔が大きくなる。

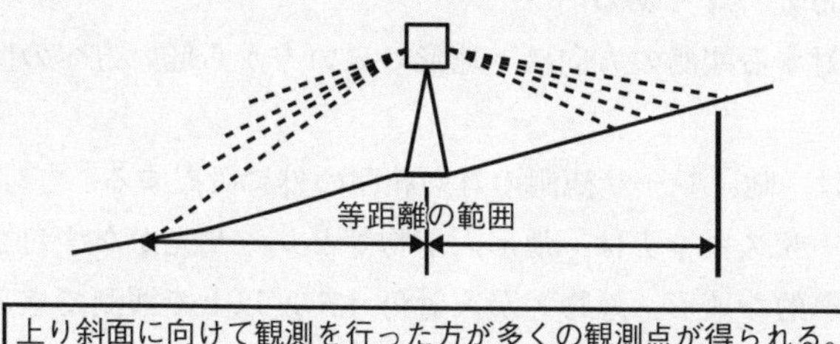

等距離の範囲
上り斜面に向けて観測を行った方が多くの観測点が得られる。

c. 正しい。地上レーザスキャナから標定点までの距離は、観測精度が確保される範囲で遠い方が望ましい。これにより作業地域内の観測点が平面直角座標系への変換精度以内に収まるようにする。

d. 正しい。入射角は、被写体との角度をいう。最低の入射角 1.5 度はレーザ光が戻ってくる限界とされている。

e. 正しい。局地座標系で観測した三次元観測データは、観測ごとに平面直角座標系への変換を行わなければならない。

よって、明らかに間違っているものは 1. となる。

※地上レーザ測量は、作業規程の準則の令和２年３月の改正により追加された分野である。測量士試験（午前）では 2018 年から出題されているため、参考として令和３年度測量士試験（午前）に出題された問題を例題として掲載している。

Chapter 05

写真測量

写真測量分野への出題は、飛行機から地上の写真を撮影する空中写真測量が主である。その他にも、航空レーザ測量、UAV（無人航空機）写真点群測量など、その出題範囲は広い。

5-1 写真測量の作業工程と内容

1. 空中写真測量

空中写真測量は、飛行機等により上空から撮影された連続する空中写真を用いて、数値地形図を作成する作業である。空中写真は、図 5-1 のような機材で撮影された、図 5-2 にあるような写真をいう。

空中写真用飛行機

フィルム航空カメラ

デジタル航空カメラ
（協力: 朝日航洋株式会社）

図5-1：飛行機と航空カメラ

図5-2：フィルム空中写真（左）とデジタル空中写真（右）

写真測量における数値地形図作成の原理を簡単にまとめると、次のようになる。

① 重複する２枚の空中写真を用いて撮影時の状態を再現。
② 空間的な位置関係を合わせることにより、対象地域のステレオモデルを作成。
③ ステレオモデルと実際の地形との整合性を取ることにより、縮尺や空間位置（方位や座標）を決定。
④ 整合性の取れたモデルから平面に図化し、地形図を作成。

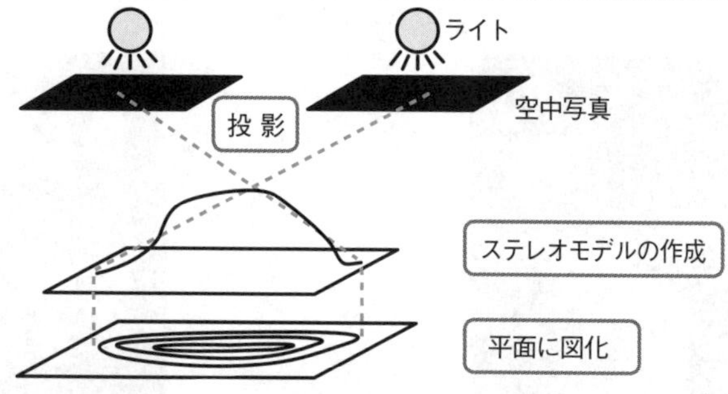

図5-3：空中写真から地形図を作成する原理

2. 空中写真の特徴と実体視

空中写真測量では、**フィルム空中写真とデジタル空中写真（デジタル航空カメラ）の使用が認められており**、デジタル空中写真が主に使用されている。

ここでは、フィルム空中写真とデジタル空中写真の特徴について記す。

①空中写真の主点

フィルム空中写真の主点は図 5-4、図 5-5 のように、**四隅の指標を結んだ線**（図中の実線）あるいは四辺の各**中央にある指標を結んだ線**（破線）**の交点**で求められる。また、デジタル空中写真の主点は、図 5-6 のように写真の四隅を指標とするため、指標を結んだ対角線の交点が主点となる。

主点は写真上で計測を行う場合や、図化機に写真をセットする場合に用いられる。

空中写真の形状は、図 5-2 にあるようにフィルム空中写真が正方形、デジタル空中写真は長方形であり、デジタル空中写真ではその短辺が飛行機の進行方向となっている。

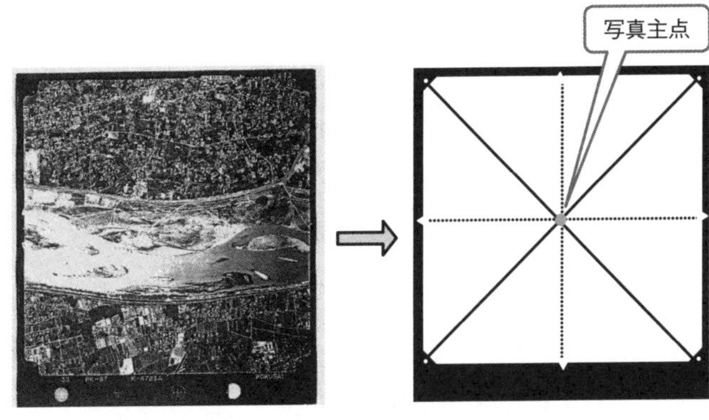

図5-4：フィルム空中写真の主点

図5-5：フィルム空中写真の指標

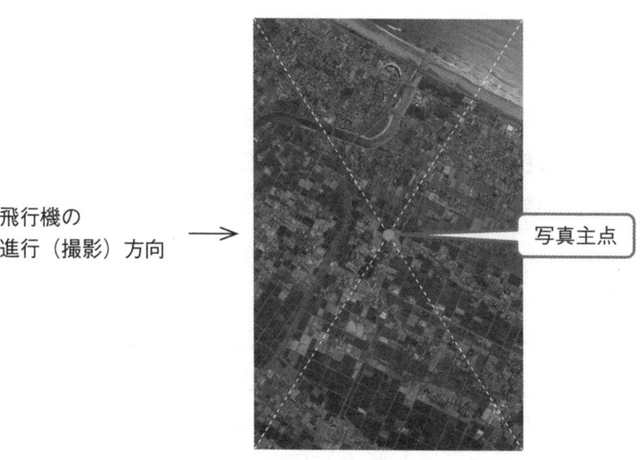

図5-6：デジタル空中写真の主点

②空中写真の特殊３点と鉛直写真

空中写真には、図 5-7 にあるように、主点・等角点・鉛直点と呼ばれる、測定上重要な意味を持つ３つの点が存在し、これらをまとめて、特殊３点と呼んでいる。以下に、特殊３点について記す。

① **主　点**

空中写真面の中心点であり、四隅や中央部にある指標を結ぶことにより求められる。レンズ中心を通る光軸と写真面の交点である。

② **等角点**

主点とレンズ中心を結ぶ線（光軸）とレンズ中心を通る鉛直線の交角を２等分した線と空中写真面の交点である。

③ **鉛直点**

レンズ中心を通る鉛直線と空中写真面の交点である。建物や土地の起伏によるズレ（ひずみ）は、鉛直点を中心に放射状に起きる。

この**特殊３点は、鉛直空中写真の場合は一致**し、斜め写真の場合は図 5-7 のような関係になり、一致しない。

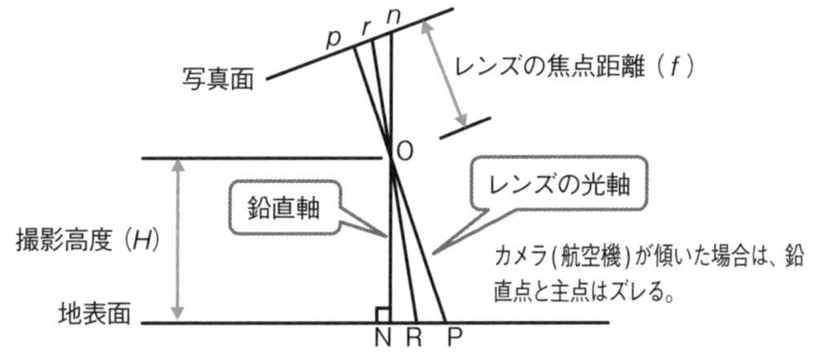

図5-7：特殊３点と斜め写真の関係

③鉛直空中写真

一般に空中写真は、図 5-8 のように飛行機から鉛直方向にカメラの光軸を向けて撮影する、鉛直写真と呼ばれるものである。このため、写真主点と鉛直点は一致しており、このような空中写真を、鉛直空中写真と呼ぶ。

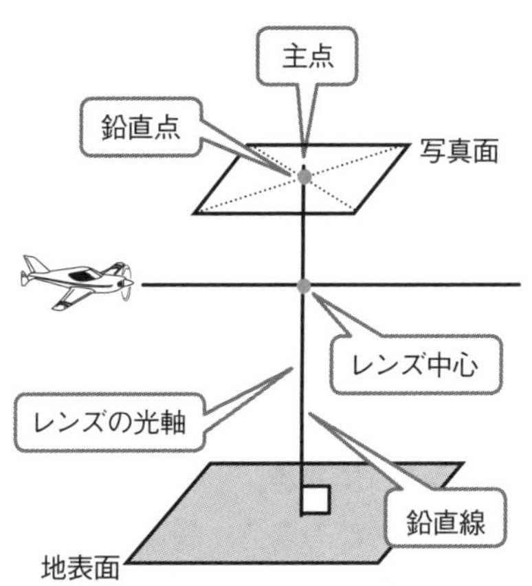

図5-8：鉛直空中写真

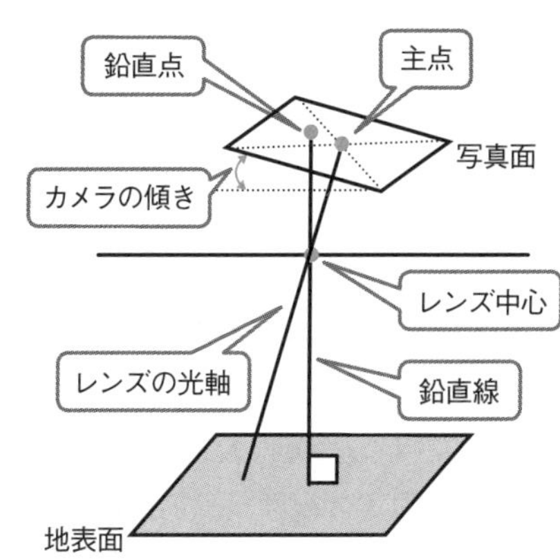

図5-9：鉛直ではない空中写真

④空中写真の実体視

●実体視について

実体視とは、2枚1組の連続した空中写真を用いて、これを立体的に見る（ステレオモデルの作成）手法であり、その方法により図5-10のように分類される。

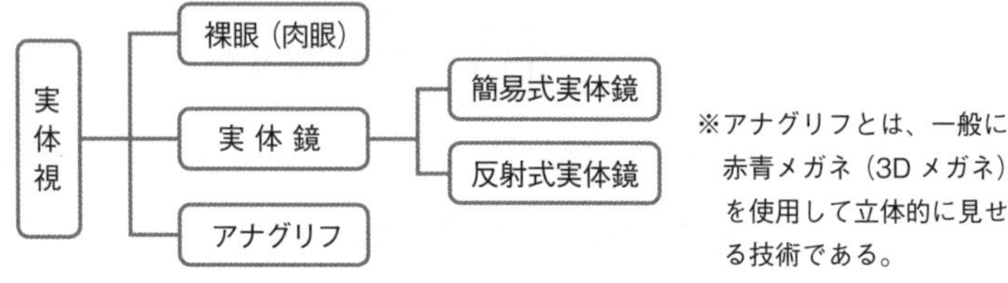

図5-10：実体視の分類

●裸眼実体視

名前の通り、裸眼（肉眼）で直接実体視を行う方法である。個人差が大きく、練習が必要な場合や、人によっては見えない場合もある。

その方法は、1組の写真について、重複している（実体視を行う）部分を約6㎝（両目の間隔）ほど離し、左目で左の部分、右目で右の部分を見るようにする。

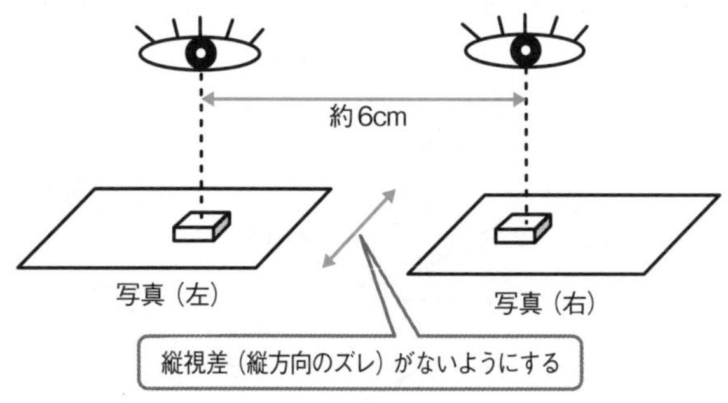

図5-11：裸眼実体視

また、裸眼実体視は、練習が必要な場合がある[注]。この場合、簡単な図形（○や△）を2つ用意し、これを図5-11のように両目の間隔に離し、遠くを見るようにして「より目」になるように見る。その際、中央部にもう一つ同じ図形が現れるようになればよい。

注　裸眼実体視では、本来「左目で左の画像」、「右目で右の画像」を見るが、人により逆の画像を見てしまう、「逆実体視」が起こることがある。逆実体視では高低が逆に見えるため、裸眼実体視が困難となるが、2枚の画像中央に紙などで作成した「ついたて」を立てることにより、矯正が可能である。

実体視による問題が出題された場合は、裸眼実体視ができなくとも次のように考えて解答すればよい。

図5-12のように、同一鉛直線上にあるA、Bの2点を考えると、撮影基準面に対して高さを持つA点の方が、2枚の写真上の距離が短くなることがわかる。つまり、**左右写真上の対応する2点間の長さを測り、その距離が一番短い点が最も高い点である**（逆は低い点）。

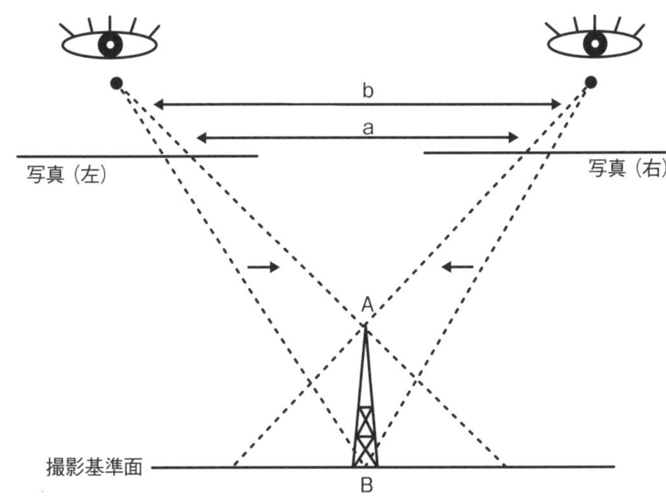

図5-12：実体視ができない場合の考え方

●実体鏡による実体視

実体鏡は、とつレンズを持つ「簡易式実体鏡」と、さらに詳細な設定が可能となっている「反射式実体鏡」がある。

あらかじめ、目の焦点距離に合わせられた、左右のレンズ（目）で、左右の写真を見るようになるため、比較的実体視が行いやすい。

図5-13は、簡易式実体鏡による実体視である。

図5-13：簡易式実体鏡による実体視

過去問題にチャレンジ

▶H17-5-D

Q1 航空写真の実体視

図は，オーバーラップ60％で撮影された一組の鉛直空中写真を縦視差のない状態に置いたものである。地上の目標物A～Eが左右の写真に図のように写っていたとき，地上で最も高いものはどれか。次の中から選べ。なお，写真中央の破線の交点は主点を示している。

左写真

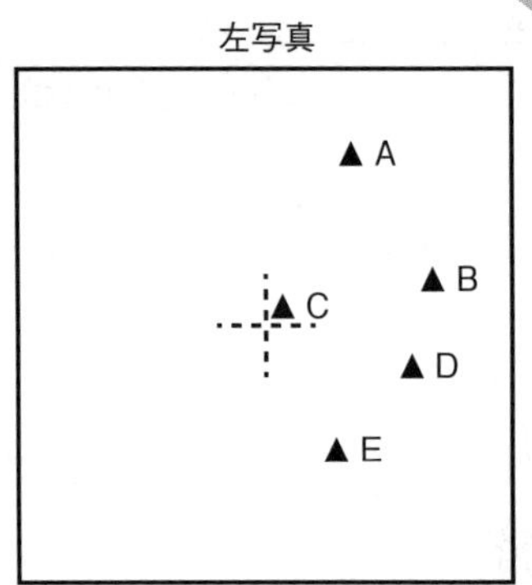

右写真

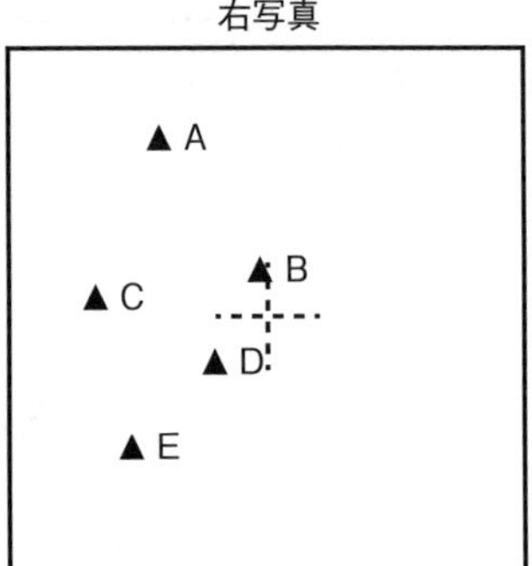

図

1. A　　2. B　　3. C　　4. D　　5. E

解答

問題文の図より、「裸眼実体視」を行ってみるとE点が一番高いことがわかる。

また、実体視が困難な場合は、次図のように、左右写真上の対応する2点間の長さを測り、一番短い点が最も高い点であるといえる。

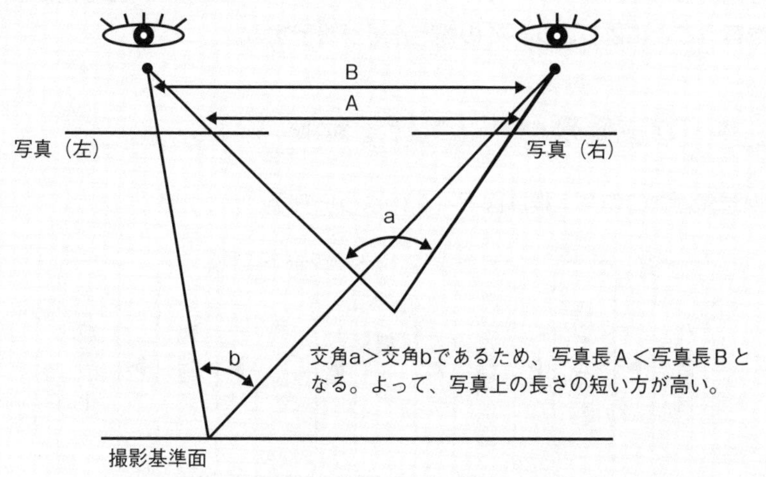
B
A
写真（左）
写真（右）
a
b
交角a＞交角bであるため、写真長A＜写真長Bと
なる。よって、写真上の長さの短い方が高い。
撮影基準面

よって、問題の図にある点間を測ると、Eの点間が一番短くなるため、地上で最も高いものはEであり、5.となる。

3. 標定作業

5-1-1の①～③までの作業を総称して**標定**と呼ぶ。標定作業は、次のように行われる。

内部標定：投影機（図化機）に写真をセットする要素（カメラのレンズ中心から写真までの距離など）の決定作業。
↓
相互標定：ステレオモデル作成に必要な視差（右目、左目で見た対象物のズレ）の修正作業。
↓
絶対標定：ステレオモデルを撮影時の状態に復元する作業（モデルの縮尺と高さの決定）。対地標定ともいう。
↓
接続標定：連続した空中写真を順にステレオモデル化していく作業。

現在用いられているデジタル図化機によるバンドル法では、**内部標定から同時調整を行うことにより、すべての標定作業が終了する。**

4. 空中写真測量の作業工程 重要度★★☆

空中写真測量の作業工程は図 5-14 のようになる。

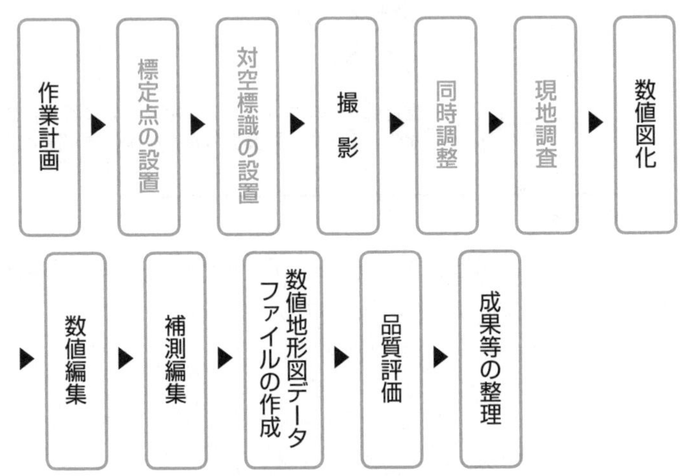

図5-14：空中写真測量の作業工程

5. 標定点と対空標識

標定点とは、空中写真と地上点を対応付けするために必要な基準点および水準点の総称であり、**後の同時調整や数値図化において、写真座標を測定する場合に用いられる。**

空中写真を地上点と対応させる作業には、あらかじめ水平位置や標高が明確な地上の点、つまり基準点や水準点（以下基準点等）などの標定点が必要である。

標定点はできるだけ既知の基準点等を使用するが、空中写真測量の対象エリアに十分な数の基準点等が存在しない場合、**新たに標定点を設置**する必要がある。

標定点を設置する際には標定点測量を行うが、撮影前にあらかじめ設置する場合と、明瞭な構造物（道路交差部の角など）を利用し、撮影後に行う場合がある。

また対空標識とは、**標定点が空中写真に明瞭に写り込むために設置する標識**であるが、**明瞭な構造物がある場合は、これを対空標識に代えることができる。**

6. 対空標識の設置

対空標識の設置作業は、標定点が空中写真上で確認できるように、空中写真の縮尺や地上画素寸法を考慮し、大きさ、形状、色などを選定する必要がある。

●対空標識の形状

対空標識の形状は、図 5-15 にあるように作業規程の準則でA型～E型までが定められているが、基本形はA型、B型としている。E型は地上に設置できない場合の形状である。**建物の屋上などに設置する場合は、A型、C型、D型を基本として、直接ペンキで描くことができる。**

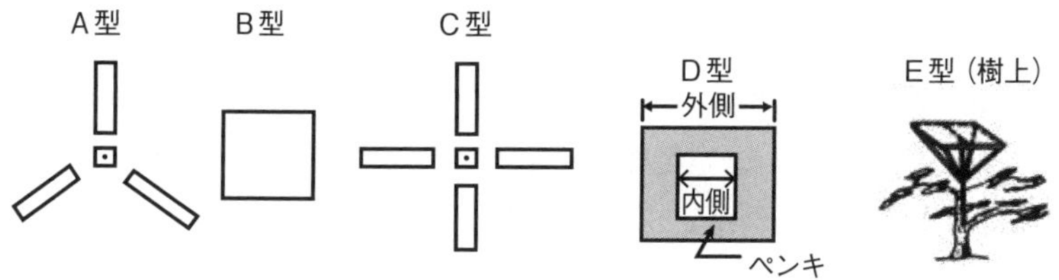

図5-15：対空標識の形状

●対空標識板の寸法

対空標識板の寸法は、表 5-1 を標準とする。

表5-1：対空標識板の寸法

形状／地図情報レベル	A型・C型	B型・E型	D型	厚さ
500	20×10cm	20×20cm	内側30cm・外側70cm	4～5mm
1000	30×10cm	30×30cm		
2500	45×15cm	45×45cm	内側50cm・外側100cm	
5000	90×30cm	90×90cm	内側100cm・外側200cm	
10000	150×50cm	150×150cm		

●対空標識の色と材質 〈重要度★☆☆〉

対空標識の色は白を基本とするが、周囲の状況（水際など）によっては、空中写真上で周囲との判別が困難になるため、**黄色や黒色を用いることができる**。ただし、黒色にした場合は、空中写真上の画像が小さく写るため、規程のサイズより大きくする。

対空標識の材質は、空中写真の撮影終了まで良好な状態で保存される必要があるため、耐水性のある合板や化学合成板を用いる。

●対空標識の設置に関する注意事項 〈重要度★★★〉

対空標識を設置する際には、次の点に注意する必要がある。

- 土地所有者または管理者の**許可を得て設置**する。
- 空中写真撮影の終了まで、壊れないよう**堅固に設置**する。
- 図 5-16にあるように**上空視界を確保**する。
- 空中写真上で**明瞭に判別できるように**、周辺の状況（背景・バックグラウンド）に注意する。
- 測定を考慮して、周辺より若干高くなるように設置する。
- 樹上に設置するE型では、空中写真の撮影時までに樹木などが標識を覆い隠さないよう、あらかじめ**周囲より 50cm ほど高くなるように設置**する。
- 偏心が必要な場合は、偏心点に標杭を設置し、この周囲に対空標識を設置する。
- 対空標識の**保全などのために、公共測量・計画機関名・作業機関名・保存期限を明記する**。
- 空中写真上で判読しやすいように、対空標識の設置点付近の見取図を作成し、地上写真を撮影する。
- 空中写真の**撮影終了後**、対空標識は**速やかに撤去する**。
- **デジタル航空カメラ**では、フィルム航空カメラより画角が小さくなるため、注意が必要である。フィルム航空カメラの画角は正方形（写された写真が正方形となる）であるが、**デジタル航空カメラは長方形**（進行方向と短辺が平行）となる。

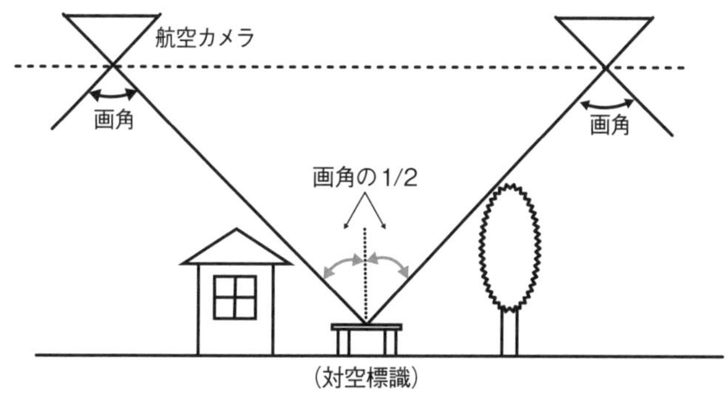

図5-16：画角と上空視界の関係

●対空標識の偏心

対空標識は、物理的に設置することが困難な場合や、土地所有者・管理者の許可が得られない場合、上空視界を確保できない場合、周囲の状況から明瞭に写らないと判断される場合、道路上や住宅地内にあり交通などに支障を与える場合などに、**偏心して設置される**。

対空標識を偏心して設置した場合、偏心要素（偏心距離や偏心角）を測定し、偏心計算を行う。

●対空標識の確認および処置

撮影終了後は、空中写真上に対空標識が写り込んでいるかを、拡大された写真上で確認する必要がある。

また、**対空標識が明瞭に確認できない場合は、**写真上の道路の角や明瞭な構造物に対し、**標定点測量を行う必要がある**。

7. 同時調整 重要度★☆☆

同時調整とは、デジタルステレオ図化機を用いて、空中三角測量[注1]により、パスポイント、タイポイント、標定点の写真座標を測定し、標定点成果および撮影時に得られた外部標定要素[注2]を統合して調整計算を行い、各写真の外部標定要素の成果値、**パスポイント、タイポイントなどの水平位置および標高を決定する作業**をいう。また、同時調整の調整計算にはバンドル法（解析法）[注3]が用いられる。

注1　写真座標の計測と空中写真撮影時の状況を再現し、これを計算により測地座標（地上の座標）に変換する作業。

注2　外部標定要素は、カメラの位置（x、y、z）、カメラが回転移動する要素（κ、ϕ、ω）の6個である。要は、撮影時のカメラ位置（状態）を再現するために必要な要素である。※図5-24参照

注3　重複した写真上の共通する点を結び付けることにより、これらを1つのブロックとして調整する計算手法で、現在主流の調整計算法。

8. 現地調査

空中写真測量における現地調査とは、人工地物や自然物、境界などの各種表現事項や名称などについて、現地にて調査・確認し、後の数値図化作業や数値編集作業に必要な資料を作成する作業をいう。また、特に**空中写真から判読が困難なものに関して行う**必要がある。

現地調査は、以下の手順において実施される。

①　予察

現地調査の着手前に空中写真や参考資料などを用いて、調査事項やその範囲、作業量などを把握するために行う作業。収集した資料の良否、**空中写真の判読困難な事項およびその範囲、判読不能な部分、撮影後の変化が予想される部分**、各資料間の矛盾が主な予察事項である。

②　現地調査の実施

現地調査の実施は、**予察の結果に基づいて実施**される。**予察結果の確認**、空中写真上で判読困難または**判読不能な事項、空中写真撮影後の変化状況**、図式の適用上必要な事項、注記に必要な事項および境界、その他特に必要とする事項が実施事項である。

③　調査結果の整理

調査結果の整理は現地調査の終了後、速やかに実施し、整理中の疑問事項などは現地にて解決しておく必要がある。調査結果の整理内容は、次の通りである。

- 調査結果は、地図情報レベルに対応する縮尺相当の空中写真などの上に脱落や誤記のないように整理する。

- 調査事項は、真形および真位置を明確に描示する。
- 真位置への描示が困難な場合は、他位置からの明確な表示を行う。
- 地名および境界を整理する空中写真などは、他の調査事項に用いたものと異なるものを使用することができる。
- 整理する空中写真は、現地調査に使用されたものとし、各コース１枚おきとする。

9. パスポイント 重要度★★☆

パスポイントとは、**同一コースの隣接写真の連結に用いられる点**をいう。いい換えると、２枚以上の空中写真を、飛行コース方向に連結させるために設けられる点のことである。パスポイントは、**重なり合う部分の、中央（主点付近）と両端に１点ずつ３点**を選ぶ。

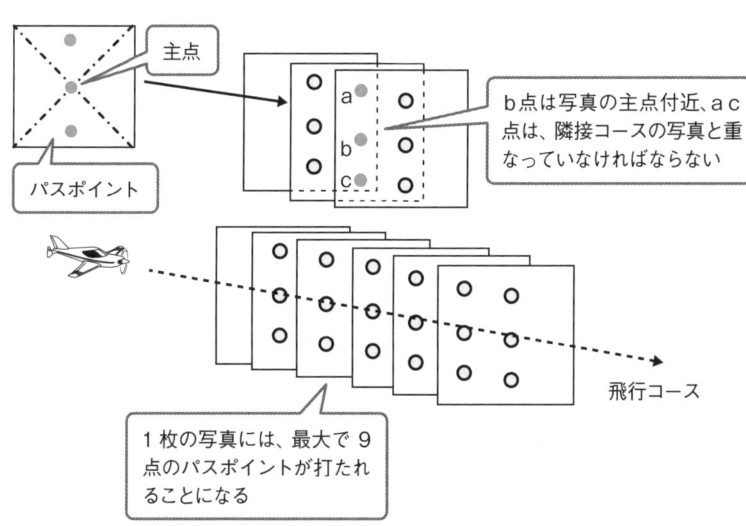

図5-17：パスポイントによる隣接写真の連結

☑ パスポイントの選点上の注意点

- 連結する各写真上の座標が正確に測定できる地点に配置。
- 主点付近及び主点基線に直角で等距離の両方向に計３点以上配置。
- a、b、cの各点に区分し、主点付近をb点、上をa点、下をc点とする。

10. タイポイント 重要度★★☆

タイポイントとは、**隣接コース間の接続に用いられる点**で、隣接コースと重複している部分で空中写真上で明瞭に認められる位置に選定する。

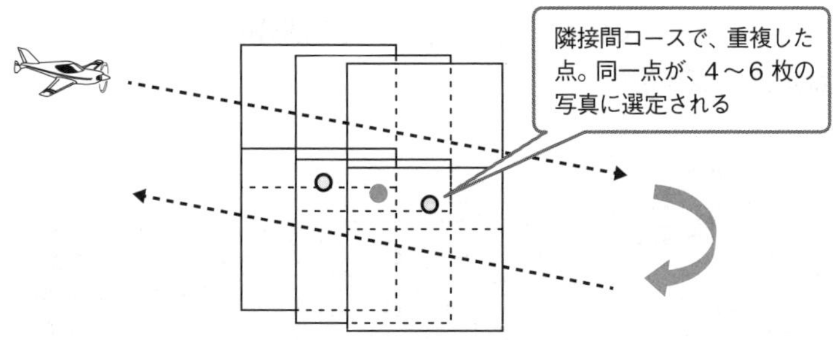

隣接間コースで、重複した点。同一点が、4～6 枚の写真に選定される

図5-18：タイポイントによるコース間の接続

☑ タイポイント選点上の注意点

- ブロック調整（撮影エリア全体の調整）においては、1モデルに1点を標準とし、ほぼ**等間隔に配置**する。
- **パスポイントで兼ねることができる。**
- コース間のひずみが調整できるように、**タイポイントが一直線上に並ばない**ようジグザグに配置する。

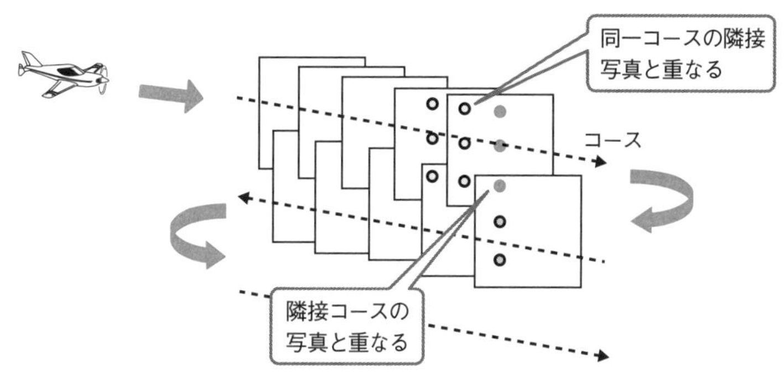

図5-19：パスポイントとタイポイントの関係

11. ブロック調整

空中写真測量では、図 5-19 のように 1 つの区域を一直線状に写真を重複させながら撮影する（これをコースと呼ぶ）。しかし、必要な区域が広く、1 つのコースでは撮影できない場合、複数のコースに分けて、隣接コースを重複しながら撮影する。

この**複数コースにわたって同時に調整を行う場合**を**ブロック調整**という。複数コースにわたって対象区域が撮影されている場合は、必要な基準点が少なくて済むことや、互いのコースが同程度の精度で撮影されるため、同時調整ではバンドル法（解析法）によりブロック調整が行われる。

12. デジタルステレオ図化機の特徴 重要度★☆☆

☑ デジタルステレオ図化機の特徴

- デジタルステレオ図化機では、コンピュータ上で動作するデジタル写真測量用ソフトウェア、コンピュータ、ステレオ視装置、ディスプレイ、三次元マウスまたはＸＹハンドルおよびＺ盤などから構成され、**数値図化データを画面上で確認することができる。**
- デジタルステレオ図化機で使用するデジタル画像は、**フィルム航空カメラ**で撮影したフィルムを、**空中写真用スキャナにより数値化して取得**するほか、**デジタル航空カメラにより直接取得**することができる。
- デジタルステレオ図化機では、ステレオモデルが表示できる。
- デジタルステレオ図化機を用いることにより、**数値地形モデル（DTM）を作成することができる**。数値地形モデルの作成とは、デジタルステレオ図化機を用いて自動標高抽出により標高を取得し、数値地形モデルファイルを作成する作業をいう。標高の取得には、自動標高抽出技術、等高線法、ブレークライン法、標高点計測法またはこれらの併用法がある。

過去問題にチャレンジ

▶R4-No.19

Q2 空中写真測量の作業工程

図は，公共測量における空中写真測量の標準的な作業工程を示したものである。

［ア］～［エ］に入る語句の組合せとして最も適当なものはどれか。次の中から選べ。

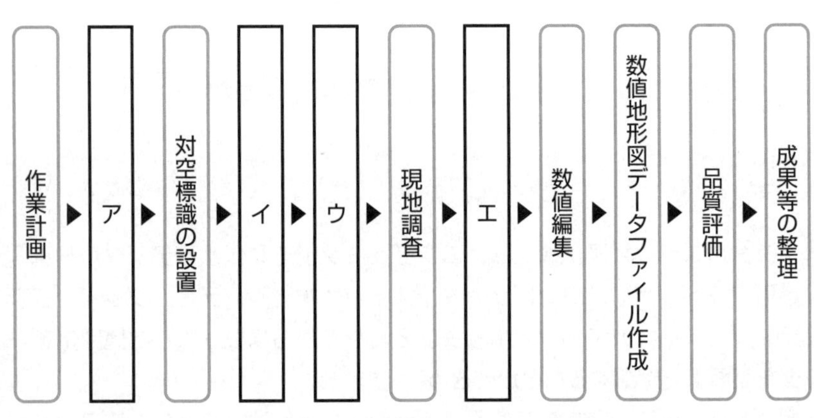

図

	ア	イ	ウ	エ
1.	撮影	バンドル調整	調整用基準点の設置	数値図化
2.	撮影	バンドル調整	同時調整	数値地形モデルの作成
3.	撮影	バンドル調整	調整用基準点の設置	数値地形モデルの作成
4.	標定点の設置	撮影	調整用基準点の設置	数値図化
5.	標定点の設置	撮影	同時調整	数値図化

解答

ア：**標定点の設置**
イ：**撮影**
ウ：**同時調整**
エ：**数値図化**

よって、正しい語句の組合せは 5. となる。

過去問題にチャレンジ

▶H24-No.17

Q3 対空標識の設置

次の文は，公共測量における対空標識の設置について述べたものである。明らかに間違っているものはどれか。次の中から選べ。

1. 対空標識は，あらかじめ土地の所有者又は管理者の許可を得て設置する。
2. 上空視界が得られない場合は，基準点から樹上等に偏心して設置することができる。
3. 対空標識の保全等のため，標識板上に測量計画機関名，測量作業機関名，保存期限などを標示する。
4. 対空標識のＤ型を建物の屋上に設置する場合は，建物の屋上にペンキで直接描く。
5. 対空標識は，他の測量に利用できるように撮影作業完了後も設置したまま保存する。

解答

1. 正しい。対空標識の設置では土地の所有者や管理者などの権利者に対して許可を得る必要がある。また、天候などの自然状況からや人的に破壊されないよう堅固に設置する必要がある。

2. 正しい。対空標識は、天頂から約 45°以上の上空視界を確保する必要がある。上空視界が得られない場合、樹上に設置できるが、この場合は、付近の樹冠より 50㎝ほど高くして設置する。また、対空標識は、偏心して設置することができる。付近の樹冠より高くして設置するのは、空中写真の撮影までの期間に枝や葉が生い茂り、対空標識板を覆ってしまうおそれがあるためである。

3. 正しい。その土地の所有者や利用者に対空標識の設置者や撤去時期を知らしめ、不用意な破損を防ぐ必要がある。

4. 正しい。対空標識には、その設置場所に応じてA～Eまでの型が作業規程の準則に定められている。D型は、問題文のように直接ペンキで描くものである。また、地図情報レベルに応じて、その基本サイズが定められている。

5. **間違い。**設置した対空標識は、危険防止、環境保全などに配慮して、撮影作業完了後、速やかに撤収する必要がある。

よって、明らかに間違っているものは5. となる。

過去問題にチャレンジ

▶H26-No.17

Q4 パスポイントとタイポイント

次の文は，同時調整におけるパスポイント及びタイポイントについて述べたものである。明らかに間違っているものはどれか。次の中から選べ。

1. パスポイントは，撮影コース方向の写真の接続を行うために用いられる。
2. パスポイントは，各写真の主点付近及び主点基線に直角な両方向の，計３箇所以上に配置する。
3. タイポイントは，隣接する撮影コース間の接続を行うために用いられる。
4. タイポイントは，撮影コース方向に直線上に等間隔で並ぶように配置する。
5. タイポイントは，パスポイントで兼ねて配置することができる。

解答

1. 正しい。パスポイントとは、同一コース内の隣接写真の連結に用いられる点をいう。つまり２枚以上の空中写真を、コース方向に連結させるために設けられる点のことである。

2. 正しい。パスポイントの配置は、主点付近および主点基線に直角な両方向の３箇所以上に配置することを標準とし、主点基線に直角な方向は、上下端付近の等距離に配置することを標準とする。

3. 正しい。タイポイントとは、隣接コース間の接続に用いられる点で、隣接コースと重複している部分で、関係空中写真上で、明瞭に認められる位置に選定する。

4. 間違い。タイポイントは、ブロック調整の精度を向上させるため、撮影コース方向に一直線に並ばないようジグザグに配置する必要がある。

5. 正しい。問題文の通りである。また、パスポイントおよびタイポイントを選定しようとする場所の近辺に基準点があり、対空標識が明瞭に写っている場合は、基準点で代用することもできる。

よって、明らかに間違っているものは 4. となる。

5-2 写真地図作成

1. 写真地図

写真地図とは、中心投影である空中写真を、地図と同じ正射投影に**変換した写真画像**である。

空中写真は図 5-20 のように中心投影で撮影されており、高い建物などは写真主点を中心に放射状に倒れ込むように写るため、距離や面積が正しくなく、地図と重ね合わせても一致することはない。しかし、正射投影に変換された空中写真は、**同じ縮尺の地図に重ねれば一致する写真画像**となる。

2. 中心投影と正射投影

空中写真の特徴として、「対象物 ― レンズ中心 ― フィルム面に写される対象物」が一直線上にあるということがある。このように光がレンズ中心（1 点）を通り、フィルム面に写されるものを**中心投影**という（図 5-20）。中心投影により撮影された対象物は、高低差が写真平面上のズレとなり、写真の主点（一般的には鉛直写真であるため、主点＝鉛直点＝等角点となる）から離れるほど、その「ズレ」が大きく写真上に写ることになる。

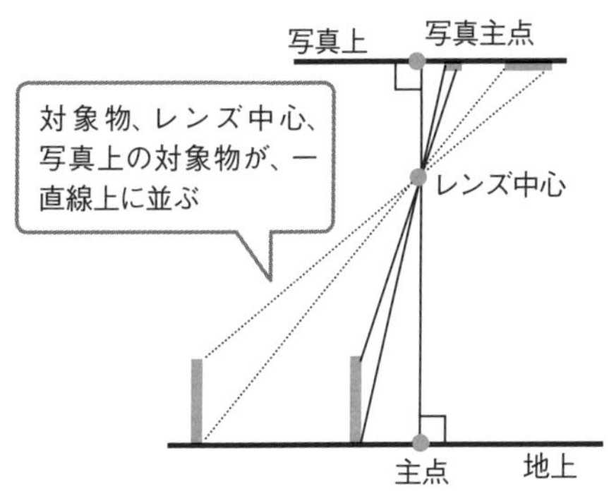
写真上
写真主点
対象物、レンズ中心、写真上の対象物が、一直線上に並ぶ
レンズ中心
主点
地上

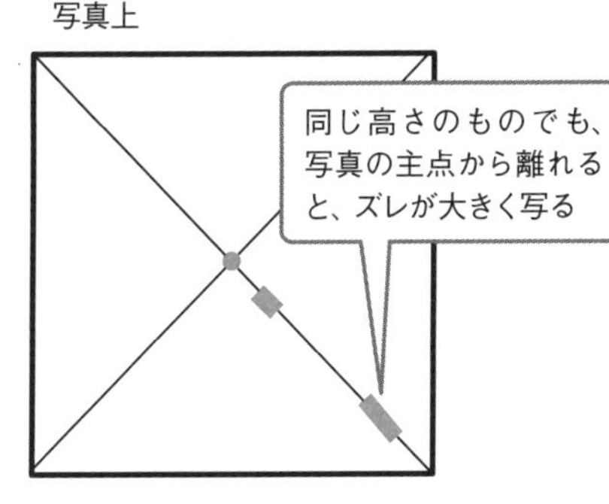
写真上
同じ高さのものでも、写真の主点から離れると、ズレが大きく写る

図5-20：中心投影

これに対して、ある平面を基準として、これに直角に交わるように対象物の点を写真上に写したものを**正射投影**と呼ぶ（図 5-21）。地図はこの正射投影で描かれている。

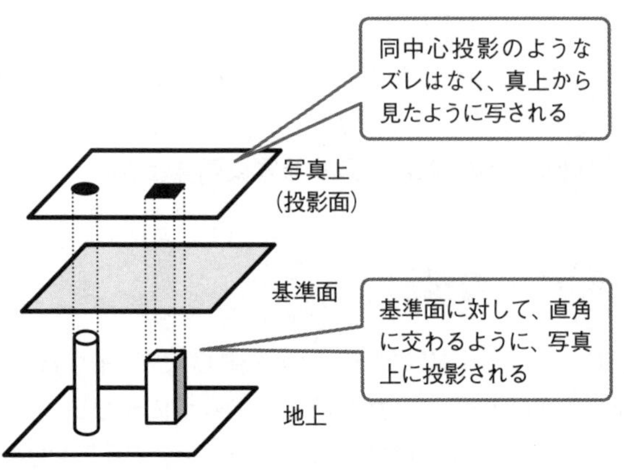

図5-21：正射投影

3. 正射変換 〈重要度★★☆〉

正射変換とは、中心投影で撮影されている空中写真を正射投影機（オルソプロジェクター）を用いて正射投影した像に変換する作業である。

写真地図作成における正射変換とは、空中写真をスキャニングして数値化した数値写真またはデジタルカメラで撮影した数値写真を、デジタルステレオ図化機を用いて、モニタリングしながら**オルソフォト画像（正射投影写真画像）を作成する作業**をいう。

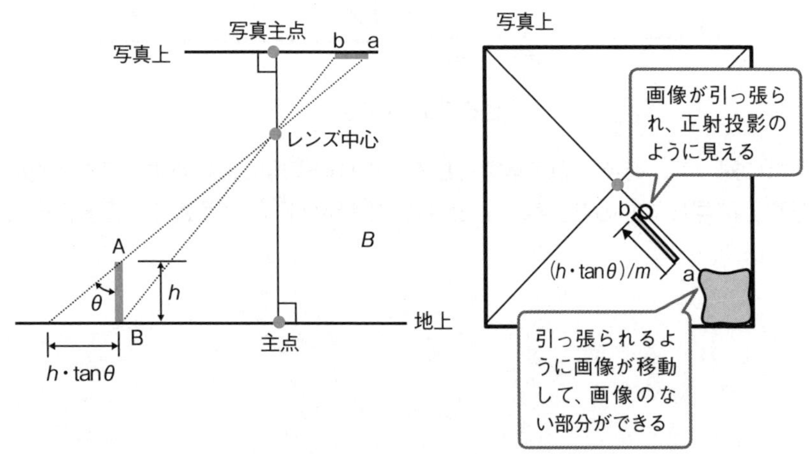

図5-22：正射変換

図 5-22 において、構造物のＡ点は中心投影の場合、写真上のａ点に投影されることになるが、正射投影の場合は、ｂ点（地上のＢ点）に投影されなければならない。正射変換とは、このａ点をｂ点に移動させることである。この移動量は、地上では $h \cdot \tan\theta$ によって表され、写真上ではその写真縮尺分母（m）で割って表される。

オルソフォト画像では、このように写真上の点を移動させるため、その端部において図のように画像のない黒い部分が出現することになる（通常は隣接の写真で補う）。**オルソフォト画像では、対象物の標高によるズレを正射変換により修正するため、その縮尺は写真全体がほぼ一定となる。**

4. 写真地図作成の作業工程

写真地図作成は、空中写真をスキャナにより数値化した数値写真や、デジタルカメラで撮影した数値写真をデジタルステレオ図化機などにより正射変換し、写真地図データファイルを作成する作業をいう。また、隣接するオルソフォト画像をモザイク処理し結合する、モザイク画像を作成する作業も含まれる。

写真地図作成の作業工程は、図 5-23 のようになる。

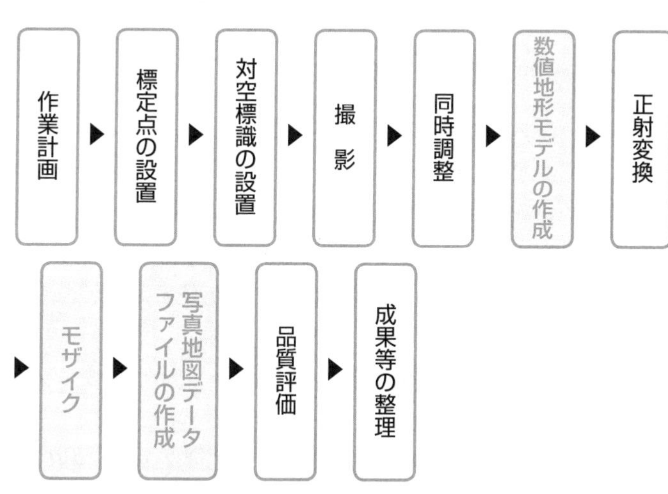

図5-23：写真地図作成の作業工程

Part 02 実践対策編
Chap 01
Chap 02
Chap 03
Chap 04
Chap 05
Chap 06
Chap 07
写真測量

① **数値地形モデルの作成**

デジタル化された空中写真で、デジタルステレオ図化機の自動標高抽出技術を用いて標高を取得し、数値地形モデルを作成する作業をいう。

② **モザイク**

モザイクとは、隣接する正射投影画像の重複部分について、位置と色を合わせて接合する作業をいう。モザイクの手順は、次の通りである。

濃度補正 → 濃度変換による色合わせ → 接合点の探索 → 接合点周辺の濃度の平滑化

③ **写真地図データファイルの作成**

写真地図データファイルの作成とは、モザイク画像から図葉単位（地図情報レベル 2,500 の図郭）に切り出し、位置情報として位置情報ファイルを作成して、CD などの電磁的記録媒体に記録する作業をいう。

5. オルソフォト（写真地図）の特徴 重要度★★★

オルソフォトの特徴は次の通りである。

① デジタルステレオ図化機で使用するデジタル画像の取得方法には、写真測量用スキャナを使用して**空中写真フィルムを数値化**する方法のほか、**デジタル航空カメラを使用して直接取得**する方法がある。
② 作業状態の保存が可能なため、標定の終わった任意のモデルの図化作業をいつでも実施、中断、再開することができる。
③ 一般に、デジタルステレオ図化機を用いることにより、**オルソフォト画像を作成**することができる。
④ オルソフォト画像は、対象地域の標高データがあれば、**1枚の空中写真からでも作成**できる。
⑤ オルソフォト画像は、**地形図のように縮尺は均一**である。このため、縮尺がわかれば画像計測により２地点間の距離を求めることができる。
⑥ 地表面の標高モデルを作成することができる。

過去問題にチャレンジ

▶R2-No.17

Q5 写真地図の特徴

次のa～eの文は，写真地図について述べたものである。明らかに間違っているものだけの組合せはどれか。次の中から選べ。

ただし，注記など重ね合わせるデータはないものとする。

a. 写真地図は，図上で水平距離を計測することができない。

b. 写真地図は，図上で土地の傾斜を計測することができない。

c. 写真地図は，写真地図データファイルに位置情報が付加されていなくても，位置情報ファイルがあれば地図上に重ね合わせることができる。

d. 写真地図は，正射投影されているので，隣接する写真が重複していれば実体視することができる。

e. 写真地図には，平たんな場所より起伏の激しい場所の方が，標高差の影響によるゆがみが残りやすい。

1. a，c　2. a，d　3. b，d　4. b，e　5. c，e

解答

a. 間違い。写真地図は中心投影である空中写真を地図と同じ正射投影に変換した写真画像である。このため、縮尺が均一であり、写真の縮尺がわかれば水平距離の計測が行える。

b. 正しい。写真地図には地形図のように等高線が描かれているわけではない。このため、画像上で傾斜を計測することはできない。

c.　正しい。位置情報ファイル（ワールドファイル）とは、座標位置情報が書かれたテキストファイルで、画像ファイルと同じフォルダに入れることにより、正確な位置に画像を表示することができる。写真地図は写された像の形状が正しく、位置も正しく配置されているため、地図データなどと重ね合わせて利用することができる。

d.　間違い。実体視を行うためには中心投影である必要がある。正射投影に変換された写真地図では実体視を行うことはできない。

e.　正しい。写真地図は対象物の比高によるズレ（中心投影による倒れ込み）を正射変換により修正するため、平たん地より比高のズレが大きい起伏の激しい場所の方が地形の影響によるひずみが生じやすい。

よって、明らかに間違っているものは、2. の a，d となる。

5-3　航空レーザ測量

1. 航空レーザ測量 〈重要度★★★〉

航空レーザ測量とは、空中から地形・地物の標高を計測する技術である。この測量に用いられる航空レーザ測量システムは、飛行機に搭載されたGNSS、IMU、レーザ測距儀で構成される。これにより地形を計測し、グリッドデータ（格子状の標高データ）などの**数値地形図データファイル**が作成される。

航空レーザ測量は、図 5-24 のように**GNSS により飛行機の位置、IMU により飛行機の姿勢を計測**し、レーザ測距装置により地上を左右にスキャンしながら飛行する。

レーザの照射方向と地表からの反射時間により飛行機と地上との距離を決定し、地上固定局（電子基準点）とキネマティック法により飛行機（レーザ測距装置）の地上に対する位置を決定して、地上でのレーザ反射場所の標高と位置（*x*, *y*, *z*）が決定される。

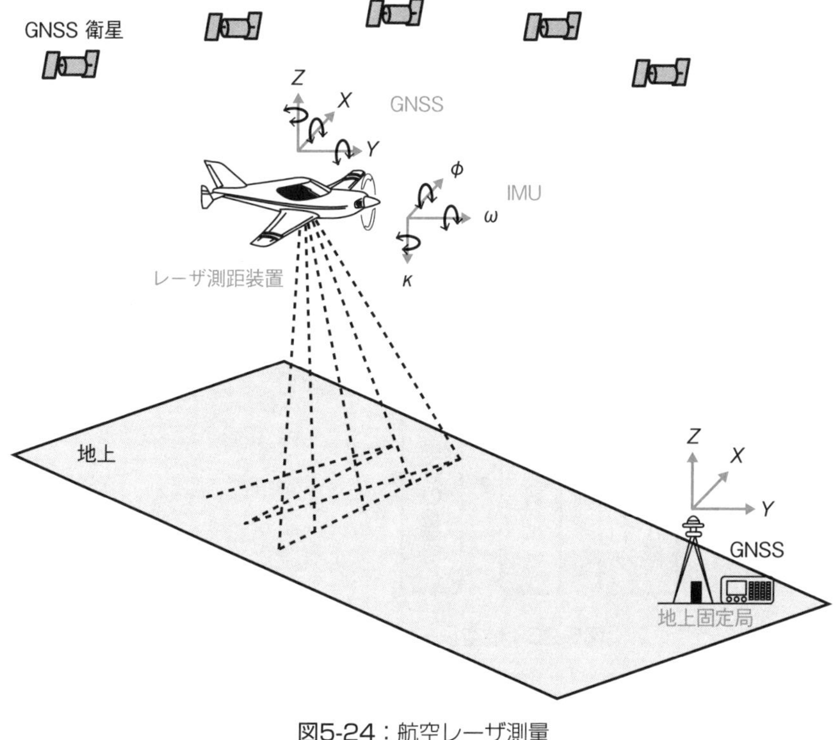

図5-24：航空レーザ測量

2. GNSS/IMU（位置、姿勢計測システム）

GNSS/IMUとは、GNSSとIMU（Inertial Measurement Unit：慣性計測装置）をシステム的に組み合わせたもので、これにより飛行機（レーザ測距装置）の**位置と姿勢情報をリアルタイムで計測・記録できる**ものである。

Part 02 実践対策編
Chap 01
Chap 02
Chap 03
Chap 04
Chap 05
Chap 06
Chap 07
写真測量

3. 航空レーザ測量の作業工程 重要度★☆☆

航空レーザ測量の作業工程は図 5-25 のようになる。

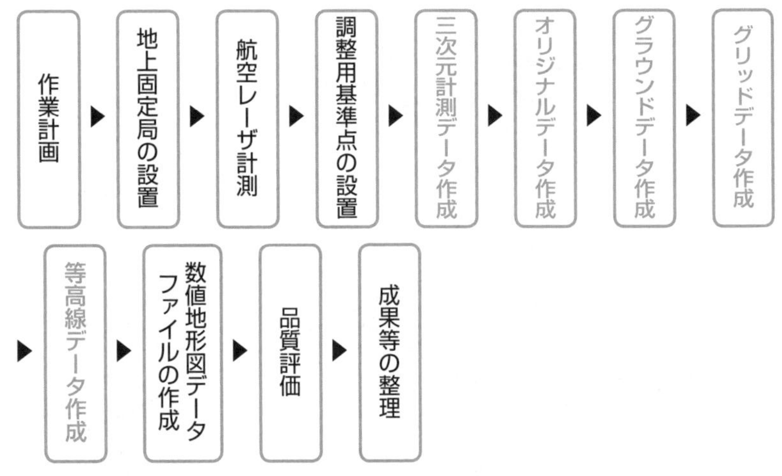

図5-25：航空レーザ測量の作業工程

4. 航空レーザ測量のシステム

航空レーザ測量のシステムには、次のものがある。

① GNSS アンテナおよび受信機

- **飛行機の頂部に確実に固定**できること。
- GNSS 観測データを 1 秒以下の間隔で取得でき、**2 周波**の観測ができること。

② IMU

- センサー部のローリング（ω）、ピッチング（ϕ）、ヘディング（κ）の 3 軸の傾きおよび加速度が計測可能で、そのデータ取得間隔性能が 0.005 秒以上であること。
- **レーザ測距装置に直接装着**できること。

③ **レーザ測距装置**

- ファーストパルスとラストパルス[注]の２パルス以上計測できること。
- スキャン機能を有し、人体への悪影響を防止する機能を有すること。

注　ファーストパルスとはレーザ反射の最初に認識されたもの、ラストパルスとは最後に認識されたものをいう。また、ファーストパルスとラストパルスの間のパルスを中間パルスと呼ぶ。パルスとは衝撃電波ともいわれ、ごく短時間だけ変化する（脈を打つような）電波をいう。

5. 計測データの取得

計測データとしては、地上固定局の GNSS 観測データ、航空レーザ測量システムの GNSS、IMU、レーザ測距の各データが取得される。以下にその注意事項などを記す。

- **航空機**：同一コースのレーザ測距は、直線かつ等高度で行い、対地速度は一定に保つようにする。
- **GNSS**：基準局および航空機上の GNSS 観測データは、取得間隔が１秒以下とし、取得時の衛星数は５個以上（GPS・準天頂衛星を使用する場合）とする。

6. 航空レーザ用数値写真の取得 重要度★★☆

航空レーザ用数値写真は、航空機に搭載されたデジタル航空カメラにより、空中から地上を撮影した画像データで、**レーザ計測と同時に撮影される**。航空レーザ用数値写真は、フィルタリング[注]および**レーザ計測結果の点検に用いられる**。

注　フィルタリング：地表面以外のデータを除く作業。

7. 三次元計測データの作成 重要度★☆☆

三次元計測データとは、航空レーザ計測により得られたデータを解析し、**ノイズなどのエラーデータを除いた三次元座標データ**である。

① 三次元計測データのノイズ（大誤差）

ノイズとは、地形地物以外の計測値などであり、具体的には次のようなデータがある。

- 雲や水蒸気に反射し、極端に標高の高いデータ
- 鏡面壁の高層建築物などにいったん反射したレーザが再度地上で反射して届いた、地形より低いデータ

② 航空レーザ用写真地図データの作成

写真地図データの作成は、三次元計測データや航空レーザ用数値写真の正射変換を行い作成する。

③ 水部ポリゴン（面）データの作成

水部ポリゴンデータは、航空レーザ用写真地図データを用いて、水部（海、河川、池などの地上が水で覆われた部分）の範囲を対象に作成される。これは、**レーザが水面に吸収される**ことや、波や汚濁などで反射されるなど、水面の状況によって、標高データがバラついているデータを除去し、一定の標高を水面に与えるために行われる。

8. オリジナルデータの作成

オリジナルデータはGNSSで計測された高さが、標高値と一致しているかを点検・確認し、**補正された標高データ**である。

GNSSによる標高データは、日本の場合GRS80楕円体を基準にしているため、ジオイド補正が必要である。この補正されたデータが、標高と整合しているかを確認し、調整用基準点を用いて整合させ、その後の各データ作成に用いられる。

9. グラウンドデータの作成 重要度★★☆

グラウンドデータは、**オリジナルデータから**フィルタリング**を行い作成された地表面の三次元計測データ**である。表 5-2 にフィルタリング作業の代表的な対象項目を記す。

表5-2：フィルタリング作業の対象項目

<table>
<tr><td rowspan="3">交通施設</td><td>道　路</td><td>道路橋･高架橋･信号･道路情報板 など</td></tr>
<tr><td>鉄　道</td><td>鉄道橋･高架橋･プラットホーム など</td></tr>
<tr><td>車 両 等</td><td>駐車車両･鉄道車両･船舶 など</td></tr>
<tr><td>建物等</td><td>建物･付属施設</td><td>住宅･工場･倉庫･公共施設･駅舎 など</td></tr>
<tr><td>小物体</td><td></td><td>記念碑･貯水槽･給水塔･高塔･輸送管 など</td></tr>
<tr><td>水部</td><td>水部の構造物</td><td>桟橋･水位観測施設 など</td></tr>
<tr><td>植生</td><td></td><td>樹木･竹林･生垣 など</td></tr>
<tr><td>その他</td><td></td><td>大規模工事地域･地下開削部 など</td></tr>
</table>

●欠測と誤測

欠測とは、**レーザが反射されなかったデータ**で、原因として水面、凍結面、黒色の物体、アスファルト（打設直後）などが考えられる。

誤測とは、**レーザが地上に到達する前に反射したデータ**で、原因として煙、動体（自動車など）、電線、建物（壁面の鏡面反射など）、森林、低木（笹の群生など）などが考えられる。

●欠測率

対象地域をメッシュ（格子）単位で区切り、この中の三次元計測データが得られていないメッシュ（データの存在しないメッシュ）を欠測とする。

対象地域に対する欠測率は、メッシュ間隔が 1m を超える場合は 10%、1m 以下の場合は 15%以下を標準とする。

欠測率は、対象面積に対するデータの存在しないメッシュ数を次の計算式で求める。

（欠測率）＝（データの存在しないメッシュ数）／（全体のメッシュ数）

ただし、**全体のメッシュ数からは、水部のメッシュ数を減じる**ものとする。

10. グリッドデータの作成 重要度★☆☆

グリッドデータは、南北および東西方向に定められた間隔で配置された、標高データである。グリッドデータの作成には、グラウンドデータが用いられ、**ランダムなグラウンドデータから、内挿補間**（ランダムなデータを格子データに変換する手法、最近隣法や平均法などがある）**により作成**される。

11. 等高線データの作成

等高線データは、グラウンドデータまたはグリッドデータからコンピュータシステムの**自動生成機能を用いて作成**される。

過去問題にチャレンジ

Q6 航空レーザ測量

▶R2-No.20

次のａ～ｄの文は，公共測量における航空レーザ測量について述べたものである。

［ア］～［エ］に入る語句の組合せとして最も適当なものはどれか。次の中から選べ。

a. 航空レーザ測量では，［ア］及び点検のための航空レーザ用数値写真を同時期に撮影する。

b. 航空レーザ測量システムは，レーザ測距装置、［イ］，解析ソフトウェアなどにより構成されている。

c. グラウンドデータとは，取得したレーザ測距データから，［ウ］以外のデータを取り除く［ア］処理を行い作成した，［ウ］の三次元座標データである。

d. 三次元計測データの点検及び補正を行うために［エ］を設置する必要がある。

	ア	イ	ウ	エ
1.	リサンプリング	GNSS/IMU装置	水面	簡易水準点
2.	フィルタリング	オドメーター	水面	調整用基準点
3.	リサンプリング	オドメーター	地表面	簡易水準点
4.	フィルタリング	GNSS/IMU装置	地表面	簡易水準点
5.	フィルタリング	GNSS/IMU装置	地表面	調整用基準点

解答

ア：フィルタリング

航空レーザ用数値写真は、航空機に搭載されたデジタル航空カメラにより空中から地上を撮影した画像データで、レーザ計測と同時に撮影される。その結果はフィルタリング（地表面以外のデータを除く作業）及びレーザ計測結果の点検に用いられる。

イ：GNSS/IMU 装置

航空レーザ測量のシステム構成は次のようなものである。GNSS アンテナ及び受信機、IMU、レーザ測距装置、解析ソフト。

ウ：地表面

グラウンドデータとはオリジナルデータからフィルタリングを行い作成された地表面の三次元データである。

エ：調整用基準点

調整用基準点は航空レーザ計測の後に設置され、４級基準点測量及び４級水準測量によって行われる。三次元計測データから調整用基準点成果を用いて点検および調整されたデータをオリジナルデータという。

よって、適当な語句の組合せは 5. となる。

5-4 空中写真の判読

1. 写真判読

写真判読とは、空中写真に写し込まれた地上の情報を、その**色調や形状、陰影・色・模様などを手がかりに、それが何であるのかを判定する技術**であり、地図の作製や科学的な調査に用いられる。判読対象物によりその難易度は様々であり、特に困難なものは対象物に対する専門知識や経験が要求される。

2. 空中写真測量に用いられる写真の種類と特徴

空中写真測量に用いられる主な写真の種類と特徴は、次の通りである。

① **パンクロ（パンクロマティック：白黒）写真**
白黒写真の一種で、ほぼ人間の目が感知する光の波長に感光する（肉眼と同程度の感度で撮影できる）写真で、解像度もあるため、主に形態を判読する根拠に用いられる。

② **赤外白黒写真**
いわゆる赤外線写真のことである。赤外線を反射するもの（葉など）は白く写り、赤外線を吸収するもの（水部）は黒く写る。天候の影響を受けにくい。

③ **天然色カラー写真**
一般的なカラー写真のことである。カラー写真であるため、そこから得られる情報量は多く、現在一般的に用いられている。

④ **赤外線カラー写真**
赤外線によるカラー写真で、活力のある植物ほど鮮明な赤に写る。植生分布や種類の判読に用いられる。赤外白黒写真同様に、水部は黒く写る。

3. 判読要素

空中写真に写る対象物を判読するためには、次の事項を手がかりにするとよい。

① **撮影方向**
高層構造物や急斜面など、ある程度の形状を把握できる。

② **実体視**
実体視により凹凸が明瞭になるため、自然的・人工的な起伏が判読できる。

③ **影(陰影)**
高塔など影によりその形状が判読できる。

④ **階調**
濃度(色調・トーン)の変化により、対象物の特徴を捉えて判読できる。

⑤ **形状**
道路など対象物の特徴を捉えて判読できる。

⑥ **パターン**
植生のパターンや構造物の配置などにより判読できる。

⑦ **きめ**
テクスチャーともいわれ、表面上の質やその模様により判読できる。

⑧ **色**
同色でも、明暗により判読できる。

4. 代表的な地物の判読ポイント 重要度★★☆

代表的な地物の判読ポイント（夏季）は、表 5-3 の通りである。

表5-3：対象の判読ポイント（夏季）

対 象	判読ポイント
学校	同じ敷地内に**Lやl、コ型の大きな建物およびグラウンド、プール、体育館の有無**
鉄道	**交差点の有無**、緩いカーブ、直線の長さ、茶色の鉄道敷、架線支持物（電化の場合）
道路	**交差点の有無**、カーブの多さ、通行車両の有無、灰色で幅員が均一
橋	地形と**道路・鉄道・河川などの位置関係**、影
住宅地	区画整理された形状、**ほぼ定まった形状の密集**、カラフルな色の屋根
送電線	適度な間隔（ほぼ等間隔）、**高塔が線状**に並ぶ、白い線で結ばれている
針葉樹林	**階調が暗い、とがった樹幹**、円錐形、暗緑色
広葉樹林	**階調が明るい、楕円状の樹幹**、樹幹表面の凹凸、明緑色
竹林	**階調が明るい**（淡灰色）、**ヘイズ**（ちり）のかかったきめ、とがった樹頂、緑色
果樹園	**土地の形状**（扇状地や耕地など）、**規則正しい配列**（碁盤の目）の樹幹、濃緑色
茶畑	**土地の形状**（台地や丘陵の緩斜面など）、濃緑色の縞模様、きめがなめらか、不整形の耕地
水田	土地の形状（平たん、長方形など）、一様なきめ、連続性、**耕地と耕地の間のあぜ**
畑	耕地一面ごとの異なる階調、**あぜがない**
牧草地	**きめの細かい植生、明るい緑色**、あぜがない、サイロや厩舎などの構造物、さくの有無

5. 写真で見る判読例 重要度★☆☆

学校	鉄道（線路）・道路	鉄塔
プールにグラウンド、体育館が見える 	直線状の部分と道路交差部に踏切 	影でも判読できる 
送電線	田	畑
一列に並んだ鉄塔 	区画に区切られ、あぜが見える 	あぜがなく、土地に合わせた形状 
広葉樹	針葉樹	野球場
階調が明るい、丸みのある樹幹 	階調が暗い、小さくとがった樹幹 	人工構造物はその形状から判読 

図5-26：写真で見る判読例

過去問題にチャレンジ

H28-No.20

Q7 空中写真の判読

次の文は，夏季に航空カメラで撮影した空中写真の判読結果について述べたものである。明らかに間違っているものはどれか。次の中から選べ。

1. 道路に比べて直線又は緩やかなカーブを描いており，淡い褐色を示していたので，鉄道と判読した。
2. 山間の植生で，比較的明るい緑色で，樹冠が丸く，それぞれの樹木の輪郭が不明瞭だったので，針葉樹と判読した。
3. 水田地帯に，適度の間隔をおいて高い塔が直線状に並んでおり，塔の間をつなぐ線が見られたので，送電線と判読した。
4. 丘陵地で，林に囲まれた長細い形状の緑地がいくつも隣接して並んでいたので，ゴルフ場と判読した。
5. 耕地の中に，緑色の細長い筋状に並んでいる列が何本もみられたので，茶畑と判読した。

解答

1. 正しい。鉄道の判読結果である。その他の項目としては、交差点の有無や電化されている場合は、両サイドの架線支持物の有無による。

2. **間違い。**広葉樹の判読結果である。針葉樹は、夏季でも暗い緑色でとがった樹幹を持ち、円錐形をしている。また、広葉樹には落葉広葉樹もあり、秋季には紅葉し冬季には落葉する。

3. 正しい。送電線の判読結果である。その他の項目としては、塔をつなぐ線がほぼ白色で写っていることや、晴れているならばその影で高塔と判読できる。

4. 正しい。ゴルフ場の判読結果である。その他の項目としては、バンカーやクラブハウスの有無、色調が明るい黄緑であり、緑地がきめ細かいことなどからゴルフ場（芝）と判読できる。

5. 正しい。茶畑の判読結果である。その他の項目としては、濃い緑色の縞模様や不整形、台地や丘陵の緩斜面などその土地形状などでも判読できる。

よって、明らかに間違っているものは 2. となる。

過去問題にチャレンジ

▶R1-No.18

Q8 空中写真測量の特徴 1

次のａ～ｅの文は，空中写真測量の特徴について述べたものである。明らかに間違っているものだけの組合せはどれか。次の中から選べ。

a. 現地測量に比べて，広域な範囲の測量に適している。
b. 空中写真に写る地物の形状，大きさ，色調，模様などから，土地利用の状況を知ることができる。
c. 他の撮影条件が同一ならば，撮影高度が高いほど，一枚の空中写真に写る地上の範囲は狭くなる。
d. 高塔や高層建物は，空中写真の鉛直点を中心として放射状に倒れこむように写る。
e. 起伏のある土地を撮影した場合でも，一枚の空中写真の中では地上画素寸法は一定である。

1. a，c　2. a，d　3. b，d　4. b，e　5. c，e

解答

a. 正しい。基本的に現地測量の測量範囲は視通がある部分のみ、空中写真測量では写された写真の範囲内が測量範囲である。

b. 正しい。写真判読のことをいっている。写真判読は空中写真に写し込まれた土地の情報を、その色調や形状、陰影、色などを手がかりにそれが何であるかを判定する技術である。

c. **間違い**。撮影高度が高いほど撮影範囲が広くなる。逆に撮影高度が低いほど撮影範囲は狭くなる。

d. 正しい。空中写真は中心投影である。写真中心（主点）を中心に放射状に倒れ込むように地物が写る。中心投影であるために実体視が行える。

e. **間違い**。起伏のある土地では、その場所によって地上画素寸法が異なる。次図のように撮影高度が一定であれば、低い土地では地上画素寸法が大きくなり、高い土地では地上画素寸法が小さくなる。

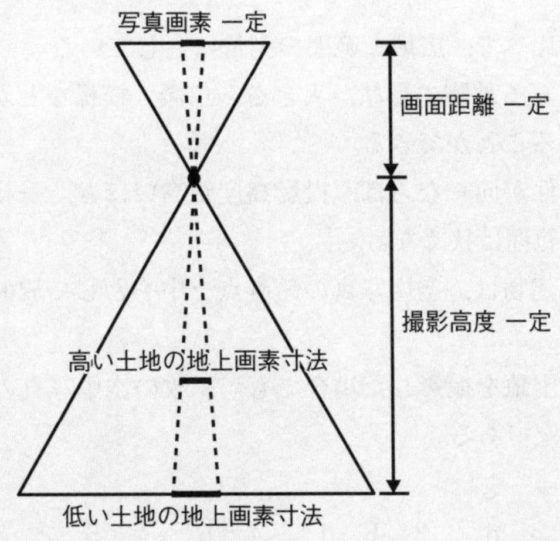

よって明らかに間違っているものは 5. となる。

過去問題にチャレンジ

▶ R3-No.17

Q9 空中写真測量の特徴 2

次の文は，空中写真測量の特徴について述べたものである。明らかに間違っているものはどれか。次の中から選べ。

1. 撮影高度及び画面距離が一定ならば，航空カメラの撮像面での素子寸法が大きいほど，撮影する空中写真の地上画素寸法は小さくなる。
2. 高塔や高層建物は，空中写真の鉛直点を中心として外側へ倒れこむように写る。
3. 他の撮影条件が一定ならば，山頂部における地上画素寸法は，その山の山麓部におけるそれより小さくなる。
4. 空中写真に写る地物の形状，大きさ，色調，模様などから，土地利用の状況を知ることができる。
5. 自然災害時に空中写真を撮影することで，迅速に広範囲の被災状況を把握することができる。

解答

1. 間違い。撮影高度（H）と画面距離（f）が一定であれば、次図のような比例関係から撮像面での画素寸法が大きいほど、地上画素寸法は大きくなる。

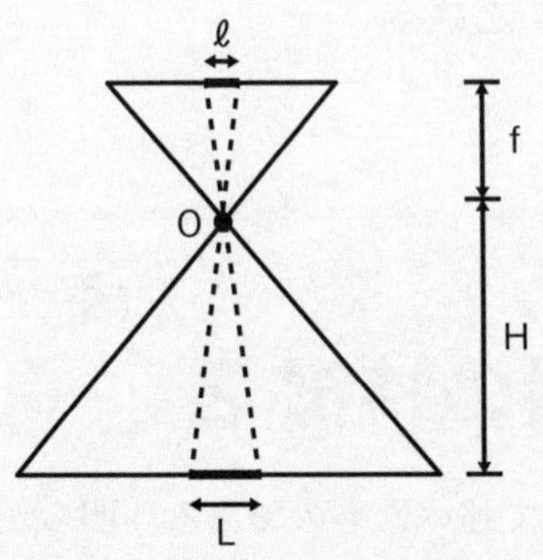

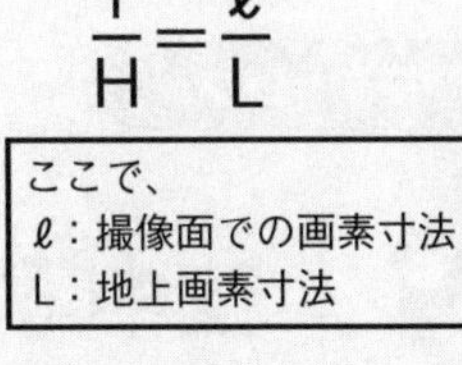

2. 正しい。空中写真は「中心投影」で撮影されており、中心投影では空中写真の主点（鉛直点）から離れるほど、主点から外側に傾いて写される。

3. 正しい。他の撮影条件が一定であるとすると、次のような比例関係から撮影高度が小さくなれば山頂部の地上画素寸法（L2）は山麓部の地上画素寸法（L1）より小さくなる。

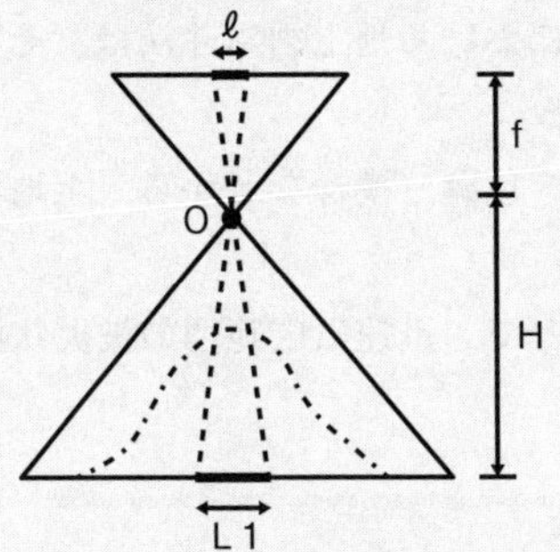

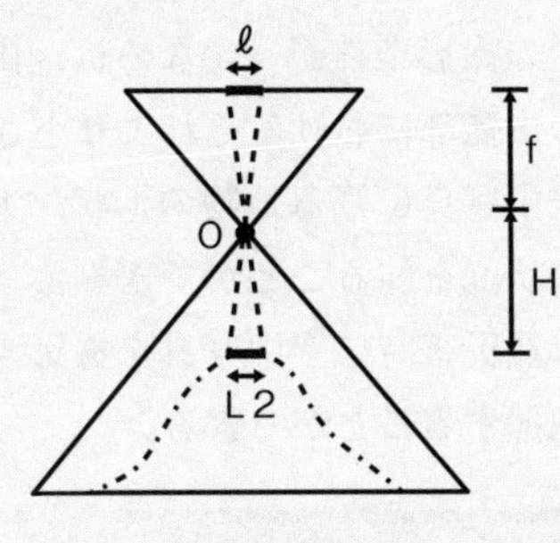

4. 正しい。空中写真の判読に関する問題である。写真判読とは、空中写真に写しこまれた地上の情報を、その色調や形状、陰影、色などを手がかりにそれが何であるのかを判定する技術である。

5. 正しい。写真判読の技術からも、問題文のように被災状況を広く把握することができる。

よって、明らかに間違っているものは 1. となる。

➔ 5-5 撮影高度と写真縮尺

1. 空中写真の図形的な性質 〈重要度★★★〉

撮影高度と写真縮尺に関する計算問題を解くためには、図 5-27 のような関係を**理解しておくことが必要**である。また、試験では**問題文から図を描ける**か否かが正誤の分岐となる。

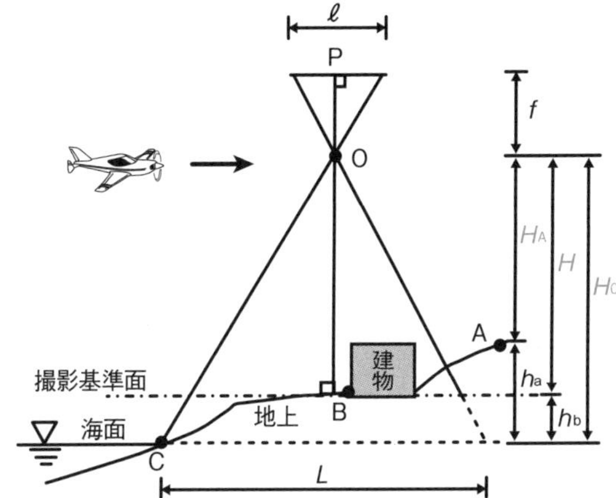

P：写真主点
O：レンズ中心
f：画面距離
H：撮影高度（撮影基準面からの高度）
H_0：海抜撮影高度
H_A：対地高度（A の地表面からの高度）
h_a：A 点の標高
h_b：B 点の標高

図5-27：撮影高度と写真縮尺の関係

図 5-27 から空中写真の縮尺と撮影高度の関係式を組み立てると次のようになる。

$$\frac{f}{H}=\frac{\ell}{L}=\frac{1}{m}$$

m：写真縮尺分母　L：地上距離（水平距離）　ℓ：写真上に写された距離
H：撮影高度　f：画面距離

※撮影高度と写真縮尺の関係は、上下の三角形が相似形であることを考え、比例式で考えるとよい。

また、次の**3つの撮影高度**について覚えておく必要がある。

① **撮影高度**：撮影基準面からの撮影高度（相対撮影高度）
② **海抜撮影高度**：海面からの撮影高度
③ **対地高度**：特定地表面からの撮影高度

2. 撮影高度と縮尺の計算例

撮影高度と縮尺の計算に関して、例題を挙げて解説する。

例題 01 撮影高度の計算

▶ H26-No.19 一部改変

画面距離 7 ㎝，撮像面での素子寸法 6 μm のデジタル航空カメラを用いた，数値空中写真の撮影計画を作成した。このときの撮影基準面での地上画素寸法を 18㎝とした場合，撮影高度は幾らか。

ただし，撮影基準面の標高は 0 m とする。

解答 単位に惑わされず次のように図を描き、撮影高度と縮尺の関係から計算すればよい。

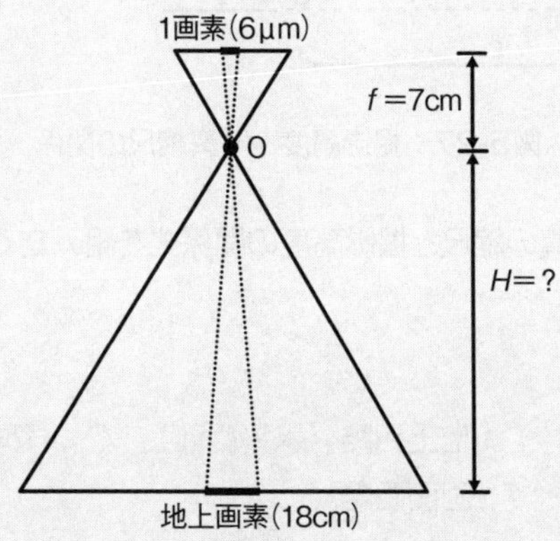

図から次のような関係がわかる。

$$\frac{\ell}{L}=\frac{f}{H} \text{ より、} \frac{0.000006\text{m}}{0.18\text{m}}=\frac{0.07\text{m}}{H}$$

※1 μm は、0.000001m（1×10^{-6}m）である。

これを計算すると、

$$H=\frac{0.07\text{m}\times0.18\text{m}}{0.000006\text{m}}=\frac{0.0126}{0.000006}\text{m}=2{,}100\text{m}$$

問題文より撮影基準面が標高 0m であるため、この空中写真の撮影高度は、2,100m である。

※写真測量の計算では数値の単位を m（メートル）に統一しておくとよい。

撮像面での素子寸法：デジタル空中写真は、ラスタデータ（Part2 の 6-6-2）であるため、その画像は画素の集合体である。その 1 画素の寸法。写真測量の問題では 1 素子の大きさ＝ 1 画素の大きさと考えればよい。

地上画素寸法：撮像面における 1 画素のサイズで写る地上の寸法。

過去問題にチャレンジ

▸ R2-No.19

Q10 撮影高度と写真縮尺

画面距離 10cm，画面の大きさ 26,000 画素 × 17,000 画素，撮像面での素子寸法 4μm のデジタル航空カメラを用いて鉛直空中写真を撮影した。撮影基準面での地上画素寸法を 15cm とした場合，標高 0m からの撮影高度は幾らか。最も近いものを次の中から選べ。

ただし，撮影基準面の標高は 500m とする。

なお，関数の値が必要な場合は，巻末の関数表を使用すること。

1. 3,250m
2. 3,750m
3. 4,250m
4. 4,750m
5. 5,250m

解答

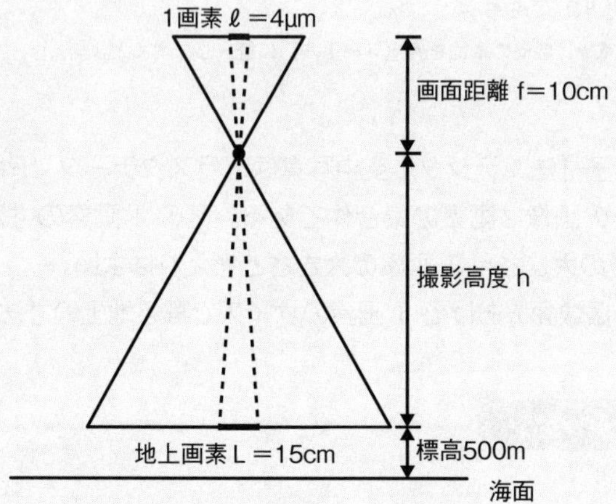

前図より次の関係が得られる（単位はメートルに合わせておくとよい）。

$\frac{\ell}{L} = \frac{f}{h}$ より、$\frac{4 \times 10^{-6}}{0.15} = \frac{0.1}{h}$

よって、$h = \frac{0.1 \times 0.15}{0.000004} = 3{,}750$ m

問題文より撮影基準面の標高は500mであるため、海面からの撮影高度は、

3,750m + 500m = 4,250mとなる。

※ 1μmは、0.000001mである。

よって、最も近いものは3. となる。

過去問題にチャレンジ

▶H27-No.18

Q11 撮影高度と写真縮尺（地物の長さ）

画面距離 10㎝，撮像面での素子寸法 12μm のデジタル航空カメラを用いて，海面からの撮影高度 2,500m で，標高 500m 程度の高原の鉛直空中写真の撮影を行った。この写真に写っている橋の長さを数値空中写真上で計測すると 1,000 画素であった。

この橋の実長は幾らか。最も近いものを次の中から選べ。

ただし，この橋は標高 500m の地点に水平に架けられており，写真の短辺に平行に写っているものとする。

1. 180 m　　2. 240 m　　3. 300 m
4. 360 m　　5. 420 m

解答

① 画面距離が 10㎝であるから、この空中写真の写真縮尺は、次のようになる。

$$\frac{f}{H}=\frac{1}{m} \text{より、} \frac{0.10\text{m}}{(2{,}500-500)\text{m}}=\frac{0.10/0.10}{2{,}000/0.10}=\frac{1}{20{,}000}$$

よって、この空中写真の写真縮尺は、1/20,000 となる。

※ここで、飛行高度と海抜撮影高度の関係に注意する必要がある。
※写真の短辺に平行とは、飛行機の進行方向に対して平行という意味である。

② 画素寸法から写真上の橋の長さを求めると次のようになる。

0.000012m × 1,000 画素 = 0.012m　（写真上の橋の長さ）

※1μm は、0.000001m（1×10^{-6}m）である。

Part 02 実践対策編 Chap 01 Chap 02 Chap 03 Chap 04 Chap 05 Chap 06 Chap 07 写真測量

③　**写真縮尺から橋の実長を求めると次のようになる。**

$$\frac{\ell}{L} = \frac{1}{m} \text{より、} \frac{0.012\text{m}}{L} = \frac{1}{20{,}000}$$

したがって、L = 0.012m × 20,000 = 240m

よって、橋の実長は 2. となる。

5-6 撮影基線長の計算

1. オーバーラップとサイドラップ 重要度★★★

空中写真では、図化機により立体モデル（ステレオモデル）を作成するために、重複部を設ける必要がある。このコース方向の重複度をオーバーラップ（以下 OL）、コース間隔の重複度をサイドラップ（以下 SL）と呼び、作業規程の準則では、**OL を 60%、SL を 30%とすることを標準**としている。

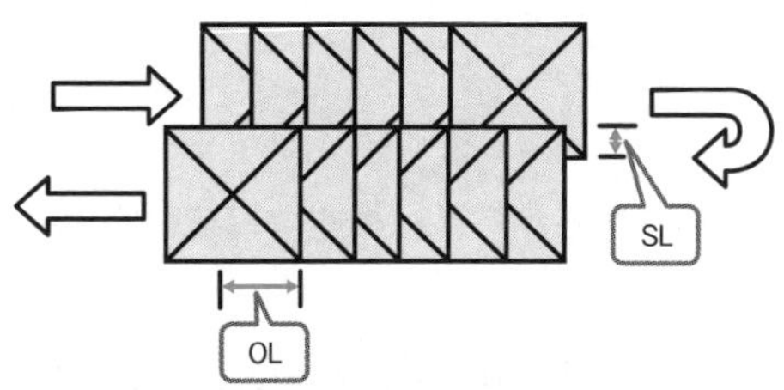

図5-28：OLと SL

2. OL（オーバーラップ） 重要度★★★

OL はコース方向への１組の写真の重複度を表し、図 5-29 のように表すことができる。その際、２つの写真主点間隔を主点基線長[注1]（b）、その地上での距離を撮影基線長[注2]（B）と呼ぶ。

注１　２枚の連続した空中写真の主点間の長さのこと。

注２　地上の（実際の）写真主点間の距離（主点基線長×写真縮尺の分母）で表される。

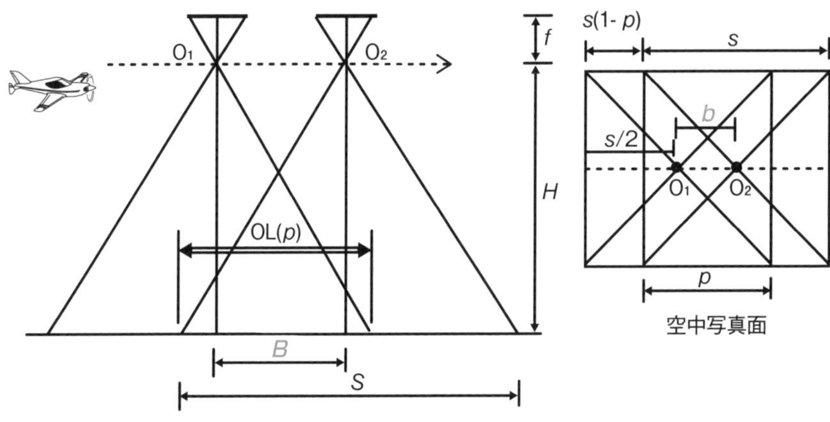

O：写真主点（レンズ中心） *b*：**主点基線長**（主点距離） *f*：画面距離

H：撮影高度 *B*：**撮影基線長** *S*：写真に写る地上距離

s：写真画面の大きさ OL(*p*)：OL (重複度（%）)

図5-29：OL

まず、主点基線長（*b*）を求める式を考えると次のようになる。

$b = s + s(1 - p) - (s/2) - (s/2) = s(1 - p)$

また、撮影基線長と主点基線長には、次のような関係がある。

$\frac{1}{m} = \frac{f}{H} = \frac{s}{S} = \frac{b}{B}$ より $B = bm$ $S = sm$ （*m*：写真縮尺の分母）

これより、OL を求める式を考えると次のようになる。

$$OL(p) = \frac{(S-B)}{S} \times 100(\%)$$

これを展開すると次のようになる。

$(S-B) = S \times OL$ $B = S - S\left(\frac{OL}{100}\right)$ $B = S\left(1 - \frac{OL}{100}\right)$ ※

※試験対策としては、この式を覚えておけばよい。

※主点基線長を求める場合は $S = s$ を $B = b$ と置き換えればよい。

3. OL に関する詳細

作業規程の準則によれば、空中写真の OL は、パスポイントを容易に選定できるようにするために、最小でも53%を確保する必要がある（SLは10%）。しかし、必要以上のOLの確保は、高さの測定精度を低下させるため好ましくない。

また、山地部などの高低差の多い地域においては、撮影基準面に対して、対象物の標高が上がるとその重複度が小さくなり、連続した空中写真に写らなくなるおそれがある。そこで、図5-30のように撮影基準面に対するOLを十分考慮する必要がある。

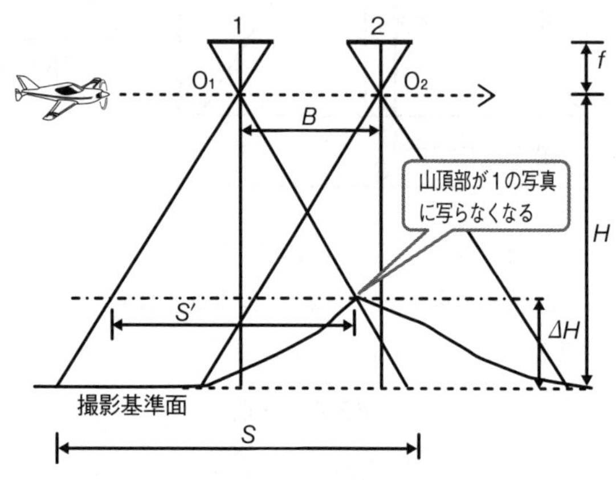

図5-30：OLの考慮

ここで、写真に写る地上範囲（距離）をS、基準面よりΔHだけ標高の高い場所が写る地上範囲をS'とすると、その関係は次のように表される。

$$\frac{S'}{S}=\frac{H-\Delta H}{H}$$

また、OLと撮影基線長の関係式より、基準面より標高の高い場所の重複度（OL′）と撮影基準面のOLは、それぞれ次のように表される。

$$B=S'\left(1-\frac{OL'}{100}\right)=S\left(1-\frac{OL}{100}\right)$$

ここで、前式をまとめると、次のようになる。

$$\frac{H-\Delta H}{H}=\frac{100-OL}{100-OL'}$$

この式により、撮影基準面に対して、山間部など高低差が激しい地域では、これ以上下回ってはならない最小のOL′を与えてやれば、撮影基準面に対するOLを求めることができ、撮影計画を立てることができる。

4. SL（サイドラップ）〈重要度★★☆

SLについては、OLと同様の考えにより、以下の式によって表される。

$SL=\dfrac{(S-C)}{S}\times 100\%$　ここで、C：コース間隔である。

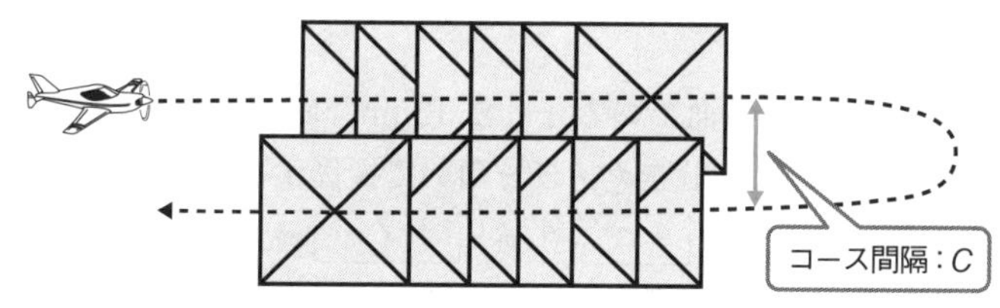

図5-31：SL

また、コース間隔を決定するには、前式を次のように変換すればよい。

$SL=\dfrac{(S-C)}{S}\times 100\%$　$(S-C)=S\times SL$

$C=S-S\left(\dfrac{SL}{100}\right)$　$C=S\left(1-\dfrac{SL}{100}\right)$

$C=S\left(1-\dfrac{SL}{100}\right)$ ※

※試験対策としては、この式を覚えておけばよい。

なお、高低差のある地域におけるSLについても、次式のようにOLの場合と同様に考えればよい。

$$\frac{H-\Delta H}{H}=\frac{100-SL}{100-SL'}$$

5. 撮影基線長の計算例

撮影基線長の計算について、例題を挙げて解説する。

例題 02 撮影基線長の計算

▶H24-No.16 一部改変

次の文は，デジタル航空カメラで鉛直方向に撮影された空中写真の撮影基線長を求める過程について述べたものである。[ア]～[エ]に入る数値を求めよ。

画面距離 12㎝，撮像面での素子寸法 12μm，画面の大きさ 12,500 画素 × 7,500 画素のデジタル航空カメラを用いて撮影する。このとき，画面の大きさを㎝単位で表すと[ア]㎝×[イ]㎝である。

デジタル航空カメラは，撮影コース数を少なくするため，画面短辺が航空機の進行方向に平行となるように設置されているので，撮影基線長方向の画面サイズは[イ]㎝である。

撮影高度 2,050m，隣接空中写真間の重複度 60% で標高 50m の平たんな土地の空中写真を撮影した場合，対地高度は[ウ]mであるから，撮影基線長は[エ]mと求められる。

解答

① **画素寸法の計算（ア、イ）**

問題文より、1 画素のサイズが 12μm であるため、12,500 画素× 7,500 画素の写真サイズは、

$12 \times 10^{-6} \times 12{,}500 = 0.15\text{m} = 15\text{cm}$

$12 \times 10^{-6} \times 7{,}500 = 0.09\text{m} = 9\text{cm}$

よって、15㎝ × 9㎝となる。

※1μm は、0.000001m（1×10^{-6}m）である。

また、問題文より撮影基線長方向の画面サイズは、9㎝である。

② **対地高度の計算（ウ）**

問題文より撮影高度 2,050m、標高 50m であるから、対地高度は

2,050 − 50 = 2,000m となる。

③ 撮影基線長の計算（エ）

・写真縮尺の計算

$\frac{f}{H}=\frac{1}{m}$ より、$\frac{0.12\text{m}}{2{,}000\text{m}} \fallingdotseq \frac{1}{16{,}667}$

よって、この空中写真の写真縮尺は、約 1/16,667 となる。

・写真に写る地上の範囲の計算

写真画面の大きさが、15㎝ × 9㎝であり、その縮尺が 1/16,667 であることから、写真に写し込まれる地上の範囲は、

・0.15m × 16,667 ≒ 2,500m

・0.09m × 16,667 ≒ 1,500m

つまり 2,500m × 1,500m となる。

※デジタル航空写真の画角は「長方形」となる。このため、次のように短辺が撮影基線方向となる。

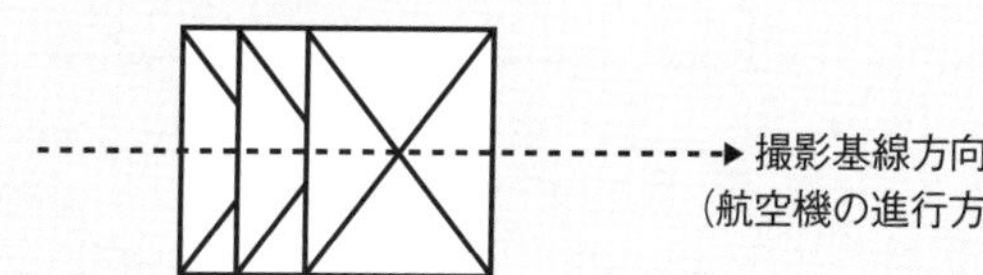

・撮影基線長の計算

撮影基線長方向の地上範囲は、1,500m であるため、

$B=S\left(1-\frac{OL}{100}\right)$ より、

$1{,}500\text{m}\times\left(1-\frac{60}{100}\right)=600\text{m}$

よって、撮影基線長は、600m となる。

過去問題にチャレンジ

▶R1-No.19

Q12 オーバーラップ

空中写真測量において，同一コース内での隣接写真との重複度（オーバーラップ）を80%として平たんな土地を撮影したとき，一枚おき（例えばコースの2枚目と4枚目）の写真の重複度は何%となるか。最も近いものを次の中から選べ。

なお，関数の値が必要な場合は，巻末の関数表を使用すること。

1. 36%
2. 40%
3. 50%
4. 60%
5. 64%

解答

① 問題文を図に描き、考える

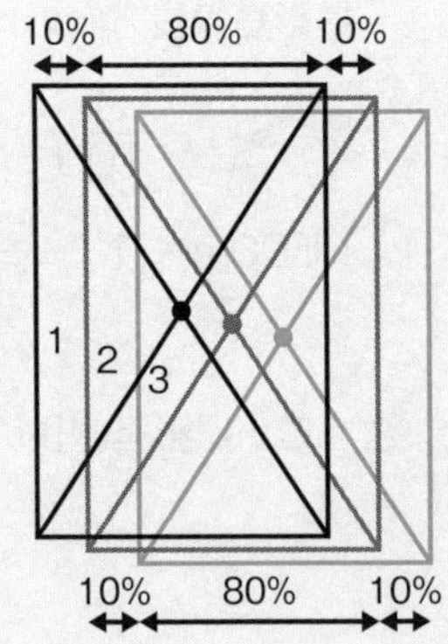

1枚目の写真と2枚目の写真のOLが80%であるということは、互いの写真の端部がそれぞれ10%ずつ重なっていないということである。ここで1枚目と3枚目（1枚おき）の重複度を考えると、図から互いに重なっていない部分は、両端部のそれぞれ（10%＋10%＝20%）である。よって、1枚おきの写真の重複度は60%となる。

② OLの式で考える（別解）

写真に写し込まれる地上範囲を、2,500m × 1,500m と仮定し、画面短辺が撮影基線長と平行とすれば、OL が 80%の場合その撮影基線長（B）は次のように求められる。

$$B = S\left(1 - \frac{OL}{100}\right) = 1{,}500\text{m} \times \left(1 - \frac{80}{100}\right) = 300\text{m}$$

前式から１枚おきの写真どうしの撮影基線長を 300m + 300m = 600m とすれば、その OL は次のように計算できる。

$$OL = \frac{S - B}{S} \times 100\% = \frac{1{,}500 - 600}{1{,}500} \times 100\% = 60\%$$

よって、１枚おきの写真の重複度は 60%となる。

最も近いものは 4. である。

過去問題にチャレンジ

▶ H30-No.18

Q13 撮影基線長の計算

画面距離 10cm，画面の大きさ 26,000 画素 × 15,000 画素，撮像面での素子寸法 4 μm のデジタル航空カメラを用いて，海面からの撮影高度 3,000m で標高 0m の平たんな地域の鉛直空中写真を撮影した。撮影基準面の標高を 0m，撮影基線方向の隣接空中写真間の重複度を 60%とするとき，撮影基線長は幾らか。最も近いものを次の中から選べ。

ただし，画面短辺が撮影基線と平行とする。

なお，関数の値が必要な場合は，巻末の関数表を使用すること。

1. 720m
2. 1,080m
3. 1,250m
4. 1,800m
5. 1,870m

① 撮像面での１画素のサイズが、４µm であるため、26,000 画素×15,000 画素の写真サイズは次のようになる。

0.000004 × 26,000 ＝ 0.104m

0.000004 × 15,000 ＝ 0.06m

よって、10.4㎝× 6.0㎝となる。

※１µm は、0.000001m（1 × 10^{-6}m）である。

② 画面距離 10㎝、撮影高度 3,000m であるから、この写真の縮尺は次のようになる。

$\frac{f}{h}=\frac{1}{m}$より$\frac{0.1m}{3{,}000m}=\frac{1}{30{,}000}$

よってこの空中写真の撮影縮尺は、1/30,000 となる。

③ 写真に写し込まれる地上の範囲は次のようになる。

写真画面の大きさが、0.104m × 0.060m、写真縮尺が 1/30,000 であるため、

地上の範囲は、0.104m × 30,000 ＝ 3,120m、0.060m × 30,000 ＝ 1,800m となる。

④ 問題文より、重複度が 60%で、画面短辺が撮影基線長と平行であるため撮影基線長は次のようになる。

$$B = S\left(1 - \frac{OL}{100}\right) = 1{,}800\text{m} \times \left(1 - \frac{60}{100}\right) = 1{,}800\text{m} \times 0.4$$

$$= 720\text{m}$$

重複度 60%時の撮影基線長は、720m となる。

よって、最も近いものは 1. である

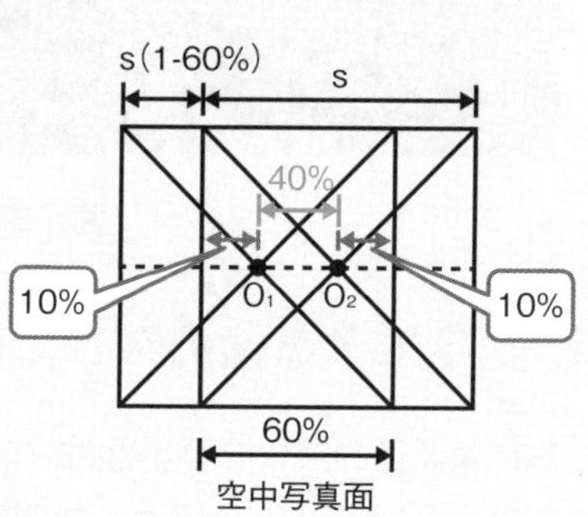

※撮影基線長（B）の式の考え方
図のように考えると、撮影基線長（隣り合う地上の主点間隔）は OL が 60%とすると、40% となる。
このため、写真短辺の地上範囲に 40% を掛ければ、撮影基線長が求められる。
1,800mm × 0.4 = 720m

5-7 比高による像のズレ

1. 比高による像のズレ 重要度★★☆

空中写真は中心投影で撮影されるため、撮影された地物は図 5-32、図 5-33 のように写真主点（鉛直点）を中心として、放射状に傾いて写ることになる。当然、高さのある建物や、対象物が主点から離れるほど、その傾きは大きく写ることとなる。この傾きを**比高による像のズレ**と呼ぶ。

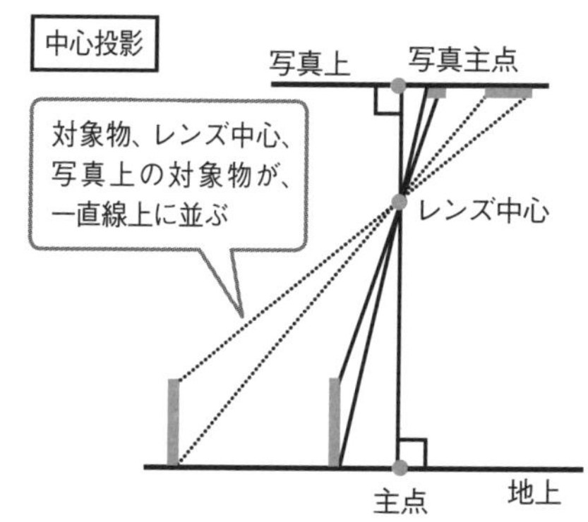

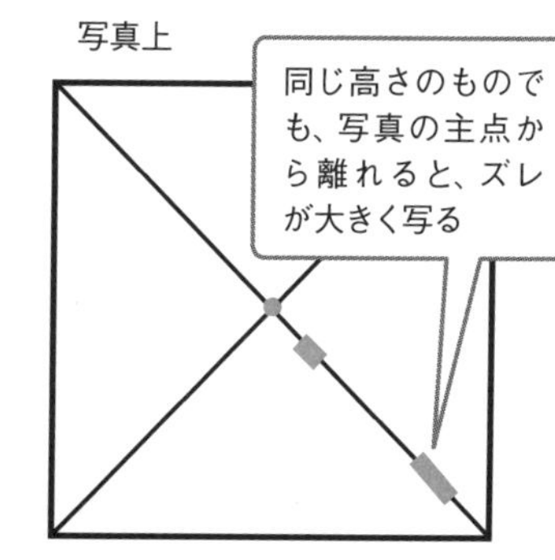

図5-32：中心撮影

建物が矢印の方向（主点方向）と反対に向かって、傾いて写る。

図5-33：像のズレ

2. 比高による像のズレに関する図形的性質

比高による像のズレに関する問題を解くためには、図 5-34 のような関係を理解しておくことが必要であるが、証明式をすべて覚える必要はない。要は、⑤の式を覚えてしまうか、問題文から図 5-34 のような図を描けることが大切である。

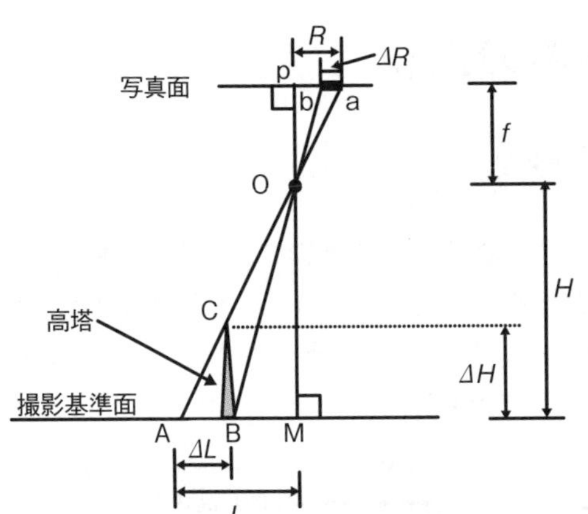

L：鉛直点から高塔先端までの投影距離
ΔL：高塔の投影距離
f：画面距離
H：撮影高度
R：写真上の主点から高塔先端までの長さ
ΔR：写真上の高塔の像の長さ
O：レンズ中心
ΔH：高塔の高さ
p：写真主点
M：地上の鉛直点

図5-34：中心投影写真の図形的性質

ここで、△OAM と △Oap が相似であるため、次の関係が成り立つ。

$$\frac{f}{H}=\frac{R}{L} \quad \cdots\cdots①$$

次に、△OAM と △CAB が相似であるため、次の関係が成り立つ。

$$\frac{\Delta H}{H}=\frac{\Delta L}{L} \quad \cdots\cdots②$$

また、△OABと△Oabが相似であるため、次の関係が成り立つ。

$$\frac{f}{H}=\frac{\Delta R}{\Delta L} \quad \cdots\cdots ③$$

上記のような関係を基に、与えられた数値で解答を導く式を組み立てればよい。
例えば、高塔の高さΔHを求める式を組み立てると、次のようになる。
まず、前式の①と③式の左辺が同じであることを利用してまとめると、

$\frac{R}{L}=\frac{\Delta R}{\Delta L}$ となり、ここから、Lを求める式に変形すると次のようになる。

$$L=\frac{R\cdot \Delta L}{\Delta R} \quad \cdots\cdots ④$$

ここで、④式を②式に代入し、これを$\Delta H=$の式に直すと、次のようになる。

$$\frac{\Delta H}{H}=\Delta L\times\frac{\Delta R}{R\cdot \Delta L}=\frac{\Delta R}{R} \qquad \Delta H=\frac{\Delta R}{R}\times H \quad \cdots\cdots ⑤$$

よって、ΔH（高塔の高さ）を求めることができる。

3. 写真像のズレに関する計算例

比高による写真像のズレに関する計算について、例を挙げて解説する。

例題 03 比高による写真像のズレに関する計算

▶H21-No.17 一部改変

航空カメラを用いて，海抜2,200mの高度から撮影した鉛直空中写真に，鉛直に立っている高さ50mの直線状の高塔が写っている。この高塔の先端は，主点から70.0㎜離れた位置に写っており，高塔の像の長さは2.0㎜であった。

この高塔が立っている地表面の標高は幾らか。

解答 問題文を図に描くと次のようになる。

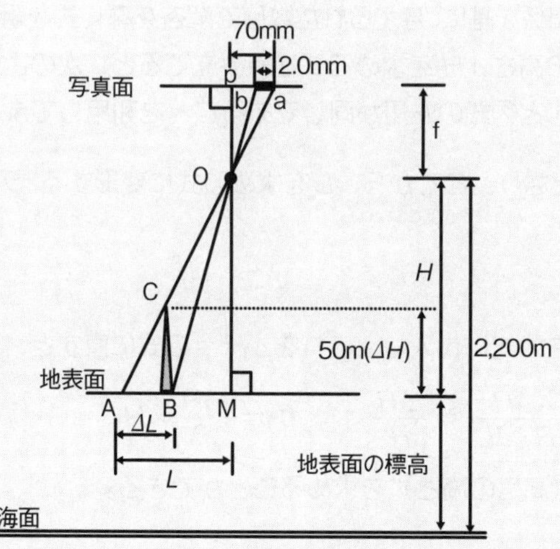

$\dfrac{\Delta H}{H}=\dfrac{\Delta R}{R}$ より、

$\Delta H=\dfrac{\Delta R}{R}\cdot H=\dfrac{0.002\text{m}}{0.070\text{m}}\times H=50\text{m}$ この式を変換して、

$H=\dfrac{50\text{m}}{0.002\text{m}}\times 0.070\text{m}=1{,}750\text{m}$ ※単位換算に注意する。

上式で求めたのは、高塔の撮影高度であるため、地表面の標高は次のように求める。

2,200m − 1,750m = 450m

よって、地表面の標高は 450m となる。

過去問題にチャレンジ

▶H28-No.19

Q14 比高による像のズレに関する計算 1

図のように，航空カメラを用いて，1,800m の高度から撮影した鉛直空中写真に，鉛直に立っている直線状の高塔が長さ 9.5㎜で写っていた。この高塔の先端は，主点Ｐから 7.6㎝離れた位置に写っていた。この高塔の立っている地表面の標高を 0m とした場合，高塔の高さは幾らか。最も近いものを次の中から選べ。

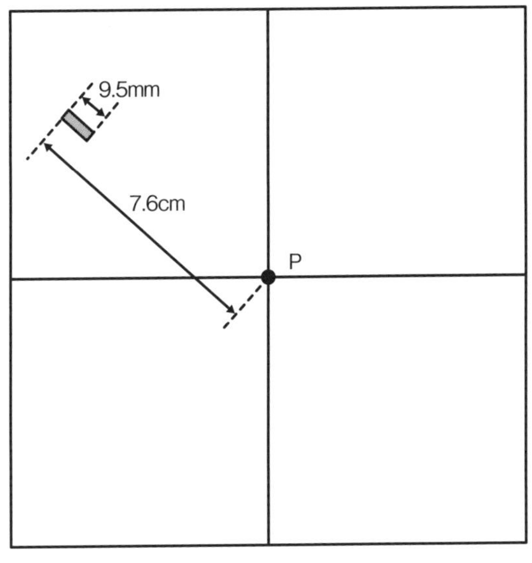

図

1. 53 m
2. 136 m
3. 178 m
4. 225 m
5. 271 m

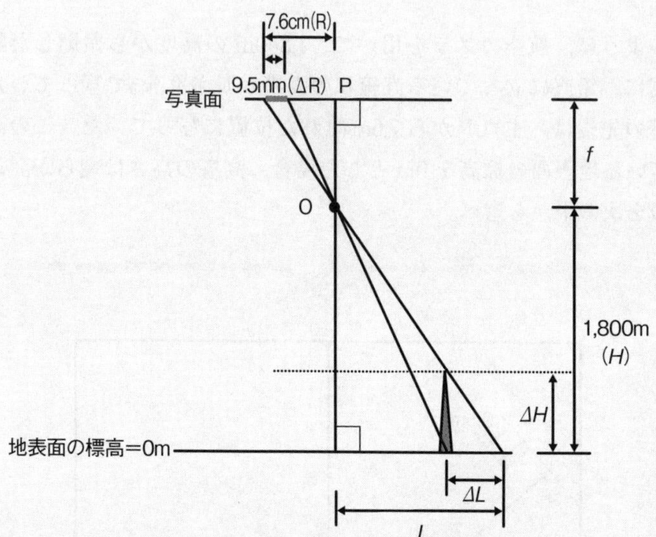

前図から式を組み立てて計算すると次のようになる。

$$\frac{\Delta H}{H}=\frac{\Delta R}{R}\text{ より、}\Delta H=\frac{\Delta R}{R}\times H=\frac{0.0095\text{m}}{0.076\text{m}}\times 1{,}800\text{m}=225\text{m}$$

※単位換算に注意する。

よって、高塔の高さは 4. となる。

過去問題にチャレンジ

▶ R3-No.19

Q15 比高による像のズレに関する計算 2

画面距離 10cm，撮像面での素子寸法 10μm のデジタル航空カメラを用いて，対地高度 2,000m から平たんな土地について，鉛直下に向けて空中写真を撮影した。空中写真には，東西方向に並んだ同じ高さの二つの高塔 A，B が写っている。地理院地図上で計測した高塔 A，B 間の距離が 800m，空中写真上で高塔 A，B の先端どうしの間にある画素数を 4,200 画素とすると，この高塔の高さは幾らか。最も近いものを次の中から選べ。

ただし，撮影コースは南北方向とする。

また，高塔 A，B は鉛直方向にまっすぐに立ち，それらの先端の太さは考慮に入れないものとする。

なお，関数の値が必要な場合は，巻末の関数表を使用すること。

1. 40 m
2. 53 m
3. 64 m
4. 84 m
5. 95 m

解答

問題文を図に描くと次のようになる（高塔 A,B が写真主点（地上の鉛直点）を挟んで、等距離にあると考える）。

Part 02 実践対策編

Chap 01 Chap 02 Chap 03 Chap 04 Chap 05 Chap 06 Chap 07

写真測量

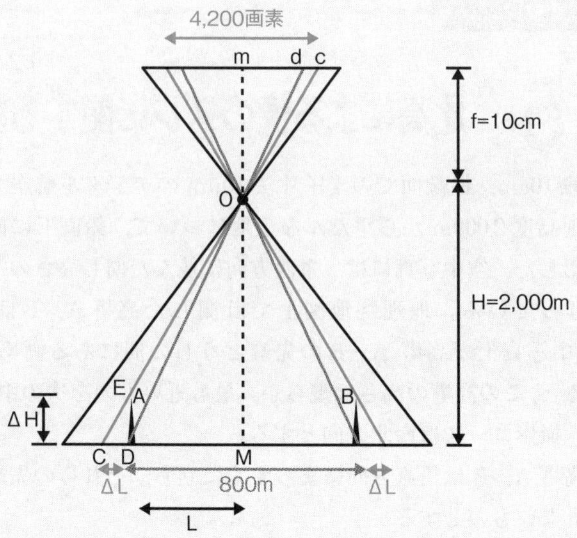

ここで、△OMCと△EDCが相似関係であるため、次の式が成り立つ。

$$\frac{\Delta H}{H} = \frac{\Delta L}{(L + \Delta L)} \cdots\cdots\cdots 1$$

① **写真縮尺を求める**

$\frac{f}{H} = \frac{1}{m}$ より、$\frac{0.1}{2000} = \frac{1}{m} = \frac{1}{20000}$

② **空中写真上のAB塔間（末端）の写真上の画素数を求める**

$$\frac{800}{20000} \div 10\mu m = \frac{1}{25} \times \frac{100000}{1} = 4000\text{画素}$$

③ **写真上での高塔のズレの量（1本分）を求める**

4200 − 4000 = 200画素　1本分は200 ÷ 2 = 100画素

④ **地上のズレの量（ΔL）を求める**

$\Delta L = 100\text{画素} \times 10\mu m \times 20000$

$= 100 \times 0.00001 \times 20000 = 20m$

⑤ **式1に代入する**

ここで、問題文よりH = 2,000m、L = 800/2 = 400m、

④より$\Delta L = 20m$　とすると、

$$\frac{\Delta H}{H} = \frac{\Delta L}{(L+\Delta L)} \text{ より、} \Delta H = \frac{H \times \Delta L}{(L+\Delta L)} = \frac{2000 \times 20}{(400+20)}$$

$$= \frac{40000}{420} = 95.238 \fallingdotseq 95m$$

よって、高塔の高さで最も近いものは、5. となる。

5-8 UAV を用いた測量

1. UAV を用いた測量

UAV（Unmanned Aerial Vehicle：無人航空機）を用いた測量とは、ドローンに代表される無人航空機による、数値地形図データまたは三次元点群データを作成する技術である。

図5-35：UAV を用いた測量（信州産業用無人機安全運用協会提供）

2. 使用する UAV の性能

測量に用いられる UAV は、次のような所要の性能を有する必要がある。

- 自律飛行機能、異常時の自動帰還機能
- 飛行区域の地表風に耐える飛行能力
- 撮影時の飛行姿勢、デジタルカメラの水平および写角の確保

3. 作業工程

UAV を用いた作業工程はそれぞれ図 5-36、5-37 のようになる。

(1) 数値地形図作成

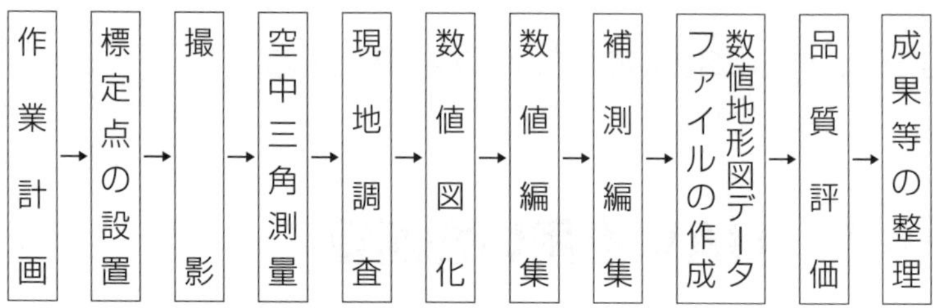

図5-36：数値地形図作成の作業工程

(2) 三次元点群作成

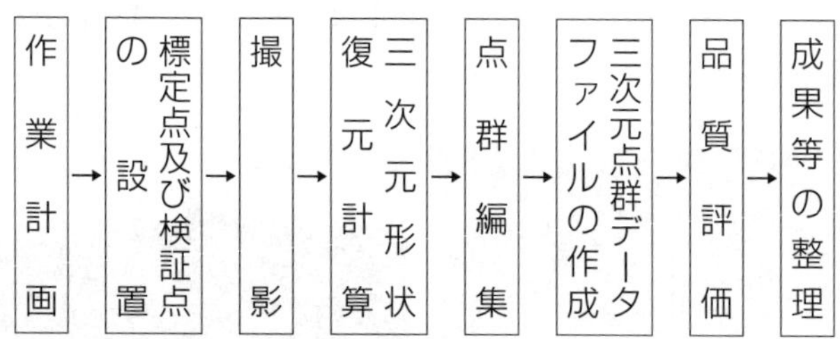

図5-37：三次元点群作成の作業工程

4. 対空標識の設置

標定点と検証点には対空標識が設置されるが、対空標識は拡大された空中写真上で確認できるように形状、寸法、色等を選定する。

対空標識の設置は、数値地形図作成も三次元点群作成も同様である。

＜対空標識の規格と設置＞

- 標定点の設置は、基準点測量または TS 点の設置に準じる。

- 対空標識の模様は、次を標準とする。

★型

X型

＋型

円型

- 対空標識の長辺または円形の直径は、撮影する写真に 15 画素以上で写る大きさを標準とする。
- 色は白黒を標準とし、状況により黄色や黒色とする。
- UAV から明瞭に撮影できるように上空視界を確保する。
- 空中写真上で色調差が明瞭な構造物が測定できる場合は、その構造物を標定点および対空標識に代えることができる。
- 設置した対空標識は、撮影完了後、速やかに回収し現状を回復する。

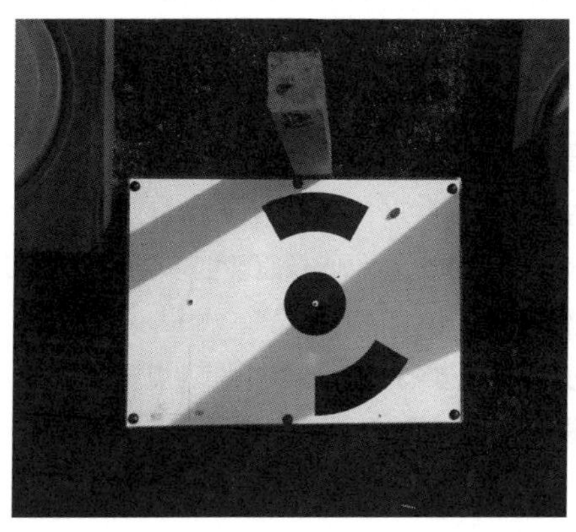

図5-38：UAV の対空標識と GNSS による標定点の観測

5. 数値地形図作成

UAV による数値地形図作成において、作成される数値地形図の**地図情報レベルは 250 及び 500 を標準**とする。

撮影においては次の点に注意する。

- 計画対地高度および計画撮影コースを保持する（計画対地高度に対する**実際の飛行の対地高度のズレは 10%以内**とする）。
- 離着陸以外は自律飛行で行う。
- 撮影基準面は、撮影区域に対して 1 つを定める（高低差の大きい地域では数コース単位に設定)。

・同一コース内の**OLは60%、SLは30%を標準**とする。

6. 三次元点群作成

三次元点群作成では、得られた数値写真から、三次元点群データが作成される。

作成された三次元点群からは、路線測量や河川測量の縦断面や横断面データファイルが作成されるほか、土工事の起工測量や出来高管理に用いられる。また点群の位置精度は、その目的に応じて0.05m以内、0.1m以内、0.2m以内のいずれかが選択される。

撮影飛行や撮影結果の点検においては、5. 数値地形図作成と同様である。

UAV三次元点群作成では、**裸地等の対象物の認識が可能な区域**に適用する。

●標定点と検証点

標定点は三次元形状復元計算に必要となる水平位置および標高の基準となる点であり、計測対象範囲を囲むように配置する点（外側標定点）と計測対象範囲内に配置する点（内側標定点）で構成する。また、計測対象範囲内の最も標高の高い位置と最も低い位置にも標定点は配置される。

検証点は標定点とは別に**計測データを点検する点**である。標定点および検証点には対空標識を設置する。検証点は標定点とは別に配置され、その数は標定点の半数以上とする。

撮影においては、次の点に注意する。

・撮影する数値写真の地上画素寸法は、作成する三次元点群データの位置精度に応じて決定する。
・撮影基準面は、撮影区域に対して1つを定めることを標準とするが、高低差の大きい地域にあっては、UAV運航の安全を考慮し、数コース単位に設定することができる。
・同一コースは、直線かつ等高度の撮影となるように計画する。
・外側標定点を結ぶ範囲のさらに外側に、少なくとも1枚以上の数値写真が撮影されるよう、撮影計画を立案する。

過去問題にチャレンジ

▶R2-No.18

Q16 UAVを用いた測量 1

次の文は，無人航空機（以下「UAV」という。）で撮影した空中写真を用いた公共測量について述べたものである。明らかに間違っているものはどれか。次の中から選べ。

1. 使用するUAVは，安全確保の観点から，飛行前後における適切な整備や点検を行うとともに，必要な部品の交換などの整備を行う。
2. 航空法（昭和27年法律第231号）では，人口集中地区や空港周辺，高度150m以上の空域でUAVを飛行させる場合には，国土交通大臣による許可が必要となる。
3. UAVによる公共測量は，地表が完全に植生に覆われ，地面が写真に全く写らないような地区で実施することは適切でない。
4. UAVにより撮影された空中写真を用いて作成する三次元点群データの位置精度を評価するため，標定点のほかに検証点を設置する。
5. UAVにより撮影された空中写真を用いて三次元点群データを作成する場合は，デジタルステレオ図化機を使用しないので，隣接空中写真との重複は無くてもよい。

1. 正しい。UAVの運航前後には、必ず適切に整備や点検を行うとともに、必要な部品の交換などの整備が必要である。整備は一定の技能や経験を有する整備者が行うことが必要（公共測量におけるUAVの使用に関する安全基準より）。

2. 正しい。UAVを飛行させるためには航空法が適用され、問題文のように高度150m以上の上空や空港周辺、人家の密集地で飛行させるためには、国土交通大臣の許可が必要となる。

3. 正しい。UAVによる空中写真を用いた公共測量は、土工現場における裸地のような、対象物の認識が可能な地区に適用することを標準としている。このため、空中写真では識別できない箇所を対象とした測量を行うことはできない。例えば、地表が完全に植生に覆われ、空中写真に植生の下の地面が全く写らないような地区での測量は不可能である。

4. 正しい。標定点は三次元形状の復元に必要となる水平位置および標高の基準となる点、検証点は三次元点群の検証となる点である。検証点は標定点とは別に配置され、標定点の半数以上の数が必要となる。

5. 間違い。三次元点群作成には標定点を用いた三次元復元計算が必要であり立体化する必要がある。このため空中写真測量と同様に同一コース内の隣接空中写真との重複度は60%、隣接コースの空中写真との重複度は30%を標準とする。

よって明らかに間違っているものは5.となる。

過去問題にチャレンジ

▶ R4-No.18

Q17 UAVを用いた測量2

次の文は，公共測量におけるUAV（無人航空機）写真測量について述べたものである。明らかに間違っているものはどれか。次の中から選べ。

1. UAV写真測量により作成する数値地形図データの地図情報レベルは，250及び500を標準とする。
2. UAV写真測量に用いるデジタルカメラは，性能等が当該測量に適用する作業規程に規定されている条件を満たしていれば，一般的に市販されているデジタルカメラを使用してもよい。
3. UAV写真測量において，数値写真上で周辺地物との色調差が明瞭な構造物が測定できる場合は，その構造物を標定点及び対空標識に代えることができる。
4. 計画対地高度に対する実際の飛行の対地高度のずれは，30%以内とする。
5. 撮影飛行中に他のUAV等の接近が確認された場合には，直ちに撮影飛行を中止する。

解答

1. 正しい。問題文の通り。

2. 正しい。使用するデジタルカメラの性能が満足していればよい。作業規程の準則には撮影機材としてデジタルカメラの性能が次のように定められている。
   ・焦点距離、露光時間、絞り、ISO 感度が手動で設定できること。
   ・レンズ焦点の距離を調整したり、レンズのブレ等を補正したりする自動処理機能を解除できること。
   ・焦点距離や露光時間等の情報が確認できること。
   ・十分な記録容量が確保できること。
   ・撮像素子サイズおよび記録画素数の情報が確認できること。

3. 正しい。問題文の通り。

4. 間違い。計画対地高度に対する実際の飛行の対地高度のズレは 10% 以内である。

5. 正しい。問題文の通り。その他として次のような項目がある。
   ・離着陸以外は自律飛行で行うことを標準とする。
   ・機体に異常が見られた場合は直ちに撮影飛行を中止する。

よって、明らかに間違っているものは 4. となる。

Chapter 06

地図編集

地図編集とは、既にある地形図や数値地形図データを基図として、地図情報レベルが基図より大きい（縮尺が小さい）数値地形図データを作成する作業である。

6-1 地図編集作業

地図編集は、既製の地形図や数地地形図データを元図として、地図情報レベルが既製の地図情報レベルより大きい（縮尺が小さい）数値地形図データを作成する作業である。一般的に地図情報レベル 50,000 以上の編集原図データ（新しい数値地形図データ）の作成に用いられるが、その他にも公共測量では地図情報レベル 2,500 を基図として、10,000 以上の編集原図データの作成が行われている。

このように、**地図情報レベルの小さな地図から、地図情報レベルの大きい地図を作成するのは、地図の精度保持を目的とするため**であり、編集において基本となる地図は基図データ、これにより作成された地図は編集原図データと呼ばれる。

地図編集においては、その精度を保持する必要から、使用する基図データは編集原図データの地図情報レベルと同等又はそれより小さい地図情報レベルのものでなければならない。

また、地図情報レベルが大きく（縮尺が小さく）なるため、基図データに表現されている地形、地物などの情報すべてを編集原図データに表すことができない。このため、取捨選択・転位・総描と呼ばれる編集作業を行い、見やすくわかりやすい編集原図データを作成する必要がある。

アクセスキー k
（小文字のケイ）

1. 地図編集の作業工程

地図編集の作業工程は、図 6-1 のようになる。

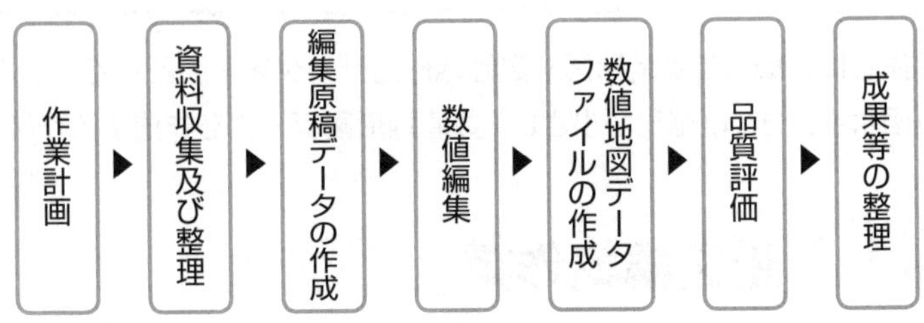

図6-1：地図編集の作業工程

2. 編集順序 重要度★★★

編集原図データの作成においては、次の順序で編集作業が行われる。

基準点 → 骨格構造物（河川、水涯線、道路、鉄道等）→ 建物・諸記号 → 地形 → 植生界・植生記号 → 行政界

これは、絶対に真位置（正しい位置）を変更してはならないものの優先順位と考えておけばよい。

3. 取捨選択・転位・総描

地図編集作業において、基図データの内容をそのまま縮小して地図情報レベルの大きい地図に表現することは、その範囲や見やすさなどの点からも困難である。このため基図データの各事項について、図式に従い取捨選択、転位、総描の作業を同時に行いながら編集原図を完成する必要がある。

また、地図の**編集作業（取捨選択・転位・総描）は、それぞれ独立して行われるものではなく、編集作業において同時に行うものである。**

4. 取捨選択 重要度★★★

編集原図データは基図データよりも大きな情報レベルを持つ（小さな縮尺）ため、一定の面積に書き込まれる情報量が少なくなる。このため、編集原図データは基図データに比べ優先度の高い地図情報を選択し、その他の情報を適切に省略する必要がある。この作業を**取捨選択**と呼び、これにより編集基図データは見やすく図観がよいものになる。

取捨選択の原則を以下に記す。

① **公共性のあるものや、重要な地物は省略しない**(学校や病院、神社·仏閣など)。
② **同じ地物であっても、地域的に重要なものは省略しない**（例えば、同じ大きさの建物であっても地方の建物は省略しないが、都心の密集地における建物は適宜省略するなど）。
③ **地域的な特徴を持つ建物は特に注意**し、編集の目的を考え取捨選択を行う。
④ 表示対象物は縮尺に応じて、適切かつ正確に表示する。

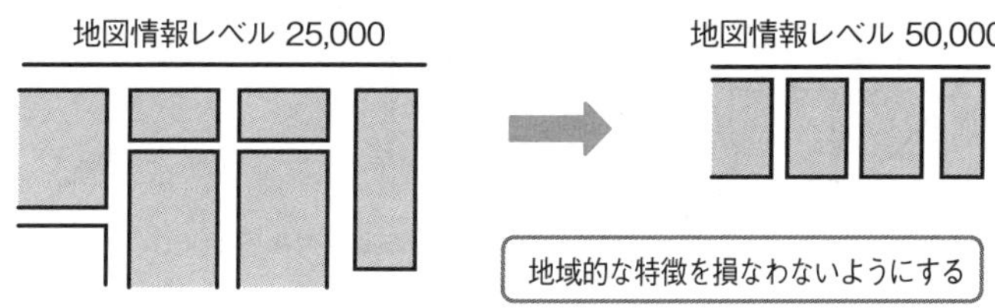

図6-2：取捨選択のイメージ

5. 転位 重要度★★★

地図による表現は、実際の地物などをそのまま縮尺して表現することが難しいため、所定の記号などを用いることとなる。しかし地図記号は、実際の地形や地物を縮尺したものより大きくなり、互いに重なり合うおそれがある。また、地図情報レベルが小さい（縮尺が大きい：縮尺分母が小さい）ものでは表現できていても、大きいもの（縮尺が小さい：縮尺分母が大きい）では同様のことが起こるおそれがある。このため地形や地物の重要度に応じて、必要最小限の量でこれらを移動させることができる。この作業を**転位**という。

転位の原則を以下に記す。

① 位置を表す**基準点の転位は許されない**（水準点は許される）。
② 地形や地物の**位置関係を損なう転位は許されない。**
③ 有形自然物（実際に地上に存在し認識できる自然物：河川や海岸線、湖沼の水涯線など）**の転位は許されない。**
④ 有形線と無形線（等高線や境界など、存在するが認識できない線）では、**無形線を転位する。**
⑤ **有形の自然物と人工地物**（建物など）では、**人工地物を転位する。**
⑥ 地形図作成で骨格となる人工地物（道路や鉄道など）とその他の地物では、その他の地物を転位する。
⑦ **同重要度の人工地物が２個重なる場合は、互いの中間を中心線として真位置に表示**する。また、**３個以上重なる場合は、中央にある地物を真位置に表し**、他は互いの関係を損ねないように転位する。

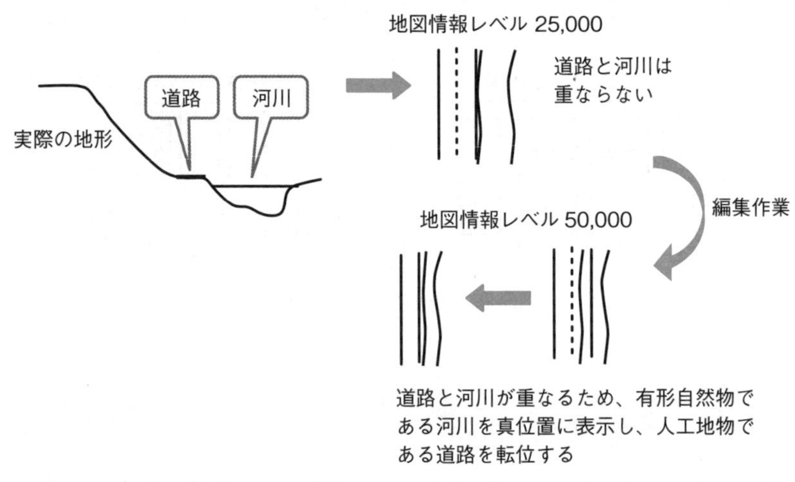

図6-3：転位のイメージ

6. 総描 重要度★★☆

編集作業により、地物等を基図データの形状のまま表示しようとすれば、その縮尺から画線が入りまじり、読図が困難となるおそれがある。このため地物等の形状の特徴を損なわないように省略、誇張して読図しやすく表示する必要がある。

この作業を総合描示（総描）という。
総描の原則を以下に記す。

① 必要に応じ、図形を**多少誇張してでも、その特徴を表現する。**
② 現地の状況と**相似性を持たせる。**
③ 形状の**特徴を失わないようにする。**
④ 基図と編集図の縮尺率を考慮する。

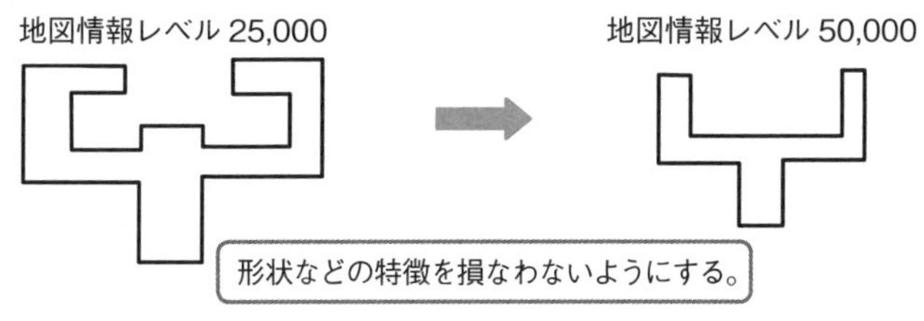

図6-4：総描のイメージ

過去問題にチャレンジ

▶H26-No.23

Q1 編集順序

次の１～５は，国土地理院刊行の 1/25,000 地形図を基図として，縮小編集を実施して縮尺 1/40,000 の地図を作成するときの，真位置に編集描画すべき地物や地形の一般的な優先順位を示したものである。最も適当なものはどれか。次の中から選べ。

	（優先順位　高）								（優先順位　低）
1.	電子基準点	→	一条河川	→	道路	→	建物	→	植生
2.	一条河川	→	電子基準点	→	植生	→	道路	→	建物
3.	電子基準点	→	道路	→	一条河川	→	植生	→	建物
4.	一条河川	→	電子基準点	→	道路	→	建物	→	植生
5.	電子基準点	→	道路	→	一条河川	→	建物	→	植生

解答

地図の編集順序は、編集図の精度を確保するため、最も根幹となる基準点を最優先し、その次に有形自然地物、人工地物、地形、植生、行政界の順で、次のように描画していくのが原則である。

基準点 → 骨格構造物（河川、水涯線、道路、鉄道等）→ 建物・諸記号 → 地形 → 植生界・植生記号 → 行政界

骨格構造物に関しては、有形自然物（実際に地上に存在し認識できる自然物：河川や海岸線、湖沼の水涯線など）の転位は許されないため、道路より河川が優先される。

問題の場合は、電子基準点 → 一条河川[注] → 道路 → 建物 → 植生の順で描画すればよい。

注　地図記号において、河川は一条河川および二条河川に区分される。一条河川とは平水時の幅が 1.5m 以上 5m 未満の川をいい、二条河川とは平水時の幅が 5m 以上の川をいう。

よって、最も適当なものは 1. となる。

過去問題にチャレンジ

▸R3-No.23

Q2 地図の編集作業

次のａ～ｅの文は，一般的な地図編集における転位の原則について述べたものである。明らかに間違っているものだけの組合せはどれか。次の中から選べ。

a. 道路と三角点が近接し，どちらかを転位する必要がある場合，三角点の方を転位する。
b. 河川と等高線が近接し，どちらかを転位する必要がある場合，等高線の方を転位する。
c. 海岸線と鉄道が近接し，どちらかを転位する必要がある場合，鉄道の方を転位する。
d. 鉄道と河川と道路がこの順に近接し，道路を転位する際にそのスペースがない場合においては，鉄道と河川との間に道路を転位してもよい。
e. 一般に小縮尺地図ほど転位による地物の位置精度への影響は大きい。

1. a，b　2. a，d　3. b，c
4. c，e　5. d，e

解答

a. 間違い。位置を表す三角点（基準点）の転位は許されない。問題文の場合、道路を転位すべきである。

b. 正しい。有形線（実際に地上に存在し、認識できる自然物）の転位は許されない。無形線（等高線や境界など、存在するが認識できない線）を転位すべきである。

c. 正しい。有形の自然物（海岸線）と人工地物（鉄道）では、人工地物を転位すべきである。

d. 間違い。河川は有形の自然物、道路と鉄道は人工地物である。問題文の場合は、河川を真位置に表示して、鉄道と道路を重ならないよう（互いの関係を損ねないよう）に転位すべきである。また、順序（鉄道→河川→道路）を勝手に入れ換えてはならない。

e.　正しい。地図は実施の地物などを縮尺して平面上に表したものである。このため、縮尺が小さくなる（縮尺分母が大きくなる）と互いに重なり合い、その表現が困難となる。問題文のように小縮尺では、ほんの少しの転位が実際の地上距離では大きな移動につながる。このため地図編集では、転位だけではなく、取捨選択、転位、総描を同時に行う必要がある。

よって、明らかに間違っているものは 2. となる。

6-2 地図の投影法

地図は地球表面を平面上に投影して作製する。球面から平面上への投影方法を**地図投影法**という。楕円体である地球の表面を平面上に投影する場合、**距離（長さ）、角度および面積を同時にひずみなく投影することはできない。**このため、距離を正しく表す投影法、角度を正しく表す投影法、面積を正しく表す投影法などの各種投影法があり、作製する地図の目的によって投影法の選択が行われる。

1. 要素による地図投影法の分類 重要度★★☆

地図の投影を行う場合、その投影方法は正しく（ひずみがなく）表現できる項目により、大きく表 6-1 の３つに分類され、その用途に応じて使い分けられる。この３項目は一般的に**投影要素**と呼ばれ、投影要素には**角度、距離、面積**がある。

表6-1：代表的な地図の投影方法

投影要素	図法名
正角（等角）図法	正射図法、**メルカトル図法、ガウス・クリューゲル図法**
正距（等距離）図法	正射図法、正距円筒図法
正積（等積）図法	ランベルト図法、モルワイデ図法

また、各投影要素について簡単に記すと次の通りである。

- **正角図法**
  地図上の任意の2点間を結ぶ線が、北（経線）に対して正しい角度となる。

- **正距図法**
  特定の点からすべての方向への距離が、その地図の縮尺で正しい長さに表される。

- **正積図法**
  任意地点の地図上の面積とそれに対応する地球上の面積を正しい比率で表す。

さらに、地図投影の投影要素正角、正距、等積には、表6-2の関係がある。

表6-2：地図投影の投影要素の関係

	正角	正距	正積
正角			
正距	OK		
正積	NG	OK	

※上記の表では、同一図法の中で**「正角」と「正距」、「正距」と「正積」は同時に満足することができるが、「正角」と「正積」は同時に満足することができない**ことを表している。

2. 図法による地図投影法の分類

地図の投影を行う場合、その投影面（投影方法）により、大きく次の3種類に分類される。

① 方位図法
地球の形を球として、直接平面に投影する方法。

② 円筒図法
地球に円筒をかぶせてその円筒に投影し、切り開いて平面にした方法。

③ 円錐図法
地球に円錐をかぶせてその円錐に投影し、切り開いて平面にした方法。

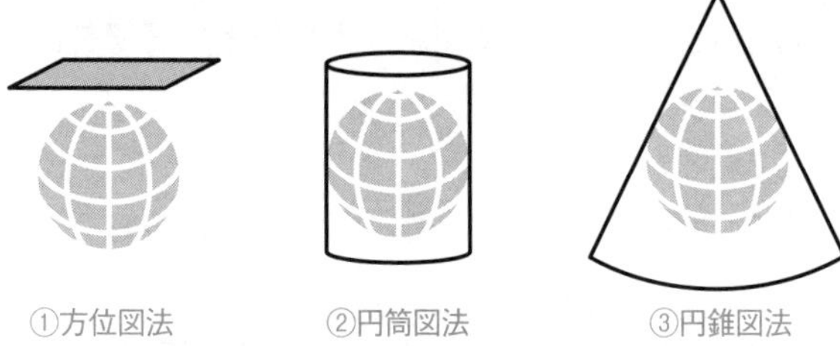

図6-5：地図投影法の分類

3. 日本で用いられている地形図図法

日本で基本測量と公共測量に用いられる地形図は、正角横円筒図法の１つであるガウス・クリューゲル図法注により描かれている。

図6-6：ガウス・クリューゲル図法

注　正角図法の１つであり、メルカトル図法が極方向に円筒をかぶせるのに対して、円筒を赤道方向にかぶせて投影し平面に展開したものである。

● UTM（ユニバーサル横メルカトル：Universal Transverse Mercator）図法

ユニバーサル横メルカトル図法とは、ガウス・クリューゲル図法により投影されたものを、世界共通の基準（適用範囲やシステムなど）に従って作製した地図である。表 6-3 にあるように、**日本では**昭和 30 年より 1/10,000、**1/25,000、1/50,000 の地形図および 1/200,000 地勢図の図法に使用されている。**

表6-3：国土地理院刊行の地図の種類と投影法（参考）

地図の種類	投　影　法
1/10,000　地形図	ユニバーサル横メルカトル図法
1/25,000　地形図	**ユニバーサル横メルカトル図法**
1/50,000　地形図	ユニバーサル横メルカトル図法
1/200,000　地勢図	ユニバーサル横メルカトル図法
1/500,000　地方図	正角割円錐図法
1/1,000,000　日本	正角割円錐図法
1/5,000,000　日本とその周辺	正距方位図法

4. 地理院地図

地理院地図（ウェブ地図）とは、ウェブブラウザ上で移動・拡大・縮尺ができる、国土地理院が提供する地図である。ここでは、地形図、写真、標高、地形分類、災害情報など国土地理院が整備する地理空間情報を見ることができる。

地理院地図ではメルカトル図法（ウェブメルカトル図法）が採用されている。ウェブメルカトル図法は、世界測地系の経緯度が正方形に変換されるようメルカトル投影の数式を使って変換し、これを分割した正方形の画像をブラウザで表示する手法である。

メルカトル図法であるため、高緯度になるほど表示が引き伸ばされる。このため、地理院地図では極域の一部地域（北緯及び南緯約 85 度以上）を除外した範囲について適用している。

5. 地図の種類と表現方法

地図をその目的別に分類すると、次のようになる。

① 一般図

他の地図の基図となるもので、地物や地形を定められた図式に基づき表現したもの。国土地理院が作成する国土基本図（1/2,500・1/5,000）や地形図（1/25,000・1/50,000など）、地勢図（1/200,000）、地方図、国際図 などがある。

② **主題図**

特定の目的・利用のために作製された地図で、目的の「主題」が明確にわかるように表されている。土地利用図や地質図、地籍図、都市計画図、統計地図などがある。

③ **特殊図**

一般図や主題図以外の地図。点字地図や写真地図、レリーフマップ（立体地図）、鳥瞰図などがある。

過去問題にチャレンジ

▶H26-No.22

Q3 地図の投影

次の文は，地図の投影について述べたものである。［ア］～［オ］に入る語句の組合せとして最も適当なものはどれか。次の中から選べ。

地図の投影とは，地球の表面を［ア］に描くために考えられたものである。曲面にあるものを［ア］に表現するという性質上，地図の投影には［イ］を描く場合を除いて，必ず［ウ］を生じる。

［ウ］の要素や大きさは投影法によって異なるため，地図の用途や描く地域，縮尺に応じた最適な投影法を選択する必要がある。

例えば，正距方位図法では，地図上の各点において［エ］の1点からの距離と方位を同時に正しく描くことができ，メルカトル図法では，両極を除いた任意の地点における［オ］を正しく描くことができる。

	ア	イ	ウ	エ	オ
1.	球面	極めて広い範囲	ひずみ	任意	距離
2.	球面	ごく狭い範囲	転位	特定	距離
3.	平面	極めて広い範囲	ひずみ	任意	角度
4.	平面	ごく狭い範囲	転位	特定	角度
5.	平面	ごく狭い範囲	ひずみ	特定	角度

解答

地図の投影とは、地球の表面を［平面］に描くために考えられたものである。曲面にあるものを［平面］に表現するという性質上、地図の投影には［ごく狭い範囲］を描く場合を除いて、必ず［ひずみ］を生じる。

［ひずみ］の要素や大きさは投影法によって異なるため、地図の用途や描く地域、縮尺に応じた最適な投影法を選択する必要がある。

例えば、正距方位図法では、地図上の各点において［特定］の1点からの距離と方位を同時に正しく描くことができ、メルカトル図法では、両極を除いた任意の地点における［角度］を正しく描くことができる。

- 正距方位図法：**中心からの距離と方位を同時に正しく表示**する図法。地球全体が真円で表示される。
- メルカトル図法：**地球表面上の任意地点の角度が正しく表示**される図法。また任意の2点間を結ぶ直線が、経線に対して正しい角度（等角航路）となる。有効範囲は、南緯80°、北緯84°までである。

よって、正しい組合せは5.となる。

6-3 平面直角座標系とUTM図法

平面直角座標系については、Part1の4-5に記してあるが、ここでは試験対策としての平面直角座標系およびUTM図法に関する項目について記す。

1. 平面直角座標系の特徴 〈重要度★★★〉

平面直角座標系には、次のような特徴がある。

① 適用範囲として、**全国を19の区域**に分けている。
② 座標は**縦座標をX軸、横座標をY軸**とする。
③ 座標の**原点は、X＝0.000m、Y＝0.000m** とする。
④ **原点から東及び北方向を＋（プラス）、西及び南方向を－（マイナス）**の値とする。
⑤ 座標**原点より東西約130kmを適用範囲**とする。
⑥ 中央子午線から東西に離れるに従って平面距離が大きくなっていくため、その誤差を1/10,000に収めるために、**X軸上の縮尺係数を0.9999**、X軸から**東西90kmでの縮尺係数を1**、X軸から**東西130kmの縮尺係数を1.0001**としている。
⑦ **ガウス・クリューゲルの等角投影法（正角図法）**である。

2. UTM 図法の特徴 〈重要度★★★〉

UTM 図法の特徴は、次の通りである。

① **地球表面を6°ごとに60のゾーン**（経度帯）に分け、01～60までの番号を付けて経度帯ごとに投影した図法。
② 適用範囲は、北緯84°から南緯80°まで。
③ 各ゾーンの**中央子午線と赤道との交点を原点**としている。
④ 座標の**原点は、N＝0.000km、E＝500km（北半球）**、N＝10,000km, E＝500km（南半球）としている。
⑤ **中央経線上の縮尺係数は0.9996、約180km離れると1.0000、約270km離れると最大の1.0004**となる。
⑥ 赤道以外の緯線は曲線、経線は両極で交わるために弧を描く。このため、これら**緯経線を図郭とする地図の形は不等辺四辺形**となる。
⑦ ガウス・クリューゲル図法である。

3. UTM 図法の詳細

UTM 図法とは、地球の表面を経度方向に 6° ごとに 60 のゾーン（経度帯）注に分けて、01 ～ 60 までの番号を付け、経度帯ごとにガウス・クリューゲル図法で投影したものである。

注　日本は東経 122 度～ 153 度、北緯 24 度～ 46 度の範囲にあり、51 ～ 56 ゾーンに位置している。

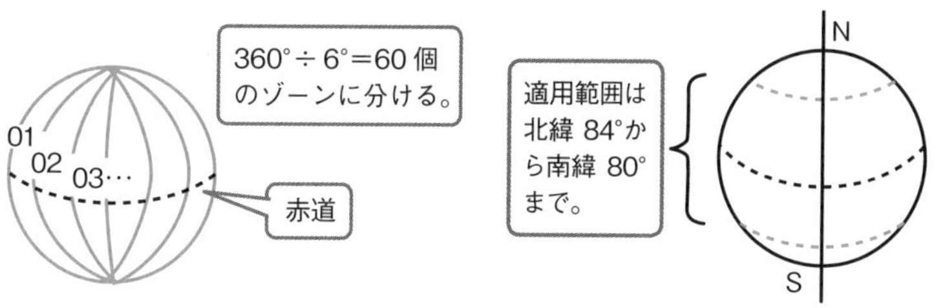

図6-7：UTM図法の経度帯

UTM 図法は、各経緯度帯（ゾーン）の中央経線（各ゾーンの中央に位置する経線：中央子午線）と赤道との交点を原点とし、原点の座標は北半球で（N = 0.000㎞, E = 500㎞)、南半球では（N = 10,000㎞, E = 500㎞）としている。

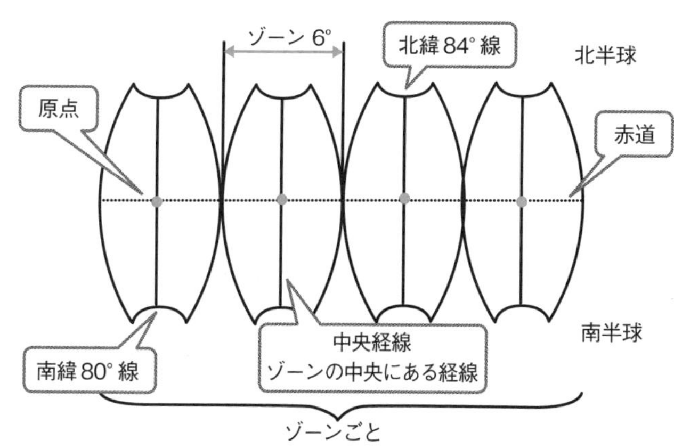

図6-8：UTM図法の原点

Part 02 実践対策編
Chap 01
Chap 02
Chap 03
Chap 04
Chap 05
Chap 06
Chap 07
地図編集

UTM図法の縮尺係数は、**中央経線上で0.9996、約180㎞離れると1.0000、約270㎞離れると1.0004となる**。これは、中央経線から東西に離れるに従って生じる「ひずみ」を少なくし、ひずみの平均化を図り、地図の適用範囲を広くするためである。

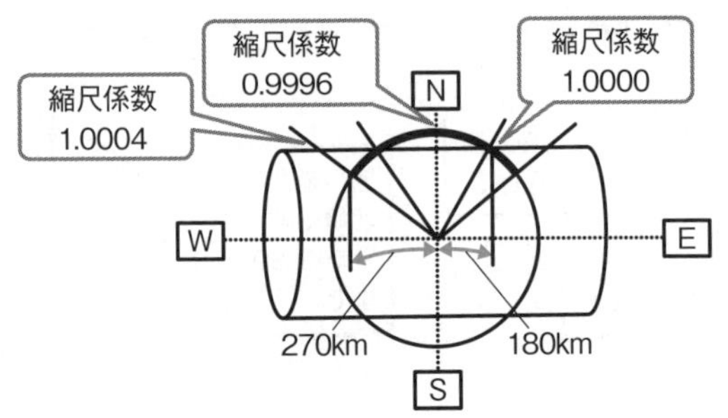

図6-9：UTM図法の縮尺係数

1つのゾーンを図で表すと図6-10のようになる。これにより赤道以外の緯線は曲線、経線は両極において点で交わるため同様に曲線となることがわかる。

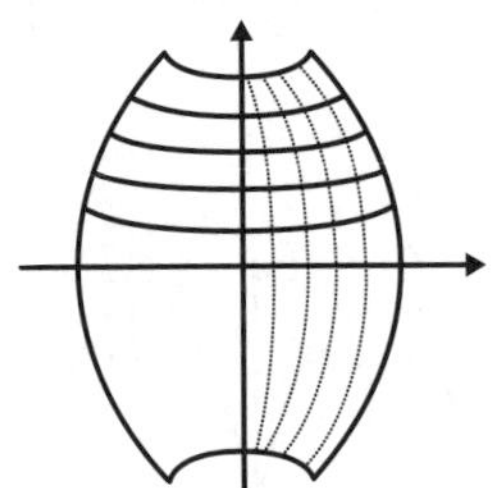

図6-10：ゾーン

よって、これらの**緯経線を図郭とする地図の形は、不等辺四辺形となる**。ただし、それぞれの図郭は中央子午線を中心として左右対称となる。また、図郭線は曲線となるのが正解であるが、その曲線が目で認識できるほどのものではないため、**直線で表している**。

4. メルカトル図法 重要度★★☆

メルカトル図法は、正軸円筒図法の 1 つの正角円筒図法であり、16 世紀後半にベルギー出身のゲラルドゥス・メルカトルが考案した。漸長図法とも呼ばれる。

この図法は古くから現在まで海図や航空図、気象図に用いられている。以下にその特徴を述べる。

① **正角図法**（地図上の任意の 2 点間を結ぶ線が、北（経線）に対して正しい角度となる）。

② 面積や形は赤道上から遠く離れることにより大きく変形し、両極において無限大となり図で表現することができない。

③ **地球上の同航線**注（航程線、等角航路）**は地図上で直線として表される。**

注　地球上のすべての経線と同じ角度で交わる線。船は目的地を目指すのに、常に経線と一定の角、つまり舵の向きを一定に保てばよいが、これは最短コース（大圏コース）ではなく、安全を考えたコースといえる。

任意の2 地点を直線で結ぶと、
すべての経線と同じ角度で交わる。

図6-11：メルカトル図法

過去問題にチャレンジ

▶R3-No.22

Q4 平面直角座標系とUTM図法1

次の文は，地図投影法について述べたものである。明らかに間違っているものはどれか。次の中から選べ。

1. 正距図法は，地球上の距離と地図上の距離を正しく対応させる図法であり，任意の地点間の距離を正しく表示することができる。
2. 正積図法では，球面上の図形の面積比が地図上でも正しく表される。
3. ガウス・クリューゲル図法は，平面直角座標系（平成14年国土交通省告示第9号）で用いられている。
4. 平面直角座標系では，日本全国を19の区域に分けている。
5. ユニバーサル横メルカトル図法は，北緯84°以南，南緯80°以北の地域に適用され，経度幅6°ごとの範囲が一つの平面に投影されている。

解答

1. 間違い。距離を正しく表示するわけではない。任意地点間の距離の「比率」を正しく表す図法である。正距図法には、正射図法、正距円筒図法などがある。

2. 正しい。任意地点の地図上の面積とそれに対応する地球上の面積を正しい比率で表すことができる。正積図法には、ランベルト図法、モルワイデ図法などがある。

3. 正しい。平面直角座標系は、ガウス・クリューゲルの等角投影法である。

4. 正しい。平面直角座標系は、その適用範囲として全国を19の座標系に分けている。

5. 正しい。UTM図法は北緯84°〜南緯80°までを適用範囲とし、地球表面を6°ごとに60のゾーン（経度帯）に分け、01〜60までの番号を付与して、経度帯ごとに投影した図法である。

よって、明らかに間違っているものは1. となる。

過去問題にチャレンジ

▶R4-No.22

Q5 平面直角座標系とUTM図法2

次の文は，地図投影法について述べたものである。明らかに間違っているものはどれか。次の中から選べ。

1. メルカトル図法は，球面上の角度が地図上に正しく表現される正角円筒図法である。
2. ユニバーサル横メルカトル図法（UTM図法）は，北緯84度から南緯80度の間の地域を経度差6度ずつの範囲に分割して投影している。
3. 平面直角座標系（平成14年国土交通省告示第9号）は，横円筒図法の一種であるガウス・クリューゲル図法を適用している。
4. 正距図法は，地球上の距離と地図上の距離を正しく対応させる図法であり，すべての地点間の距離を同一の縮尺で表示することができる。
5. 正積図法は，地球上の任意の範囲の面積が，縮尺に応じて地図上に正しく表示される図法である。

解答

1. 正しい。メルカトル図法の投影要素は正角図法、投影法は円筒図法の正角円筒図法である。

2. 正しい。UTM図法は北緯84°～南緯80°までを適用範囲とし、地球表面を6°ごとに60のゾーン（経度帯）に分け、01～60までの番号を付与して、経度帯ごとに投影した図法である。

3. 正しい。平面直角座標系は、ガウス・クリューゲル図法で投影されている。

4. **間違い**。正距図法は特定の点からすべての方向、距離がその地図の縮尺で正しい長さに表される。すべての地点間ではない。

5. 正しい。問題文の通り。

よって、明らかに間違っているものは4.となる。

6-4 地形図の読図

地形図の読図に関する出題傾向は、主に次の３つに大別される。

① 地形図を頼りに、問題文に示されているルートや配置、標高等の中で、正答を選ぶ。
② 地形図上の建物等の経緯度計算（図上測定）。
③ 地形図上の建物等を結んでできる図形の面積を求める。
※地形図の読図問題を解くために必要なため、試験会場には持込みの許可されている、cm目盛の付いた直定規を必ず持参する（それ以外の定規は持込みが禁止されている）。

1. 主な地図記号（地図情報レベル 25,000） 重要度★★★

表 6-4 ～ 6-7 に、1/25,000 地形図（地図情報レベル 25,000）の覚えるべき地図記号を示す。

表6-4：主な地図記号(基準点など)

基準点など	
△(●) 48. 6	三 角 点
□(●) 48. 6	水 準 点
● 148. 6	標高点標石のあるもの
● 149	標高点標石のないもの
(旗付き△) 48. 6	電子基準点

※ 数値は標高値を表す。

表6-5：主な地図記号（建物記号など）

建物記号など					
	市役所・東京都の区役所		自然災害伝承碑[注]		記念碑
	町村役場・政令指定都市の区役所		発電所・変電所		煙突
	官公庁（特定の記号のないもの）		小・中学校		電波塔
	裁判所		高等学校		灯台
	税務署	 （大）文	大学		城跡
	警察署	 （専）文	高等専門学校		史跡・名勝・天然記念物
	交番・駐在所		病院		噴火口・噴気口
	消防署		神社		温泉・鉱泉
	保健所		寺院		漁港
	郵便局		高塔		老人ホーム
	博物館		図書館		風車（風力発電用）

注 自然災害伝承碑は2019年3月に新たに制定された地図記号である。
地図記号は約130種類ある。

表6-6：主な地図記号(交通など)

交　通　な　ど		
(記号)		道路(破線部はトンネル)
(16)		国道および路線番号
単　線	複線以上	ＪＲ線および駅
単　線	複線以上	普通鉄道および駅
(記号)		送 電 線
(記号)		流水方向(川)

表6-7：主な地図記号(植生記号)

記号の拡大	記号の配置	記号の意味	記号の拡大	記号の配置	記号の意味
		田			広葉樹林
		畑・牧草地			針葉樹林
		果 樹 園			荒　　地
		茶　　畑			

※平成 25 年地形図図式より

2. 経緯度計算（図上測定）〈重要度★★★〉

経緯度計算は、与えられた地図上から目的の地物位置の経緯度を求める計算問題である。経緯度計算の方法は、決して難しいものではない。問題で与えられた場所などの位置を中心として、定規で図 6-12 のように線を引き、さらにその長さを測り比例計算を行うだけである。

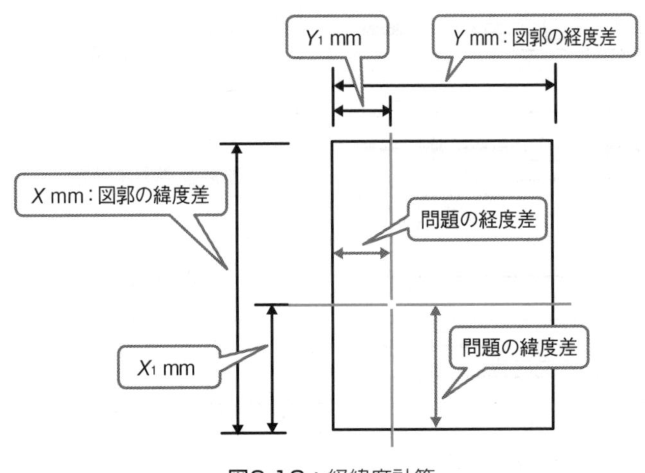

図6-12：経緯度計算

経緯度差の計算は、次のような比例式を組み立てて計算すればよい。

<経度差>

$$\frac{Y_1 \text{ mm}}{Y \text{mm}} = \frac{(\text{経度差})}{(\text{図郭の経度差})} \rightarrow (\text{経度差}) = \frac{Y_1 \times (\text{図郭の経度差})}{Y}$$

<緯度差>

$$\frac{X_1 \text{ mm}}{X \text{mm}} = \frac{(\text{緯度差})}{(\text{図郭の緯度差})} \rightarrow (\text{緯度差}) = \frac{X_1 \times (\text{図郭の緯度差})}{X}$$

上記計算で求められた経緯度差を図郭に記された経緯度に加えれば、目的の場所の経緯度が計算できる。

※実際の経緯度計算とは異なる手法ではあるが、試験問題を解くにはこの方法で十分である。

3. 地図上の建物の位置 重要度★★★

地図上の正確な建物位置は、どこであろうか。例えば図6-13のように裁判所の位置を求める場合、地図上に描かれた裁判所の記号と建物の位置はわずかながら離れている。このため、地図記号の位置で計算を行うと、実際には正しくない経緯度や距離になってしまう。このように、**建物記号の場所が実際の建物の位置と勘違いしないこと**が大切である。

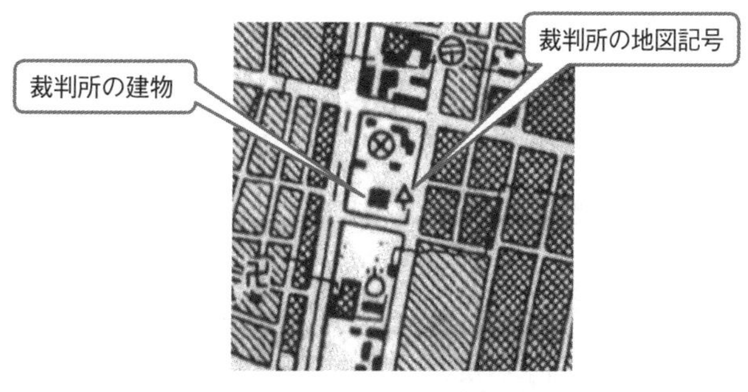

図6-13：地図上の建物位置①

もう一つ例を挙げて考える。図6-14のように警察署の位置を求めようとする場合、地形図上に描かれた警察署の記号と建物の位置はわずかながら離れている。こちらも、地図記号が建物の位置と勘違いしやすいため、注意が必要である。

図6-14：地図上の建物位置②

※建物記号と建物の位置に関する注意事項

建物記号は、その建物の向きにかかわらず、**図郭の下辺に対して直交するように描かれている。**
また、記号を描く場所は、その建物の中央が第一条件であるが、その中央に表示できない場合は、上方に描かれる。上方に重要な構造物や伝えるべき情報があって、表示が困難な場合は、側方や下方に表示される。

過去問題にチャレンジ

H30-No.21

Q6 地図の読図

図は、国土地理院刊行の1/25,000地形図の一部（縮尺を変更、一部を改変）である。次の文は、この図に表現されている内容について述べたものである。明らかに間違っているものはどれか。次の中から選べ。

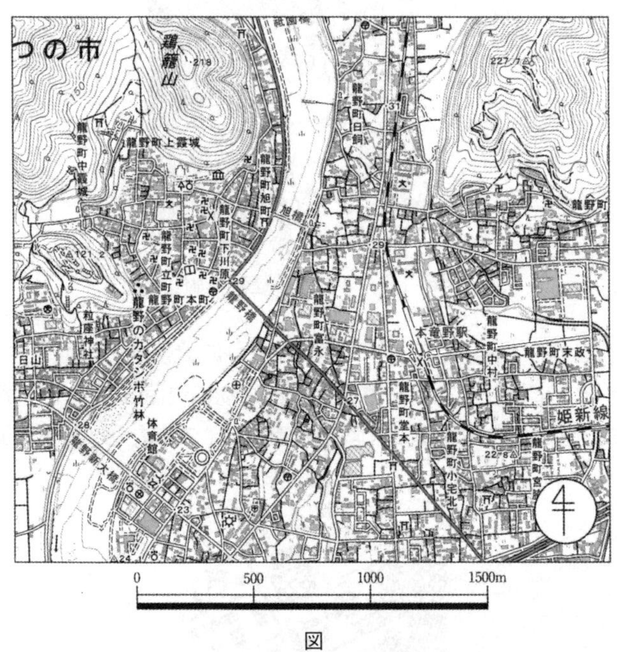

図

1. 龍野新大橋と鶏籠山の標高差は、およそ190mである。
2. 龍野のカタシボ竹林は、史跡、名勝又は天然記念物である。
3. 龍野橋と龍野新大橋では龍野新大橋の方が下流に位置する。
4. 裁判所と税務署では税務署の方が北に位置する。
5. 本竜野駅の南に位置する交番から警察署までの水平距離は、およそ1,320mである。

解答

解答を始める前に縮尺記号（スケール）を直定規で測り、縮尺記号の1,500m（500でも1,000mでもよい）が直定規で何㎝になるのかを図っておくとよい。

問題各文について考えると次のようになる。

1. 正しい。次図のように龍野新大橋と鶏籠山の標高点を比較すると、218 − 28 = 190mとなる。

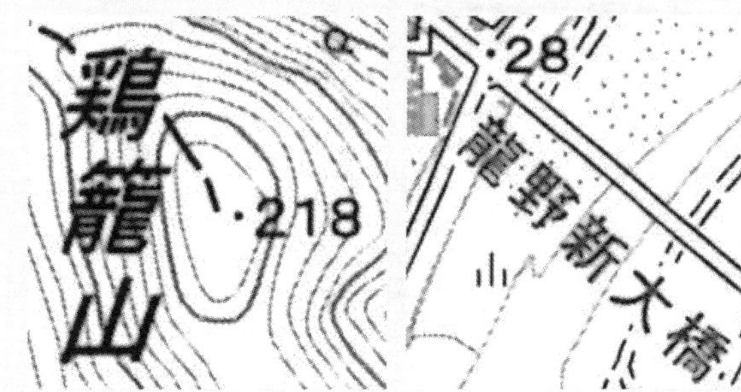

2. 正しい。龍野のカタシボ竹林の上にある地図記号「∴」は史跡・名勝・天然記念物を表すものである。

3. 正しい。次図にある流水方向（矢印）の地図記号を見ると問題文の通りである。

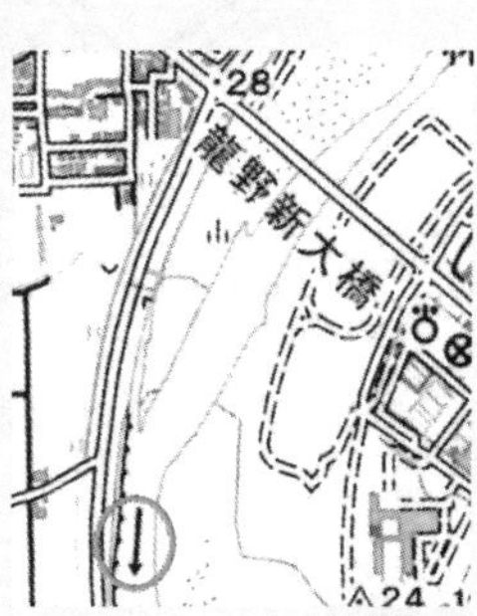

Part 02 実践対策編
Chap 01
Chap 02
Chap 03
Chap 04
Chap 05
Chap 06
Chap 07
地図編集

4. 間違い。問題図中の方位記号により裁判所と税務署の位置関係を見ると、裁判所の方が北にある。

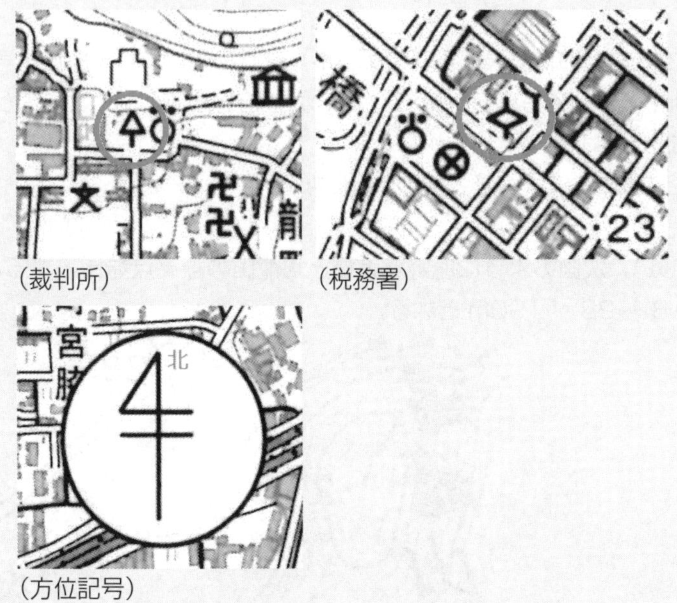

（裁判所）（税務署）

（方位記号）

5. 正しい。警察署と交番の距離を直定規で測り、問題図中の縮尺記号と比例計算を行えばよい。

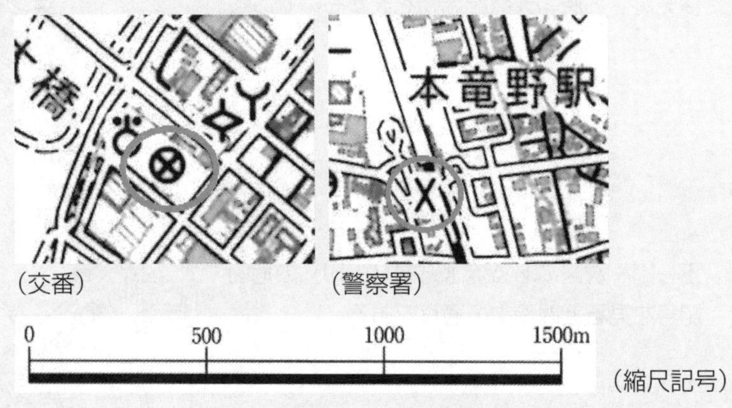

（交番）（警察署）

（縮尺記号）

よって、明らかに間違っているものは 4. となる。

過去問題にチャレンジ

R3-No.21

Q7 経緯度計算（図上測定）

図は，国土地理院がインターネットで公開しているウェブ地図「地理院地図」の一部（縮尺を変更，一部を改変）である。この図にある博物館の経緯度で最も近いものを次の中から選べ。

ただし，表に示す数値は，図の中にある三角点の標高及び経緯度を表す。

図

表

標　高	経　度	緯　度
29.5	東経 139° 02′ 09″	北緯 37° 55′ 22″
14.3	東経 139° 02′ 55″	北緯 37° 54′ 38″

1. 東経 139° 02′ 07″　北緯 37° 55′ 08″
2. 東経 139° 02′ 11″　北緯 37° 54′ 58″
3. 東経 139° 02′ 13″　北緯 37° 55′ 08″
4. 東経 139° 02′ 20″　北緯 37° 55′ 00″
5. 東経 139° 02′ 21″　北緯 37° 55′ 09″

① 地形図中の三角点の位置および博物館の位置を確定する。

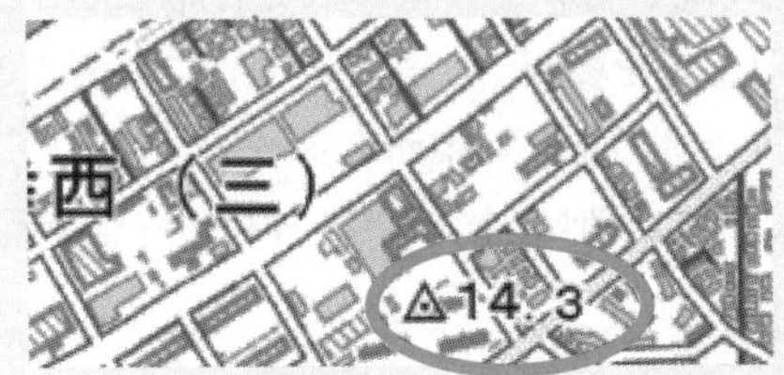

② 比例計算により博物館の経緯度を求める。
直定規で博物館および2つの三角点の位置を測ると次のようになる。

（問題文の印刷状態によって異なる場合があります）

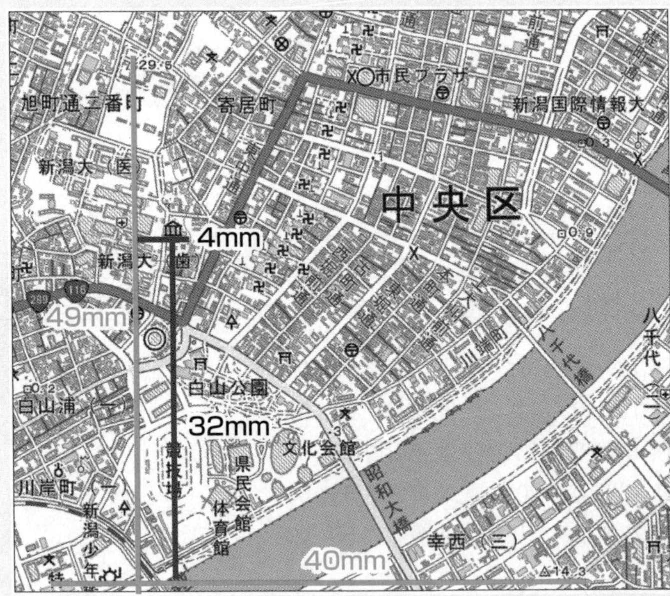

三角点間の間隔を直定規で測ると経度方向に40㎜、緯度方向に49㎜。
問題文より経緯度の差は、経度46″、緯度44″である。
博物館は、三角点（29.5）から直定規で測ると、緯度方向に4㎜、三角点（14.3）から経度方向に32㎜となる。
経緯度の差を経度x、緯度yとすれば、次のような比例式が成り立つ。

$$\frac{46''}{40\text{mm}}=\frac{x}{4\text{mm}}\ \text{よって、}x=\frac{46\times 4\text{mm}}{40\text{mm}}=\frac{184}{40}\fallingdotseq 5''$$

$$\frac{44''}{49\text{mm}}=\frac{y}{32\text{mm}}\ \text{よって、}y=\frac{44\times 32\text{mm}}{49\text{mm}}=\frac{1408}{49}\fallingdotseq 29''$$

三角点（29.5）の経度に前記のxを、三角点（14.3）の緯度に前記のyを加えれば次のようになる。

博物館の経緯度は
東経 139°02′09″+5″=139°02′14″、北緯 37°54′38″+29″
= 37°55′07″
となる。

よって、最も近いものは 3. となる。

Part 02 実践対策編
Chap 01
Chap 02
Chap 03
Chap 04
Chap 05
Chap 06
Chap 07
地図編集

過去問題にチャレンジ

▶H19-6C

Q8 面積計算

図は，国土地理院発行の1/25,000地形図（原寸大，一部を改変）の一部である。この地形図に表示されている市役所と消防署の各建物の中心と水準点を結んだ三角形の面積は幾らか。最も近いものを次の中から選べ。

なお，関数の数値が必要な場合は，巻末の関数表を使用すること。

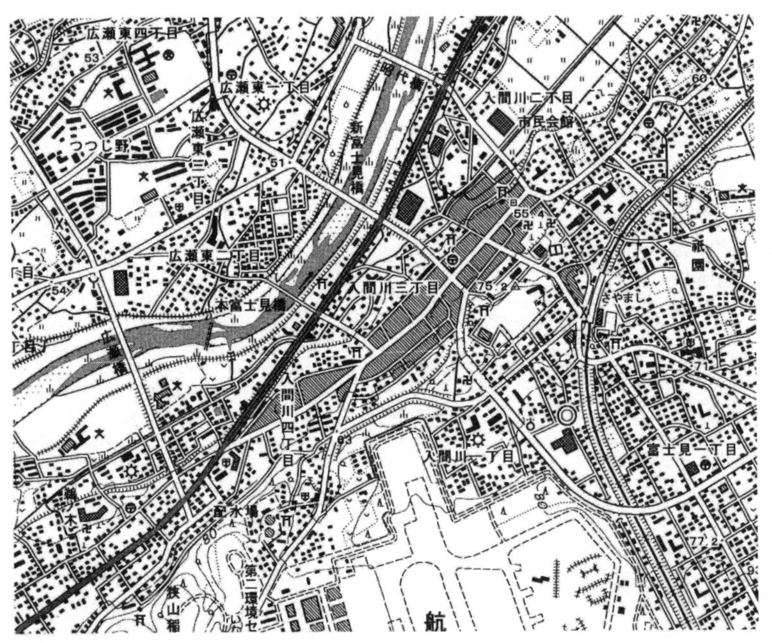

図

1. 0.04km² 　2. 0.37km² 　3. 0.61km²
4. 1.22km² 　5. 1.56km²

解答

① 問題文にある建物を線で結ぶ（地図記号ではなく、建物であることに注意）。

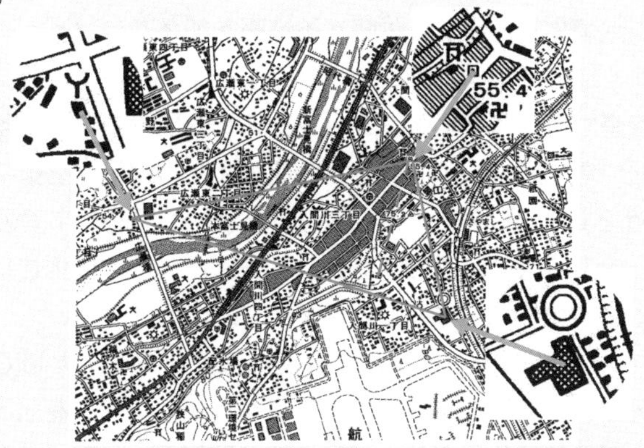

※消防署の建物に注意する。建物記号の表示については、建物の向きに関係なく、図郭の下辺に対して垂直に表示され、記号が建物の中に入る場合はその中に、入らない場合は、上 → 下 → 右 → 左の順に表示される。

上に表現上重要な記号などがある場合は、下に表示

② 最大辺長とその垂線を測り、実長にする。
最大辺長（消防署 → 市役所）は約68㎜、これに対する垂線（水準点 → 最大辺長と垂直に交わる点）は約29㎜であるから、これに地図の縮尺分母を掛けて、実際の距離に直すと次のようになる。
68㎜ × 25,000 = 1.700㎞　　29㎜ × 25,000 = 0.725㎞

③ 図上三斜法[注]により面積を求める。
(1.700㎞ × 0.725㎞)/2 ≒ 0.61625㎞²

注　図形を三角形に分割し、その最大辺長を底辺、底辺に対する高さを測り、分割された三角形の面積（底辺×高さ×1/2）を個々に求めてから、最後に合計してその図形の面積を求める手法。
※三斜に切った場合、最大辺長を底辺に取るのは、誤差の影響を極力抑えるためである。

よって、最も近いものは、3. となる。

6-5 地理情報システム（GIS）

1. 地理情報システム（GIS）　重要度★★★

地理情報システム（Geographic Information System：GIS）とは、紙に描かれた地図を数値化し、それに付随する情報を加えてコンピュータの画面上に表示して活用することである。

具体的な例を挙げれば、ナビゲーションシステムはベースとなる数値化された地図に道路情報や建物名称、地名、地番等を加えた地理情報を重ね合わせて表示し、自身の位置を GNSS 等によって取得・表示して目的地までの距離や時間を計算させるシステムである。このように、ベースとなる数値化された地図を空間データ基盤、道路情報や地名などを属性データという。

つまり GIS とは、空間データ基盤（数値地図）をベースとして、これに人口分布や、商業分布、インフラデータなど、様々な属性データを組み合わせることにより、利用者がその目的に応じた地理情報を取得し、検索、加工、分析などの作業が行えるようにしたシステムであり、都市情報システム、災害情報システム、ナビゲーションシステムなどとして、国、地方公共団体、企業、個人などで幅広く利用されているものである。

GIS の具体的なイメージとしては、図 6-15 のようになる。

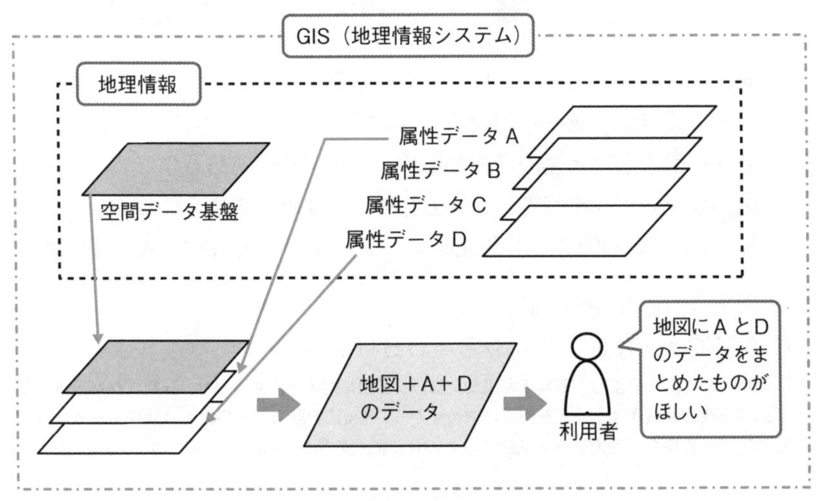

図6-15：GIS（地理情報システム）の概念図

2. 地理情報標準プロファイル（JPGIS）

地理情報標準プロファイル（Japan Profile for Geographic Information Standards：JPGIS）では、日本国内の地理情報分野全般に係わるルールを規定している。例えば、空間データ（地理情報）の設計の考え方、その際に使うことができる部品、位置の表し方、地名から場所を結び付ける方法、空間データの品質の考え方、空間データを作成する際の仕様書の作り方など、特に空間データの交換のためのルールを規定している。現在の最新バージョンは、2015年（平成27年）4月に更新されたJPGIS 2014である（2022年5月現在）。

JPGISの利用により、データの相互利用しやすい環境が整備され、異なる整備主体で整備されたデータの共用、システム依存性の低下、重複投資の排除等の効果を期待することができ、コスト削減や業務の効率化等が可能となる。JPGISの活用例としては、次の4項目がある。

①製品仕様書
②データ・ソフトウェアの標準化
③データの品質表示
④メタデータでの情報流通

3. 製品仕様書

JPGISでは、製品仕様書の作成について規定されている。製品仕様書はデータの定義・構造・品質・記録方法等が統一化された考え方や基準のもとで、利用目的に応じた作成を行うように規定されている。具体的には、「データの内容と構造」「データの交換標準形式」「データの品質保証」といったデータを作り、流通をさせるために必要な事項を記述することになっている。それにより、データ作成者は、製品仕様書に従ったデータを作ることができ、データ利用者は、データの詳細を知ることができる。

また、**製品仕様書は、データ作成時には「発注仕様書」として、データ交換時には「説明書」として使用**することができる。

4. メタデータ

JPGIS では、データの品質をチェックするためのルールを定めている。JPGIS で定められた品質チェックの方法に従ってデータの品質がチェックされ、データは「製品」として流通する。品質チェックの報告は、メタデータによって記述される。

メタデータとは、空間データの種類、所在・内容・品質・利用条件などの情報を別途、詳細に示したデータを指す。つまり、**データ利用のためのデータ**である。

メタデータには、それを調べることにより、地理情報の利用者がその地理情報を利用できるかどうかを判断できるよう、JPGIS で共通の仕様を持たせてある。

つまりデータの内容が要約、格納されているのがメタデータということになる。

さらには、クリアリングハウスなどの検索時の活用や、不要な**データ整備の重複投資の回避**などにも利用されている。

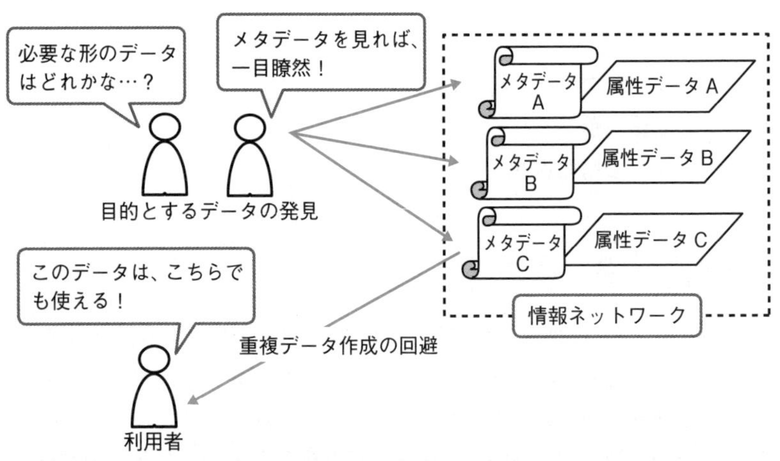

図6-16：メタデータの概念図

メタデータに書き込まれる情報には、主に図 6-17 のようなものがある。

※ JPGIS に準拠したメタデータの記述形式として、JMP2.0（Japan Metadata Profile 2.0）が、国土地理院によって定められている。

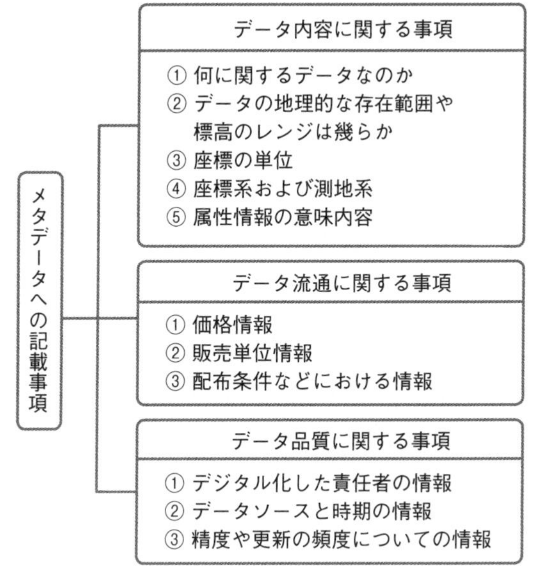

図6-17：メタデータに書き込まれる情報

5. クリアリングハウス

クリアリングハウスとは、地理情報システム(GIS)の分野において、**通信ネットワークを活用した地理的情報の流通機構全体**を指す言葉として用いられている。簡単にいえば、クリアリングハウスとは、活用したい空間データを検索するシステム自身を指す言葉であり、その検索対象は、**メタデータ**と呼ばれるデータの内容、精度、更新時期、対象地域、作成者、入手方法などである。

クリアリングハウスにより、**他のデータベースに存在する空間データを検索すること**や、様々な組織や団体などが持つ空間データを共有することが可能となり、**空間データ整備における重複投資を回避**することができる。

クリアリングハウスの仕組みは、空間データを保有している機関や団体などが、インターネット上にサーバを接続し、GIS 情報の利用に必要なメタデータをサーバを通じて公開する。利用者はインターネット上に接続されているサーバを検索することにより、どのサーバにどのような情報があり、どのようにすれば利用できるのかを知ることができる仕組みである。

※クリアリングハウスには、国土地理院が運営する「地理空間情報クリアリングハウス」などがある。

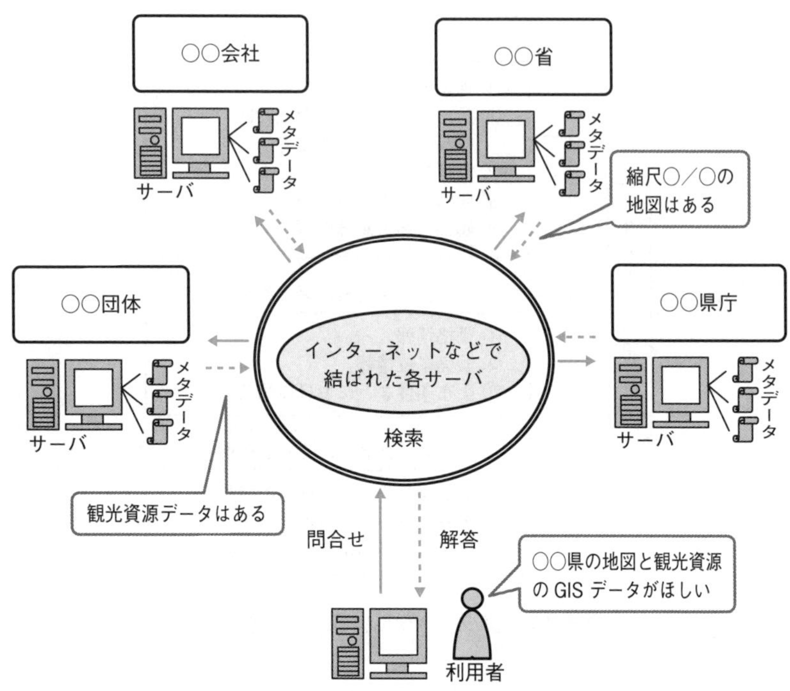

図6-18：クリアリングハウスの概念図

6-6 既成図数値化とデータ形式

1. 既成図数値化の作業工程

既成図数値化とは、既に存在する地形図（既成図）からデジタイザやスキャナなどの機器を用いて数値データを計測し、図形編集装置（PC）のディスプレイ上で編集、修正などを行って、数値地形図データを作成する作業である。

取得された数値データは、その取得方法（データ形式）により、ベクタデータとラスタデータに分類される。また、その作業工程は図 6-19 のようである。

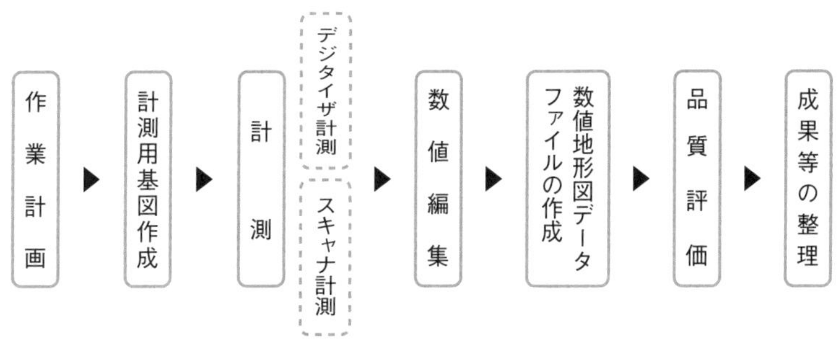

図6-19：既成図数値化の作業工程

2. データの形式 重要度★★★

既成図の計測によって得られる数値地形図データの形式は図 6-20 のように分類される。

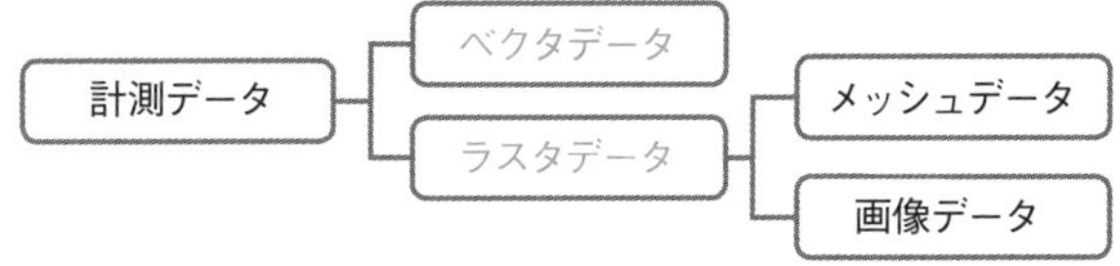

※メッシュの細かいものを画像データ、大きいものをメッシュデータと記す場合があるが、そのサイズが異なるだけで、データ形式自体の違いはない。

図6-20：データの形式

一般的に、**デジタイザにより取得されたデータは**ベクタデータ、**スキャナにより取得されたデータは**ラスタデータとなる。また、既成図数値化**の標準データは、**GIS への活用と、属性データの付与から、**ベクタデータ**となっている。以下に、ベクタデータとラスタデータの特徴について記す。

●ベクタデータ

いわゆる CAD データのことで、図形の形状を、点・線・面に分け、それぞれを座標値と点間の長さ、線で囲まれた位置の組合せで表現する方法。点や線の情報を表すのに適している。

直接取得では TS や GNSS を用いた細部測量によって行われ、既成図からのデータ取得では主にデジタイザが用いられる。デジタイザによる取得とは、大きな平板に既成図を貼り付け、ペンやカーソルにより既成図をトレースすることにより座標値を読み取り、数値化するものである。

ベクタデータの代表的なファイル形式には、SHAPE、KML、Geo、JSONなどがある。

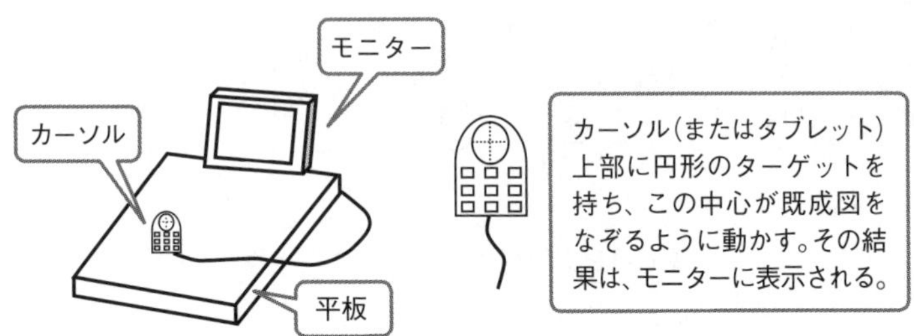

図6-21：デジタイザによるデータの取得

●ラスタデータ

図形を細かいメッシュ（画素：一般的には正方形）の集合体で表現する方法。対象物の平面上における分布（土地利用や人口密度など）の表現に適している。

空中写真や既成図からのデータ取得では**スキャナ**が用いられ、ドラムや板に既成図を貼り付け、センサーが稼働することにより図の色を読み取り、データ位置を確定させる。ラスタデータの代表的なファイル形式には、TIFF、GeoTIFF、PING、JPEGなどがある。

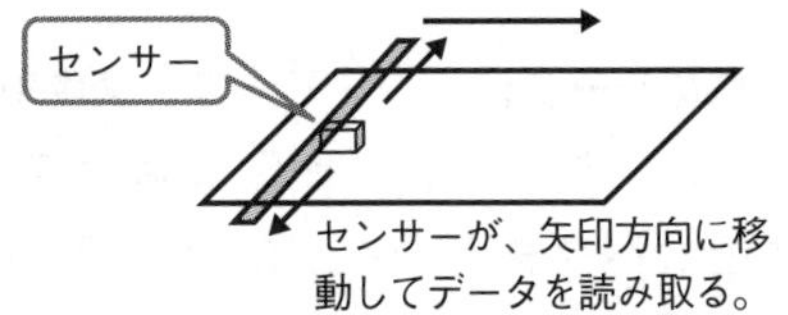

図6-22：スキャナによるデータの取得

●ベクタデータとラスタデータのイメージ

ベクタデータとラスタデータのイメージを図6-23に記す。簡単にベクタデータはCADで描いた図、ラスタデータはデジカメで写した図と考えるとよい。

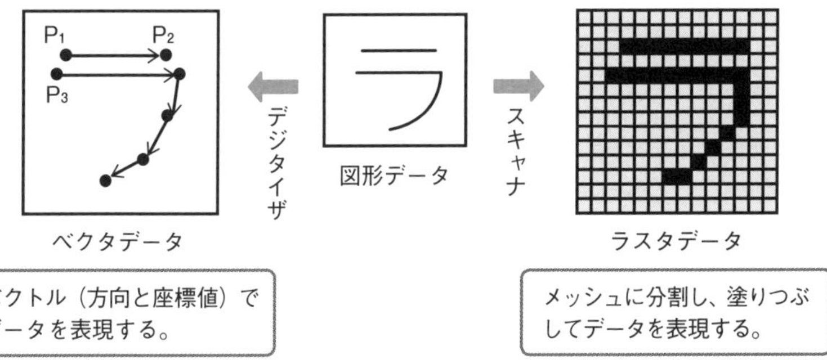
P1
P2
P3
ベクタデータ
デジタイザ
ラ
図形データ
スキャナ
ラスタデータ
ベクトル（方向と座標値）でデータを表現する。
メッシュに分割し、塗りつぶしてデータを表現する。

図6-23：ベクタデータとラスタデータのイメージ

●ベクタデータとラスタデータの比較

地図表現にはどのデータ形式が適しているのかを考えると、地図の特性注を考えて、表6-8のようにまとめることができる。

注　地図に使用されているデータは、座標を持った点（学校などの建物）、線（道路や鉄道などの線状構造物）、面（土地や湖沼など線で囲まれたもの）にそのすべてが分類される。

表6-8：ベクタデータとラスタデータ

データ形式	ベクタデータ	ラスタデータ
地図表現	・位置を正確に表現できる。 ・地図縮尺を大きくしても形状は崩れない。	・メッシュ内部の情報は不明である。 ・縮尺を大きくすると地図表現が粗くなる。

●ラスタ・ベクタ変換

既成図を数値化する場合、コストパフォーマンスに優れた、スキャナによる数値化が多く用いられている。**スキャナによる数値化では、得られたデータがラスタデータ**のため、ラスタ・ベクタ変換（ラスベク変換）を用いて**ベクタデータに変換**される。

ラスタ・ベクタ変換には、次の2通りの方法があるが、一般的には②の自動的にベクタデータとする方法が用いられる。

① スキャナにより得られたラスタデータをモニター上に表示し、対話的にベクタデータへと変換する方法。
② スキャナにより得られたラスタデータを細線化や芯線化の方法により、自動的にベクタデータに変換する方法。

以下に、ラスタ・ベクタ変換に用いられる代表的な手法である、細線化と芯線化について記す。

細線化とは、図6-24のようなラスタデータの領域を、中央に向かって1画素ずつ詰めていくことにより、最後に1画素の「線」として、ベクタデータに変換する方法である。

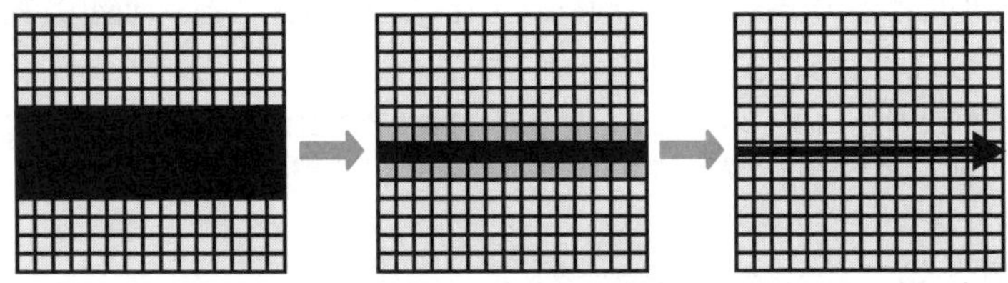

図6-24：細線化

芯線化は、黒の領域と白の領域の境界線をベクトル化し、両端に輪郭線ベクトルを作る。この輪郭線ベクトルの中心位置を求め、中央のベクトル（芯線ベクトル）を求める（図6-25）。細線化に比べ、ノイズにより複雑な折線になることが多い。このため単純な用地図などで用いられる。

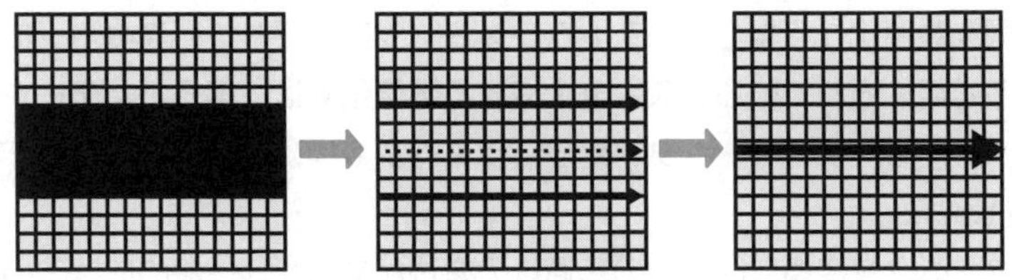

図6-25：芯線化

3. 数値編集

数値編集とは、計測されたデータを基に、図形編集装置（PC）のモニター上での対話処理により、計測データの取得漏れ、誤り、接合部分の座標不一致などを訂正し、編集済みデータを作成する作業である。

編集済みデータの点検は、点検用の出力図やモニター上で行われ、論理的矛盾（線の結合など）は、**点検プログラムにより行われる。**

過去問題にチャレンジ

▶R2-No.24

Q9 ラスタデータとベクタデータ

次の文は，GIS で扱うデータ形式や GIS の機能について述べたものである。明らかに間違っているものはどれか。次の中から選べ。

1. ラスタデータは，地図や画像などを微小な格子状の画素（ピクセル）に分割し，画素ごとに輝度や濃淡などの情報を与えて表現するデータである。
2. ベクタデータは，図形や線分を，座標値を持った点又は点列で表現したデータであり，線分の長さや面積を求める幾何学的処理が容易にできる。
3. ベクタデータで構成されている地物に対して，その地物から一定の距離内にある範囲を抽出し，その面積を求めることができる。
4. ネットワーク構造化されていない道路中心線データに，車両等の最大移動速度の属性を与えることで，ある地点から指定時間内で到達できる範囲がわかる。
5. GIS を用いると，ベクタデータに付属する属性情報をそのデータの近くに表示することができる。

解答

1. 正しい。ラスタデータは図形を細かいメッシュ（画素）の集合体で表現する方法である。画素が小さいほど詳細な表現ができる。

2. 正しい。ベクタデータは図形を点・線・面で表し、それぞれを点の座標値、点を結んだ線、線で囲まれた面で表すことのできるデータ形式である。

3. 正しい。ベクタデータは座標値を持つ点、線、面で構成されたデータである。このため、計算により問題文のように面積を求めることができる。

4. 間違い。ネットワーク構造化されていないということは、点と点がつながれていない（網になっていない）構造ということである。ネットワーク構造化されていなければ、属性データを与えても無駄である。

5. 正しい。GIS は重ね合わせのデータである。重ね合わせることにより使用者が得たい情報を視覚的に表示できる。問題文のように好きな場所に表示できる。

よって、明らかに間違っているものは 4. となる。

6-7 ベクタデータの構造と数値標高モデル

1.ベクタデータの構造 重要度★★☆

ベクタデータの構造形式は、アークノードデータ構造と呼ばれるもので、地物を点情報（ノード）、線情報（チェーン）、面情報（ポリゴン）の関係で表しているものである。

例えば、三角点や建物記号などの記号などは点情報で表され、道路や鉄道、行政界などは線情報、田畑や湖沼、構造物などは点と線で囲まれた面情報で表される構造である。

ベクタデータには、属性データ（属性コード）が付与され、これにより点、線、面の位置情報を持つ各データが、「いったい何を表しているのか」を知ることができる。例えば、ある面情報があり、これが建物で病院であったとすると、付属データは、建物等（大分類）＋建物記号（分類）＋病院（名称）を数値で表した、「3532」という数字が付与されることになる（Part2 の 4-1 を参照）。

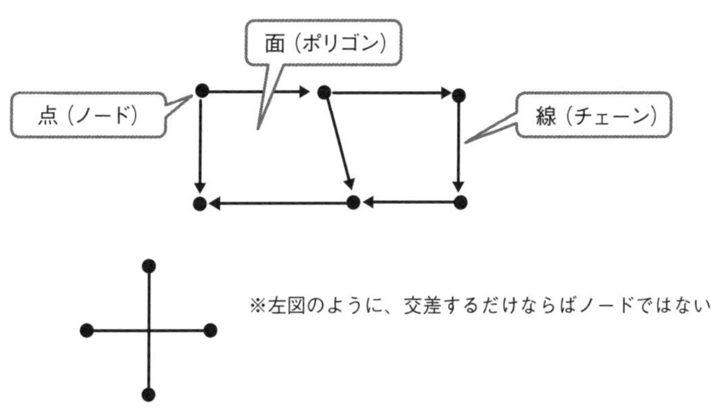

図6-26：ベクタデータの模式図

- 点（ノード）

点の座標値と交点番号（ノードナンバー）で表される。

※{A（X, Y)} →A＝属性を表すコード番号、X, Y＝座標値

- 線（チェーン）

始点と終点（ノードナンバー）と線番号（チェーンナンバー）で表され、方向（ベクトル・矢印）を持つ。方向は、対象面（ポリゴン）から見て、**時計方向を＋、反時計方向を－**とする。

※{A（X1, Y1)} ········{A（Xn, Yn)} →A＝属性を表すコード番号、X, Y＝座標値

- 面（ポリゴン）

時計回りに線番号で与えられる。

※{A, L1, L2, L3, ·····} →A＝属性を表すコード番号、L＝外周を構成するチェーンデータの番号

2. 数値標高モデル(DEM) 重要度★★★

DEM（数値標高モデル：Digital Elevation Model）とは、数値地図の一種であり、**ある地域を格子（メッシュ）状に区画し、その交点の高度（標高）データを記述したもの**である（図 6-27）。

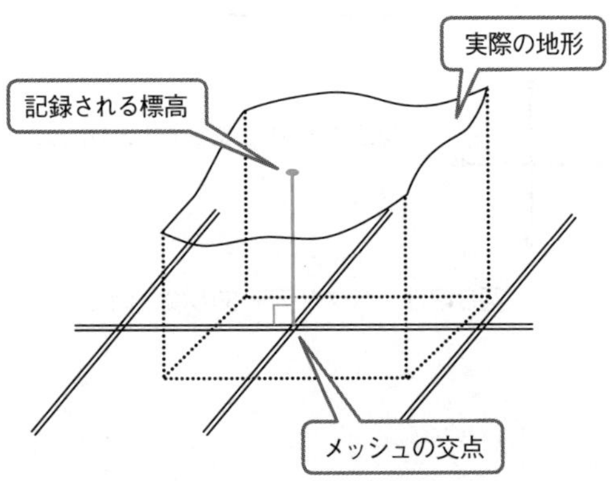

図6-27：DEMの概念図

DEMの作成は、既存の地形図から等高線を読み取る方法と、航空レーザ測量(地形をレーザでスキャンし、地表面の標高を計測する方法：Part2 の 5-3）がある。

DEM はパソコン上のソフトウェアで処理することができ、これによりコンピュータグラフィックによる鳥瞰図（立体図）の作成なども容易に行うことができる（図 6-28)。

(50mメッシュデータより作成)

図6-28：DEMの利用(鳥瞰図)

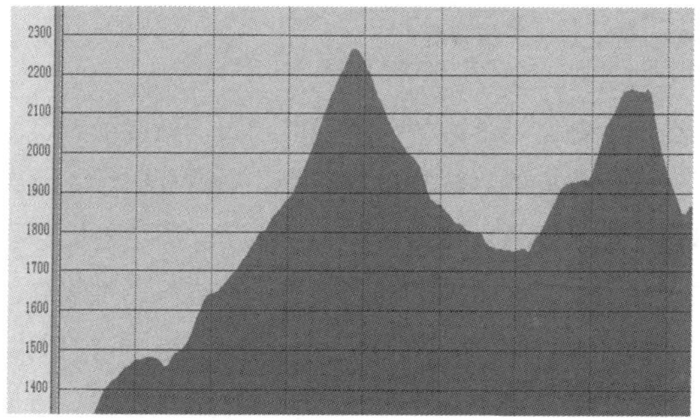

(50mメッシュデータより作成)
※北海道 大雪山(旭岳：2,290m)を南北方向に縦断

図6-29：DEMの利用:縦断図

3. DEM と DTM と DSM 重要度★★☆

メッシュ状に区切った標高データの呼び名には、DEM（数値標高モデル)、DTM（数値地形モデル：Digital Terrain Model)、DSM（数値表層モデル：Digital Surface Model）と３種類ある。

- **DTM**

建物や樹木の高さを除いた、地表面の高さ。一般的には**DEMと同意語で用いられる。**

- **DSM**

地表面に存在する建物や樹木などの高さを含んだデータ。

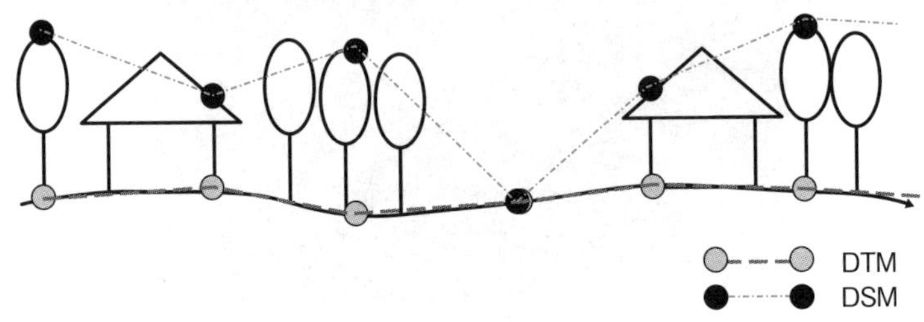

図6-30：DTMとDSM

4. 地図情報レベル 重要度★★☆

地図情報レベルとは、数値地形図データの地図表現精度を表し、数値地形図における図郭内のデータの平均的な総合精度を示す指標をいう。簡単にいえば、**従来の縮尺分母の数値を地図情報レベル**といい換えていることになる。

また、総合精度とは、その図郭内に描画（表示）される地物などの「平均的な精度」が定められた範囲内に収まっていることであり、描画されている個々のデータではその精度にバラつきがある。

表6-9：地図情報レベルと地形図縮尺の関係

地図情報レベル	地形図相当縮尺
250	1/250
500	1/500
1,000	1/1,000
2,500	1/2,500
5,000	1/5,000
10,000	1/10,000

なお、縮尺大小の表現方法については、次のように表現が逆転しているため、注意が必要である。

- 地形図縮尺：1/2,500 **より大きい縮尺** → 1/1,000 や 1/500
- 地図情報レベル：2,500 **より大きいレベル** → 5,000 や 10,000

過去問題にチャレンジ

▶H24-No.15

Q10 ベクタデータの模式図

図は，ある地域の交差点，道路中心線及び街区面のデータについて模式的に示したものである。この図において，P1 ～ P7 は交差点，L1 ～ L9 は道路中心線，S1 ～ S3 は街区面を表し，既にデータ取得されている。街区面とは，道路中心線に囲まれた領域をいう。この図において，P1 と P7 間に道路中心線 L10 を新たに取得した。次の a ～ e の文は，この後必要な作業内容について述べたものである。明らかに間違っているものだけの組合せはどれか。次の中から選べ。

a. 道路中心線 L6，L10，L8 により街区面を取得する。
b. 道路中心線 L8，L9，L4，L5 により街区面を取得する。
c. 道路中心線 L2，L3，L9，L7 により街区面を取得する。
d. 道路中心線 L1，L7，L10 により街区面を取得する。
e. 道路中心線 L1，L7，L8，L6 により街区面を取得する。

1. a，b，c　　2. a，c，d
3. a，d，e　　4. b，c，e
5. b，d，e

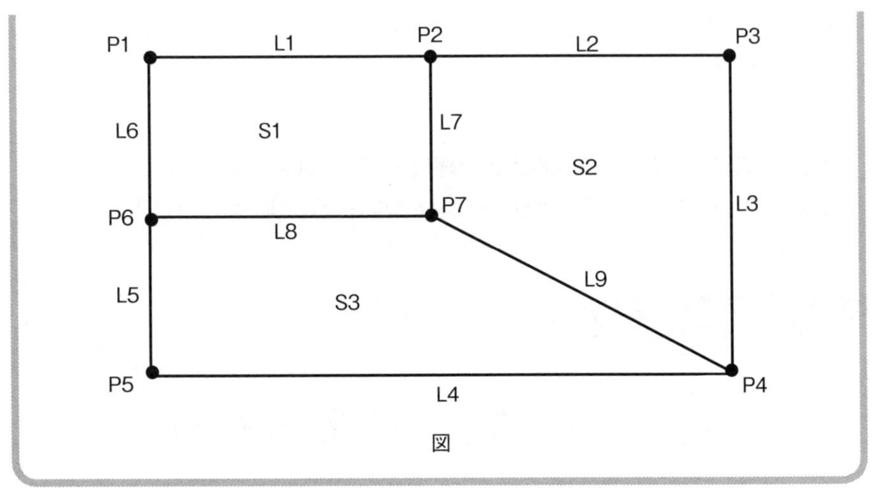

図

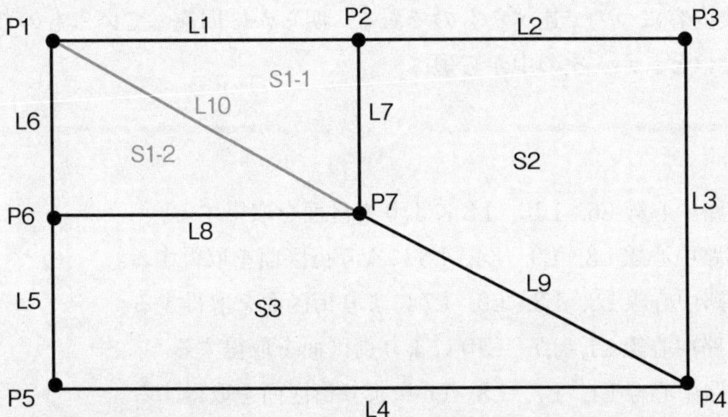

追加された道路中心線（L10）を図に描くと、前図のようになる。

この後必要な作業を考えると、新たな街区面であるS1-1とS1-2を取得すればよいことがわかる。

選択肢のa～eの中で、この新たな街区面を取得する作業は、aとdであるため、それ以外の作業が、間違っていることになる。

よって、b，c，eの作業が間違っているため、この組合せを持つものは4. となる。

過去問題にチャレンジ

▶H29-No.15

Q11 数値標高モデル

次の文は，数値標高モデル（以下「DEM」という。）の特徴について述べたものである。

［ア］～［オ］に入る語句の組合せとして最も適当なものはどれか。次の中から選べ。

DEMとは，［ア］の標高を表した格子状のデータのことである。DEMは、既存の［イ］データや，［ウ］から作成することができる。DEMは，その格子間隔が［エ］ほど詳細な地形を表現でき，洪水などの［オ］のシミュレーションには欠かせないものである。

	ア	イ	ウ	エ	オ
1.	地表面	ジオイド高	正射投影画像	大きい	被災想定区域
2.	地表面	等高線	航空レーザ測量成果	小さい	被災想定区域
3.	地物の上面	等高線	正射投影画像	大きい	発生頻度
4.	地物の上面	ジオイド高	航空レーザ測量成果	小さい	発生頻度
5.	地表面	等高線	航空レーザ測量成果	大きい	被災想定区域

解答

ア：地表面

DEMは建物や樹木の高さを除いた地表面の高さをいう。DTMとも呼ばれる。

イ：等高線
DEMを作成するためには、既存の地形図から等高線を読み取る方法と、航空レーザ測量がある。

ウ：航空レーザ測量成果
航空レーザ測量とは地上をレーザでスキャンし、地表面の標高を計測する方法である。これにより得られるデータはDSMと呼ばれ、これをフィルタリング（地表面以外のデータを除く作業）することにより得られるデータがDEMである。

エ：小さい
格子間隔が小さいということは、1つのエリアを細かく区切っているということである。このため詳細な地形を表現できる。

オ：被災想定区域
洪水などの想定区域は、地上の標高値を取得する必要がある。このため対象地域のDEMがあれば想定区域を指定できる。選択肢にある発生頻度は関係がない。

よって、最も適当な語句のものは2.となる。

過去問題にチャレンジ

▶H21-No.24

Q12 GISの利用1

次の文は，地理空間情報の利用について述べたものである。［ア］～［エ］に入る語句の組合せとして最も適当なものはどれか。次の中から選べ。

地理空間情報をある目的で利用するためには，目的に合った地理空間情報の所在を検索し，入手する必要がある。［ ア ］は，地理空間情報の［ イ ］が［ ウ ］を登録し，［ エ ］がその［ ウ ］をインターネット上で検索するための仕組みである。

［ ウ ］には，地理空間情報の［ イ ］・管理者などの情報や，品質に関する情報などを説明するための様々な情報が記述されている。

	ア	イ	ウ	エ
1.	地理情報標準	作成者	メタデータ	利用者
2.	クリアリングハウス	利用者	地理情報標準	作成者
3.	クリアリングハウス	作成者	メタデータ	利用者
4.	地理情報標準	作成者	クリアリングハウス	利用者
5.	メタデータ	利用者	クリアリングハウス	作成者

解答

地理空間情報をある目的で利用するためには、目的に合った地理空間情報の所在を検索し、入手する必要がある。［クリアリングハウス］は、地理空間情報の［作成者］が［メタデータ］を登録し、［利用者］がその［メタデータ］をインターネット上で検索するための仕組みである。

［メタデータ］には、地理空間情報の［作成者］・管理者などの情報や、品質に関する情報などを説明するための様々な情報が記述されている。

よって、最も適当なものは 3. となる。

過去問題にチャレンジ

R3-No.24

Q13 GIS の利用 2

次のa～eの文は，GIS で扱うデータ形式や GIS の機能について述べたものである。明らかに間違っているものだけの組合せはどれか。次の中から選べ。

a. GISでよく利用されるデータにはベクタデータとラスタデータがあり，ベクタデータのファイル形式としては，GML，KML，TIFF などがある。
b. 居住地区の明治期の地図に位置情報を付与できれば，GIS を用いてその位置精度に応じた縮尺の現在の地図と重ね合わせて表示できる。
c. 国土地理院の基盤地図情報ダウンロードページから入手した水涯線データに対して，GIS を用いて標高別に色分けすることにより，浸水が想定される範囲の確認が可能な地図を作成できる。
d. 数値標高モデル（DEM）から，斜度が一定の角度以上となる範囲を抽出し，その範囲を任意の色で着色することにより，雪崩危険箇所を表示することができる。
e. 地震発生前と地震発生後の数値表層モデル（DSM）を比較することによって，倒壊建物がどの程度発生したのかを推定し，被災状況を概観する地図を作成することが可能である。

1. a，b　2. a，c　3. b，d
4. c，e　5. d，e

解答

a. **間違い。**ラスタデータは、GeoTIFF、PNG、JPEGであり、ベクタデータの代表的なファイル形式は、SHAPE、KML、GML、Geo、JSONなどである。問題文中のTIFFは座標付きの画像データであり、航空写真などがこれに当たる。座標データを持つため地図に航空写真画像をはめ込むことができる。

b. 正しい。位置情報（座標）を与えることができれば、現在の同じ位置情報を持つ地図と重ねることができる。

c. **間違い。**水涯線とは、陸部と水部を区画する境（水際）である。水涯線を標高別に色分けしても、問題文のような地図は作成できない。

d. 正しい。DEMは地表面を等間隔の正方形に区切り、その中心点に標高値を持たせたデータである。このため、問題文のような表示ができる。

e. 正しい。DSMは地表の高さではなく、建物や樹木の高さを含んだ高さのデータである。このため、問題文のような地図を作成することができる。航空レーザ測量で直接得られる高さのデータである。

よって、明らかに間違っているものは2.となる。

Chapter 07

応用測量

応用測量とは、公共事業を前提として行われる測量である。作業規程の準則では、応用測量として路線測量、河川測量、用地測量、その他の応用測量の4つに区分されており、士補試験ではこの4つの分野から出題されている。

7-1 路線測量

路線測量とは**線状構造物[注]建設のための、調査、計画、実施設計などに用いられる測量**をいう。

士補試験においては、路線測量の出題内容は「道路」に関するものに留まっており、一般に路線測量といえば道路に関する測量を指すため、ここでは 路線測量＝道路の新設、改修、維持管理に関する測量として考えればよい。

注　道路や水路、鉄道など、幅に対して長さの長い人工構造物をいう。

1. 路線測量の作業工程 重要度★★☆

路線測量の作業工程は、図 7-1 のようになる。

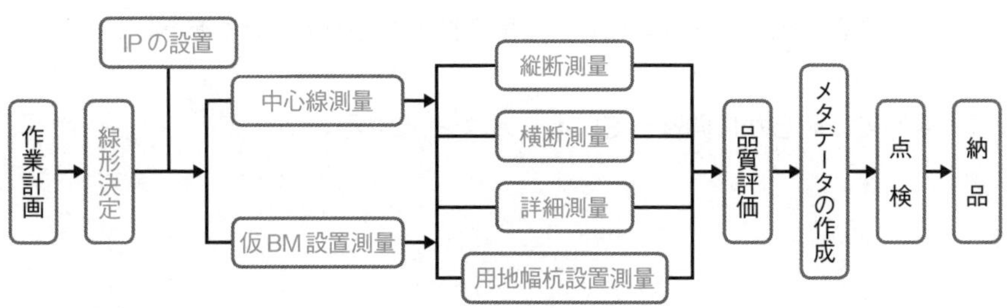

図7-1：路線測量の作業工程

アクセスキー A
(大文字のエー)

2. 路線測量の各作業工程の内容

各作業工程の概要は次のようになる。

●作業計画

資料の収集、計画路線の踏査、作業方法、工程、使用器材などを計画準備し、計画書を作成する作業。

●線形決定

路線選定の結果に基づき、地形図上のIP（Intersection Point：交点）の位置を座標として定め、線形図データファイルを作成する作業。

● IPの設置 重要度★★☆

線形決定で定められた、IP[注]の座標を現地に測設または現地に直接設置されたIPに近くの基準点から測量して座標値を与える作業。

IPは、4級以上の基準点に基づき放射法などにより設置される。また、**IPには標杭（IP杭）を設置**する。

注　IP（アイピー：交点）とは、図7-2のように、直線道路の中心線どうしが交わる部分。一般にIP部には、曲線（カーブ）を挿入する。

●中心線測量 重要度★★☆

主要点、中心点を現地に設置し、線形地形図データファイルを作成する作業。**中心杭の設置は、4級以上の基準点、IPおよび主要点に基づき、放射法などにより行われる。中心杭は、一般に道路中心線上に20m間隔で設置される。**

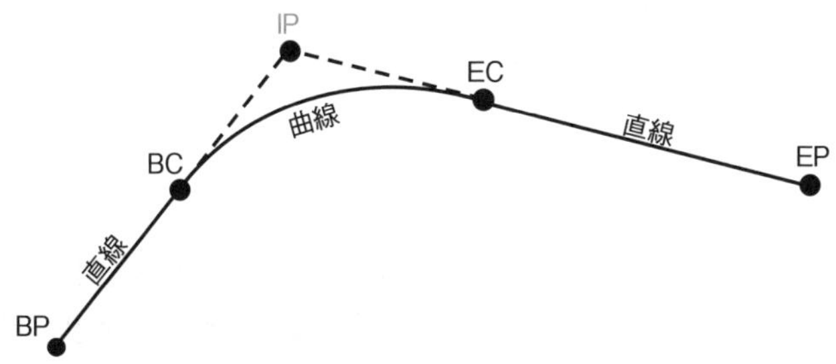

※主要点とは、BP(道路計画始点)、EP(道路計画終点)、BC(曲線始点)、EC(曲線終点) などである。
※各記号の読み方は、Part2の7-3-2を参照。

図7-2：道路の主要点

●仮 BM 設置測量 〈重要度★★☆〉

縦断測量、横断測量に必要な仮の水準点（仮 BM：KBM）を現地に設置し、標高を定める作業。**仮 BM 設置測量は、平地においては３級水準測量、山地においては４級水準測量により行う。また、仮 BM の設置間隔は 500m を標準とする。**

●縦断測量 〈重要度★★☆〉

中心杭高、中心点ならびに中心線上の地形変化点の地盤高および中心線上の主要な構造物の標高を、仮 BM またはこれと同等以上の水準点に基づき、**平地においては４級水準測量**、山地においては簡易水準測量により測定する。また、縦断測量の結果に基づき、**縦断面図データファイルを作成する作業**。

縦断面図データファイルを**図紙に出力する場合は、距離を表す横の縮尺は、平面線形を表した地形図と同一**。高低差を表す**縦の縮尺は、横の縮尺の５倍または 10 倍を標準とする。**

●横断測量 〈重要度★★☆〉

中心杭などを基準として、中心点における中心線の接線に対して直角方向の線上にある地形変化点や地物について、**中心点からの距離および地盤高を定め、横断面図データファイルを作成する作業**。横断方向には原則として見通し杭が設置される。

横断測量は、直接または簡易水準測量で実施する。横断面図データファイルを**図紙に出力する場合は、縦断面図の縦の縮尺と同一とする。**

●詳細測量 〈重要度★☆☆〉

主要構造物の設計に必要な詳細平面図、縦断面図、横断面図（各データファイル）を作成する作業。縦断面図の作成は縦断測量。横断面図の作成は横断測量によって行う。

この場合の横断測量は、平地においては４級水準測量、山地部においては簡易水準測量とする。

詳細平面図データファイルの地図情報レベルは 250 を標準とする。

詳細平面図などのデータファイルを**図紙に出力する場合は、縦断面図の横の縮尺は詳細平面図の縮尺と同一。縦の縮尺は 1/100 を標準とする。**また、横断面図の縮尺は、縦断面図の縦の縮尺と同一とする。

●用地幅杭設置測量

用地取得などに係る取得範囲を示すため、所定の位置に用地幅杭を設置し、杭打図を作成する作業。

●道路の平面図、縦断面図、横断面図

道路の図面は、平面図、縦断面図、横断面図などで構成される。平面図は、図7-3 にあるように、道路を真上から見た図面（図 7-4）で、中心杭は「No. ○○」と表されるため、ナンバー杭とも呼ばれる。縦断面図は道路中心線で切って横から見た図面（図 7-5）、横断面図は道路中心線に対して直角に切り、進行方向に見た図面（図 7-6）となる。

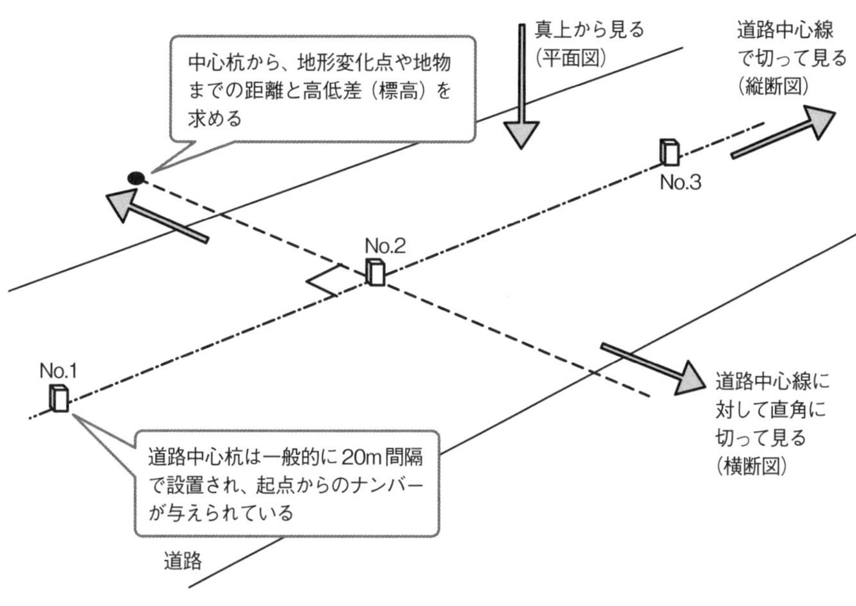

真上から見る（平面図）
道路中心線で切って見る（縦断図）
中心杭から、地形変化点や地物までの距離と高低差（標高）を求める
No.3
No.2
No.1
道路中心線に対して直角に切って見る（横断図）
道路中心杭は一般的に 20m 間隔で設置され、起点からのナンバーが与えられている
道路

図7-3：道路の縦断と横断

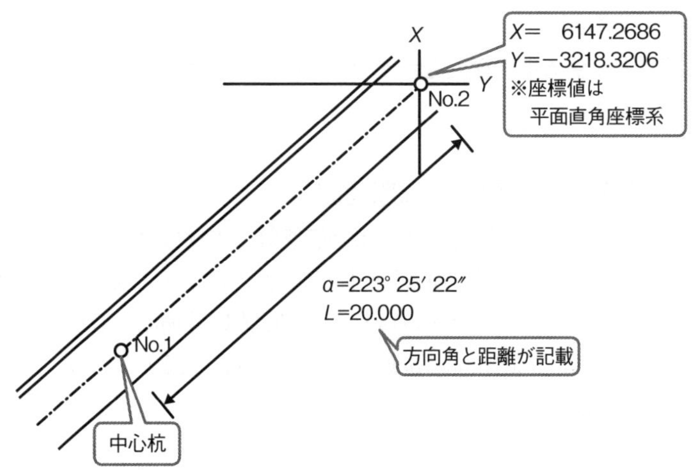

図7-4：道路平面図の例

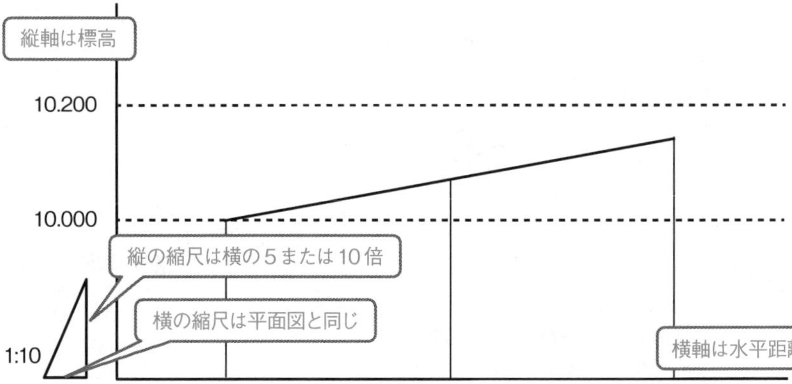

縦軸は標高

10.200

10.000

縦の縮尺は横の５または10倍

横の縮尺は平面図と同じ

1:10

横軸は水平距離

測　点	No. 0	No. 1	No. 2
追加距離(m)	0.000	20.000	40.000
単距離(m)	0.000	20.000	20.000
計画高(m)	10.000	10.100	10.200
勾　配(%)	L=40.000 i=0.5%		

図7-5：縦断面図の例

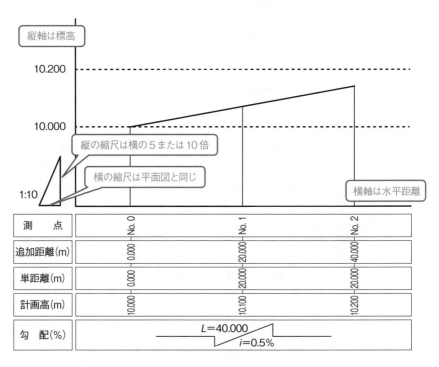

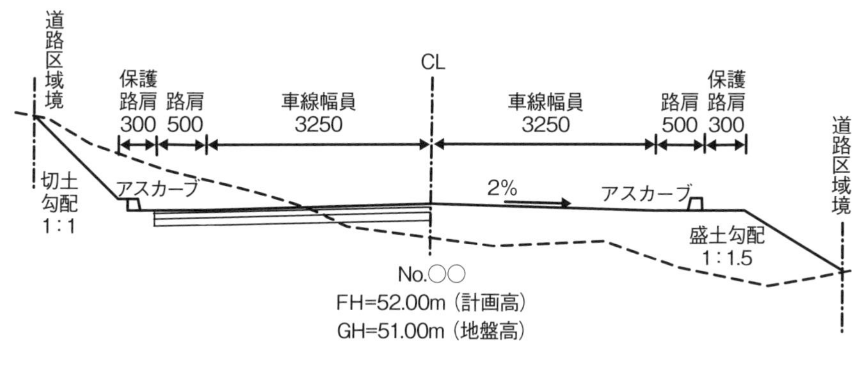

図7-6：横断面図の例

過去問題にチャレンジ

▶ R4-No.26

Q1 路線測量全般

次の文は，公共測量における路線測量について述べたものである。明らかに間違っているものはどれか。次の中から選べ。

1. IPの設置では，線形決定により定められた座標値を持つIPを，近傍の4級基準点以上の基準点に基づき，放射法等により現地に設置する。
2. 仮BM設置測量とは，縦断測量及び横断測量に必要な水準点を設置し，標高を求める作業をいう。仮BMを設置する間隔は100mを標準とする。
3. 縦断測量とは，仮BMなどに基づき水準測量を行い，中心杭高や地盤高などを測定し，路線の縦断面図データファイルを作成する作業をいう。
4. 中心線測量とは，路線の主要点及び中心点を設置する作業をいう。主要点には役杭を設置し，中心点には中心杭を設置する。
5. 横断測量では，中心杭等を基準にして，中心点における中心線の接線に対して直角方向の線上にある地形の変化点及び地物について，中心点からの距離及び地盤高を測定する。

解答

1. 正しい。路線測量における「IPの設置」に関する文章である。

2. **間違い**。仮KBMの設置間隔は500mが標準である。平地では3級、山地では4級により行う。

3. 正しい。縦断測量の定義である。

4. 正しい。中心杭の設置は、4級以上の基準点、IPおよび主要点に基づき放射法などにより行われる。

5. 正しい。横断測量により、横断面図データファイルが作成される。

よって、明らかに間違っているものは2.となる。

7-2 縦横断測量の計算

士補試験では、過去に縦横断測量（縦断測量と横断測量）の計算に関する出題がある。その出題内容はレベルによる器高式と、TSによる間接水準測量に関するものである。

1. レベルによる器高式記帳法

器高式記帳法とは、1点に据えたレベルを基準に、周りの各点に立てた標尺を順次視準し、それぞれの高さを求める方法である。この場合に記入するデータの形式を**器高式手簿**と呼ぶ。器高式記帳法については、Part1の3-2-6にも記してあるが、さらに詳しく説明すると次のようになる。

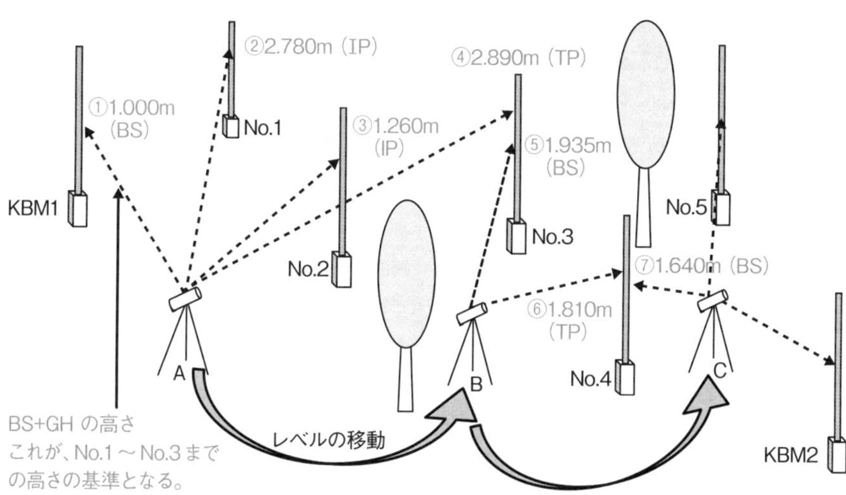

図7-7：レベルによる器高式

図7-7のNo.1からNo.5までの標高をKBM1を基準に求めたい場合、レベルを用いて次のような観測を行う。

ア.　レベルを標高の基準となるKBM1（仮のベンチマーク：仮の基準点）

とその他観測すべき点が数多く見通せる「A」の場所に据える。

イ. KBM1 を視準して、その標尺の値が 1.000m であった場合（①）、手簿の BS（後視）の位置にこれを記入する。

ウ. KBM1 の標高が 10.000m であった場合、A 地点のレベルから KBM1 を視準している視準線の標高は、11.000m となるため、GH（標高）の欄に 10.000、IH（器械高）の欄に、1.000 + 10.000（BS + GH）= 11.000 と記入する。

エ. No.1 および No.2 の標尺の値を読み（②）・（③）、これを FS（前視）の IP（中間点）として野帳に記入する。この場合、No.1 ～ No.2 の標高は、KBM1 の IH の値から、それぞれの IP を引いた値となる。

オ. 次に No.3 の標尺の値を読む（④）が、No.4 以降の点については、A 点に据えたレベルからは障害物があり読むことができない。そこで、レベルを B 点に移動することになる。このため A 点から No.3 の標尺を読んだ値は、FS の TP（移器点）に記入する。No.3 の標高は、エ. と同様に、KBM1 の IH から TP を引いた値となる。

カ. レベルを No.3 と No.4 以降の点が見通せる場所である B 点に移動し、再度 No.3 の標尺を読む（⑤）。この値は No.3 の BS の欄に記入する。また、オ. で計算された No.3 の GH にこの BS を足して、レベル B 点の IH を計算しておく。

キ. No.4 の標尺の値を読む（⑥）が、No.5 および KBM2 の値を読むことができないため、レベルを C 点に移動させる必要がある。このため No.4 の標尺を読んだ値は、オ. 同様に TP に記入する。No.4 の標高は No.3 の IH からこれを引いた値となる。

ク. レベルを残りの点（No.5、KBM2）が見通せる位置（C）に移動し、再度 No.4 の標尺を読む（⑦）。この値は No.4 の BS の欄に記入する。また、キ. で計算された No.4 の GH にこの BS を足して、レベル C の IH を計算しておく。

ケ. No.5 および KBM2 の標尺の値を読み、各 IP に記入する。この場合の標高は、ク. で求めた No.4 の IH から各 IP を引いた値となる。

※文章中の丸文字は、図 7-7 に対応している。

表7-1：器高式手簿の記帳方法

No	BS(m)	IH(m)	FS(m)		GH(m)
			TP	IP	
KBM1	1.000	11.000(BS＋GH)			10.000
1				2.780	8.220(IH－IP)
2				1.260	9.740(IH－IP)
3	1.935	10.045(BS＋GH)	2.890		8.110(IH－TP)
4	1.640	9.875(BS＋GH)	1.810		8.235(IH－TP)
5				1.500	8.375(IH－IP)
KBM2				1.683	8.192(IH－IP)

※BSを読み取った点のGHにBSの値を加えて、IHにする。IHからIP、TPを引けば、FSを行った点のGHを求められる。TPとなる点は、FS → レベル移動 → BSと、連続して観測する。

2. TSによる間接水準測量

TSによる間接水準測量とは、多くのTSに備わっている、対辺（たいへん）機能を用いて、基準となる反射プリズムから他の反射プリズムまでの斜距離、水平距離、高低差、勾配などTSを移動せずに連続して測定する方法である。

ここで、対辺機能による2点間の間接水準測量を考える。図7-8のようにTSの位置を移動させずに、AB点間の高低差（h）を求めようとすると、図7-8のように考えることができる。

Part 02 実践対策編
Chap 01
Chap 02
Chap 03
Chap 04
Chap 05
Chap 06
Chap 07
応用測量

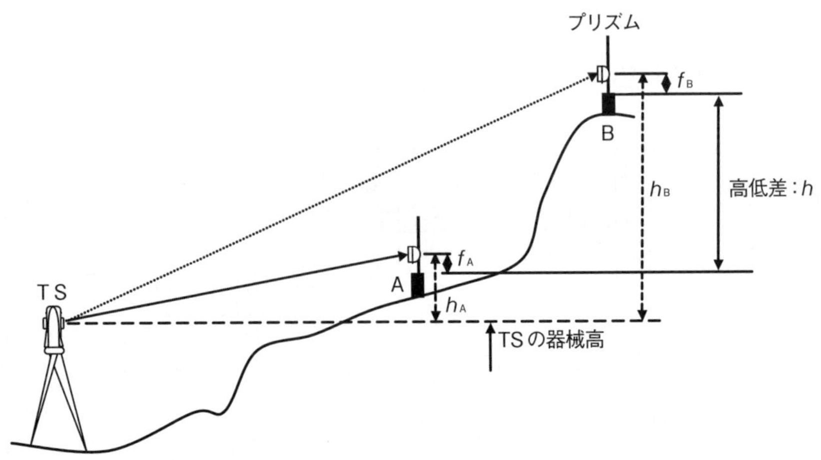

図7-8：TSによる間接水準測量

まず、h_A、h_B は、それぞれTSで計測されたAB点とTSの器械高との高低差であり、f_A、f_B は、プリズムの器械高である。

この場合、AB点間の高低差（h）は、次のように表すことができる。

$h = (h_B - f_B) - (h_A - f_A)$

実際の計測では、1本のプリズムだけを使用したり、用いるプリズム高を一定にしたりすることにより、AB点のプリズム高（$f_A = f_B$）として、$h = h_B - h_A$ となり、簡単に2点間の高低差を求めることができる。

また、多くのTSでは、特に計算も必要とせず、その内部計算機能を用いて、変化点や地物を視準し、基準となる点から多くの観測点までの高低差と水平距離を求めることができる。

過去問題にチャレンジ

▶H26-No.26

Q2 縦断測量の計算（器高式）

表は，ある公共測量における縦断測量の観測手簿の一部である。観測は，器高式による直接水準測量で行っており，BM1，BM2を既知点として観測値との閉合差を補正して標高及び器械高を決定している。表中の ア ～ ウ に当てはまる値はそれぞれ何か。次の中から正しい組合せを選べ。

表　縦断測量観測手簿

地　点	距離(m)	後視(m)	器械高(m)	前視(m)	補正量(mm)	決定標高(m)
BM1	25.00	1.308	81.583			80.275
No.1		0.841	ア	1.043	イ	ウ
No.1 GH	20.00			0.854		80.527
No.2				1.438		79.943
No.2 GH	5.00			1.452		79.929
No.2＋5m		1.329	81.126	1.585	＋1	79.797
No.2＋5m GH	15.00			1.350		79.776
No.3				1.040		80.086
No.3 GH	20.00			1.056		80.070
No.4		1.042	81.523	0.646	＋1	80.481
No.4 GH	35.00			1.055		80.468
BM2				1.539	＋1	79.985

（GH は各中心杭の地盤高の観測点）

	ア	イ	ウ
1.	81.381	0	80.540
2.	81.381	＋1	80.540
3.	81.381	＋1	80.541
4.	81.382	0	80.541
5.	81.382	＋1	80.541

解答　次の考え方で解けばよい。

① **補正量（イ）の計算**

問題文の観測手簿から観測時のレベルの位置を考えると次図のようになる。

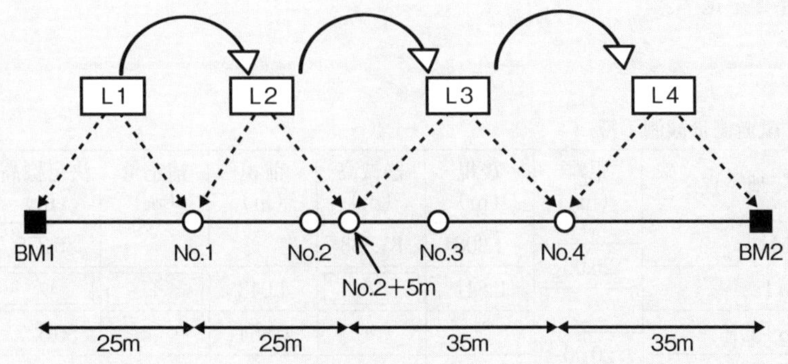

ここで、BM1とBM2の閉合差を求めると、ΣBS（後視の合計）－ΣFS（前視の合計）[注]より、次のようになる。

注　BM2を読んだ値とFSの値は、器械高と同じ行に記載のある数値を用いる。図では、No.1、No.2＋5m、No.4、BM2の標尺を読んだ値となる。

(1.308m＋0.841m＋1.329m＋1.042m)－(1.043m＋1.585m＋0.646m＋1.539m)＝4.520m－4.813m＝－0.293 m

ここで、BM1の標高を基に考えるとBM2の観測標高は、80.275m － 0.293m ＝ 79.982mとなる。

地　点	距離(m)	後視(m)	器械高(m)	前視(m)	補正量(㎜)	決定標高(m)
BM1		1.308	81.583			80.275
	25.00					
No.1		0.841	ア	**1.043**	イ	ウ
No.1 GH				0.854		80.527
	20.00					
No.2				1.438		79.943
No.2 GH				1.452		79.929
	5.00					
No.2+5m		1.329	81.126	**1.585**	＋1	79.797
No.2+5m GH				1.350		79.776
	15.00					
No.3				1.040		80.086
No.3 GH				1.056		80.070
	20.00					
No.4		1.042	81.523	**0.646**	＋1	80.481
No.4 GH				1.055		80.468
	35.00					
BM2				**1.539**	＋1	79.985

※青字（後視：BS）、太字（前視：FS）

BM2 の決定標高は問題文の表より、79.985m であるため、BM1 と BM2 の閉合差は、次のようになる。

79.985m − 79.982m = 0.003m　(3㎜不足)

よって、この閉合差を前視の部分に補正すればよい。

問題の表を見ると、No.2 +5m、No.4、BM2 で各＋1mm ずつ補正してあるため、イの補正量は必要がなく 0mm が入る。

※イを除く他の補正量の合計が 3mm となっており、さらに BM1〜No.1 の区間は BM1 を後視としているため誤差が出にくいと想定できる。

② （ウ）の計算

標高は、(器械高) − (前視) + (補正量) であるため、

81.583m − 1.043m + 0m = 80.540m となる。

③ （ア）の計算

器械高は、(標高) + (後視) であるため、

80.540m + 0.841m = 81.381m となる。

よって、ア：81.381、イ：0、ウ：80.540 となり、1. が正しい組合せとなる。

過去問題にチャレンジ

▸ H25-No.25

Q3　横断測量の計算（間接水準測量）

公共測量における路線測量の横断測量を，図に示すように間接水準測量の一つであるトータルステーションによる単観測昇降式で行い，表の観測結果を得た。点Aの標高 H_1 を 35.500m とした場合，点Bの標高 H_2 は幾らか。最も近いものを次の中から選べ。

ただし，点Aの f_1 及び点Bの f_2 は目標高，器械点において点A方向の高低角を α_1，斜距離を D_1，点B方向の高低角を α_2，斜距離を D_2 とする。

なお，関数の数値が必要な場合は，巻末の関数表を使用すること。

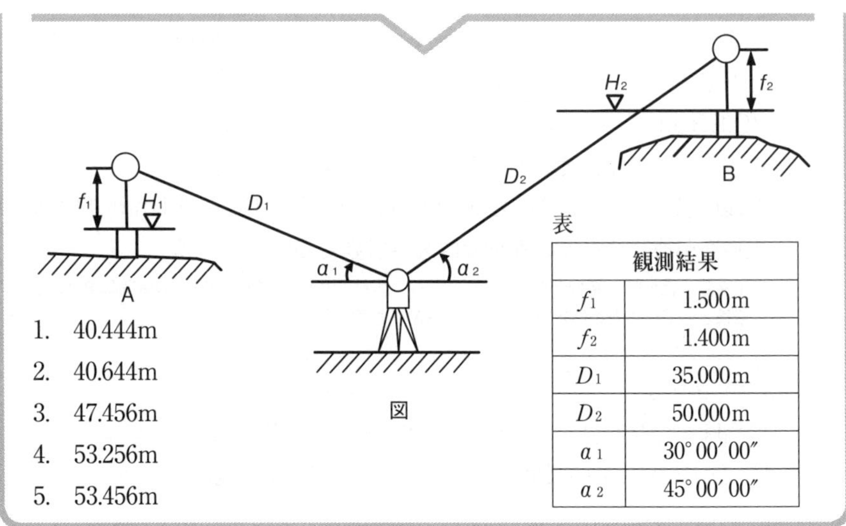

1. 40.444m
2. 40.644m
3. 47.456m
4. 53.256m
5. 53.456m

表

観測結果	
f_1	1.500m
f_2	1.400m
D_1	35.000m
D_2	50.000m
α_1	30° 00′ 00″
α_2	45° 00′ 00″

解答

① 図に与えられた数値を書き込むと次のようになる。

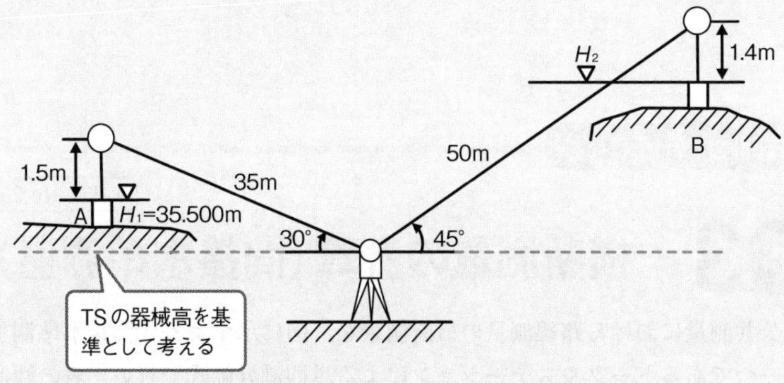

② TSの器械高（視準線までの高さ）を求めると次のようになる。

(35.500m + 1.500m) − 35.000m × sin30°

= 37m −(35m × 0.5)= 19.500m

③ B点のプリズム中心（器械）の標高を求め、H_2 の標高値を求めると

次のようになる。

$$19.500\text{m} + 50.000\text{m} \times \sin 45^\circ = 19.500\text{m} + 35.356\text{m}$$
$$= 54.856\text{m}$$

※関数表より、$\sin 45^\circ = 0.70711$ とする。

したがって、B 点の標高 H_2 は、

$$54.856\text{m} - 1.400\text{m} = 53.456\text{m}$$

よって、最も近いものは 5. となる。

7-3 単曲線の設置

単曲線（円曲線）の設置（カーブセッティング）に関する勉強方法は、「公式を覚える」、「単曲線の性質を覚える」、「過去問をこなす」の3つである。出題内容は、「IP 杭が設置できない場合」、「障害物等による路線変更」、「その他」に分類される。また解答手順としては、基本的に問題文に図が描かれているため、これに与えられた数字を書き込むところから始めるとよい。

1. 単曲線の設置

道路などの線状構造物は、上空から平面的に見た**平面線形**（平面図）とこれを中心線より縦に切って見た**縦断線形**（縦断面図）、さらに中心線から縦断方向に直角に切って見た**横断線形**（横断面図）によって構成されている。また、道路の測量は、定められた平面線形の中心線を現地に測設し、次いで細部の測量が行われるのが一般的である。

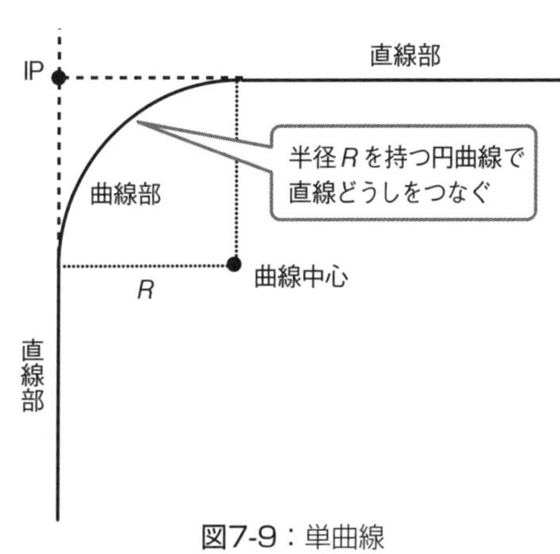

図7-9：単曲線

道路の一般的な平面線形は、「直

線部」と「曲線部」によって構成され、異なる方向の直線を1つの曲線によって接続する曲線を単曲線（円曲線）と呼ぶ。単曲線は、コンパスで描く単純な円の一部、つまり円弧となる。

2. 単曲線の各部の記号と諸公式 重要度★★★

単曲線の各部の記号と公式に関しては、図 7-10 の通りである。特に、記号がどの部分を指すのかと、**単曲線の基本式**はしっかりと覚えておきたい。

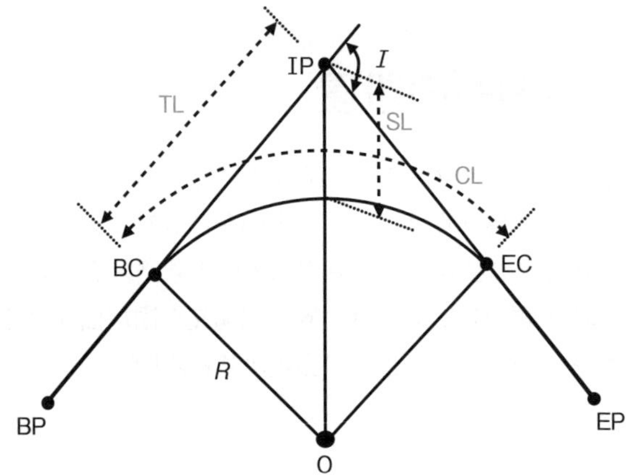

BC：円曲線始点（Beginning of Curve）
EC：円曲線終点（End of Curve）
IP：交点（Intersection Point）
R：半径（Radius of Curve）
I：交角（Intersection Angle）
O：中心点（Origin）
BP：路線始点（Beginning Point）
EP：路線終点（End Point）
TL：接線長（Tangent Length）
CL：曲線長（Curve Length）
SL：外割長（セカント）（Secant Length）

<単曲線の基本式>

$$\mathrm{TL} = R\tan\frac{I}{2}$$

$$\mathrm{CL} = RI \cdot \frac{\pi}{180^\circ}$$

$$\mathrm{SL} = R\left(\frac{1}{\cos\frac{I}{2}} - 1\right) = \sqrt{\mathrm{TL}^2 + R^2} - R$$

図7-10：単曲線の記号と公式

各記号の呼び方は、**アルファベットをそのまま読めばよい。**

TL（タンジェントレングス：ティーエル）、CL（カーブレングス：シーエル）SL（セカントレングス：エスエル）など。

3. 単曲線の性質 重要度★★☆

単曲線は、以下に記すような性質を持つ。すべてを覚える必要はないが、問題を手早く簡単に解答するために、①～④は確実に覚えておきたい。

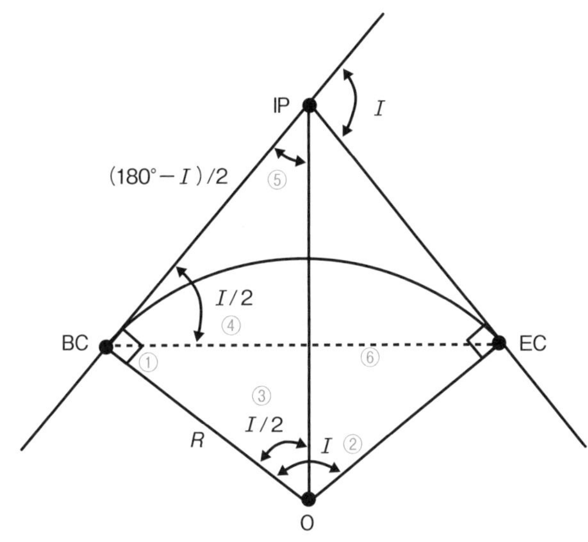

① **接線（TL）が半径（R）と交わる角度は、90°**

② **単曲線の内角は、交角 I と等しい**

③ **∠IP－O－BC は、交角の半分（I/2）**

④ **∠IP－BC－EC（IP－EC－BC）は、交角の半分（I/2）**

⑤ ∠BC－IP－O は、（180°－I）/2

⑥ BC－EC 間の距離（L：長弦）は、$L = 2R \sin I/2$

図7-11：単曲線の性質

4. 偏角法による単曲線の設置

●偏角

偏角とは、図 7-12 のように単曲線の接線（BC − IP）と、円弧上の任意の点 P（BC − P）に挟まれた角 δ をいう。

ここで ℓ（BC ⌒ P）を弧長、C（BC − P）を弦長とすると、

$\ell = 2\delta R$（rad）　……①

$C = 2R \sin \delta$　……②

と表すことができる。

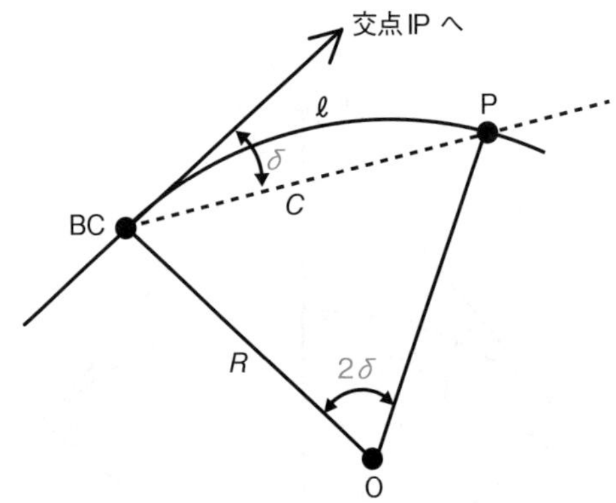

図7-12：偏角

実際には弧長 ℓ から偏角を求め、この偏角から弦長 C を求めて測設する。

①式を変形すると、$\delta = \dfrac{\ell}{2R} \times \rho°$ となり、これが偏角 δ を求める式となる。

ここで、$\rho° = 180° / \pi$ とする。

5. 偏角法の計算例

図 7-13 で示されるような曲線半径（R）100.000m、交角（I）60°、交点 IP から道路の起点 No.0 までの距離 266.300m、中心杭間距離 20.000m とした場合、偏角法による円曲線の中心杭設置に必要な計算は、次のように行われる。

※必要な関数の数値は、巻末の関数表を用いる。また $\pi = 3.1416$ を用いること。

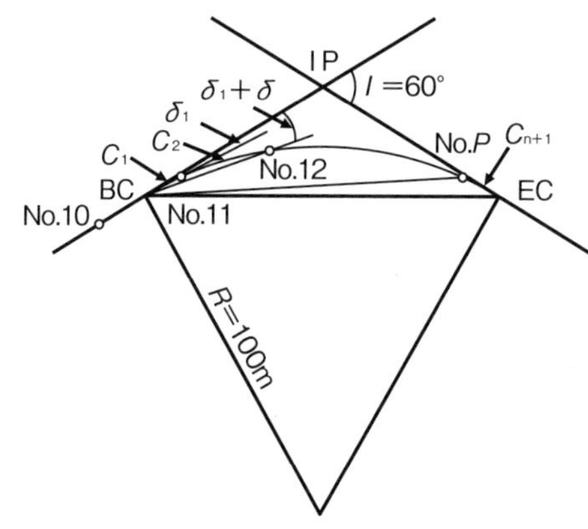

図7-13：偏角設置法

① 接線長（TL）および曲線長（CL）を求める。

$$TL = R \times \tan\frac{I}{2} = 100 \times \tan\frac{60^\circ}{2} = 100 \times 0.57735 = 57.735$$

よって、TL は 57.735m となる。

$$CL = R \times I^\circ \times \frac{\pi}{180^\circ}$$（ラジアン）で表されるため、

これに問題の数値を代入すると、

$$CL = 100 \times 60^\circ \times \frac{3.1416}{180^\circ} = 104.720$$

よって、CL は 104.720m となる。

② BC の位置を求める。

道路起点（No.0）から IP（交点）までは、266.300m。TL は①より、

57.735m であるため、BC の位置は、

266.300m − 57.735m = 208.565m となる。

これを杭番号と追加距離で考えると、中心杭の間隔が 20m であるため、

208.565m ÷ 20 = 10.428 本

よって、杭 10 本+(0.428 × 20m) = No.10 + 8.560m となる。

③ 中心杭 No.11 の偏角を求める。

BC から No.11 までの弧長（ℓ_1）は、20m − 8.560m = 11.440m※

偏角は、$\delta = \dfrac{\ell}{2R} \times \rho°$ で求められるため、この式に数値を代入すると次のようになる。

$$\delta = \frac{11.440\text{m}}{2 \times 100.000\text{m}} \times \frac{180°}{3.1416} = 0.0572 \times 57.296°$$

$$\fallingdotseq 3.277° = 3°16'37''$$

よって、BC に TS を据え付け、IP から 3° 16′ 38″、11.440m の位置に No.11 の杭を設置すればよい。

④ No.12 以降の各中心杭までの弧長は、中心杭間距離 20m を逐次加えて求め、それに対する偏角は、中心点杭間距離に対する偏角 δ を加えることにより求める。

例えば、No.12 の杭は、

$$\delta = \frac{20\text{m}}{2 \times 100.000\text{m}} \times \frac{180°}{3.1416} \fallingdotseq 5.730° = 5°43'48''$$

であるから、BC から IP を視準して、3° 16′ 38″ + 5° 43′ 46″ = 9° 00′ 24″ の位置に、弦長 11.440m + 20.000m = 31.440m で No.12 の杭を設置すればよい。

※弧長＝弦長で考えているが、実際には弧長≠弦長でありこれを考慮すると、No.11 および No.12 の弦長は、次のようになる。

BC から No.11 までの弦長＝ $2R\sin\delta = 2 \times 100 \times \sin 3.277° = 11.433$m

BC から No.12 までの弦長＝ $2R\sin\delta = 2 \times 100 \times \sin(3.277° + 5.730°) = 31.311$m

よって、BC から IP を視準し偏角を測定して上記の水平距離で中心杭を設置することになる。

過去問題にチャレンジ

▶R4-No.25

Q4 単曲線の諸要素の計算 1

図に示すように，曲線半径 R = 420m，交角 α = 90°で設置されている，点 O を中心とする円曲線から成る現在の道路（以下「現道路」という。）を改良し，点 O′ を中心とする円曲線から成る新しい道路（以下「新道路」という。）を建設することとなった。

新道路の交角 β = 60°としたとき，新道路 BC ～ EC′ の路線長は幾らか。最も近いものを次の中から選べ。

ただし，新道路の起点 BC 及び交点 IP の位置は，現道路と変わらないものとし，円周率 π = 3.14 とする。

なお，関数の値が必要な場合は，巻末の関数表を使用すること。

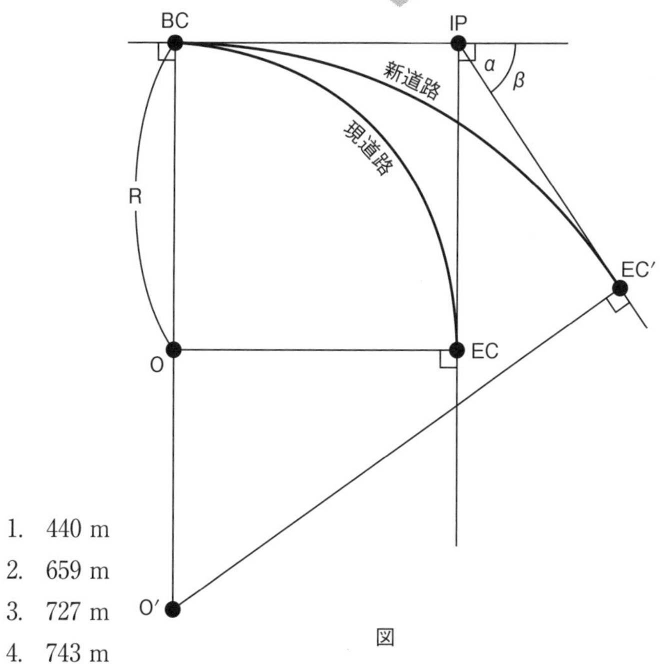

図

1. 440 m
2. 659 m
3. 727 m
4. 743 m
5. 761 m

① 現道路のTL（BC～IP）を計算する。

$$TL = R \times \tan\frac{I}{2} = 420\text{m} \times \tan\frac{90}{2} = 420\text{m} \times 1 = 420\text{m}$$

② 新道路の交角が60°となった場合の曲線半径R′（BC～O′）を求める。

※ TLの値が計画前後で変化しないことに着目する。

$$TL = R' \times \tan\frac{I}{2} \quad \text{より、} R' = \frac{TL}{\tan\frac{I}{2}} = \frac{420\text{m}}{\tan\frac{60}{2}} = \frac{420\text{m}}{\tan 30^\circ}$$

$$= \frac{420\text{m}}{0.57735} = 727.462\text{m}$$

※ tan30°の値は、関数表より0.57735とする。

③ 新道路のBC～EC′（CL）を求める。

$$CL = R \cdot I \frac{\pi}{180^\circ} = 727.462 \times 60 \times \frac{3.14}{180^\circ}$$

$$= 727.462 \times \frac{3.14}{3} = \frac{2284.231}{3} = 761.410 \fallingdotseq 761\text{m}$$

よって、一番近いものは5.となる。

過去問題にチャレンジ

▶H30-No.26

Q5 単曲線の諸要素の計算2

図1に示すように，点Oから五つの方向に直線道路が延びている。直線AOの距離は400m，点Aにおける点Oの方位角は120°であり，直線BOの距離は300m，点Bにおける点Oの方位角は190°である。点Oの交差点を図2に示すように環状交差点に変更することを計画している。環状の道路を点Oを中心とする半径R = 20mの円曲線とする場合，直線AC，最短部分の円曲線CD，直線BDを合わせた路線長は幾らか。最も近いものを次の中から選べ。

ただし，円周率π =3.142とする。

なお，関数の値が必要な場合は，巻末の関数表を使用すること。

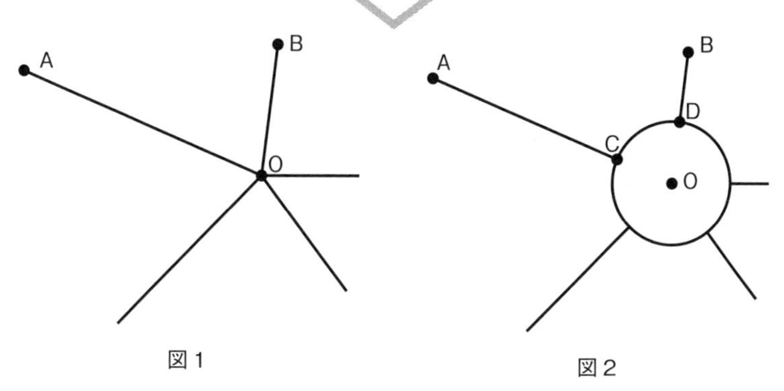

図1　図2

1. 584.4m
2. 677.5m
3. 684.4m
4. 686.2m
5. 724.4m

解答

① 問題文に与えられた数値を図に描く

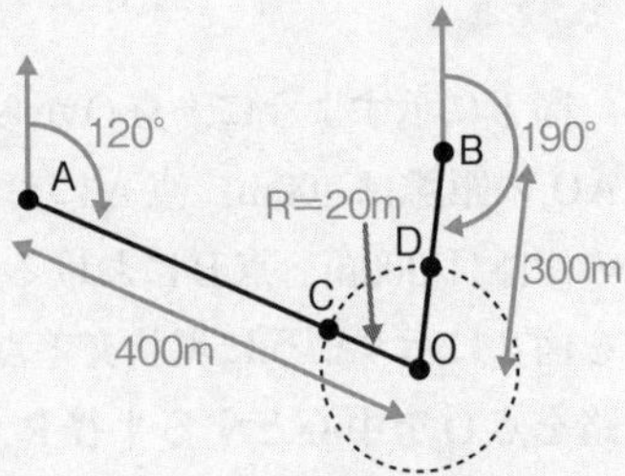

② AC、BD の長さを求める

①の図より、

AC = 400 − 20 = 380m、

BD = 300 − 20 = 280m となる。

③ 交角（I）を求める

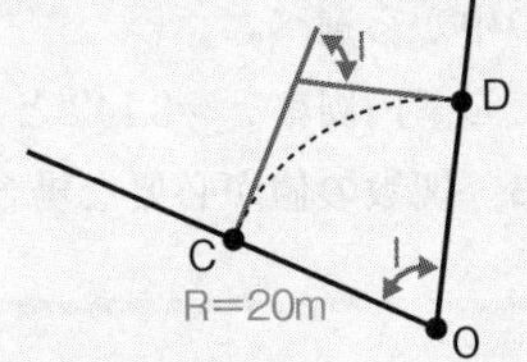

図のように円の中心を O とした場合の BC を C 点、EC を D 点と考えれば、交角 I は単曲線の性質から∠AOB（∠COD）と同じになる。

次に∠AOB の大きさを求めると次のようになる。

まず点 O から点 A の方位角を考えると、120° + 180° = 300°

点 O から点 B への方位角は

190° + 180° − 360° = 10°

よって、∠AOB =(360° − 300°)+ 10° = 70°となる。

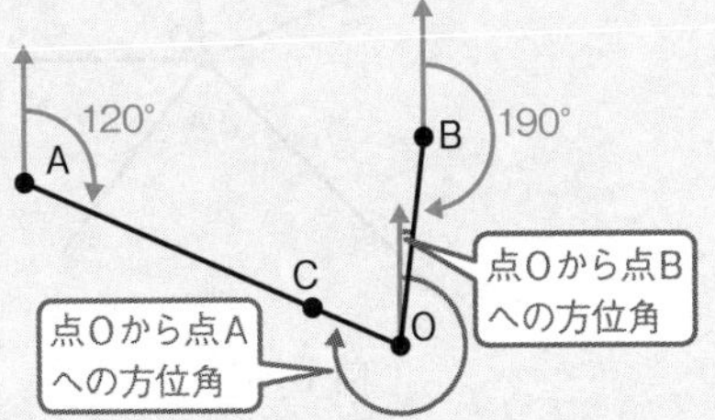

④ 曲線長 CD を求める

単曲線の曲線長（CL）は、CL = RI° × π /180° により求められる。

よって、曲線長 CD の長さは、20m × 70° ×（π /180°）=(20 × 70 × 3.142)／ 180 ≒ 24.438m

よって、AC ～ CD ～ BD の路線長は、

380m + 280m + 24.438m = 684.438m となる。

最も近いものは 3. となる。

過去問題にチャレンジ

▶H24-No.25

Q6 偏角の計算

図に示すように，起点をBP，終点EPとし，始点BC，終点EC，曲線半径R = 200m，交角I = 90°で，点Oを中心とする円曲線を含む新しい道路の建設のために，中心線測量を行い，中心杭を，起点BPをNo.0として，20mごとに設置することになった。

このとき，BCにおける，交点IPからの中心杭No.15の偏角δは幾らか。最も近いものを次の中から選べ。

ただし，BP～BC，EC～EP間は直線で，IPの位置は，BPから270m，EPから320mとする。また，円周率π = 3.14とする。

なお，関数の数値が必要な場合は，巻末の関数表を使用すること。

1. 19°
2. 25°
3. 33°
4. 35°
5. 57°

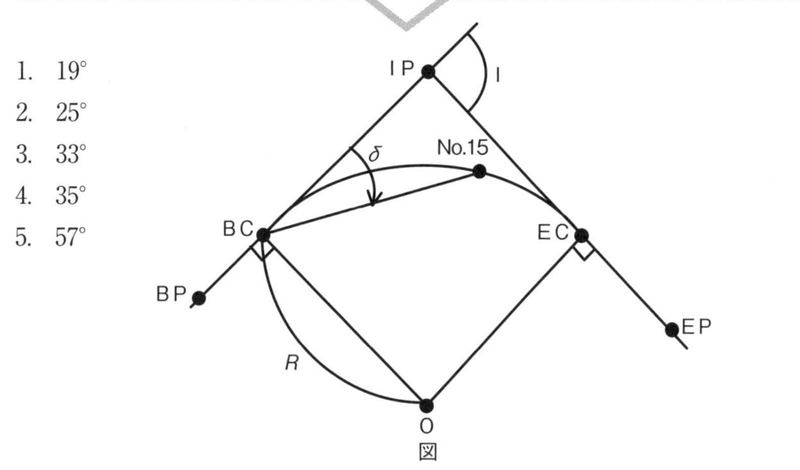

図

① **偏角計算式より計算手順を考える。**

単曲線の偏角計算式、 $\delta=\frac{\ell}{2R}\times\rho^\circ$ より、

問題文中に与えられていない、ℓ を求める必要がある。
ここで、偏角計算式の ℓ は、BC（曲線始点）から偏角を求める点までの弧長を表しているため、解法の手順としては、まずBCの位置を求め、次にBCから中心杭No.15までの弧長を求め、最後に偏角を計算すればよい。

② **BC（曲線始点）の位置を求める。**
BCの位置は、BP－ＩＰから　BC－ＩＰ（TL）を引くことにより求められるため、TLを求めると次のようになる。

$$TL=R\times\tan\frac{I}{2}=200\times\tan\frac{90^\circ}{2}=200\times\tan45^\circ=200\text{m}$$

よって、BP（道路起点）から見たBCの位置は、
270m － 200m ＝ 70mとなり、
20m間隔で設置される中心杭のナンバーではNo.3＋10mとなる。
※上記の＋10mは、BCが対象の中心杭（No.3）から＋10mの位置にあることを表している。

③ **弧長（ℓ）を求める。**
中心杭No.15までの弧長は、
No.15 －（No.3 ＋ 10m）＝（20m × 15）－ {(20m × 3) ＋ 10m}
＝ 300m － 70m ＝ 230mとなる。

④ **BCからNo.15までの偏角を求める。**

$$\delta=\frac{\ell}{2R}\times\rho^\circ=\frac{230\text{m}}{2\times200\text{m}}\times\frac{180^\circ}{3.14}=32.962^\circ=32^\circ57'43''$$

※ ρ° は 180°／π で表されるため、問題文より 180°／3.14 ＝ 57.325° を用いる。

したがって、BCにおける交点（ＩＰ）から、δ_{15}（中心杭No.15への

偏角）の最も近いものは 3. となる。

7-4 河川測量

河川測量とは、河川の洪水や高潮など災害発生の防止のための調査、**河川の維持管理、河川の設計施工に必要な基礎資料を得るために行う測量**全般を指し、湖沼、海岸などの測量も含まれる。

また河川測量では、河川の形状、水位、深さ、断面、流速、流量などを測定して、平面図、縦断図、横断図が作成される。

士補試験においては、「河床高の計算」や「流量計算」などの計算問題もまれに出題されるが、主に文章問題で、各作業工程の内容について出題されることが多い。

1. 河川測量の作業工程

河川測量は図 7-14 の工程により行われる。

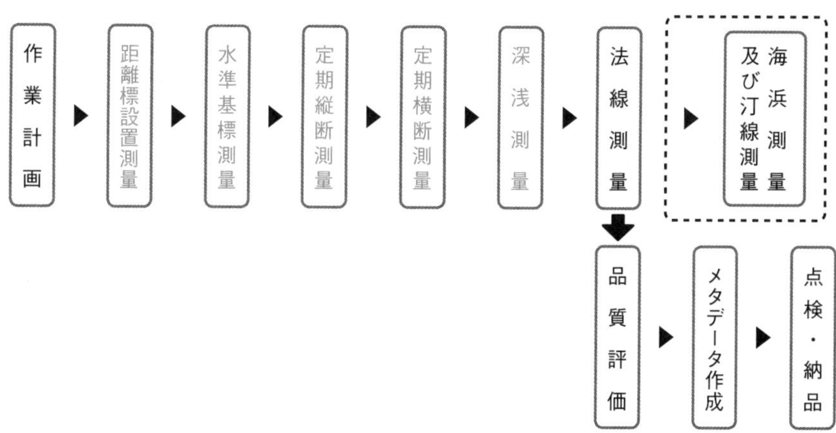

※海浜測量：海岸において前浜と後浜を含む範囲の等高・等深線図を作成する測量。
※汀線（ていせん）測量：最低水面と海浜との交線（水際線）を定める測量。

図7-14：河川測量の作業工程

2. 河川測量の各作業工程

●距離標設置測量 〈重要度★★★〉

河心線[注]**の接線に対して、直角方向の両岸の堤防法肩または法面（のりめん）などに、平面位置や標高値を明確にした距離標を設置する作業**。あらかじめ地形図上で位置を選定し、その座標値に基づいて近傍の**3級基準点などから放射法により設置する。**

距離標は、河床の変動状況などを調査するための横断面図データファイルなどを作成するための基準点となるため、亡失や破損のおそれのない場所に設置する必要がある。

設置間隔は、河川の河口や幹川の合流点などの河川の起点から、**河心線に沿って200m間隔を標準**とし、設置後は点の記を作成する。また**距離標は水準基標を兼ねることが多い。**

注　洪水流下時の流れの中心（最深部の位置や流速を基に決定）。

☑ 距離標設置測量のポイント

- **距離標**は河川の左岸、右岸の**両岸に設置する**ものとする。
  ※上流から下流を見て、左を左岸、右を右岸と呼ぶ。
- **設置間隔**は河心線に沿って、**200mを基準**とし、構造物（橋など）がある場合は追加距離で表す。
- **設置場所は、河心線の接線直角方向の堤防または法面**とし、破損や地盤変動のない場所に行う。
- **水準基標を兼ねる**ことが多い。
- 未改修河川では、河心線を洪水時の流心線[注]で想定する。
  注　水深の一番深い部分を結んだ線のこと。
- 近傍に適当な基準点がない場合は、3級基準点測量により距離標を設置する。

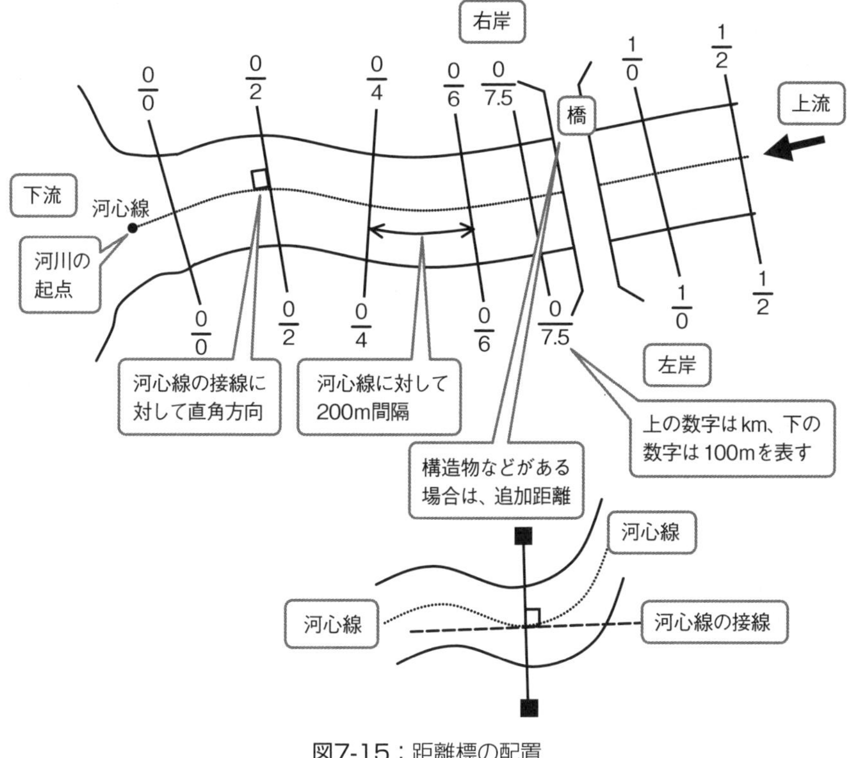

図7-15：距離標の配置

●水準基標測量 重要度★☆☆

定期縦断測量の基準となる水準基標の標高を定める作業で、**2級水準測量により、水位標の位置に近い場所に設置され、その間隔は5km～20kmを標準とする。**

標高の基準は、一般的には東京湾平均海面を用いるが水系固有の基準面がある場合には、これを基準として行う場合もある。水準基標は、河川水系の高さの基準を統一するために、河川両岸に設けられるものであり、左右両岸を環閉合するように関連付ける必要がある。また、設置後は点の記が作成される。

●定期縦断測量 重要度★★☆

河川の維持管理や調査を目的とし、**距離標や構造物などの縦断測量を定期的に実施し、縦断面図データファイルを作成する作業**をいう。

定期縦断測量の路線は、水準基標から出発して他の水準基標に結合することを原則とし、左右両岸の距離標の標高、また堤防の変化点の地盤、主要構造物について、距離標からの距離と標高が測定され、**平地においては３級水準測量、山地においては４級水準測量または、間接水準測量にて実施**される。

縦断面図データを**図紙に出力する場合は、横の縮尺 1/1,000 ～ 1/100,000、縦の縮尺は 1/100 ～ 1/200 を標準**とする。

●定期横断測量 重要度★★☆

河川の維持管理や調査を目的とし、定期的に左右距離標の見通し線上について、**地盤の変化点の標高や左岸からの距離を求め、横断面図データファイルを作成する作業をいう。**

定期横断測量は、水際杭（みずぎわ）を境にして陸部と水部について実施される。**陸部は路線測量における横断測量と同様**に、地盤の変化点や構造物などの標高を観測し、横断起点（No. 0）を左岸距離標に取り、右方向（右岸方向）をプラスの追加距離、距離標から左方向をマイナスの追加距離で表す。陸部の測量範囲は堤内 20m ～ 50m である。また**水部は深浅測量にて行われる。**

横断面図データを**図紙に出力する場合は、横の縮尺は 1/100 ～ 1/1,000、縦の縮尺は、1/100 ～ 1/200 を標準**とする。

☑ 定期横断測量のポイント

- **水際杭を境にして陸部と水部に分け、陸部は横断測量、水部は深浅測量**を行う。
- 陸部の観測は左岸、右岸の**距離標を基準**とし、地形変化点については**水際杭まで観測を行う。**
- 陸部、水部の観測結果については、左岸の距離標を基準として、右岸方向を右に取り追加距離で表す。また、左岸距離標から左方向の追加距離は、マイナスの符号を付けて表す。

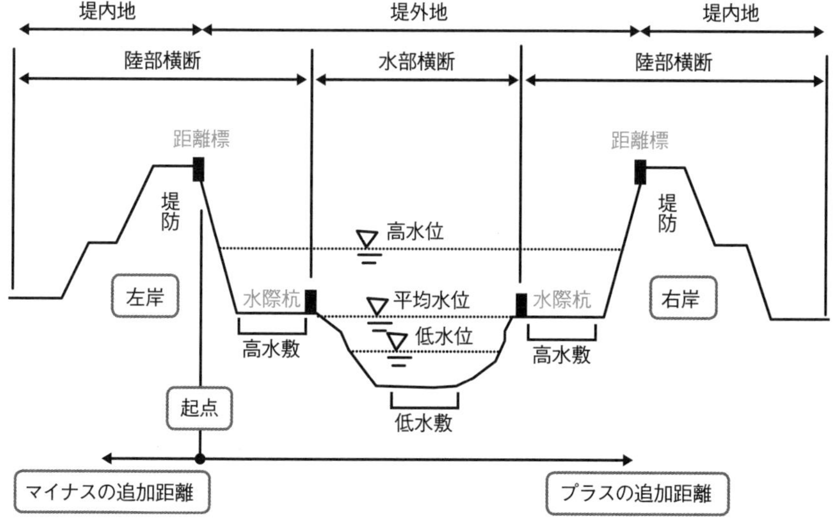

図7-16：河川横断各部の名称

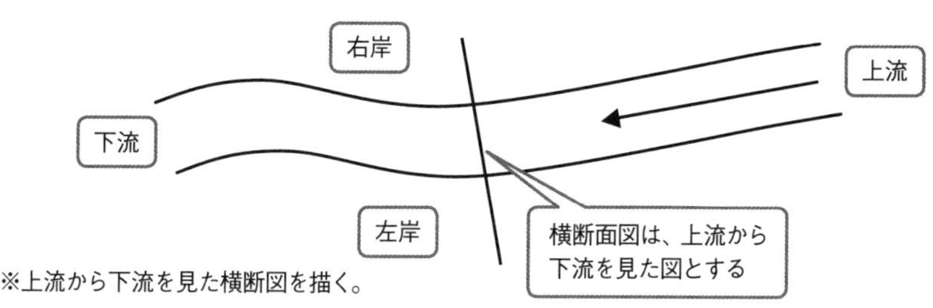

図7-17：河川横断面図の向き

●深浅測量 重要度★☆☆

水底部の地形を明らかにするため、**水面を基準として、水深、測深位置（船位）および水位（潮位）を同時に測定し、水部の横断面図データファイルを作成する作業**をいう。

☑ 深浅測量のポイント

- 水深の測定：音響測深機を用いるのを標準とし、浅い場合はロッドやレッドを用いる。

- 測深位置の測定：**測深位置（船位）の測定には**、ワイヤーロープや**TS、GNSSが用いられ、水際杭からの距離が測定される。**
- 水位の測定：水位（潮位）の測定には、水位標から直接読み取る方法や、水際杭から直接水準測量を行って決定する方法などがある。

過去問題にチャレンジ

▶R4-No.28

Q7 河川測量全般

次のａ～ｅの文は，公共測量における河川測量について述べたものである。明らかに間違っているものだけの組合せはどれか。次の中から選べ。

a. 河川測量とは，河川，海岸等の調査及び河川の維持管理等に用いる測量をいう。
b. 距離標は，河心線の接線に対して直角方向の両岸の堤防法肩又は法面等に設置する。
c. 水準基標測量とは，定期縦断測量の基準となる水準基標の標高を定める作業をいう。
d. 水準基標測量は２級水準測量により行い，水準基標は水位標から離れた位置に設置する。
e. 深浅測量とは，河川，貯水池，湖沼又は海岸において，水底部の地形を明らかにするため，水深，測深位置又は船位，水位又は潮位を測定し，縦断面図データファイルを作成する作業をいう。

1 a，b
2 a，e
3 b，c
4 c，d
5 d，e

解答

a. 正しい。その他として、河川の洪水や高潮など災害発生の防止のための調査、河川の設計施工に必要な基礎資料を得るために行う測量全般を指す。

b. 正しい。距離標は近傍の３級基準点などから放射法により設置される。平面位置や標高値が明確にされている。

c. 正しい。標高の基準は、一般的には東京湾平均海面を用いるが、水系固有の基準面がある場合にはこれを用いる。水準基標は河川両岸に設けられる。

d. 間違い。水準基標は２級水準測量により水位標の位置に近い場所に設置され、その間隔は５～20㎞を標準とする。

e. 間違い。水深の測定は音響測深機を用いるのを標準とし、浅い場合はロッドやレッドを用いる。作成されるのは水部の横断面図データファイルである。

よって、明らかに間違っているものは５. となる。

7-5 平均河床高の計算

平均河床高とは、平常時に川の水が流れる河床部の平均高さである。主に河川管理に用いられ、平均河床高が前回の高さより高ければ土砂の堆積、低ければ河床部の浸食を表している。

平均河床高を求める手法を、例題を用いて解説する。

例題 01 平均河床高の計算

▶ H26-No.28 一部改変

表は，ある河川の横断測量を行った結果の一部である。図は横断面図で，この横断面における左岸及び右岸の距離標の標高は 20.7m である。また，各測点間の勾配は一定である。この横断面の河床部における平均河床高の標高を m 単位で小数第 1 位まで求めよ。なお，河床部とは，左岸堤防表法尻から右岸堤防表法尻までの区間とする。

表 横断測量結果

測点	距離(m)	左岸距離標からの比高(m)	測点の説明
1	0.0	0.0	左岸距離標上面の高さ
	0.0	−0.2	左岸距離標地盤の高さ
2	1.0	−0.2	左岸堤防表法肩
3	3.0	−4.7	左岸堤防表法尻
4	6.0	−6.2	水面
5	8.0	−6.7	
6	10.0	−6.2	水面
7	13.0	−4.7	右岸堤防表法尻
8	15.0	−0.2	右岸堤防表法肩
9	16.0	−0.2	右岸距離標地盤の高さ
	16.0	0.0	右岸距離標上面の高さ

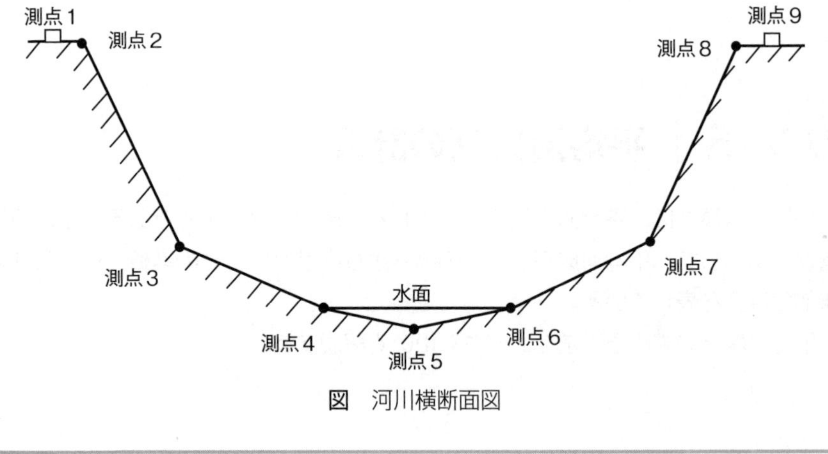

図 河川横断面図

解答

問題文の図に、与えられた数値を書き加えると次のようになる。

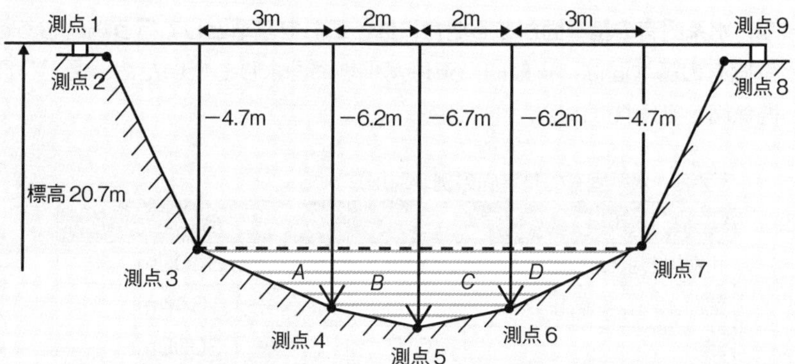

※平均河床高は上図のように各部を A ～ D に分断し、それぞれの面積を求め川幅で割って求めればよい。

① **問題文より、各測点間の河床部の面積（A ～ D）を求める（勾配が一定の区間）。**

A（三角形）＝((6.2 − 4.7) × 3)／2 ＝ 2.25㎡

B（台　形）＝(((6.2 − 4.7) ＋ (6.7 − 4.7)) × 2)／2＝3.50㎡

C（台　形）＝(((6.2 − 4.7) ＋ (6.7 − 4.7)) × 2)／2＝3.50㎡

D（三角形）＝((6.2 − 4.7) × 3) ／ 2 ＝ 2.25 ㎡

よって、河床部の面積は、2.25 ＋ 3.50 ＋ 3.50 ＋ 2.25 ＝ 11.50㎡

② **河床部の平均標高を求める。**

河床部の平均標高は、(河床部の面積) ／ (測点間の距離の合計) によって求められる。

河床部の平均高は、11.50㎡/(3 ＋ 2 ＋ 2 ＋ 3) ＝ 1.15m

河床部の平均標高は、20.70m＋(−4.70m＋(−1.15m))＝14.85m

よって、河床部の平均標高は、14.85m となる。

7-6 水系固有の基準面

1. 水系固有の基準面と東京湾平均海面（T.P.）の関係

河川の標高の基準は、**一般的には東京湾平均海面（T.P.：Tokyo Peil）**を用いるが、**水系固有の基準面がある場合には、これを基準として行う**場合もある。

水系固有の基準面は、一般的に東京湾平均海面よりも低いため、図7-18にある関係図を覚えればよい。

表7-2：水系固有の基準面の例（河川）

河川名	基準名	東京湾平均海面との関係
利根川および支流、江戸川	Y.P.	−0.8402m
荒川、中川、多摩川	A.P.	−1.1344m
淀川	O.P.	−1.3000m
吉野川	A.P.	−0.8333m
北上川	K.P.	−0.8745m

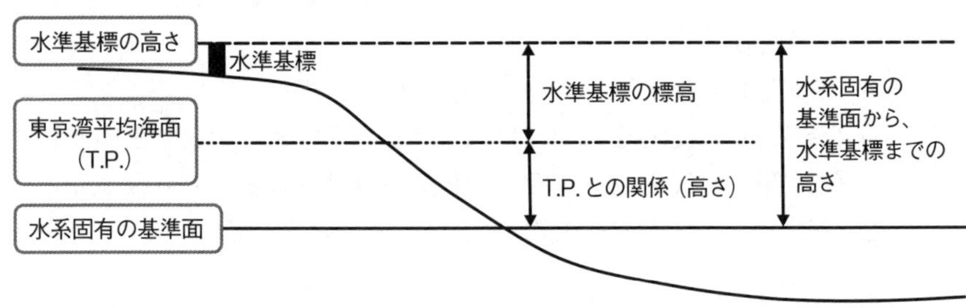

図7-18：水系固有の基準面と東京湾平均海面との関係図 重要度★☆☆

過去問題にチャレンジ

H22-No.28

Q8 水系固有の基準面に関する計算

ある河川において，水位観測のための水位標を設置するため，水位標の近傍に仮設点が必要となった。図に示すとおり，BM1，中間点１及び水位標の近傍に在る仮設点Ａとの間で直接水準測量を行い，表に示す観測記録を得た。高さの基準をこの河川固有の基準面としたとき，仮設点Ａの高さは幾らか。最も近いものを次の中から選べ。

ただし，観測に誤差はないものとし，この河川固有の基準面の標高は，東京湾平均海面（T. P.）に対して 1.300m 低いものとする。

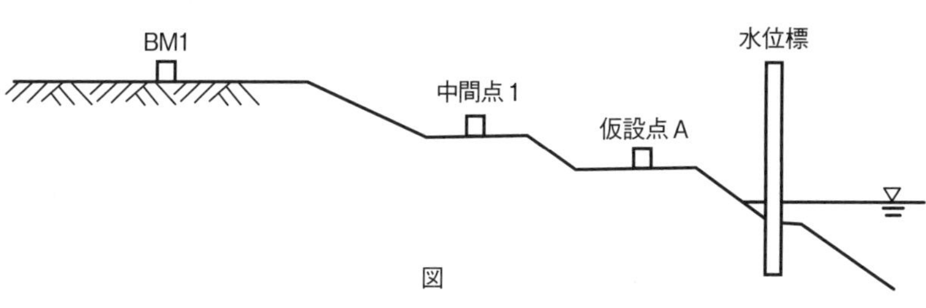

図

表

測　点	距　離	後　視	前　視	標　高
BM1	42m	0.238m		6.526m（T.P.）
中間点１	25m	0.523m	2.369m	
仮設点Ａ			2.583m	

1.　1.035m　　2.　2.335m　　3.　3.635m

4.　4.191m　　5.　5.226m

① まず、BM1から仮設点Aの標高を求めると（高低差）＝（後視）－（前視）より、次のようになる。

測点	距離（m）	後視（m）	前視（m）	高低差（m）	標高（m）
BM1	42.000	0.238			6.526（T.P.）
中間点1	25.000	0.523	2.369	−2.131	**4.395（T.P.）**
仮設点A			2.583	−2.060	**2.335（T.P.）**

仮設点Aの標高は、問題中の表を用いて計算を行えばよい。この表は水準測量における「昇降式」と呼ばれるもので、表中のように後視から前視を引くことにより、その間の高低差が求められるものである。

- 中間点１の標高＝（BM1 の後視）－（中間点１の前視）＝高低差、（高低差）＋（BM1 の標高）＝中間点１の標高であるため、
  （BM1 と中間点１の高低差）＝ 0.238m － 2.369m ＝－2.131m
  （中間点１の標高）＝ 6.526m － 2.131m ＝ 4.395m
  となる。
- 仮設点Aの標高＝（中間点1の後視）－（仮設点Aの前視）＋（中間点1の標高）
  ＝ 0.523m － 2.583m ＋ 4.395m ＝ 2.335m

※上記のように計算しなくても、（後視の合計）－（前視の合計）＋（BM1 の標高） の計算により、仮設点 A の標高が直接計算できる。

② ①により求めた仮設点Aの標高を、河川固有の基準面に換算すると、次のようになる。
問題文より水系固有の基準面は、東京湾平均海面より 1.300m 低いため、
（東京湾平均海面）－（－1.300m）＝（水系固有の基準面）となる。
よって、仮設点Aの高さは、2.335m ＋ 1.300m ＝ 3.635m

※図に問題の数値を書き加えるとよく理解できる。

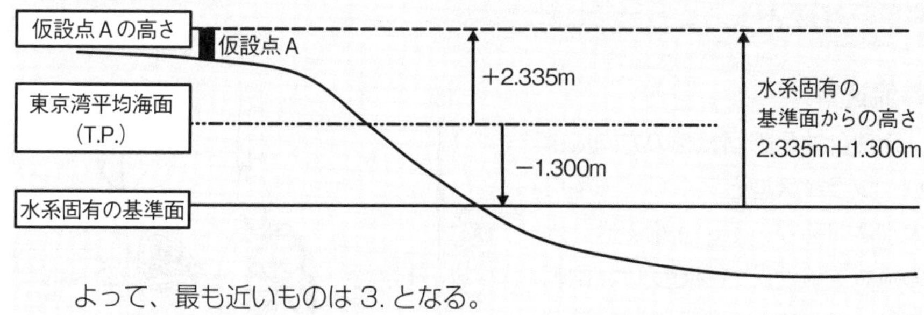

よって、最も近いものは 3. となる。

7-7 流量測定

1. 流量測定

河川の**流量測定**とは、深浅測量（横断測量）に付随して行われるもので、河川の 1 地点を 1 秒間に通過する水の量を測定するものである。

また、河川では水面と河床とでは流速が異なるため、流量測定（計算）に用いられる流速は、河川の各箇所の流速を計測・計算した**平均流速**を用いる方法が一般的である。なお、平均流速を求めるには、その計算と測点の取り方から、精密法と簡便法とに分けられる。

流量測定は、その平均流速の求め方から、浮子による方法・流速計による方法・超音波による方法・堰(せき)測定法などに分類される。

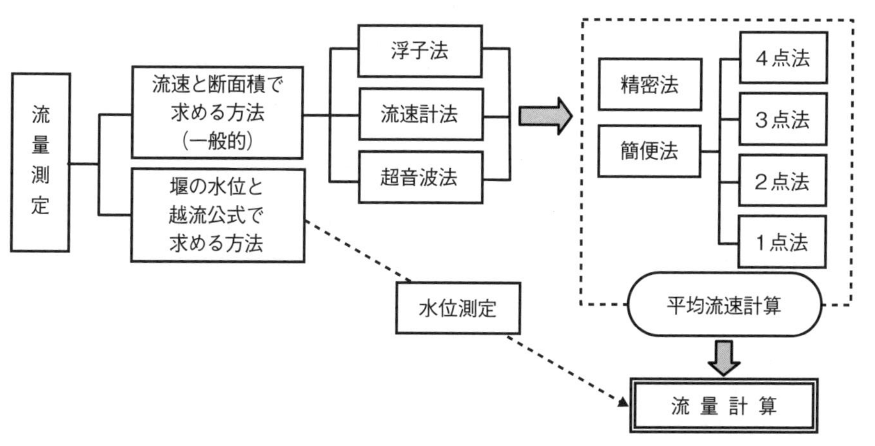

図7-19：流量測定の分類

2. 流速計による流量測定

●流速計

流速計はその回転軸の方向により、プライス型とスクリュー型に大別されるが、その仕組みは、水の流れを流速計の羽で受け、回転運動に変化させて回転数から流速を求めるものである。

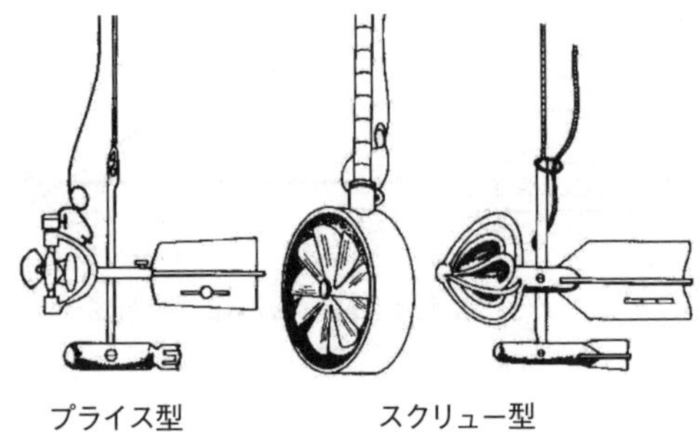

図7-20：流速計

●流速計による流速測定方法 〈重要度★☆☆〉

流速計による流速の測定方法は、深浅測量における水深の測線と一致させるように行い、その方法は、図 7-21 の通りである。

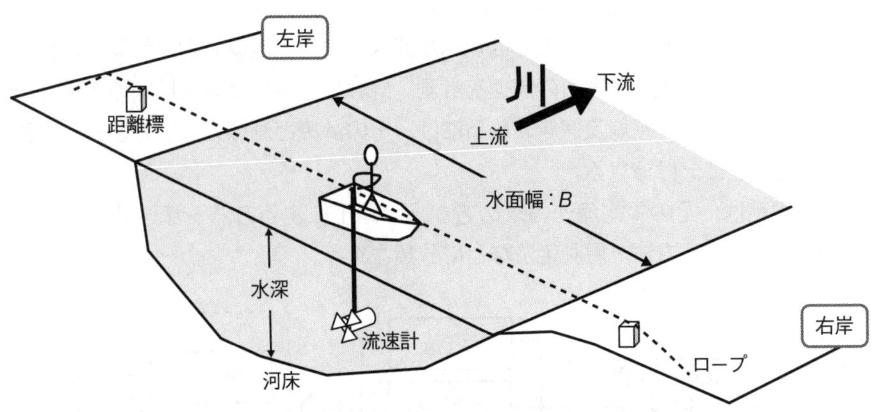

図7-21：流速計による流速の測定方法

また、流速の計測における横断方向の間隔と水深に対する割合は表 7-3、表 7-4 の通りである。

表7-3：横断方向（水面幅）における計測間隔

水面幅：B(m)	水深測線間隔：M(m)	流速測線間隔：N(m)
～10	B×(10～15%)	N=M
10～20	1	2
20～40	2	4
40～60	3	6
60～80	4	8
80～100	5	10
100～150	6	12
150～200	10	20
200～	15	30

※水深測線間隔（M）と流速測線間隔（N）は、水面幅が10mを超える場合には、$2M=N$となる。

表7-4：水深に対する計測割合

簡便法	内 容	計算式
4点法	水面から水深の20%、40%、60%、80%の深さの流速	$V_m=\frac{1}{5}\left\{\left(V_{0.2}+V_{0.4}+V_{0.6}+V_{0.8}\right)+\frac{1}{2}\left(V_{0.2}+\frac{V_{0.8}}{2}\right)\right\}$
3点法	水面から水深の20%、60%、80%の深さの流速	$V_m=\frac{1}{4}\left(V_{0.2}+2V_{0.6}+V_{0.8}\right)$
2点法	**水面から水深の20%、80%の深さの流速**	$V_m=\frac{1}{2}\left(V_{0.2}+V_{0.8}\right)$
1点法	水面から水深の60%の深さの流速	$V_m=V_{0.6}$

※V_mは平均流速、V_nは、水深からn×100(%)の位置の流速を表す。

※2点法の公式のみ覚えればよい。

Part 02 実践対策編 Chap 01 Chap 02 Chap 03 Chap 04 Chap 05 Chap 06 Chap 07 応用測量

3. 流量計算 重要度★☆☆

河川における特定断面の流量を求めるには、図 7-22 のように各断面の平均流速とその断面積を掛けて断面ごとの流量を求め、これを合計すればよい。

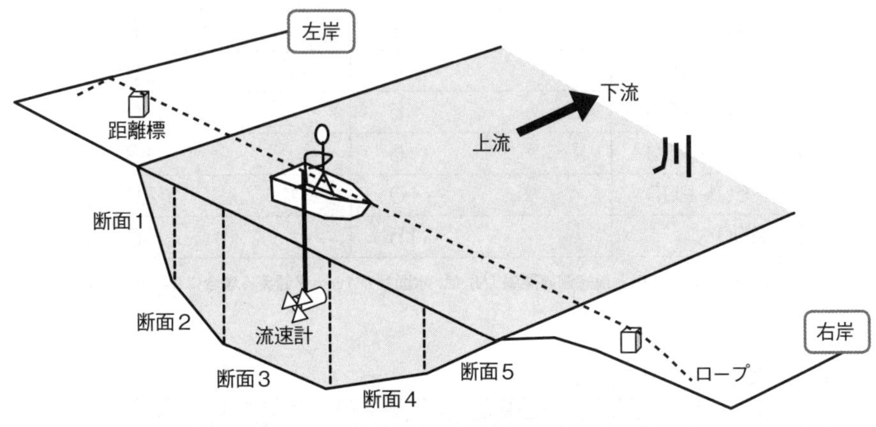

図7-22：特定断面の流量

ここで、各断面の面積を $A_{1\sim5}$、平均流速を $V_{1\sim5}$ とすると、この河川の横断面における流量は、次のように求められる。

流量（Q）＝平均流速（V）× 断面積（A）　より、

$Q_1 = V_1 \cdot A_1$　　$Q_2 = V_2 \cdot A_2$

$Q_3 = V_3 \cdot A_3$　　$Q_4 = V_4 \cdot A_4$

$Q_5 = V_5 \cdot A_5$

よって、総流量 $Q = Q_1 + Q_2 + Q_3 + Q_4 + Q_5$ となる。

流速計による流量計算は図 7-23 のように、各流速測線における平均流速と断面積を掛けて求め、累計すればよい。ただし、**死水域**[注]がある場合はこれを除くものとする。

注　流れのない場所。「よどみ」などのこと。

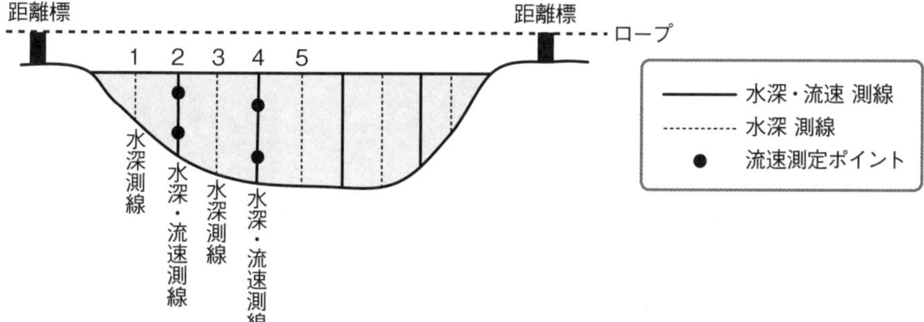

図7-23：水深・流速測線

ここで、各測線の番号を1，2，3…、2番目の測線に対する流速測定ポイントを$V2_{0.2}$、$V2_{0.8}$（2点法）、1番目の水深を$h1$、2番目の水深を$h2$、3番目を$h3$とすると、1-2-3の測線で囲まれた部分の流量は、次のようになる。

まず、各断面積を求めると、次のようになる。

$A_{12} = M \times (h1 + h2)/2 \quad A_{23} = M \times (h2 + h3)/2$

ここで、A_{12}、A_{23}は水深測線12および23で囲まれた部分の面積、Mは測線間隔、平均流速なので、2点法によると次のようになる。

$$V_m = \frac{1}{2}(V_{0.2} + V_{0.8}) \quad \text{より、} V2 = \frac{1}{2}(V2_{0.2} + V2_{0.8})$$

$V2$：2番目の測線における平均流速

よって、流量は以下の通りである。

流量（Q）＝平均流速（V）×断面積（A） より、

$Q_{12} = V2 \cdot A_{12} \quad Q_{23} = V2 \cdot A_{23}$となる。

河川全体の流量は、測線で囲まれた部分の流量を個々に計算し、合計すればよい。

過去問題にチャレンジ

▶H17-7D

Q9 流量測定

図は，ある河川の横断面を模式的に示したものである。この河川は河床幅 8.0m，のり勾配１：２の単断面を持ち，断面②における水深は一定で，4.0m である。この河川において，平均流速を計測し，表の結果を得た。この横断面における流量は幾らか。最も近いものを次の中から選べ。

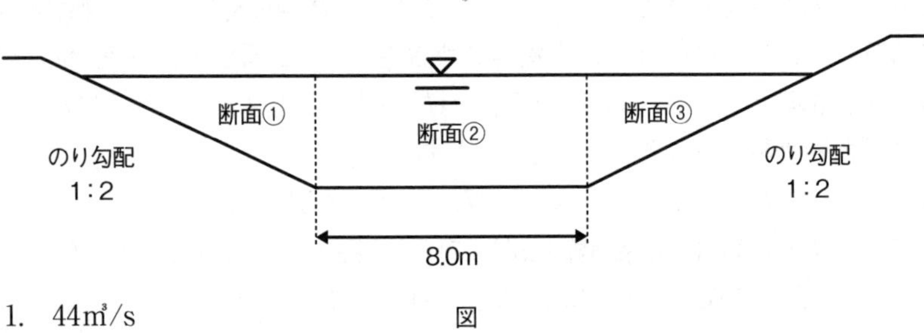

図

1. 44㎥/s
2. 55㎥/s
3. 70㎥/s
4. 77㎥/s
5. 106㎥/s

表

	断面①	断面②	断面③
平均流速	0.8m/s	1.5m/s	1.0m/s

解答

① **河川の各断面積を求める。**

断面①：4m × 8m × 0.5 = 16㎡

（のり勾配が１：２であるため、高さ 4m、底辺 8m の三角形として考えればよい）

断面②：4m × 8m = 32㎡

断面③：4m × 8m × 0.5 = 16㎡

② **流量を求める。**

流量は、次の式によって求められる。

$Q = V \times A$（Q：流量m^3/s、 V：平均流速 m/s、 A：断面積m^2）

ここで、各断面における流量を求めると次のようになる。

断面①：0.8m/s × 16m^2 = 12.8m^3/s

断面②：1.5m/s × 32m^2 = 48.0m^3/s

断面③：1.0m/s × 16m^2 = 16.0m^3/s

したがって、問題にある河川の流量は、次のようになる。

Q = 12.8m^3/s + 48.0m^3/s + 16.0m^3/s = 76.8m^3/s

よって、最も近いものは 4. となる。

7-8 用地測量

用地測量とは、土地および境界などについて調査し、**用地取得などに必要な資料および図面を作成する作業**をいう。土補試験では、計算問題（座標法による面積計算）の出題が多く、文章問題では作業工程の順序やその内容が出題されている。

1. 用地測量の作業工程 重要度★★☆

作業規程の準則に基づいて実施される用地測量は、図 7-24 の工程により行われる。

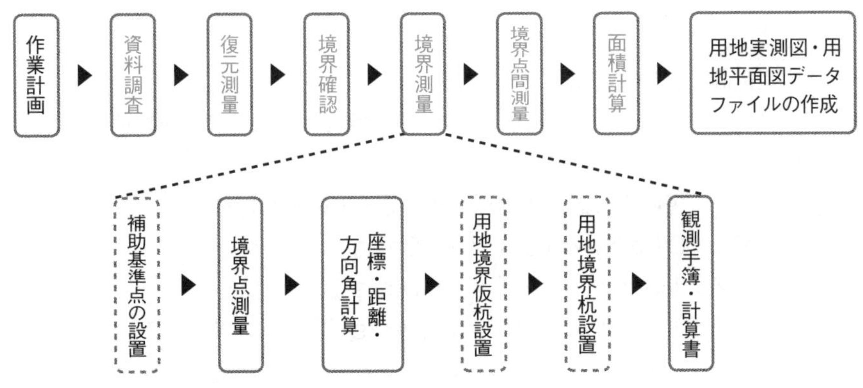

図7-24：用地測量の作業工程

2. 用地測量の各工程内容

●作業計画

用地測量の作業計画は測量作業着手前に、測量作業の方法、使用する主要な機器、要員、日程などについて適切な作業計画を立案し、これを計画機関に提出して、その承認を得なければならない。

また、測量を実施する区域の地形、土地の利用状況、植生の状況などを把握し、用地測量の細分ごとに作成する。

●資料調査

用地の取得などに係る土地について、**用地測量に必要な各資料**注**を整理作成する作業**をいう。

注　図などの転写、土地の登記記録、建物の登記記録、権利者確認など。

●復元測量 重要度★☆☆

境界確認に先立ち、地積測量図などにより**境界杭の位置を確認し**、亡失などがあれば、権利関係者に事前説明を実施した後、**復元すべき位置に仮杭（復元杭）を設置する作業**をいう。

☑ 復元測量のポイント

- 現地作業の着手前には、関係権利者に立入りについての日程などの通知。

- 復元杭の設置などを行う場合は、関係権利者への事前説明の実施。
- 事前説明を行った場合、**原則として関係権利者の立会いは行わない。**
- 収集した資料と復元杭の位置が相違する場合は、復元杭を設置せず、原因を調査し計画機関に報告。

●境界確認 〈重要度★★☆〉

現地において**一筆地**[注]**ごとに土地の境界（境界点）を関係権利者立会いの上、確認する作業**をいう。

注　一筆（いっぴつ）とは、１つの土地を構成する境界線をいう。検地の際、土地１個について筆で一筆書きしたことから一筆地という。

☑ 境界確認のポイント

- 境界確認に当たっては、各関係権利者に対して、立会いを求める日を定め、事前に通知する。
- 境界点に、既設の標識が設置されている場合は、関係権利者の同意を得てそれを境界点とすることができる。
- 境界確認が完了したときは、土地境界確認書を作成し、関係権利者全員に確認したことの署名押印を求める。
- 復元杭の位置について地権者の同意が得られた場合は、復元杭の取扱いは計画機関の指示によるものとする。

●境界測量 〈重要度★★☆〉

現地において**境界点を測定し、その座標値を求める作業**をいう。

☑ 境界測量のポイント

- 境界測量は、近傍の**４級基準点以上の基準点に基づき、放射法などにより行う**ものとする。ただし、やむを得ない場合は、補助基準点を設置し、それに基づいて行うことができる。
- 観測は、TS または GNSS を用いたキネマティック法、RTK 法もしくはネットワーク型 RTK（以下、TS 等）法による。

●用地境界仮杭設置

用地幅杭の位置以外の境界線上などに、用地境界杭を設置する必要がある場合に、用地境界仮杭を設置する作業をいう。

また、用地境界仮杭設置は、交点計算などで求めた用地境界仮杭の座標値に基づいて、４級基準点以上の基準点から放射法または用地幅杭線および境界線の交点を視通法により行う。

●用地境界杭設置

用地幅杭または用地境界仮杭と同位置に用地境界杭を置き換える作業をいう。

●境界点間測量 重要度★★☆

隣接する境界点間の距離を TS 等を用いて測定し、その精度を確認する作業をいう。

境界点間測量は、境界測量・用地境界仮杭設置・用地境界杭設置の**工程が終了したごとに実施される**。

●面積計算

境界測量の成果に基づき、取得用地および残地の面積を算出する作業をいう。

面積計算は、**原則として座標法**によって行われる。

●用地実測図および用地平面図データファイル作成

各作業に基づき、用地実測図原図および用地平面図データファイルを作成する作業をいう。

過去問題にチャレンジ

▶H24-No.27

Q10 用地測量の作業工程

次のａ～ｄの文は，用地取得のために行う測量について述べたものである。作業の順序として正しいものはどれか。次の中から選べ。

a. 土地の取得等に係る土地について，用地測量に必要な資料等を整理及び作成する資料調査
b. 現地において一筆ごとに土地の境界を確認する境界確認
c. 取得用地等の面積を算出し，面積計算書を作成する面積計算
d. 現地において境界点を測定し，その座標値を求める境界測量

1. a → c → d → b
2. d → b → c → a
3. b → a → d → c
4. c → a → d → b
5. a → b → d → c

解答

作業計画 → 資料調査(a) → 復元測量 → 境界確認(b) → 境界測量(d) → 境界点間測量 → 面積計算(c) → 用地実測図および用地平面図データファイルの作成

よって、正しい作業順序で並んでいるものは 5. となる。

過去問題にチャレンジ

▶H23-No.27

Q11 用地測量の作業内容

次のa～eの文は，公共測量により実施する用地測量について述べたものである。［ア］～［オ］に入る語句の組合せとして最も適当なものはどれか。次の中から選べ。

a. 境界測量は，現地において境界点を測定し，その［ア］を求める。
b. 境界確認は，現地において［イ］ごとに土地の境界（境界点）を確認する。
c. 復元測量は，境界確認に先立ち，地積測量図などに基づき［ウ］の位置を確認し，亡失などがある場合は復元するべき位置に仮杭を設置する。
d. ［エ］測量は，現地において隣接する［エ］の距離を測定し，境界点の精度を確認する。
e. 面積計算は，取得用地及び残地の面積を［オ］により算出する。

	ア	イ	ウ	エ	オ
1.	座標値	一筆	境界杭	境界点間	座標法
2.	標高	街区	境界杭	基準点	座標法
3.	座標値	一筆	基準点	境界点間	三斜法
4.	座標値	街区	基準点	境界点間	座標法
5.	標高	一筆	境界杭	基準点	三斜法

解答

a.　境界測量は、現地において境界点を測定し、その［座標値］を求める。

境界測量は、近傍の４級基準点以上の基準点に基づき、放射法により行われる。

b.　境界確認は、現地において［一筆］ごとに土地の境界（境界点）を確認する。

境界確認は、復元測量の結果、公図等転写図、土地調査票に基づき、現地において関係権利者立会いの上、境界点を確認し、標杭を設置することにより行う。

c.　復元測量は、境界確認に先立ち、地積測量図などに基づき［境界杭］の位置を確認し、亡失などがある場合は復元するべき位置に仮杭を設置する。

収集した地積測量図の精度や測量年度などを確認する必要がある。

d.　［境界点間］測量は、現地において隣接する［境界点間］の距離を測定し、境界点の精度を確認する。

境界点間測量は、境界測量、用地境界仮杭設置、用地境界杭設置の各工程が終了した時点で境界点間を測定し精度を確認する作業である。

e.　面積計算は、取得用地及び残地の面積を［座標法］により算出する。

面積計算とは、境界測量の成果に基づき、各筆などの取得用地および残地の面積を算出し、面積計算表を作成する作業である。

よって、正しい語句の組合せは 1. となる。

7-9 座標法による面積計算

座標法による面積計算は、計算表を作成し、その中に数値を当てはめていくことで答えを導くことができる。士補試験では、電卓の持込みが禁止されているので、問題の座標値は簡単な数値に置き換えることができるようになっていることが多い。このため、まず与えられた座標値を簡単な数字に置き換えてから解くようにするとよい。

1. 座標法による面積計算の手順 重要度★★★

各点の座標値が与えられている図形の場合、その面積は座標法により計算することができる。以下に座標法による面積計算の手順について記す。

① 問題文より、座標で囲まれた面積の概略図を描く

※実際には描く必要はないが、問題文が理解しにくければ描いた方がよい。

※平面直角座標系であるため、X軸とY軸の向きに注意する。

※原点を適当に移動することにより、端数がなくなり、計算が容易になる。

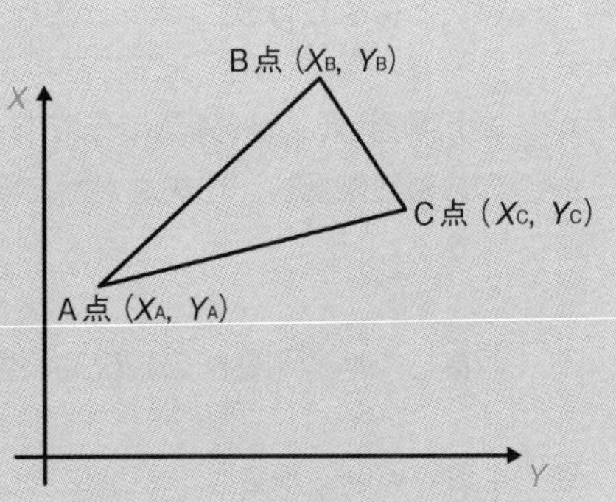

図7-25：問題の概略図を描く

② 次のような表を作成する（必ず覚える）

表7-5：座標法による面積計算表

点	X	Y	$Y_{n+1}-Y_{n-1}$	$X\times(Y_{n+1}-Y_{n-1})$
A				
B				
C				
倍面積（合計）				
面積（倍面積÷2）				

※ここで、

$Y_{n+1} - Y_{n-1}$：（１つ先の Y 座標の値）－（１つ前の Y 座標の値）

$X \times (Y_{n+1} - Y_{n-1})$：（その点の X 座標の値）×（$Y_{n+1} - Y_{n-1}$）

この表を式で表すと、次のようになる。

$2S = | \Sigma X_n \ (Y_{n+1} - Y_{n-1}) |$

（倍面積）＝｜Σ（その点の X 座標値）×｛（１つ先の Y 座標値）－（１つ前の Y 座標値）｝｜

ここで計算される面積は、「倍面積」であるため**2で割り**面積を計算する。

2. 座標法による面積計算の証明（特に覚える必要はない）

図 7-26 のような三角形 ABC の面積を座標法によって求める場合を考えると次のようになる。

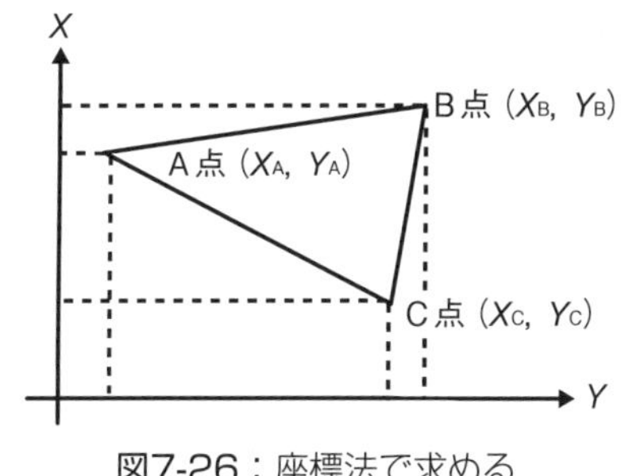

図7-26：座標法で求める

図 7-26 の三角形の面積を求める場合、図 7-27 の「青線で囲まれた大きな四角形」から図 7-28 の「青線で囲まれた小さい四角形 1、2」を引けばよいことがわかる。

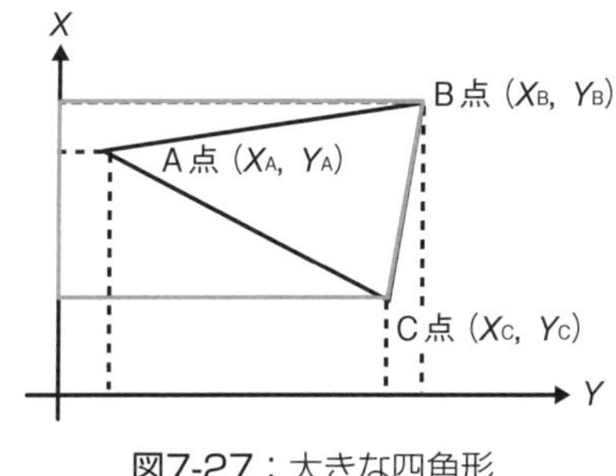

図7-27：大きな四角形

まず、図 7-27 の大きな四角形の面積を考える。

台形であるため、（上底＋下底）×（高さ）× 1/2 により求められる。

そこで、

- 上底：Y_B
- 下底：Y_C
- 高さ：$(X_B - X_C)$　とすると、

$(Y_B + Y_C)(X_B - X_C) \times 1/2$ となる。

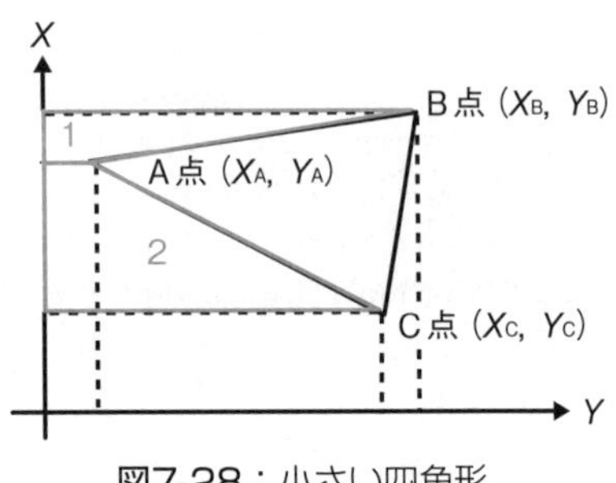

図7-28：小さい四角形

同様に、図 7-28 の小さい四角形の面積を求めると次のようになる。

1：$(Y_A + Y_B)(X_B - X_A) \times 1/2$

2：$(Y_A + Y_C)(X_A - X_C) \times 1/2$

求めるべき三角形の面積は、

「大きな四角形」－「小さい四角形 1、2の合計」によって、求められるため、上式をまとめると、

$(Y_B + Y_C)(X_B - X_C) \times 1/2 - (Y_A + Y_B)(X_B - X_A) \times 1/2 - (Y_A + Y_C)(X_A - X_C) \times 1/2$

これを展開すると、

$1/2\ \{(X_BY_B + X_BY_C - X_CY_B - X_CY_C) - (X_BY_A + X_BY_B - X_AY_A - X_AY_B) - (X_AY_A + X_AY_C - X_CY_A - X_CY_C)\}$

さらにこれをまとめると、

$1/2\ (+X_BY_C - X_CY_B - X_BY_A + X_AY_B - X_AY_C + X_CY_A)$

X についてもまとめると次のようになる。

$1/2\ \{X_A(Y_B - Y_C) + X_B(Y_C - Y_A) + X_C(Y_A - Y_B)\}$

これを言葉で表すと、

1/2 Σ {(その点の X 座標値) × (次の点の Y 座標値－1つ前の点の Y 座標値)}

よって、式が成り立つ。

3. 座標法による面積計算の例

例題 02　座標法による面積計算　▶H27-No.27

境界点A，B，C，Dを結ぶ直線で囲まれた四角形の土地の測量を行い，表に示す平面直角座標系の座標値を得た。この土地の面積は幾らか。次の中から選べ。

なお，関数の数値が必要な場合は，巻末の関数表を使用すること。

表

境界点	X座標(m)	Y座標(m)
A	−15.000	−15.000
B	+35.000	+15.000
C	+52.000	+40.000
D	−8.000	+20.000

1. 1,250㎡　2. 1,350㎡　3. 2,500㎡
4. 2,700㎡　5. 2,750㎡

解答

① **問題文の座標値を簡単な数値に置き換える。**

X、Y の各座標値に対して同じ数値を加減し、1 箇所が 0 になるようにする。

この問題では X、Y の座標値に「+ 15」を行っている。これにより、A の座標値が共に「0」となり、後の計算がしやすくなる。

境界点	X座標(m)	Y座標(m)
A	−15.000+15.000=0.000	−15.000+15.000=0.000
B	+35.000+15.000=50.000	+15.000+15.000=30.000
C	+52.000+15.000=67.000	+40.000+15.000=55.000
D	−8.000+15.000=7.000	+20.000+15.000=35.000

※この作業が特に不要と考えるようであれば、問題文の数字をそのまま用いて②の計算を行えばよい。

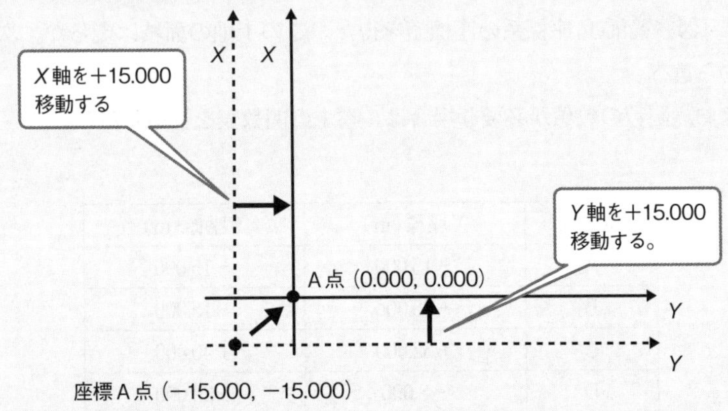

② 計算表を作成し座標法により面積を求める。

点	X	Y	$Y_{n+1}-Y_{n-1}$	$X\times(Y_{n+1}-Y_{n-1})$
A	0.000	0.000	30−35=−5	−5×0=0
B	50.000	30.000	55−0=55	55×50=2750
C	67.000	55.000	35−30=5	5×67=335
D	7.000	35.000	0−55=−55	−55×7=−385
倍面積(合計)				2,700
面積(倍面積÷2)				1,350

よって、点A，B，C，Dで囲まれた土地の面積は、2.の1,350㎡となる。

過去問題にチャレンジ

▶R3-No.27

Q12 座標法による面積計算 1

表は，公共測量により設置された4級基準点から図のように三角形の頂点に当たる地点A，B，Cをトータルステーションにより測量した結果を示している。地点A，B，Cで囲まれた三角形の土地の面積は幾らか。最も近いものを次の中から選べ。

なお，関数の値が必要な場合は，巻末の関数表を使用すること。

表

地点	方向角	平面距離
A	75° 00′ 00″	48.000m
B	105° 00′ 00″	32.000m
C	105° 00′ 00″	23.000m

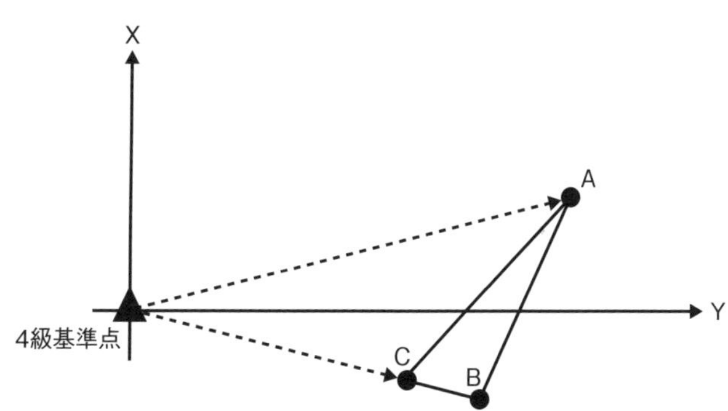

1. 55.904㎡　2. 108.000㎡　3. 138.440㎡
4. 187.061㎡　5. 200.000㎡

① 地点、A、B、C の座標値を求める。

地点	方向角	平面距離	x=cosθ×距離	y=sinθ×距離
A	75°00′00″	48.000m	48×cos75°=12.423m	48×sin75°=46.365m
B	105°00′00″	32.000m	32×cos75°=8.282m	32×sin75°=30.910m
C	105°00′00″	23.000m	23×cos75°=5.953m	23×sin75°=22.216m

※ sin75° = 0.96593、cos75° = 0.25882 で計算。

② 土地 ABC の面積を求めるため、次のような計算表を作成し数値を入れて面積を計算する。

	X	Y	$(Y_{n+1}-Y_{n-1})$	$X(Y_{n+1}-Y_{n-1})$
A	12.423	46.365	30.910−22.216=8.694	12.423×8.694=108.006
B	−8.282	30.910	22.216−46.365=−24.149	−8.282×−24.149=200.002
C	−5.953	22.216	46.365−30.910=15.455	−5.953×15.455=−92.004
		倍面積	216.004	
		面積	108.002	

※ B、C の X の座標値は、−（マイナス）を取ることに注意する。

よって、最も近いものは 2. となる。

過去問題にチャレンジ

R1-No.27

Q13 座標法による面積計算 2

図のように道路と隣接した土地に新たに境界を引き，土地 ABCDE を同じ面積の長方形 ABGF に整正したい。近傍の基準点に基づき，境界点 A，B，C，D，E を測定して平面直角座標系（平成 14 年国土交通省告示第 9 号）に基づく座標値を求めたところ，表に示す結果を得た。境界点 G の Y 座標値は幾らか。最も近いものを次の中から選べ。

なお，関数の値が必要な場合は，巻末の関数表を使用すること。

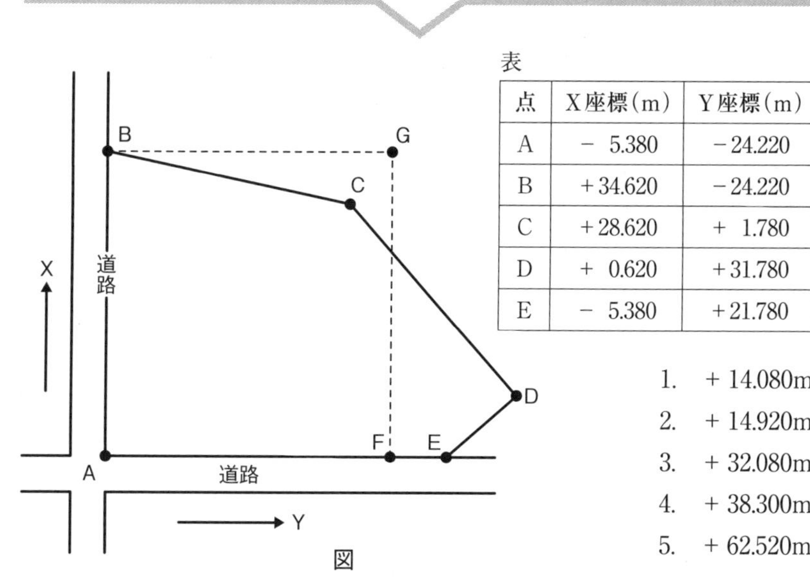

図

表

点	X 座標（m）	Y 座標（m）
A	− 5.380	−24.220
B	+34.620	−24.220
C	+28.620	+ 1.780
D	+ 0.620	+31.780
E	− 5.380	+21.780

1. + 14.080m
2. + 14.920m
3. + 32.080m
4. + 38.300m
5. + 62.520m

① 座標原点を移動し、座標値を計算しやすい数値にする。

点	X座標(m)	Y座標(m)
A	−5.380−0.620=−6.000	−24.220+0.220=−24.000
B	+34.620−0.620=34.000	−24.220+0.220=−24.000
C	+28.620−0.620=28.000	+1.780+0.220=2.000
D	+0.620−.0.620=0.000	+31.780+0.220=32.000
E	−5.380−0.620=−6.000	+21.780+0.220=22.000

※問題で与えられた数値のまま計算を行ってもよいが、士補試験では電卓の使用が禁止されているため計算ミスを引き起こす可能性がある。このため、上記のように座標を移動したと仮定して、下表のように簡単な数値に直してから計算を実行するのがよい。

② 次のような計算表を作成し、数値を入れ倍面積、面積と計算する。

	X	Y	$Y_{n+1}-Y_{n-1}$	$X(Y_{n+1}-Y_{n-1})$
A	−6	−24	−24−22=−46	-6×-46=276
B	34	−24	2−(−24)=26	34×26=884
C	28	2	32−(−24)=56	28×56=1568
D	0	32	22−2=20	0×20=0
E	−6	22	−24−32=−56	−6×−56=336
倍面積				3064
面積				1532

よって、
境界杭A、B、C、D、Eで囲まれた土地の面積は、1532.000㎡となる。

③　ここで問題の図を見ると、次のように考えられる。

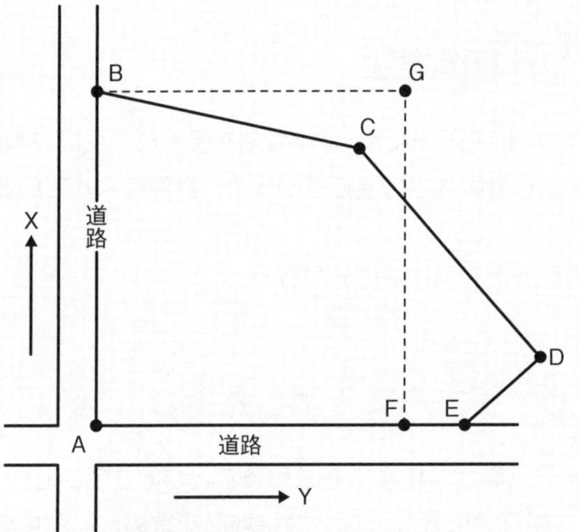

点Aと点Bの距離はX軸に並行であるため、34.620 −（− 5.380）＝ 40.000m となる。

求めるべき土地A、B、G、Fは、問題文より長方形であるため、その面積は、40.000m × x となる。

土地の面積を変えないため、②で求めた面積を用いて、次の式を組み立てる。

1532.000㎡＝ 40.000m × x　　よって、x ＝ 38.300m

境界点GのY座標は、点BのY座標値＋ 38.300m となるため、
点GのY座標＝− 24.220 ＋ 38.300 ＝ +14.080

よって、点GのY座標は、+14.080m となる。
最も近いものは 1. となる。

7-10 点高法による土量計算

1. 点高法による土量計算の方法

点高法による土量計算とは、盛土（又は切土）する敷地を長方形（又は三角形）に分割し、その交点の高さを測り計画高との高低差を求め、計算によって必要な土量を求める方法である。

分割する形状により、長方形法と三角形法に分かれる。

2. 長方形法（長方形・正方形に分割した場合）

四角柱の体積は（底面積）×（高さ）によって求めることができる。しかし、図 7-29 のように四隅の高さが互いに異なる場合は平均高を求め、これに底面積を掛ける必要がある。

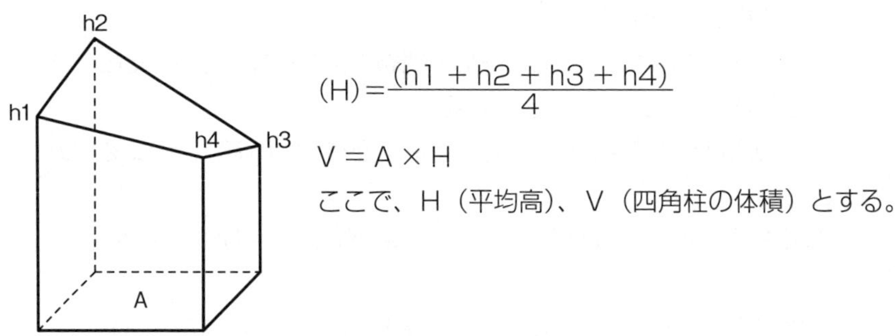

$$(H) = \frac{(h1 + h2 + h3 + h4)}{4}$$

$$V = A \times H$$

ここで、H（平均高）、V（四角柱の体積）とする。

図7-29：四隅の高さが互いに異なる四角柱

次図のように、ある土地の土量を計算するため、その敷地をm×n（等面積）の長方形①～⑤に分割し、それぞれの長方形の交点の高さ（計画高までの高低差）を計算した。

ここで、ha1 ～ ha5 は 1 つの長方形のみが持つ高さ、hb1 ～ hb4 は 2 つの長方形が共有する高さ、hc1 は 3 つの長方形が共有する高さ、hd1 は 4 つの長方形が共有する高さとすると、長方形①～⑤の土量は、次の式で表すことができる。

$$V=\frac{S}{4}\left(\Sigma ha+2\Sigma hb+3\Sigma hc+4\Sigma hd\right)$$

Σha：１個の長方形のみの高さの合計

Σhb：２個の長方形が共有する高さの合計

Σhc：３個の長方形が共有する高さの合計

Σhd：４個の長方形が共有する高さの合計

S：長方形１つの面積（ここではm×n）

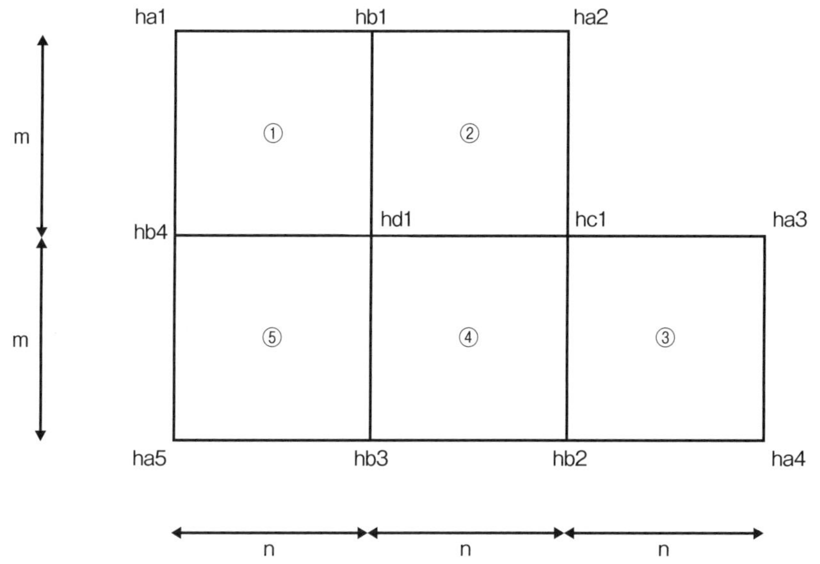

＜証明＞　※覚える必要はない

前図を用いて考えると、分割した長方形の体積 $V_{①}$～$V_{⑤}$は、次のように計算される。

① $V_{①}=m\times n\times\{(ha1+hb1+hd1+hb4)/4\}$　…面積×四隅の高さ /4（高低差の平均）

② $V_{②}=m\times n\times\{(hb1+ha2+hc1+hd1)/4\}$　…面積×四隅の高さ /4（高低差の平均）

③ $V_{③}=m\times n\times\{(hc1+ha3+ha4+hb2)/4\}$　…面積×四隅の高さ /4（高低差の平均）

④ $V_{④}=m\times n\times\{(hd1+hc1+hb2+hb3)/4\}$　…面積×四隅の高さ /4

(高低差の平均)

⑤　$V_{⑤} = m \times n \times \{(hb4 + hd1 + hb3 + ha5)/4\}$　…面積×四隅の高さ /4（高低差の平均）

ここで、$V = V_{①} + V_{②} + V_{③} + V_{④} + V_{⑤}$　であるため、これをまとめると、

$$V = \{(m \times n)/4\} \times \{(ha1+ha2+ha3+ha4+ha5) + (hb1+hb4+hb1+hb2+hb2+hb3+hb4+hb3) + (hc1+hc1+hc1) + (hd1+hd1+hd1+hd1)\}$$

となるため、（m×n）＝Sとすると、次の式が成り立つ。

$$V = \frac{S}{4}(\Sigma ha + 2\Sigma hb + 3\Sigma hc + 4\Sigma hd)$$

3. 三角形法（三角形に分割した場合）

一般の三角柱の体積は（底面積）×（高さ）によって求めることができる。しかし、図 7-30 のように三隅の高さが互いに異なる場合は平均高を求め、これに底面積を掛ける必要がある。

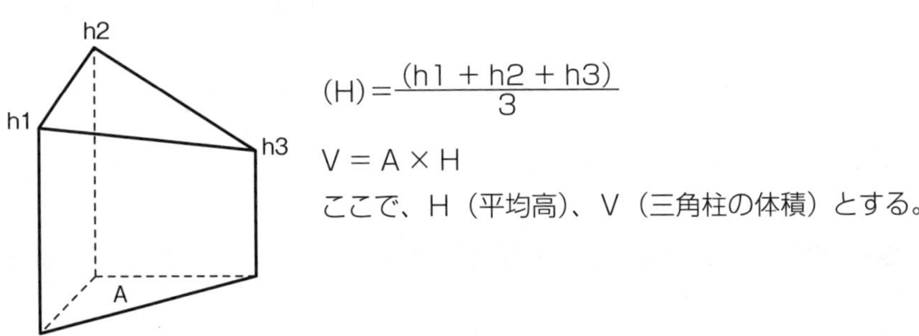

$$(H) = \frac{(h1 + h2 + h3)}{3}$$

$$V = A \times H$$

ここで、H（平均高）、V（三角柱の体積）とする。

図7-30：三隅の高さが互いに異なる四角柱

次図のように、ある土地の土量を計算するため、その敷地をm×n（等面積）の三角形①～⑧に分割し、それぞれの三角形の交点の高さ（計画高までの高低差）を計算した。

ここで、三角形①～⑧の土量は、次の式で表すことができる。

$$V = \frac{S}{3}(\Sigma ha + 2\Sigma hb + 3\Sigma hc + 4\Sigma hd + 5\Sigma he + 6\Sigma hf + 7\Sigma hg + 8\Sigma hh)$$

Σha：１個の三角形のみの高さの合計

Σhb：２個の三角形が共有する高さの合計

Σhc：３個の三角形が共有する高さの合計

Σhd：４個の三角形が共有する高さの合計

Σhe：５個の三角形が共有する高さの合計

Σhf：６個の三角形が共有する高さの合計

Σhg：７個の三角形が共有する高さの合計

Σhh：８個の三角形が共有する高さの合計

S：三角形１つの面積（ここでは（$m \times n$）/2）

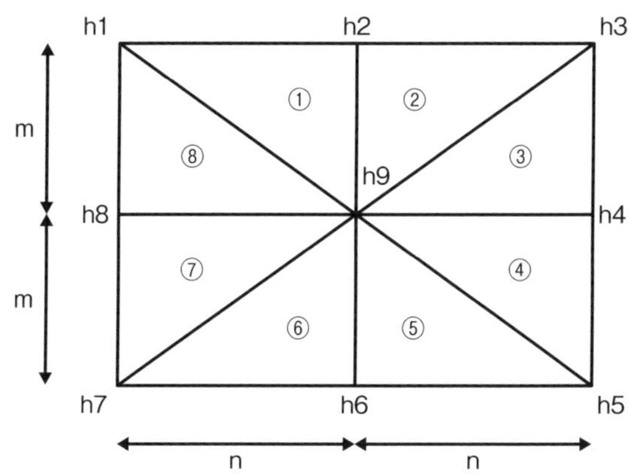

過去問題にチャレンジ

▶H30-No.25

Q14 点高法による土量計算

図に示すような宅地造成予定地を，切土量と盛土量を等しくして平坦な土地に地ならしする場合，地ならし後における土地の地盤高は幾らか。最も近いものを次の中から選べ。

ただし，図のように宅地造成予定地を面積の等しい四つの三角形に区分して，点高法により求めるものとする。また，図に示す数値は，各点の地盤高である。

なお，関数の値が必要な場合は，巻末の関数表を使用すること。

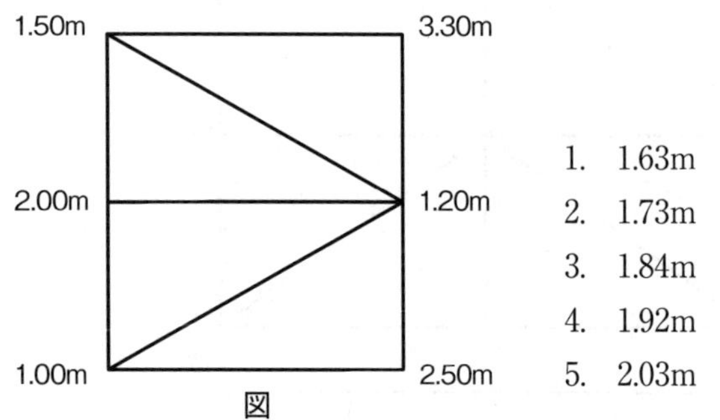

図

1. 1.63m
2. 1.73m
3. 1.84m
4. 1.92m
5. 2.03m

解答

図のようなh1～h3までの高さを持つ三角柱を考えると、その平均高さ（h）は次のようになる。

$$h = \frac{h1 + h2 + h3}{3}$$

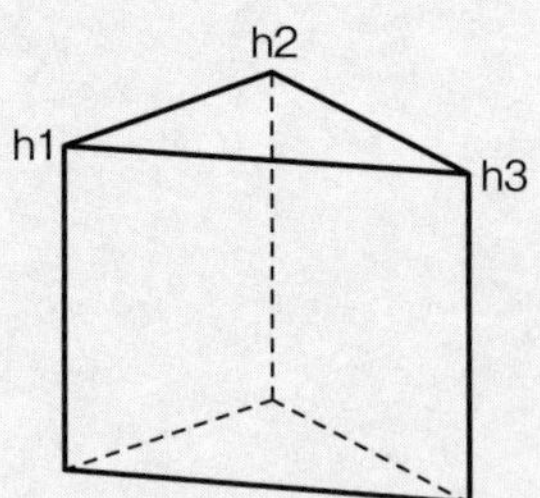

問題文の図を次のように①～④の三角柱と考え、次のように計算すればよい。

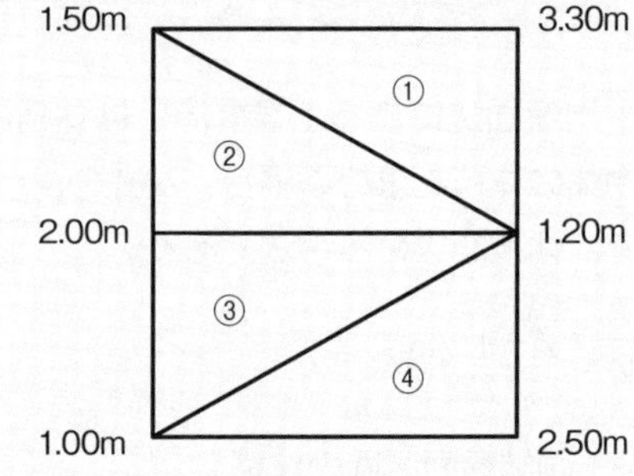

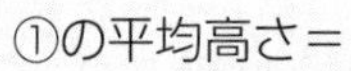
①の平均高さ＝

$$\frac{1.50 + 3.30 + 1.20}{3} = \frac{6}{3}$$

$= 2.000\ \mathrm{m}$

②の平均高さ＝

$$\frac{1.50 + 2.00 + 1.20}{3} = \frac{4.7}{3}$$

$= 1.567\ \mathrm{m}$

③の平均高さ＝$\dfrac{2.00 + 1.20 + 1.00}{3} = \dfrac{4.2}{3} = 1.400\ \mathrm{m}$

④の平均高さ＝$\dfrac{1.00 + 1.20 + 2.50}{3} = \dfrac{4.7}{3} = 1.567\ \mathrm{m}$

①～④の平均高さ＝$\dfrac{2.000 + 1.567 + 1.400 + 1.567}{4} = \dfrac{6.534}{4}$

$= 1.6335 \fallingdotseq 1.63\ \mathrm{m}$

また、前式をまとめると次のようになる。

平均高さは、

$$= \frac{4 \times 1.2 + 2 \times (1.50 + 2.00 + 1.00) + 1 \times (3.30 + 2.50)}{3 \times 4}$$

$$= \frac{19.60}{12} = 1.63\ \mathrm{m}$$

この式は４つの三角柱が共有する高さ、２つの三角柱が共有する高さ、１つの三角柱のみが持つ高さをそれぞれ加え、４個の三角形の高さを平均するため、４×３＝12で割り平均値を求めている。

よって、最も近いものは１.となる。

7-11 平均断面法による土量計算

1. 平均断面法による土量計算の方法

平均断面法による土量計算とは体積計算法の 1 つで、例えば図 7-31 のような物体の体積を求める場合、次式のように両端の面積を平均しその間の距離を掛けて、体積を求める手法である。

$$V=\frac{A_1+A_2}{2}\times L$$

[V：両端断面区間の体積
A_1, A_2：両端の断面積
L：両端断面区間の距離]

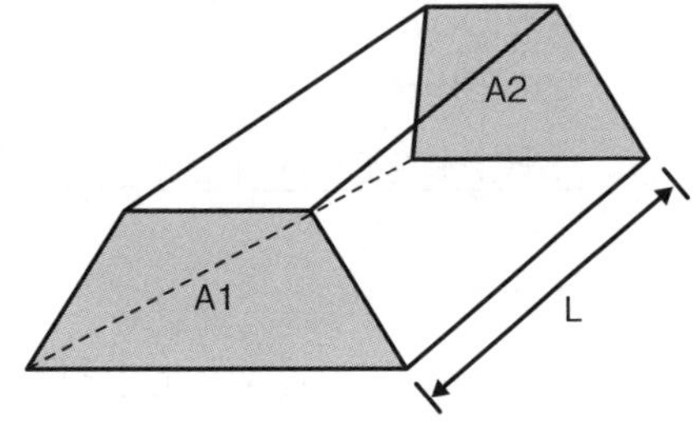

図7-31：平均断面法

2. 連続する断面の土量計算

図 7-32 のような連続する土の土量の場合は、表 7-6 のように表を作成し計算すればよい。

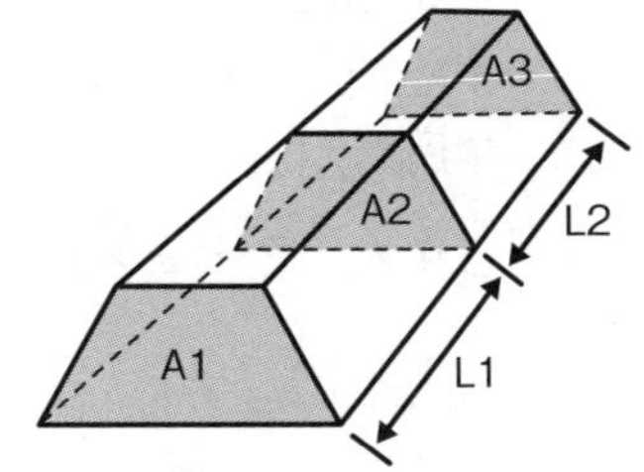

図7-32：連続する断面の平均断面法

表7-6：平均断面法の計算表

No	断面積	平均断面	距離	土量(m^3)
1	A1	(A1+A2)/2	L1	(A1+A2)/2×L1
2	A2			
3	A3	(A2+A3)/2	L2	(A2+A3)/2×L2
合計				

過去問題にチャレンジ

▶R1-No.25

Q15 平均断面法による土量計算

道路工事のため，ある路線の横断測量を行った。図１は得られた横断面図のうち，隣接するNo.5～No.7の横断面図であり，その断面における切土部の断面積（C．A）及び盛土部の断面積（B．A）を示したものである。中心杭間の距離を20mとすると，No.5～No.7の区間における盛土量と切土量の差は幾らか。式に示した平均断面法により求め，最も近いものを次の中から選べ。

ただし，図２は，式に示したS1，S2（両端の断面積）及びL（両端断面間の距離）を模式的に示したものである。

なお，関数の値が必要な場合は，巻末の関数表を使用すること。

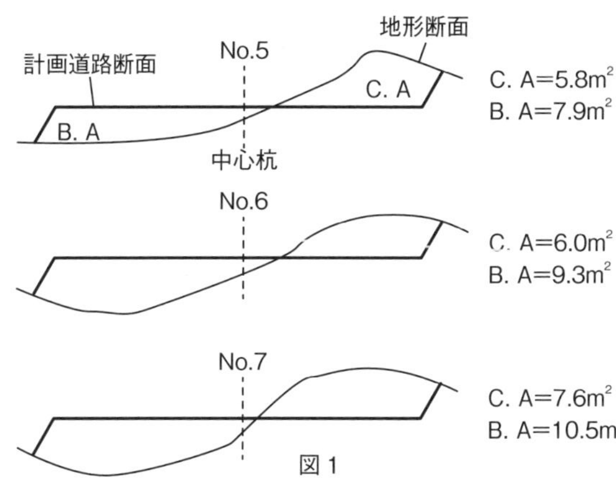

図１

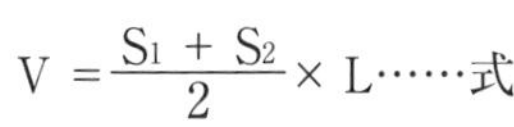

$$V = \frac{S_1 + S_2}{2} \times L \cdots\cdots 式$$

V：両端断面区間の体積
S1，S2：両端の断面積
L：両端断面区間の距離

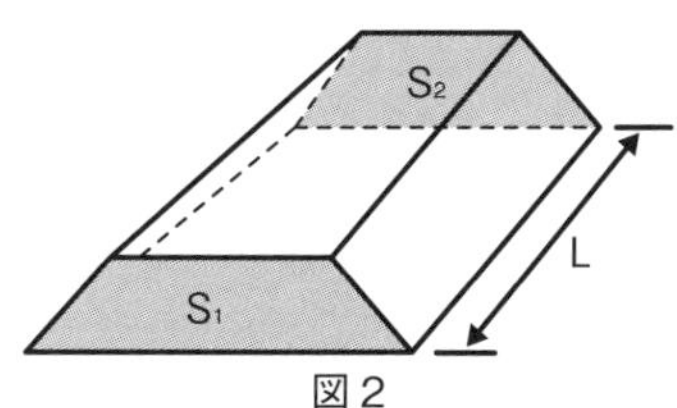

図２

1. 105m³
2. 116m³
3. 170m³
4. 178m³
5. 270m³

① 切土面積（C．A：Cut Area）と盛土面積（B．A：Bank Area）から互いの土量を計算する

No.	C.A（㎡）	平均断面（㎡）	杭間距離（m）	切土土量（m^3）
5	5.8	(5.8+6.0)/2=5.9	20	5.9×20=118
6	6.0			
7	7.6	(6.0+7.6)/2=6.8	20	6.8×20=136
合計				254

No.	B.A（㎡）	平均断面（㎡）	杭間距離（m）	盛土土量（m^3）
5	7.9	(7.9+9.3)/2=8.6	20	8.6×20=172
6	9.3			
7	10.5	(9.3+10.5)/2=9.9	20	9.9×20=198
合計				370

② 切土量と盛土量の差を求める

$370m^3 - 254m^3 = 116m^3$

よって、最も近いものは 2. となる。

索引

記号・数字

数字

B

D

F

G

I

J

K

O

P

R

S

T

U

V

かな

あ

い

え

お

か

き

す

せ

そ

関数表

平方根

	√		√
1	1.00000	51	7.14143
2	1.41421	52	7.21110
3	1.73205	53	7.28011
4	2.00000	54	7.34847
5	2.23607	55	7.41620
6	2.44949	56	7.48331
7	2.64575	57	7.54983
8	2.82843	58	7.61577
9	3.00000	59	7.68115
10	3.16228	60	7.74597
11	3.31662	61	7.81025
12	3.46410	62	7.87401
13	3.60555	63	7.93725
14	3.74166	64	8.00000
15	3.87298	65	8.06226
16	4.00000	66	8.12404
17	4.12311	67	8.18535
18	4.24264	68	8.24621
19	4.35890	69	8.30662
20	4.47214	70	8.36660
21	4.58258	71	8.42615
22	4.69042	72	8.48528
23	4.79583	73	8.54400
24	4.89898	74	8.60233
25	5.00000	75	8.66025
26	5.09902	76	8.71780
27	5.19615	77	8.77496
28	5.29150	78	8.83176
29	5.38516	79	8.88819
30	5.47723	80	8.94427
31	5.56776	81	9.00000
32	5.65685	82	9.05539
33	5.74456	83	9.11043
34	5.83095	84	9.16515
35	5.91608	85	9.21954
36	6.00000	86	9.27362
37	6.08276	87	9.32738
38	6.16441	88	9.38083
39	6.24500	89	9.43398
40	6.32456	90	9.48683
41	6.40312	91	9.53939
42	6.48074	92	9.59166
43	6.55744	93	9.64365
44	6.63325	94	9.69536
45	6.70820	95	9.74679
46	6.78233	96	9.79796
47	6.85565	97	9.84886
48	6.92820	98	9.89949
49	7.00000	99	9.94987
50	7.07107	100	10.00000

三角関数

度	sin	cos	tan	度	sin	cos	tan
0	0.00000	1.00000	0.00000				
1	0.01745	0.99985	0.01746	46	0.71934	0.69466	1.03553
2	0.03490	0.99939	0.03492	47	0.73135	0.68200	1.07237
3	0.05234	0.99863	0.05241	48	0.74314	0.66913	1.11061
4	0.06976	0.99756	0.06993	49	0.75471	0.65606	1.15037
5	0.08716	0.99619	0.08749	50	0.76604	0.64279	1.19175
6	0.10453	0.99452	0.10510	51	0.77715	0.62932	1.23490
7	0.12187	0.99255	0.12278	52	0.78801	0.61566	1.27994
8	0.13917	0.99027	0.14054	53	0.79864	0.60182	1.32704
9	0.15643	0.98769	0.15838	54	0.80902	0.58779	1.37638
10	0.17365	0.98481	0.17633	55	0.81915	0.57358	1.42815
11	0.19081	0.98163	0.19438	56	0.82904	0.55919	1.48256
12	0.20791	0.97815	0.21256	57	0.83867	0.54464	1.53986
13	0.22495	0.97437	0.23087	58	0.84805	0.52992	1.60033
14	0.24192	0.97030	0.24933	59	0.85717	0.51504	1.66428
15	0.25882	0.96593	0.26795	60	0.86603	0.50000	1.73205
16	0.27564	0.96126	0.28675	61	0.87462	0.48481	1.80405
17	0.29237	0.95630	0.30573	62	0.88295	0.46947	1.88073
18	0.30902	0.95106	0.32492	63	0.89101	0.45399	1.96261
19	0.32557	0.94552	0.34433	64	0.89879	0.43837	2.05030
20	0.34202	0.93969	0.36397	65	0.90631	0.42262	2.14451
21	0.35837	0.93358	0.38386	66	0.91355	0.40674	2.24604
22	0.37461	0.92718	0.40403	67	0.92050	0.39073	2.35585
23	0.39073	0.92050	0.42447	68	0.92718	0.37461	2.47509
24	0.40674	0.91355	0.44523	69	0.93358	0.35837	2.60509
25	0.42262	0.90631	0.46631	70	0.93969	0.34202	2.74748
26	0.43837	0.89879	0.48773	71	0.94552	0.32557	2.90421
27	0.45399	0.89101	0.50953	72	0.95106	0.30902	3.07768
28	0.46947	0.88295	0.53171	73	0.95630	0.29237	3.27085
29	0.48481	0.87462	0.55431	74	0.96126	0.27564	3.48741
30	0.50000	0.86603	0.57735	75	0.96593	0.25882	3.73205
31	0.51504	0.85717	0.60086	76	0.97030	0.24192	4.01078
32	0.52992	0.84805	0.62487	77	0.97437	0.22495	4.33148
33	0.54464	0.83867	0.64941	78	0.97815	0.20791	4.70463
34	0.55919	0.82904	0.67451	79	0.98163	0.19081	5.14455
35	0.57358	0.81915	0.70021	80	0.98481	0.17365	5.67128
36	0.58779	0.80902	0.72654	81	0.98769	0.15643	6.31375
37	0.60182	0.79864	0.75355	82	0.99027	0.13917	7.11537
38	0.61566	0.78801	0.78129	83	0.99255	0.12187	8.14435
39	0.62932	0.77715	0.80978	84	0.99452	0.10453	9.51436
40	0.64279	0.76604	0.83910	85	0.99619	0.08716	11.43005
41	0.65606	0.75471	0.86929	86	0.99756	0.06976	14.30067
42	0.66913	0.74314	0.90040	87	0.99863	0.05234	19.08114
43	0.68200	0.73135	0.93252	88	0.99939	0.03490	28.63625
44	0.69466	0.71934	0.96569	89	0.99985	0.01745	57.28996
45	0.70711	0.70711	1.00000	90	1.00000	0.00000	********

問題文中に数値が明記されている場合は、その値を使用すること。

参考文献

1. 公共測量　作業規程の準則　解説と運用(基準点測量編・応用測量編）（社）日本測量協会
2. 公共測量　作業規程の準則　解説と運用（地形測量及び写真測量編、三次元点群測量編）（社）日本測量協会
3. 作業規程の準則　国土交通省
4. 必読 測量士補試験 問題と解説
   日建学院教材研究会編・小田部和司・松原洋一・清水昭弘 監修　(建築資料研究社)
5. 公共測量教程 TS・GPS による基準点測量
   飯村友三郎・中根勝見・箱岩英一　共著（東洋書店）
6. 公共測量教程　測量計算　大滝三夫・北畑康重・中根勝見 共著（東洋書店）
7. 新 やさしいGPS 測量　土屋淳・辻宏道 共著（社）日本測量協会
8. よくわかるトータルステーション
   ペンタックス測量機図書編集委員会編（山海堂）
9. ジオインフォマティックス入門
   長谷川昌弘・吉川真・今村遼平・熊谷樹一郎 共著（理工図書）
10. 測量叢書１．基準点測量　細野武庸・井内登 共著（社）日本測量協会
11. 測量叢書４．地図編集
    百瀬耕二・志村哲男・宮坂力蔵 共著　(社）日本測量協会
12. 測量叢書５．応用測量
    檀原毅・広部正信・千葉喜味夫 共著　(社）日本測量協会
13. 測量の誤差計算　岡積満 著(森北出版)
14. カシミール３Ｄ 入門編　杉本智彦 著（実業之日本社）
15. 地形図の手引き　(財）日本地図センター
16. 国土地理院 Web サイト　https://www.gsi.go.jp/
17. 地形判読（社）日本測量協会
18. 測量士・測量士補 試験対策 WEB
    https://www.kinomise.com/sokuryo/

著者

松原 洋一（まつばら よういち）

建設コンサルタント、民間シンクタンクに勤務後、専門学校講師を経て独立。

独立後は、各種の測量設計に携わる傍ら、大学の非常勤講師として勤務。

現在、松原企画設計事務所 代表、全国建設産業教育訓練協会 富士教育訓練センター 講師。測量士・測量士補 試験対策WEB 主宰。

測量士・測量士補 試験対策WEB
https://www.kinomise.com/sokuryo/

装丁 小口翔平＋三沢稜（tobufune）
DTP 株式会社明昌堂

建築土木教科書
測量士補 合格ガイド 第4版

2015年 12月17日 初 版 第1刷発行
2017年 2月13日 第2版 第1刷発行
2020年 2月10日 第3版 第1刷発行
2022年 10月5日 第4版 第1刷発行
2024年 1月10日 第4版 第3刷発行

著　者 松原 洋一（まつばら よういち）
発行人 佐々木 幹夫
発行所 株式会社 翔泳社（https://www.shoeisha.co.jp）
印刷・製本 中央精版印刷株式会社

©2022 Yoichi Matsubara

本書は著作権法上の保護を受けています。本書の一部または全部について（ソフトウェアおよびプログラムを含む）、株式会社翔泳社から文書による許諾を得ずに、いかなる方法においても無断で複写、複製することは禁じられています。

本書へのお問い合わせについては、iiページに記載の内容をお読みください。

造本には細心の注意を払っておりますが、万一、乱丁（ページの順序違い）や落丁（ページの抜け）がございましたら、お取り替えします。03-5362-3705までご連絡ください。

ISBN978-4-7981-7769-4 Printed in Japan